大学物理实验

主　编　刘旭辉　韦吉爵
主　审　熊文元

中南大学出版社
www.csupress.com.cn

图书在版编目(CIP)数据

大学物理实验／刘旭辉，韦吉爵主编.—长沙：中南大学出版社，2013.4(2020.9重印)

ISBN 978 - 7 - 5487 - 0856 - 8

Ⅰ.大…　Ⅱ.①刘…②韦…　Ⅲ.物理学－实验－高等学校－教材　Ⅳ.04 - 33

中国版本图书馆 CIP 数据核字(2013)第 073865 号

大学物理实验

刘旭辉　韦吉爵　主编

□**责任编辑**	胡小锋	
□**责任印制**	周　颖	
□**出版发行**	中南大学出版社	
	社址：长沙市麓山南路	邮编：410083
	发行科电话：0731 - 88876770	传真：0731 - 88710482
□**印　装**	长沙印通印刷有限公司	

□**开　本**	787 mm×1092 mm 1/16	□**印张** 21	□**字数** 533 千字
□**版　次**	2014 年 7 月第 1 版	□2020 年 9 月第 4 次印刷
□**书　号**	ISBN 978 - 7 - 5487 - 0856 - 8		
□**定　价**	43.00 元		

前　言

许多现代高新技术是随着以物理学及物理实验为代表的基础学科的成长而发展起来的，例如20世纪60年代的电子计算机技术，70年代到90年代迅猛发展的高分子、半导体、激光、光学显微、高温超导、激光生物医学、纳米等技术，无疑在这些基础及应用的互补性中探求科学技术的本质。从中看出，物理学及物理实验是自然科学的重要基础，是培养高素质人才必须具备的自然科学素养之一。物理实验课程是为理工科学生开设的全面系统和独立设置的必修实验课程，是高等院校基础教学的一个重要组成部分，同时又是进入大学之后接受系统实验原理、方法和实验技能训练的一个开端，对后续课程的学习具有重要的启发性、基础性、研究性，尤其是物理实验思想、基本训练的原理及方法、设计性实验及创新性实验的思维能力训练是培养科学实验素质及创新能力的重要基础。因此，人们越来越认识到物理实验技术的重要性和加强对学生进行物理实验训练的必要性，这是物理实验独立设课的时代背景。

本书是根据《普通物理实验课程教学大纲（修订稿）》，结合中央与地方共建高校实验室仪器设备情况，从培养21世纪创新人才的目标出发，重视传授知识与提高能力、增强素质、增强创新意识等并重，加强实验技能训练，经过湖南科技学院、河池学院物理实验中心教师反复的实验教学实践，在修改实验讲义的基础上编写而成。为了使学生能系统地掌握物理实验的基本知识和基本方法，将测量误差及实验数据处理放在前面集中介绍。测量误差及实验数据处理是物理实验课的重要教学内容，也是学生实验中的难点，直接关系到后续实验的顺利进行。因此，本书用了较多的篇幅进行介绍，并且在不同的实验题目中对测量误差的估计和数据处理方法提出了不同的要求，为学生进一步理解、掌握误差理论提供方便。

本书在编写的过程中，首先注意到了独立设置普通物理实验课程的必要性与教材体系的完整性。主要内容包括测量误差及数据处理的基本知识以及力学、热学、电磁学和光学中的基础实验。其次，遵循实验能力培养的规律性。本书对基本知识、基本仪器和基本方法等部分力求详细地介绍，并按不同层次由易到难，逐步加强对知识的灵活应用，能力的综合训练。第三，注重实验教学的各个环节，每个实验都编写了思考题，促使学生积极思考，加深理解实验目的、原理等内容。

本书的编写得到了校、系领导和各位同事的热情鼓励和帮助，特别感谢熊文元教授、彭金松教授的支持，湖南科技学院和河池学院教务处的支持；编写中参考了许多兄弟院校的有关教材及仪器生产厂家的使用说明书，在此一并表示衷心的感谢。

由于编者的知识水平和教学经验有限，再加上编写时间仓促，书中难免有谬误之处，敬请读者批评指正。

刘旭辉　韦吉爵

2013 年 12 月

目　录

第一章　绪　论 ……………………………………………………………（1）

　　第一节　物理实验课的目的和任务 ……………………………………（1）

　　第二节　物理实验课的基本程序和要求 ………………………………（1）

　　第三节　物理实验室规则 ………………………………………………（3）

　　第四节　物理实验课考核办法 …………………………………………（3）

第二章　测量误差与数据处理 ……………………………………………（5）

　　第一节　测量 ……………………………………………………………（5）

　　第二节　误差 ……………………………………………………………（6）

　　第三节　直接测量结果及其随机误差的估算 …………………………（10）

　　第四节　测量不确定度和测量结果的表示 ……………………………（15）

　　第五节　间接测量结果及其合成不确定度 ……………………………（18）

　　第六节　有效数字及其运算 ……………………………………………（24）

　　第七节　实验数据的处理方法 …………………………………………（27）

　　第八节　物理实验的基本测量方法 ……………………………………（34）

　　第九节　物理实验的基本操作技术 ……………………………………（40）

第三章　物理实验基础知识 ………………………………………………（43）

　　第一节　力、热学实验基础知识 ………………………………………（43）

　　第二节　光学实验基础知识 ……………………………………………（57）

　　第三节　电磁学实验基础知识 …………………………………………（66）

第四章　基础性、综合性实验项目 ………………………………………（73）

　　实验一　长度的测量 ……………………………………………………（73）

　　实验二　固体和液体的密度测定 ………………………………………（76）

　　实验三　声速的测定（共振干涉法） …………………………………（80）

　　实验四　弦振动特性的研究 ……………………………………………（87）

　　实验五　牛顿第二定律的验证 …………………………………………（91）

　　实验六　动量守恒和能量守恒定律的验证 ……………………………（104）

　　实验七　重力加速度的测定（单摆法） ………………………………（107）

　　实验八　重力加速度的测定（自由落体法） …………………………（110）

实验九　杨氏弹性模量的测定(拉伸法) ……………………………………………… (112)

实验十　刚体转动惯量的测定(三线摆法) …………………………………………… (114)

实验十一　刚体转动惯量的测定(转动惯量仪) ……………………………………… (118)

实验十二　液体表面张力系数的测定(拉脱法) ……………………………………… (122)

实验十三　液体表面张力系数的测定(毛细管法) …………………………………… (126)

实验十四　液体粘滞系数的测定(落球法) …………………………………………… (128)

实验十五　热电偶定标和测温 ………………………………………………………… (130)

实验十六　金属线胀系数的测定 ……………………………………………………… (134)

实验十七　固体比热容的测定(混合法) ……………………………………………… (136)

实验十八　气体比热容比的测定 ……………………………………………………… (140)

实验十九　液体比汽化热的研究 ……………………………………………………… (144)

实验二十　温度传感器的温度特性测量和研究 ……………………………………… (147)

实验二十一　不良导体导热系数的测定(稳态法) …………………………………… (155)

实验二十二　良导体导热系数的测定(稳态法) ……………………………………… (158)

实验二十三　薄透镜成像规律的研究 ………………………………………………… (162)

实验二十四　杨氏双缝干涉实验 ……………………………………………………… (170)

实验二十五　偏振现象的观测与分析 ………………………………………………… (176)

实验二十六　等厚干涉现象的研究 …………………………………………………… (183)

实验二十七　分光计的调整和三棱镜折射率的测定 ………………………………… (190)

实验二十八　用分光计测光栅常数和光波的波长 …………………………………… (199)

实验二十九　光电效应及普朗克常数的测定 ………………………………………… (204)

实验三十　迈克尔逊干涉仪的调整与使用 …………………………………………… (213)

实验三十一　用阿贝折射仪测液体的折射率 ………………………………………… (220)

实验三十二　平行光管和透镜性能测试 ……………………………………………… (226)

实验三十三　伏安法测电阻 …………………………………………………………… (232)

实验三十四　用箱式电位差计校准电表 ……………………………………………… (236)

实验三十五　示波器的使用 …………………………………………………………… (238)

实验三十六　磁场的描绘 ……………………………………………………………… (244)

实验三十七　锑化铟磁电阻传感器的测量及应用 …………………………………… (249)

实验三十八　电表的扩程和校准 ……………………………………………………… (254)

实验三十九　灵敏电流计特性研究 …………………………………………………… (262)

实验四十　霍尔效应及其应用 ………………………………………………………… (268)

实验四十一　静电场的描绘 …………………………………………………………… (274)

实验四十二　电子束的偏转与聚焦 …………………………………………………… (279)

第五章　设计性、研究性实验项目 …………………………………………………… (293)

实验一　弹簧振子的研究 ……………………………………………………………… (293)

实验二　电位差计的应用研究 ………………………………………………………… (296)

实验三　电桥法测电阻的研究 ………………………………………………………… (301)

　　实验四　非线性元件伏安特性的测量 ·· (310)

　　实验五　照度监测器的设计与制作 ·· (312)

附　录 ·· (315)

　　附表 1　国际单位制［SI］的基本单位和辅助单位································· (315)

　　附表 2　国际单位制［SI］中具有专门名称的导出单位 ·························· (315)

　　附表 3　国家选定的非国际单位制单位 ··· (316)

　　附表 4　用于构成十进倍数和分数单位的词头 ······································· (316)

　　附表 5　基本物理常量 ·· (317)

　　附表 6　我国某些城市的重力加速度 ·· (317)

　　附表 7　在 20℃时常见物质的密度 ρ ··· (318)

　　附表 8　在标准大气压下不同温度时水的密度 ρ ··································· (318)

　　附表 9　在海平面上不同纬度处的重力加速度 g ···································· (319)

　　附表 10　固体的线膨胀系数 ·· (319)

　　附表 11　在 20℃时常用金属的弹性模量(杨氏模量) Y ························· (319)

　　附表 12　在 20℃时与空气接触的液体的表面张力系数 σ ······················ (320)

　　附表 13　在不同温度下与空气接触的水的表面张力系数 σ ··················· (320)

　　附表 14　不同温度时水的粘滞系数 ·· (321)

　　附表 15　某些液体的粘滞系数 ··· (321)

　　附表 16　不同温度时干燥空气中的声速 v ··· (321)

　　附表 17　固体导热系数 λ ··· (322)

　　附表 18　某些固体和液体的比热容 ·· (322)

　　附表 19　不同温度时水的比热容 ·· (322)

　　附表 20　某些金属和合金的电阻率及其温度系数 ···································· (322)

　　附表 21　不同金属或合金与铂(化学纯)构成温差电偶的温差电动势 ·········· (323)

　　附表 22　几种标准温差电偶 ·· (323)

　　附表 23　铜—康铜热电偶的温差电动势(自由端温度 0℃) ························ (324)

　　附表 24　常温下某些物质的折射率 ·· (324)

　　附表 25　常用光源的谱线波长 ··· (324)

　　附表 26　常用仪器量具的主要技术指标和极限误差 ································· (325)

　　附表 27　常用电气测量指示仪表和附件的符号 ······································· (325)

参考文献 ·· (328)

第一章 绪 论

第一节 物理实验课的目的和任务

一、物理实验课的目的

(1)通过对物理实验现象的观测和分析,学习运用理论指导实验、分析和解决实验中的问题和方法。从理论和实际的结合上加深对理论的理解。

(2)培养学生从事科学实验的初步能力。通过实验阅读教材和资料,能概括出实验原理和方法的要点;正确使用基本实验仪器,掌握基本物理量的测量方法和实验操作技能;正确记录和处理数据,分析实验结果和撰写实验报告;以及自行设计和完成不太复杂的实验任务等。

(3)培养学生实事求是的科学态度、严谨的工作作风,勇于探索、坚韧不拔的钻研精神以及遵守纪律、团结协作、爱护公物的优良品德。

二、物理实验课的任务

(1)通过对实验现象的观察、分析和对物理量的测量,学习物理实验的基本知识、基本方法和基本技能,加深对物理概念和规律的认识、对物理学原理的理解,为后继课程打下基础。

(2)培养和提高学生的科学实验素养,要求学生具有:

①信息处理能力:通过自行阅读实验教材或网上资料,正确理解实验内容,在实验前作好实验准备,在实验后运用计算机处理实验数据。

②动手实践能力:借助教材或仪器说明书,正确调整和使用常用仪器。

③思维判断能力:运用物理理论,对实验现象进行分析和判断。

④书面表达能力:正确记录和处理数据,撰写合格的实验报告。

⑤综合设计能力:根据课题要求,确定实验方法和条件,合理选择实验仪器,拟定具体的实验步骤。

⑥科技创新能力:通过进行研究性实验和设计性实验,了解知识的发现与创新的过程,强化创新意识,促进创新思维。

(3)培养学生组织有关中学物理教学、指导中学物理实验的基本能力。

(4)培养学生做好实验的能力。

第二节 物理实验课的基本程序和要求

物理实验课与理论课不同,它采用的是开放式教学方式,在教学上使学生具有更大的灵活性和自由度。实验课的基本程序是实验预习、实验操作与数据记录、数据处理与实验报告。

一、实验预习

实验课前应该认真预习，仔细阅读教材和实验中心网站上的实验指导，弄清实验的目的、实验原理和实验方法，了解仪器的结构和调节要求。在充分预习的基础上设计好实验数据记录表格、写好预习报告，为实验课做好准备。

二、实验操作与数据记录

学生在认真预习的基础上，可以进行实验操作。在进入实验室后，首先要接受教师对预习情况的检查。实验开始前要仔细阅读实验指导书和仪器使用说明书，务必牢记实验的注意事项，并在教师的指导下掌握实验仪器的调整方法。实验课是锻炼实践能力，培养创造精神的极好机会。应注重实验过程，认真观察，独立思考，手脑并用，提高运用理论知识和已有的经验分析解决问题的能力，培养严谨、耐心、实事求是的科学态度和探索、求真的科学精神。

在实验操作过程中，要仔细观察物理现象和测量数据，用钢笔如实记录原始数据，原始数据必须是真实的，不允许抄袭和任意涂改。完成实验后全部数据应交指导老师检查，通过检查，教师在预习报告和数据记录草稿上签字后，才能切断电源，整理好实验装置，结束本次实验。

三、数据处理与实验报告

实验课后应及时处理数据，完成报告并在规定的时间内交到相关实验室。实验报告要求清洁整齐，重点突出，语言简练，作图制表规范，字迹端正清晰。

实验报告分两次完成，预习报告即实验报告的前半部分（包括实验名称、实验目的、实验原理、实验仪器、实验内容），应在上实验课前写好，其余部分实验课后再接着完成。要求用学校统一印制的"实验报告纸"来书写。

实验报告通常包括以下内容：

实验名称：表示做什么实验。

实验目的：说明为什么做这个实验，做该实验要达到什么目的。

实验仪器：列出主要仪器的名称、型号、规格、精度等。

实验原理：阐明实验的理论依据，写出待测量计算公式的简要推导过程，画出有关的图（原理图或装置图），如电路图、光路图等。

数据记录：实验中所测得的原始数据要尽可能用表格的形式列出，正确表示有效数字和单位。

数据处理：根据实验目的对实验结果进行计算或作图表示，并对测量结果进行评定，计算不确定度，计算要写出主要的计算内容。

实验结果：扼要写出实验结论，要体现出测量数据、误差和单位。

问题讨论：讨论实验中观察到的异常现象及其可能的解释，分析实验误差的主要来源，对实验仪器的选择和实验方法的改进提出建议，简述自己做实验的心得体会，回答实验思考问题。

为了保证实验课程的正常进行，现在对实验报告提出以下三点要求：

（1）课前要求预习实验内容，明确实验目的，了解实验原理，弄清实验步骤，初步了解仪器的使用方法，画好实验数据记录表格。未做好预习者不得动手做实验。

（2）在测量时，应如实、即时做好实验数据记录（数据记录要整洁，字迹清楚，避免错记），不可事后凭回忆"追记"数据，更不可为拼凑数据而将实验数据记录做随心所欲的涂改。

（3）实验报告要认真按时完成。在做物理实验时，我们不是要一个塞满东西的脑袋，而是要一个善于分析问题的头脑，实验的目的和任务不仅要有知识，更重要的是将知识转化为能力！

第三节 物理实验室规则

为了保证实验正常进行，培养严肃认真的工作作风和良好的实验工作习惯，请同学们遵守以下实验室规则：

（1）实验按实验分组和排定的实验顺序表进行。实验前必须认真预习，按要求写好预习报告。无预习报告者，不得做实验。

（2）实验在规定的时间内完成，不得无故缺席、迟到或早退，迟到时间超过 15 min 按缺旷处理。无故缺旷不补课。因公、因病、因事缺课者，须由所在院系出具证明，由指导教师安排补课。

（3）按实验编组与实验仪器编号对号做实验。实验前按仪器清单检查仪器，明确仪器使用方法和注意事项后方能进行实验。爱护仪器，未经允许不得动用或调换其他仪器。仪器如有损坏，应立即报告指导教师进行登记，按学校有关规定处理。如发现实验仪器丢失，追查当事人责任，并做赔偿。

（4）进入实验室应保持安静，不准抽烟和随地吐痰。保持实验室清洁，做完实验后由轮值同学打扫实验室卫生。

（5）在实验室应服从教师和实验室工作人员的指导，严格按操作规程使用仪器。注意安全，防止损坏仪器或发生人身事故。

（6）实验完毕，整理好仪器，经教师检查认可后，方可离开实验室。按要求在规定时间内完成实验报告。

第四节 物理实验课考核办法

一、学期末总评成绩按等级制计算

其中平时成绩按等级制计算，共分为优、良、中、及格、不及格 5 级，期末考核成绩的评定由考核形式决定，考核成绩可采用百分制或等级制计算方法，期末考核成绩等级制计算方法与平时成绩等级制计算方法一致。最终期末总评成绩按等级制计算。

如果平时成绩或期末考核成绩低于及格（等级制），或期末考核成绩低于 50 分（百分制），则总评成绩为不及格。

二、学期末总评成绩的构成

$$总评成绩 = 平时成绩 \times 70\% + 期末考核成绩 \times 30\%$$

三、平时成绩的构成

平时成绩 = 实验操作成绩 × 50% + 实验报告成绩 × 50%

其中实验课前预习、实验课守纪情况、实验作风与习惯等计入实验操作成绩中。

四、期末考核形式

本课程期末考核有多种形式：笔试(可开卷考试，也可闭卷考试)、操作考试、物理实验设计、物理实验仪器模型制作、撰写物理实验研究论文等。

第二章　测量误差与数据处理

第一节　测量

一、测量

测量就是将待测物理量与选作计量标准的同类物理量进行比较的过程。其中倍数值称为待测物理量的数值，选作的计量标准称为单位。因此，一个物理量的测量值应由数值和单位两部分组成，缺一不可。

作为比较标准的测量单位，其大小是人为科学规定的。按照《中华人民共和国法定计量单位》的规定，物理量单位均是以国际单位制(SI)为基础的，它选定了七个基本物理量，即长度(米)、质量(千克)、时间(秒)、电流(安培)、热力学温标(开尔文)、物质的量(摩尔)和发光强度(坎德拉)。这些物理量的单位是基本单位，其他物理量的单位可由这些基本单位导出，故称为导出单位。

二、测量分类

根据获得数据的方法不同，测量可分为直接测量和间接测量两类。

1. 直接测量

可以用测量仪器或仪表直接读出测量值的测量称为直接测量。例如用米尺测长度、用温度计测量温度、用电压表测电压等都是直接测量，所得的物理量如长度、温度、电压等称为直接测量值。

2. 间接测量

在物理实验中，大多数物理量没有直接测量的量具，无法进行直接测量，而需依据待测物理量与若干个直接测量值的函数关系求出，这样的测量就称为间接测量。如用单摆法测重力加速度 g 时，T(周期)、L(摆长)是直接测量值，而 g 就是间接测量值。

三、测量过程

为了在实验过程中正确地进行测量我们要按照以下过程进行：

1. 熟悉仪器

熟悉仪器的性能，掌握正确的使用方法和读数是每个学生必备的基本素质。例如：仪器的级别、量程、稳定性以及对环境的要求等等。

2. 选择适当的测量仪器和测量方法

根据对实验测量精度的要求和测量范围，合理地选择仪器和方法。例如：长度、温度测量我们可根据实验对测量精度的要求选取恰当的测量仪器，如表 2-1-1 所示。

表2-1-1　　根据测量精度选取恰当的测量仪器

长度测量精度要求	1mm	0.02mm	0.005mm	0.0001mm	0.0000001mm
仪　器	米尺	卡尺	千分尺	激光干涉仪	电子显微镜
温度测量范围/℃	<300	<600	>1600		
仪　器	半导体或液体温度计	热电偶	红外高温计		

3.选择实验方法

在实验中不仅要了解仪器的级别、量程、稳定性等技术参数,而且还要学会采用正确的实验方法。

例如用电压表测电路中的电压时如果电表的内阻不变的话,无论使用级别多高的电压表,由测量方法引起的测量误差都不可避免。要减小上述测量方法引入的误差,可采用补偿法进行测量,或改用内阻很大($R_v \geq 200 \ M\Omega$)的数字电压表。

4.读数与记录

在进行测量时,正确的读数和记录是关键。对于不同仪器有多种读数方法,将在今后的实验中分别介绍。在此仅谈一般规则:

(1)如实记录仪器上显示的数值,作为原始数据。对指针式仪表和有刻度盘或标尺的仪器,通常在直接测量时,要求估读一位(该位是有效数字的可疑位)。估读数一般取最小分度的$1/10 \sim 1/2$。

(2)若仪表的示值不是连续变化而是以最小步长跳跃变化的,如数字式显示仪表,则谈不上估读,只要记录全部数据即可。

(3)需要指出的是有一些仪表,虽然也有指针和刻度盘,但指针跳动是以最小分格为单位的,例如最常用的钟表,有以秒为最小分度的时钟,也有以$1/10$或$1/100$秒为最小分度的秒表。因此,对此类仪表不需要估读。

(4)对于各类带有游标(或角游标)的仪器装置,是依靠判断两个刻度中哪条线对齐来进行读数的,这时一般记下对齐线的数值,不必进行更细的估读。

第二节　误差

一、误差的概念及表示

1.真值

任何量在一定客观条件下都具有不以人的意志为转移的固定大小,这个客观大小称为该物理量的真值。由于"绝对真值"的不可知性,人们在长期的实践和科学研究中归纳出以下几种"真值"。

(1)理论真值:理论设计值、公理值、理论公式计算值。

(2)约定真值:国际计量大会规定的各种基本常数、基本单位标准。

(3)算术平均值:指多次测量的平均结果,当测量次数趋于无穷时,算术平均值趋于真值。

2. 误差

测量结果与真值之间总是有一定的差异，这种差异称为误差。

3. 误差公理

误差自始至终贯穿在一切科学实验之中。

4. 误差的表示

(1)绝对误差：是指测量值 x 与被测量的真值 a 的差，即：

$$\varepsilon = x - a \qquad\qquad (2-2-1)$$

由于真值 a 不可能知道，所以绝对误差 ε 也是不可知的，于是研究分析误差应从"残差"着手。

设 x_1，x_2，$\cdots$，x_n 为某物理量 x 的测量值，$\bar{x}$ 为其算术平均值，则各测量值 x_i 和 $\bar{x}$ 之间的差称为残差。即：

$$\delta_i = x_i - \bar{x} \qquad\qquad (2-2-2)$$

(2)相对误差：是指绝对误差与被测量的真值的比值。由于真值是一理想量，实验中用测量的平均值来代替真值，即：

$$E = \frac{\varepsilon}{a} \text{或} E = \frac{\varepsilon}{\bar{x}} \qquad\qquad (2-2-3)$$

二、误差的分类

测量误差按其产生的原因与性质可分为系统误差、偶然误差和粗大误差三大类。

1. 系统误差

系统误差是指在同一条件下，多次测量同一物理量时，误差的大小和符号均保持不变，或当条件改变时，按某一确定的已知规律而变化的误差。

系统误差的特征是它的确定性，即实验条件一确定，系统误差就获得了一个客观上的确定值，一旦实验条件改变，系统误差也按一种确定的规律变化。

造成系统误差的原因有以下几个方面：

(1)仪器误差：是指测量时由于所用的测量仪器、仪表不准确所引起的误差。

(2)环境误差：是指因外界环境(如灯光、温度、湿度、电磁场等)的影响而产生的误差。

(3)方法误差：是指由于测量所依据的理论、实验方法不完善或实验条件不符合要求而导致的误差。

(4)个人误差：是指由实验者的分辨能力、感觉器官的不完善和生理变化、反应速度和固有的习惯等引起的误差(如估计读数始终偏大或偏小)。

系统误差的出现一般有较明确的原因，因此只要采取适当的措施对测量值进行修正，就可以使之减至最小。但是，在实验中仅靠增加测量次数并不能减小这种误差。

2. 偶然误差

偶然误差，也叫随机误差，是指在相同条件下多次重复测量同一物理量时，测量结果的误差大小、符号均发生变化，其值时大时小，其符号时正时负，无法控制。

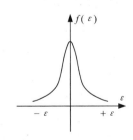

图 2-2-1　随机误差正态分布曲线

偶然误差的特征是随机性，即误差的大小和正负无法预计，但却服从一定的统计规律。在对某一物理量进行大量次数的重复测量时，发现它服从正态分布（高斯分布），如图 2 - 2 - 1 纵坐标表示概率，横坐标表示误差。

服从正态分布的偶然误差具有以下一些特性：

（1）单峰性：绝对值小的误差比绝对值大的误差出现的几率大。

（2）对称性：绝对值相等的正负误差出现的几率相等。

（3）有界性：在一定测量条件下，误差的绝对值不超过一定的范围。

（4）抵偿性：随机误差的算术平均值随着测量次数的增加而趋近于零。即：

$$\lim_{n \to \infty} \frac{1}{n} \sum_{i=0}^{n} \varepsilon_i = 0 \qquad (2-2-4)$$

可见，可用多次测量的算术平均值作为直接测量的近真值。

偶然误差的来源主要是：由于人们的感官灵敏程度和仪器精密程度有限，各人的估读能力不一致，外界环境的干扰等，这些因素不尽全知，无法估计。由于偶然误差的出现服从正态分布规律，因此我们可以通过用多次测量求平均值的办法来减小偶然误差。

3. 粗大误差

粗大误差是由于测量者的过失（如使用方法不正确，实验方法不合理，粗心大意等）而引起的误差，粗大误差简称粗差。

粗大误差的特征是人为性，初学者容易产生这种误差，但是若采取适当的措施，这种误差完全可避免。例如，采取细心检查、认真操作、重复测量、多人合作等措施都可有效地避免这类误差。粗大误差一般使实验结果远离物理规律，它的出现必将明显地歪曲测量结果，我们应当努力将其剔除。什么样的数据可以认为是有过失误差的坏数据而必须加以剔除？我们可以依据一些粗差判别准则来鉴别。

系统误差和偶然误差并不存在绝对的界限，其产生的根源均来自测量方法、设备装置、人员素质和环境的不完善。在一定条件下，这两种误差可以相互转化。例如：按一定基本尺寸制造的量块，存在着制造误差，对某一具体量块而言，制造误差是一确定数值，可以认为是系统误差，但对一批量块而言，则制造误差属于偶然误差。掌握了误差转化的特点，可以将系统误差转化为偶然误差，用统计处理方法减小误差的影响，或将偶然误差转化为系统误差，用修正的方法减小其影响。

三、误差的判别与处理

1. 粗差的判别与处理

在前面已谈过粗差及其生成的原因，这里主要谈谈粗差的鉴别和消除的方法。在判别某测量值是否包含粗差时，应作出详细的分析和研究。一般采用粗差判别准则来鉴别。

例如：3σ 准则

设 $x_1, x_2, x_3, \cdots, x_n$ 是对某量的一组等精度测量，而且服从正态分布，由正态分布理论可知，真误差落在 ±3σ 内的概率为 99.73%，即误差 > ±3σ 的概率是 0.27%，属于小概率事件。如果发现在测量列中有：

$$|\delta_i| \geqslant 3\sigma \quad (1 \leqslant i \leqslant n) \qquad (2-2-5)$$

式中 $\delta_i = x_i - \bar{x}$，为测量值 x_i 的残差，即发现误差的绝对值大于等于 3σ，则认为该测量值 x_i 包含粗大误差，通常将它称为异常值，应剔除。

对于粗差除了设法从测量结果中鉴别和剔除外，首先是强化测量者严谨的科学态度和实事求是的工作作风，其次要注意保证实验条件和环境的稳定性，尽可能避免实验环境和条件的突变导致粗差的产生。

2. 系统误差的判别与处理

在测量过程中，发现有系统误差存在时，我们要对产生系统误差的因素作进一步分析比较，找出减小系统误差的方法。

（1）分析产生系统误差的主要原因：从产生误差根源上消除系统误差是最有效的办法。但前提条件是必须预先知道产生误差的因素。如前所述，系统误差具有确定性和有规律性，所以导致系统误差产生的因素也是可确定的或是有规律可循的。我们可从导致系统误差产生的仪器、环境、方法和个人等因素入手，弄清产生系统误差的主要原因。

（2）减小系统误差的常用方法：有的实验测量结果存在很大系统误差，只有找到了导致系统误差产生的主要原因，才有可能寻求减小系统误差的方法。但这些方法和具体的测量对象、测量方法、测量人员的经验有关。因此要找出消除系统误差的通用有效方法较难，下面介绍一些常用的减小系统误差的方法。

①定值系统误差的减小法。定值系统误差的最常用的消除方法有：示零法、替代法、抵偿法和交换法。

• 调零法和校准法

要达到减小或消除系统误差的目的，在实验前就必须要对测量过程中可能产生的系统误差的因素进行分析，最好在测量前将系统误差从产生根源上加以消除。例如：利用电流表测量某电流时，实验前必须检查电流表指针是否指零，如果不在零位，需将指针调整到零位，这样可消除由于指针零位偏移而产生的系统误差。

• 替代法

替代法是进行两次测量，第一次测量达到平衡后，在不改变测量条件情况下，立即用一个已知标准量替代被测量，如果测量装置仍能达到平衡，则被测量就等于已知标准量。如果不能达到平衡，调整使之平衡，这时可得到被测量与标准量间的差值，即

$$被测量 = 标准量 + 差值$$

• 抵偿法

抵偿法也是要求进行两次测量，且要求这两次测量得到的系统误差值大小相等、符号相反。取这两次测量的算术平均值作为测量结果，就可消除系统误差。

• 交换法

交换法本质上也是抵消，但形式上是将测量中的某些条件，例如被测物的位置相互交换，使产生系统误差的原因对测量的结果起相反的作用，从而抵消了系统误差。

②可变系统误差的消除方法。

• 对称测量法

对称测量法是消除线性系统误差的有效方法，而线性的系统误差有这样的特点：相同的时间间隔内所产生的系统误差增量相等。所求量值之差不受线性系统误差影响。

四、测量的精密度、准确度和精确度

对测量结果的好坏,我们往往用精密度、准确度和精确度来评价,但这是三个不同的概念,使用时应加以区别。

1. 精密度

精密度表示测量结果中偶然误差大小的程度。它是指在规定条件下对被测量进行多次测量时,各次测量结果之间离散的程度。精密度高则离散程度小,重复性大,偶然误差小,但系统误差的大小不明确。

2. 准确度

准确度表示测量结果中系统误差大小的程度。它是指在规定条件下,多次测量数据的平均值与真值符合的程度。准确度高则测量接近真值的程度高,系统误差小,但对测量的偶然误差的大小并不明确。

3. 精确度

精确度表示测量结果中系统误差与偶然误差的综合大小的程度。它是指测量结果的重复性及接近真值的程度。对于测量来说,精密度高,准确度不一定高;而准确度高,精密度也不一定高;只有精密度和准确度都高时,精确度才高。

下面我们以打靶为例,来形象地说明这三个不同概念之间的区别。

在图 2 - 2 -2(a)中表示子弹比较集中,但都偏离靶心,说明射出的精密度高,但准确度较低;图(b)表示子弹比较分散,但是它们的中心位置比较接近靶心,说明射击的准确度高,但精密度较低;图(c)表示子弹比较集中靶心,说明射击的精密度和准确度都较高,即精确度较高。

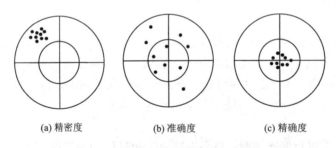

(a) 精密度   (b) 准确度   (c) 精确度

图 2 - 2 - 2　测量的精密度、准确度和精确度图示

第三节　直接测量结果及其随机误差的估算

一、随机误差的分布规律及其特点

现在,我们假定在系统误差可以忽略不计的情况下,讨论随机误差的问题。

随机误差的特点是它的随机性。也就是说,在相同的实验条件下,对同一物理量进行多次重复测量,各测量值有的比真值偏大,有的比真值偏小。换句话说,随机误差无论在数值的大小或符号上都是不固定的,似乎是纯属偶然的。但若测量次数很多的话,随机误差的出现服从

一定的统计规律。根据实验情况不同，随机误差出现的分布规律有正态分布、t 分布、均匀分布、反正弦分布等等。根据教学要求，这里只简要介绍随机误差的正态分布。正态分布（又称高斯分布），可以用正态分布曲线形象地表述出来。如图 2 - 3 - 1，横坐标表示随机误差 δ，纵坐标表示随机误差的概率密度分布函数 $f(\delta)$，这个连续曲线称为随机误差的正态分布曲线。

服从正态分布规律的随机误差具有单峰性、对称性、有界性、抵偿性四大特征。

图 2 - 3 - 1 中曲线下斜线部分的

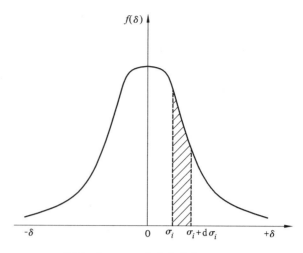

图 2 - 3 - 1　正态分布曲线（一）

面积 $f(\delta)\mathrm{d}\delta$ 表示数值在 δ 到 $\delta + \mathrm{d}\delta$ 之间的误差出现的概率。当测量次数趋于无穷时，随机误差严格服从正态分布，误差值从 $-\infty$ 到 $+\infty$ 出现的总概率为 1。在有限次测量中，测量次数越多，越近似服从正态分布。关于如何判断误差是否服从正态分布，可以用正态性检验的方法来确定，本书不赘述。

由概率论和数理统计可知，概率密度分布函数为

$$f(\delta) = \frac{1}{\sigma \sqrt{2\pi}}\mathrm{e}^{-\frac{\delta^2}{2\sigma^2}} \tag{2 - 3 - 1}$$

式中 δ 为随机误差，σ 为标准偏差，e 为自然对数的底，等于 2.71828…

设 δ_i 为第 i 次的测量误差，n 为测量次数，则系列测量中单次测量的标准偏差为

$$\sigma = \sqrt{\frac{1}{n}(\delta_1^2 + \delta_2^2 + \cdots + \delta_n^2)} \tag{2 - 3 - 2}$$

可见标准偏差是各个误差的平方和取平均，再开方得到，故标准偏差又称为均方根误差。

二、标准偏差的物理意义

由式（2 - 3 - 1）可知，$\delta = 0$ 时 $f(0) = \frac{1}{\sigma \sqrt{2\pi}}$，$\sigma$ 小时，$f(0)$ 大，正态分布曲线的形状取决于 σ 值的大小。如图 2 - 3 - 2 所示，σ 值愈小，分布曲线愈陡，说明绝对值小的误差出现的机会多，测量值的重复性好（数据比较集中），测量的精密度高。反之，σ 值愈大，曲线愈平坦，说明测量值的重复性差，分散程度大。可见标准偏差反映了测量值的离散程度。请注意：标准偏差 σ 与各测量值的误差 δ_i（用 $\overline{X}$ 代替真值，则 $\delta_i = X_i - \overline{X}$）有着完全不同的含义，$\delta_i$ 是实在的测量误差值，而 σ 并不是一个具体的误差值，它只反映在一定的条件下等精度测量列随机误差的概率分布情况，只有统计性质的意义，是一个统计特征值。

由上述分析可知，测量值的随机误差出现在 δ 至 $\delta + \mathrm{d}\delta$ 区域内的概率为 $f(\delta)\mathrm{d}\delta$，则测量值的误差出现在 $(-\sigma, \sigma)$ 区域内的概率就是

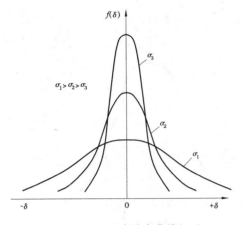

图 2 - 3 - 2　正态分布曲线(二)

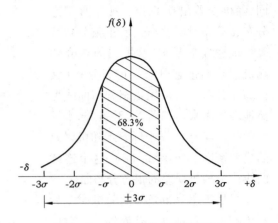

图 2 - 3 - 3　正态分布曲线(三)

$$P_1(-\sigma,\sigma) = \int_{-\sigma}^{\sigma} f(\delta)\,\mathrm{d}\delta = \int_{-\sigma}^{\sigma} \frac{1}{\sigma\sqrt{2\pi}} \mathrm{e}^{-\frac{\delta^2}{2\sigma^2}}\mathrm{d}\delta = 68.3\% \qquad (2-3-3)$$

这说明任一测量值的误差出现在$(-\sigma,\sigma)$范围内的概率为 68.3% 。如图 2 - 3 - 3 所示,这个概率值称为置信概率或置信水平。假如我们对某物理量在相同条件下进行了 1000 次测量,则测量值的误差可能有 683 次落在 $-\sigma$ 到 $+\sigma$ 范围内。可见,标准偏差具有统计性质。与上述相仿,同样可以计算,在相同条件下对某一物理量进行多次测量,其任意一次测量值的误差出现在$(-2\sigma,2\sigma)$范围内的概率 P_2 及出现在$(-3\sigma,3\sigma)$范围内的概率 P_3 为:

$$P_2 = \int_{-2\sigma}^{2\sigma} \frac{1}{\sigma\sqrt{2\pi}} \mathrm{e}^{-\frac{\delta^2}{2\sigma^2}} \cdot \mathrm{d}\delta = 95.4\% \qquad (2-3-4)$$

$$P_3 = \int_{-3\sigma}^{3\sigma} \frac{1}{\sigma\sqrt{2\pi}} \mathrm{e}^{-\frac{\delta^2}{2\sigma^2}} \cdot \mathrm{d}\delta = 99.7\% \qquad (2-3-5)$$

由图 2 - 3 - 3 不难看出,曲线下的总面积(即总概率$\int_{-\infty}^{\infty} f(\delta)\mathrm{d}\delta = 1$)不变,$\sigma$ 值小,曲线变高变窄;σ 值大,曲线较平坦。

由概率 P_3 可知,测量值的误差超出 $\pm 3\sigma$ 范围的情况几乎不会出现,所以我们把 3σ 称为极限误差。对测量值的误差的绝对值超过 3σ 的数据,可以认为这是由于过失引起的异常数据而加以剔除。(但在测量次数较少的情况下,这种判别方法不可靠,需要采用另外的判别准则)

在实际测量中置信概率有不同的取值,根据国家计量技术规范,在写出测量结果的表达式时,要注明它的置信概率。在 $P = 0.95$ 时,不必注明 P 值;当 P 取 0.68 或 0.99 时要求注明 P 值。在物理实验教学中,我们约定取置信概率 $P = 0.95$。

三、算术平均值与标准偏差

1. 以算术平均值代表测量结果

前已说过,由于测量误差的存在,在计量性测量中,真值总是不能确切知道的。对于某一物理量 a 进行多次测量,结果不完全一样。那么怎样最好地表示测量结果,使它最合理地代表真值呢？常用的是,在测量条件相同的情况下,对某物理量 a 进行 n 次测量,其测量值分别为 $x_1,x_2,\cdots,x_n$,则根据误差的定义,得相应的随机误差为

$$\delta_1 = x_1 - a \qquad \delta_2 = x_2 - a \qquad \cdots \qquad \delta_n = x_n - a$$

上述各式两边求和,得

$$\sum_{i=1}^{n} \delta_i = \sum_{i=1}^{n} (x_i - na)$$

两边除以 n,得

$$\frac{1}{n}\sum_{i=1}^{n} \delta_i = \frac{1}{n}\sum_{i=1}^{n} (x_i - na)$$

根据随机误差的抵偿性,当测量次数很多时,有

$$\frac{1}{n}\sum_{i=1}^{n} \delta_i \to 0 \qquad (n \to \infty)$$

于是得

$$\bar{x} = \frac{1}{n}\sum_{i=1}^{n} x_i \to a \qquad (n \to \infty) \qquad (2-3-6)$$

式(2-3-6)表明,当对一系列等精度重复测量所得的测得值,消除了它的系统误差之后,计算得到的算术平均值最接近于真值。因此一般应把测定值的算术平均值当作被测量的最可依赖的值,称为测定值的最佳值或约定真值。所以,其平均值

$$\bar{x} = \frac{1}{n}\sum_{i=1}^{n} x_i \qquad (2-3-6')$$

2. 有限次等精度测量的标准偏差

随机误差可以用均方差式(2-3-2)来表示,但由于通常真值 a 未知,使得真误差 δ 求不出,而且测量次数也往往有限,如果用算术平均值 $\bar{x}$ 代替真值,则得

$$v_i = x_i - \bar{x} \qquad (i = 1, 2, \cdots, n) \qquad (2-3-7)$$

v_i 称为偏差,用偏差代替误差(实际测量中只能得到偏差),显然可得

$$\sum_{i=1}^{n} v_i = 0$$

误差理论证明:有限次(n 次)测量列中的某一次测量结果的标准偏差 σ 为

$$\sigma = \sqrt{\frac{1}{n-1}\left[\sum_{i=1}^{n} (x_i - \bar{x})^2\right]} \qquad (2-3-8)$$

上式又称为贝塞尔公式。它表示某次测量值的随机误差在 $-\sigma \sim +\sigma$ 之间的概率为68.3%。由式(2-3-8)可以看出,当 $n=1$ 时,σ 的值是不定的,故测量一次不能用式(2-3-8)进行计算;一般说来,至少要五次以上的测量才能用此公式进行计算。

3. 算术平均值的标准偏差

上文给出了单个测量值的标准偏差。现在就来研究用算术平均值表示测量结果时,标准偏差的计算。

由(2-3-6')式可知,有限次等精度重复测量的算术平均值为

$$\bar{x} = \frac{1}{n}(x_1 + x_2 + \cdots + x_n)$$

由于是等精度测量,故对于每个测得值而言,它们的标准偏差都应该相等,即

$$\sigma_1 = \sigma_2 = \cdots = \sigma_n = \sigma$$

因为每个测得值对于总的测量结果只有 $\dfrac{1}{n}$ 的贡献,故每个测得值的标准偏差给总的测量结果的标准偏差的贡献为 $\dfrac{1}{n}\sigma$。

如果对多次测量结果的误差采用方和根合成法,则算术平均值的标准偏差为

$$\sigma_{\bar{x}} = \sqrt{\left(\frac{\sigma_1}{n}\right)^2 + \left(\frac{\sigma_2}{n}\right)^2 + \cdots + \left(\frac{\sigma_n}{n}\right)^2} = \sqrt{\frac{n}{n^2}\sigma^2} = \frac{\sigma}{\sqrt{n}}$$

所以

$$\sigma_{\bar{x}} = \sqrt{\frac{\sum\limits_{i=1}^{n}(x_i - \bar{x})^2}{n(n-1)}} \tag{2-3-9}$$

由式(2-3-9)可见,算术平均值的标准偏差 $\sigma_{\bar{x}}$ 要比单个测得值的标准偏差缩小 $\sqrt{n}$ 倍。而且随着测量次数 n 的不断增加,$\sigma_{\bar{x}}$ 的值将不断缩小,即测量结果的精密度越高。因此,增加测量次数可以减少随机误差。但是,由于 $\sigma_{\bar{x}}$ 是与 n 的平方根成反比,当 n 增大到一定时,$\sigma_{\bar{x}}$ 的减少就不太明显了。故在实际测量工作中,并不是测量次数越多越好。因为增加测量次数必定要延长测量时间,这将给保持稳定的测量条件带来困难,同时也引起观测者的疲劳,又可能带来较大的观测误差。另外,增加测量次数只能对降低随机误差有利而与系统误差的减小无关。误差理论指出,随着测量次数的不断增加,随机误差的降低越来越缓慢。图2-3-4表示算术平均值的标准偏差 $\sigma_{\bar{x}}$ 随测量次数 n 的变化情况,可以看出,当测量次数 $n > 10$ 后,$\sigma_{\bar{x}}$ 的减少得极慢。所以,在实际测量中次数不必过多,在科学研究中一般取 10～20 次,而在物理实验中一般取 5～10 次。

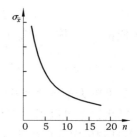

图2-3-4　$\delta_{\bar{x}}$ 与 n 关系曲线

例2-3-1　在一组等精度测量中,用毫米刻度的米尺将某一长度测量10次,结果如下:

$l = 12.25, 12.20, 12.14, 12.15, 12.12, 12.24, 12.21, 12.18, 12.20, 12.22$ cm,

求其平均值和标准偏差。

解　$\bar{l} = \dfrac{1}{10}\sum\limits_{i=1}^{10} l_i$

$= \dfrac{1}{10}(12.25 + 12.20 + 12.15 + 12.14 + 12.12 + 12.24 + 12.21 + 12.18$

$+ 12.20 + 12.22) = 12.19\,(\text{cm})$

$\sigma_{\bar{l}} = \sqrt{\dfrac{\sum\limits_{i=1}^{10}(l_i - \bar{l})^2}{n(n-1)}}$

$= \sqrt{\dfrac{0.06^2 + 0.01^2 + 0.04^2 + 0.05^2 + 0.07^2 + 0.05^2 + 0.02^2 + 0.01^2 + 0.01^2 + 0.03^2}{10 \times 9}}$

$= \sqrt{\dfrac{(36 + 1 + 16 + 25 + 49 + 25 + 4 + 1 + 1 + 9) \times 10^{-4}}{10 \times 9}}$

$$= 1.3 \times 10^{-2}$$

$$\approx 2 \times 10^{-2} = 0.02 \ (\text{cm})$$

由于随机误差本身是一个估计值,所以其结果一般只取一位或两位数字。为简单起见,我们规定:随机误差只取一位。对于误差数值,尾数除零外,一律进位,下同。略去仪器误差的影响,该长度的实际值为

$$l = \bar{l} \pm \sigma_{\bar{l}} = (12.19 \pm 0.02) \ \text{cm} = (1.219 \pm 0.002) \times 10^{-1} \ \text{m}$$

这一结果的物理意义是:被测长度的真值虽然不得而知,但是可用测得值的算术平均值来代表;由于在有限次数的等精度测量中不可能求得被测量的无穷多次测量的总体平均值,故在算术平均值中包含着随机误差的影响在内,其影响大小可用算术平均值的标准偏差来表示,如果有系统误差存在,则最后应对算术平均值加以修正。

第四节　测量不确定度和测量结果的表示

一、测量不确定度

任何测量过程中都存在误差,误差是测量值与真值之差,真值不能确切地知道,则误差也无法确定。因此需要引入一个新的术语——测量不确定度,简称不确定度,它用于对被测量的真值在某个量值范围的评定。根据这个定义,不确定度是作为估计值而言的,用以合理地表征被测量值的分散性。根据国际计量局建议,不确定度基本上还是用标准差(即标准偏差)表示,由于误差来源很多,实验结果不确定度一般包含几个分量,按其估算方法不同,这些分量可分为两类:

A 类:用统计方法计算的那些分量,即随机误差;

B 类:用其他方法计算的那些分量,即系统误差。

二、测量结果的合成不确定度

A 类不确定度用 u_A 表示,B 类不确定度用 u_B 表示,测量结果的合成不确定度(用 u 表示)是对这两类分量按方差合成原理得到。即

$$u = \sqrt{u_A^2 + u_B^2} \qquad\qquad (2-4-1)$$

1. 用统计方法计算 A 类不确定度 u_A

用统计方法计算,就是说当测量次数 $n \to \infty$ 时,其误差的分布遵从正态分布规律,实际上,在实验中我们只能作有限次测量,有限次测量的误差分布服从 t 分布,t 分布在 $n \to \infty$ 时趋于正态分布,这样随机误差的估计值就应取大些,由式(2-3-8)乘以一个与 t 分布有关的修正因子 $\dfrac{t}{\sqrt{n}}$。即

$$u_A = \left(\frac{t}{\sqrt{n}}\right) \cdot \sigma = \left(\frac{t}{\sqrt{n}}\right) \cdot \sqrt{\frac{\sum_{i=1}^{n}(x_i - \bar{x})^2}{n-1}}$$

取置信概率 $P = 0.95$ 时,置信因子的值由表 2-4-1 查得。

表 2 – 4 – 1　置信因子

测量次数 n	2	3	4	5	6	7	8	9	10	15	20	$n \to \infty$
$(t/\sqrt{n})$	8.98	2.48	1.59	1.24	1.05	0.93	0.84	0.77	0.72	0.55	0.47	$1.96/\sqrt{n}$
$(t/\sqrt{n})$ 的近似值	9.0	2.5	1.6	1.2	$5 < n \leqslant 10$ 时,$P > 0.94$ 可取 $(t/\sqrt{n}) \approx 1$				$n > 10$ 时,$P \approx 0.95$ 取 $(t/\sqrt{n}) \approx 2/\sqrt{n}$			

当测量次数 n 满足 $5 < n \leqslant 10$ 时,因子 $\dfrac{t}{\sqrt{n}} \approx 1$,则 $u_A = \sigma$。所以,我们可用标准偏差来表述 A 类不确定度。

2. 用其他方法估算的 B 类不确定度 u_B

B 类不确定度是根据经验或其他信息作出的评定,用估计的误差限值除以一个与误差分布特性有关的因子 K。估计的误差限值用仪器误差限值 $\Delta_{仪}$ 表示。因为当我们操作仪器进行各种测量并记录数据时,测量的不确定度与仪器的原理、结构以及环境条件等有关。测量仪器的误差来源往往很多。以最普通的指针式电表为例,它们包括:轴承摩擦,转轴倾斜,游丝的弹性不均、老化和残余变形,磁场分布不均匀,标尺分度不均匀,检测标准本身的误差等。逐项进行深入的分析处理并非易事,在绝大多数情况下也无必要。实际上,人们最关心的是仪器提供的测量结果与真值的一致程度,是测量结果中各系统误差与随机误差的综合估计指标。在物理实验中,常常把计量器具的允许误差,称为仪器误差限(用 $\Delta_{仪}$ 表示),用以代表常规使用中仪器示值和作用在仪器上的被测量真值之间可能产生的最大误差的绝对值。这样做将大大简化实验教学中的不确定度计算。例如上述指针式电表中的误差,常用的游标尺、秒表、仪表度盘、数字式仪表等的量化误差,齿轮回差、数据截尾引起的舍入误差等,这些误差可近似地认为服从均匀分布(误差服从非均匀分布的其他类型暂不考虑)。即在 $(-\Delta_{仪}, \Delta_{仪})$ 区域内,各种误差(不同大小和符号)出现的概率相同,在此区间外出现的概率为零,概率密度函数 $f(x)$ 是常数。因而误差发生在 $(-\Delta_{仪}, \Delta_{仪})$ 区间内的概率为

$$\int_{-\Delta_{仪}}^{\Delta_{仪}} f(x)\,\mathrm{d}x = 1 \quad 得 f(x) = \frac{1}{2\Delta_{仪}}$$

根据标准偏差的定义可得:

$$u_B^2 = \int_{-\Delta_{仪}}^{\Delta_{仪}} \frac{n x^2 f(x)\,\mathrm{d}x}{n} = \frac{1}{2\Delta_{仪}} \int_{-\Delta_{仪}}^{\Delta_{仪}} x^2\,\mathrm{d}x = \frac{\Delta_{仪}^2}{3}$$

$$u_B = \frac{\Delta_{仪}}{\sqrt{3}}$$

这样,测量结果的合成不确定度由式(2 – 4 – 1)可以表示为

$$u = \sqrt{u_A^2 + u_B^2} = \sqrt{\sigma^2 + u_B^2} \tag{2 – 4 – 2}$$

当 A 类、B 类不确定度各有多个分量时,上式应为

$$u = \sqrt{\sum_{i=1}^{m} \sigma_i^2 + \sum_{j=1}^{N} u_{Bj}^2} \tag{2 – 4 – 3}$$

式中 m 和 N 分别是 A 类、B 类不确定度的个数。

不确定度的大小反映了测量结果可信赖程度的高低。即不确定度越小,标志着误差的可能值越小,测量结果的可信赖程度越高;反之则低。

三、测量结果的表示

测量与误差形影相随,一般情况下误差不可能确切知道,要完善地表示测量结果,表达式中必须具有:①数值——测量所得的最佳值;②所表示数值的可信赖程度;③单位。因此,测量结果的表达式为:

$$x = \bar{x} \pm u(\text{单位})$$

$$\eta = \frac{u}{\bar{x}} \times 100\% \qquad\qquad (2-4-4)$$

式(2-4-4)表示待测量 x 的真值落在 $(\bar{x}+u, \bar{x}-u)$ 区域内的概率是 95%。式中 $\bar{x}$ 可以是一次测量的测量值,也可以是多次测量的平均值,u 是不确定度。

在一次测量和多次测量中会遇到下述二类问题:

1. 单次测量的误差估计

有些实验,由于是在动态中测量,不容许对被测量进行重复测量;有些实验的精度要求不高;有的实验在间接测量中,其中某一物理量的误差对最后结果的影响很小;等等,在这些情况下,可以对被测量只测一次。对于只测一次的物理量,其误差应根据仪器的质量、等级、实验方法、实验条件和实验者技术水平等实际情况进行合理估计。一般来说,可取仪器误差作为单次测量的误差。或者取仪器最小分度值的 1/2 作为单次测量的误差。例如用米尺测一摆线长度,如果米尺使用正确,米尺的最小刻度为 1 mm,则摆线上下两端读数误差各取 0.5 mm,即长度测量误差可取 1 mm。又如用停表测量一物体运动的时间间隔,如果停表的系统误差不必考虑,则测量误差主要由启动和制动停表时手的动作和目测协调的情况决定。一般可估计启动、制动时各有 0.1 s 误差,测一次的误差为 0.2 s。

2. 重复测量的误差估计

重复测量所得测量值完全相同或几乎相同时,并不是说误差为零,而是仪器的准确度低,不足以反映其微小差异。这时可取仪器最小分度值的 1/2 或仪器误差作为测量误差。

以第三节中的例 2-3-1 为例,写出结果表达式。在例 2-3-1 中已求得:

① $\bar{l} = 12.19$ cm。

② A 类不确定度 $\sigma_{\bar{l}} = 0.02$ cm。

③ B 类不确定度 u_B:米尺的仪器误差 $\Delta_{\text{仪}} = 0.05$ cm。

④ 合成不确定度 $u = \sqrt{\sigma_{\bar{l}}^2 + \Delta_{\text{仪}}^2} = \sqrt{0.02^2 + 0.05^2} = 0.06$(cm)。

⑤ 测量结果:

$$l = (12.19 \pm 0.06) \text{ cm}$$

$$E_l = \frac{0.06}{12} \times 100\% = 0.5\%$$

例 2-4-1　用一台数字电压表测量一恒压源输出的电压 U,重复测量 6 次,其测得值是:1.4990 V,1.4985 V,1.4987 V,1.4991 V,1.4976 V,1.4975 V。该表的仪器误差限 $\Delta_{\text{仪}} = 0.02\% V_x + 2$ 字,试写出测量结果表达式。

解　(1)测量结果的算术平均值:

$$\overline{U} = \frac{1}{6}(1.4990 + 1.4985 + 1.4987 + 1.4991 + 1.4976 + 1.4975) = 1.4984 \text{ V}$$

（2）A 类不确定度：

$$u_A = \sigma = \sqrt{\frac{\sum_{i=1}^{6}(U_i - \overline{U})^2}{n-1}} \cdot \frac{t}{\sqrt{n}} = \sqrt{\frac{6^2 + 1 + 3^2 + 7^2 + 8^2 + 9^2}{5}} \times 10^{-4} \times 1$$
$$= 6.9 \times 10^{-4} \text{ V}$$

（3）B 类不确定度：

$$\Delta_{仪} = 0.02\% \times 1.4984 + 2 \times 0.0001 = 5.0 \times 10^{-4} \text{ V}$$

（4）合成不确定度：

$$u = \sqrt{u_A^2 + u_B^2} = \sqrt{(6.9 \times 10^{-4})^2 + (5.0 \times 10^{-4})^2} = 9 \times 10^{-4} \text{ V}$$

（5）测量结果：

$$U = \overline{V} \pm u = (1.4984 \pm 0.0009) \text{ V}$$

$$E_V = \frac{u}{\overline{V}} \times 100\% = \frac{9}{14984} \times 100\% = 0.06\%$$

第五节　间接测量结果及其合成不确定度

在生产和科研中，绝大多数物理量只能用间接的方法测量，那必须先对另一些物理量进行直接测量，然后通过一定的关系来计算出所要求的物理量。由于每一直接测量有误差，因此间接测量也会有误差，这就是误差的传递。表达各直接测量值的误差与间接测量值的误差之间的关系式，称为误差传递公式。

一、间接测量结果的最佳值

设间接测量值 Y 与各直接测量值 $x_1, x_2, \cdots, x_m$ 有下列函数关系

$$Y = f(x_1, x_2, \cdots, x_m) \tag{2-5-1}$$

其中 $x_1, x_2, \cdots, x_m$ 为彼此独立的直接测量值。

在直接测量中，我们以算术平均值 $\overline{x}$ 作为测量结果的最佳值。在间接测量中，既然 $\overline{x}_1, \overline{x}_2, \cdots, \overline{x}_m$ 为各直接测量结果的最佳值，则可以证明间接测量结果的最佳值 $\overline{Y}$ 可表示为：

$$\overline{Y} = f(\overline{x}_1, \overline{x}_2, \cdots, \overline{x}_m) \tag{2-5-2}$$

即间接测量结果的最佳值用各直接测量结果的算术平均值代入函数关系式（2-5-2）而求得。

二、误差传递的基本公式

对式（2-5-1）求全微分，有

$$dY = \frac{\partial f}{\partial x_1}dx_1 + \frac{\partial f}{\partial x_2}dx_2 + \cdots + \frac{\partial f}{\partial x_m}dx_m \tag{2-5-3}$$

式（2-5-3）表示：当 $x_1, x_2, \cdots, x_m$ 有微小改变 $dx_1, dx_2, \cdots, dx_m$ 时，Y 改变 dY。通常误差远小于测得值，把 $dx_1, dx_2, \cdots, dx_m, dY$ 看做误差，上式就是误差传递公式了。

有时把 Y 取对数后再全微分,有

$$\ln y = \ln f(x_1, x_2, \cdots, x_m)$$

及

$$\frac{\mathrm{d}Y}{Y} = \frac{\partial \ln f}{\partial x_1}\mathrm{d}x_1 + \frac{\partial \ln f}{\partial x_2}\mathrm{d}x_2 + \cdots + \frac{\partial \ln f}{\partial x_m}\mathrm{d}x_m \qquad (2-5-4)$$

式(2-5-3)和式(2-5-4)就是误差传递的基本公式。

式(2-5-3)中的 $\frac{\partial f}{\partial x_1}\mathrm{d}x_1, \frac{\partial f}{\partial x_2}\mathrm{d}x_2, \cdots, \frac{\partial f}{\partial x_m}\mathrm{d}x_m$ 与式(2-5-4)中的 $\frac{\partial \ln f}{\partial x_1}\mathrm{d}x_1, \frac{\partial \ln f}{\partial x_2}\mathrm{d}x_2, \cdots,$ $\frac{\partial \ln f}{\partial x_m}\mathrm{d}x_m$ 各项称为分误差。$\frac{\partial f}{\partial x_1}, \frac{\partial f}{\partial x_2}, \cdots, \frac{\partial f}{\partial x_m}, \frac{\partial \ln f}{\partial x_1}, \frac{\partial \ln f}{\partial x_2}, \cdots, \frac{\partial \ln f}{\partial x_m}$ 称为误差的传递系数。由式(2-5-3)和式(2-5-4)可知:一个量的测量误差对于总误差的贡献,不仅取决于本身误差大小,还取决于误差传递系数。

三、间接测量的不确定度和结果的表示

由各部分的分误差组合成总误差,就是误差的合成。设在实验中对 m 个直接测量值各作了 n 次测量,则由式(2-5-3)得每次测量的误差为

$$\mathrm{d}Y_i = \frac{\partial f}{\partial x_1}\mathrm{d}x_{1i} + \frac{\partial f}{\partial x_2}\mathrm{d}x_{2i} + \cdots + \frac{\partial f}{\partial x_m}\mathrm{d}x_{mi} \qquad (i = 1, 2, \cdots)$$

将上列各式两边各自平方后求和并除以 n 得

$$\frac{1}{n}\sum_{i=1}^{n}\mathrm{d}Y_i^2 = \frac{1}{n}(\frac{\partial f}{\partial x_1})^2\sum_{i=1}^{n}\mathrm{d}x_{1i}^2 + \frac{1}{n}(\frac{\partial f}{\partial x_2})^2\sum_{i=1}^{n}\mathrm{d}x_{2i}^2 + \cdots$$
$$+ \frac{1}{n}(\frac{\partial f}{\partial x_m})^2\sum_{i=1}^{n}\mathrm{d}x_{mi}^2 + \frac{2}{n}(\frac{\partial f}{\partial x_1})(\frac{\partial f}{\partial x_2})\sum_{i=1}^{n}\mathrm{d}x_{2i}\mathrm{d}x_{1i} + \cdots$$

由于各直接测量值彼此独立,则各测量值中的 $\mathrm{d}x_{1i}, \mathrm{d}x_{2i}, \cdots, \mathrm{d}x_{mi}$ 等可正可负,可大可小,其交叉乘积项之和在 n 增大时将趋于零,所以

$$\frac{1}{n}\sum_{i=1}^{n}\mathrm{d}Y_i^2 = \frac{1}{n}(\frac{\partial f}{\partial x_1})^2\sum_{i=1}^{n}\mathrm{d}x_{1i}^2 + \frac{1}{n}(\frac{\partial f}{\partial x_2})^2\sum_{i=1}^{n}\mathrm{d}x_{2i}^2 + \cdots + \frac{1}{n}(\frac{\partial f}{\partial x_m})^2\sum_{i=1}^{n}\mathrm{d}x_{mi}^2$$

按照均方差式(2-3-2)的定义,得

$$\sigma_Y^2 = (\frac{\partial f}{\partial x_1})^2\sigma_{x_1}^2 + (\frac{\partial f}{\partial x_2})^2\sigma_{x_2}^2 + \cdots + (\frac{\partial f}{\partial x_m})^2\sigma_{x_m}^2 \qquad (2-5-5)$$

同理由式(2-5-4)可得

$$(\frac{\sigma_Y}{Y})^2 = (\frac{\partial \ln f}{\partial x_1})^2\sigma_{x_1}^2 + (\frac{\partial \ln f}{\partial x_2})^2\sigma_{x_2}^2 + \cdots + (\frac{\partial \ln f}{\partial x_m})^2\sigma_{x_m}^2 \qquad (2-5-6)$$

式(2-5-5)和式(2-5-6)即是标准偏差的传递公式。可进一步写为

$$\sigma_Y = \sqrt{(\frac{\partial f}{\partial x_1})^2\sigma_{x_1}^2 + (\frac{\partial f}{\partial x_2})^2\sigma_{x_2}^2 + \cdots + (\frac{\partial f}{\partial x_m})^2\sigma_{x_m}^2} = \sqrt{\sum_{i=1}^{m}(\frac{\partial f}{\partial x_i}\sigma_{x_i})^2} \quad (2-5-7)$$

$$\frac{\sigma_Y}{Y} = \sqrt{(\frac{\partial \ln f}{\partial x_1})^2\sigma_{x_1}^2 + (\frac{\partial \ln f}{\partial x_2})^2\sigma_{x_2}^2 + \cdots + (\frac{\partial \ln f}{\partial x_m})^2\sigma_{x_m}^2} = \sqrt{\sum_{i=1}^{m}(\frac{\partial \ln f}{\partial x_i}\sigma_{x_i})^2} \quad (2-5-8)$$

根据式(2-5-7)和式(2-5-8),用不确定度 u 代替标准偏差 σ,便得到简化计算间接测量值不确定度的公式

$$u_Y = \sqrt{(\frac{\partial f}{\partial x_1})^2 u_{x_1}^2 + (\frac{\partial f}{\partial x_2})^2 u_{x_2}^2 + \cdots + (\frac{\partial f}{\partial x_m})^2 u_{x_m}^2} = \sqrt{\sum_{i=1}^{m}(\frac{\partial f}{\partial x_i}u_i)^2} \quad (2-5-9)$$

$$\frac{u_Y}{Y} = \sqrt{(\frac{\partial \ln f}{\partial x_1})^2 u_{x_1}^2 + (\frac{\partial \ln f}{\partial x_2})^2 u_{x_2}^2 + \cdots + (\frac{\partial \ln f}{\partial x_m})^2 u_{x_m}^2} = \sqrt{\sum_{i=1}^{m}(\frac{\partial \ln f}{\partial x_i}u_{x_i})^2}$$

$$(2-5-10)$$

归纳起来,求间接测量值的误差步骤为:

(1)对函数 $Y = f(x_1, x_2, \cdots, x_m)$ 求全微分,或先取对数再求全微分;

(2)合并同一变量的系数;

(3)将微分号改为绝对误差即不确定度符号 u,求平方和,再开平方。(注意:各项均用"+"号相连。)

式(2-5-9)和式(2-5-10)用于计算间接测量值的不确定度,在实际中可根据函数的具体形式适当选用。一般来说,对和差关系的函数选用式(2-5-9)较方便,对积商关系的函数选用式(2-5-10)较方便。另外,这两个式子可以用来分析各直接测量值的误差对间接测量值的误差影响的大小,为改进实验指明了方向,为设计实验提供了必要的依据。

间接测量结果的表述与直接测量结果的表达形式相同,即

$$Y = \overline{Y} \pm u_Y$$

$$\eta = \frac{u_Y}{Y} \times 100\%$$

当测量次数较少($n \leqslant 5$)或实验中以系统误差为主时,其不确定度可采用绝对值合成的方法,即

$$u_Y = \left|\frac{\partial f}{\partial x_1}u_{x_1}\right| + \left|\frac{\partial f}{\partial x_2}u_{x_2}\right| + \cdots + \left|\frac{\partial f}{\partial x_m}u_{x_m}\right|$$

$$\eta = \frac{u_Y}{Y} = \left|\frac{\partial \ln f}{\partial x_1}u_{x_1}\right| + \left|\frac{\partial \ln f}{\partial x_2}u_{x_2}\right| + \cdots + \left|\frac{\partial \ln f}{\partial x_m}u_{x_m}\right|$$

用这种方法合成的结果一般偏大。但此法比较简单,在有些情况下运用比较方便。

例 2-5-1 用流体静力学称衡法测固体密度的公式为 $\rho = \frac{m}{m - m_1}\rho_0$,测得 $m = (27.06 \pm 0.02)$ g,$m_1 = (17.03 + 0.02)$ g,$\rho_0 = (0.9997 \pm 0.0003)$ g·cm^{-3},试计算不确定度,并表示测量结果。

解 (1)函数式为积商形式,故先取对数,再求全微分,有

$$\ln\rho = \ln m - \ln(m - m_1) + \ln\rho_0$$

$$\frac{\mathrm{d}\rho}{\rho} = \frac{\mathrm{d}m}{m} - \frac{\mathrm{d}m - \mathrm{d}m_1}{m - m_1} + \frac{\mathrm{d}\rho_0}{\rho_0}$$

(2)合并同一变量系数

$$\frac{\mathrm{d}\rho}{\rho} = \frac{-m_1}{m(m - m_1)}\mathrm{d}m + \frac{1}{m - m_1}\mathrm{d}m_1 + \frac{\mathrm{d}\rho_0}{\rho_0}$$

(3)将微分号变成绝对误差号,平方相加再开方

$$\eta_\rho = \frac{u_\rho}{\rho} = \sqrt{\frac{m_1^2}{m^2(m - m_1)^2}u_m^2 + \frac{1}{(m - m_1)^2}u_{m1}^2 + \frac{1}{\rho_0^2}u_{\rho_0}^2}$$

（4）由已知条件，得

$$\bar{\rho} = \frac{27.06}{27.06 - 17.03} \times 0.9997 = 2.697 \text{ g} \cdot \text{cm}^{-3}$$

$$\frac{u_\rho}{\rho} = \sqrt{\frac{17^2}{27^2(27-17)^2} \times 0.02^2 + \frac{0.02^2}{(27-17)^2} + \frac{0.0003^2}{1.0^2}}$$

$$= \sqrt{1.6 \times 10^{-6} + 4 \times 10^{-6} + 9 \times 10^{-8}} = 2.4 \times 10^{-3} = 0.24\%$$

$$u_\rho = \eta_\rho \cdot \bar{\rho} = 2.697 \times 2.4 \times 10^{-3} = 0.006 \text{ g} \cdot \text{cm}^{-3}$$

$$\rho = \bar{\rho} \pm u_\rho = (2.697 \pm 0.006) \text{ g} \cdot \text{cm}^{-3}$$

由误差的合成公式可知，在误差合成时起主要作用的常常只是其中一、二项或少数几项分误差。当分误差对总误差的贡献很小时，例如占总误差的 1/10 以下，就可以把这项误差略去不计。即先把各项误差归结成 10 的负多少次方，然后以分误差中最大项为准，其他分误差项小于最大项 1/3 以下时就可以略去不计。如本例中略去 $\frac{u_{\rho_0}^2}{\rho_0^2}$ 分误差，即 9×10^{-8}。这样可以简化计算。抓住主要因素，忽略次要因素是研究物理学的主要方法之一。

例 2-5-2　用伏安法测电阻，电路如图 2-5-1，所用仪器及参数如下：电流表：1.0 级，量程 150 mA；电压表：1.0 级，量程 3 V，内阻 $R_V = (1001 \pm 4)\ \Omega$。测量数据为：$U = 3.00$ V，$I = 147.4$ mA。求 R。

解　（1）本实验中主要误差来源是：①方法误差——由于电流表外接而产生的系统误差，使 $R_测 < R_真$；②电压测量误差；③电流测量误差。

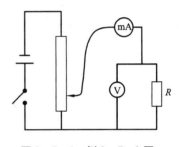

图 2-5-1　例 2-5-2 图

（2）①属于可定系统误差，应在计算不确定度前予以修正，修正 R 的计算公式为：

$$R = \frac{U}{I_R} = \frac{U}{I - I_V} = \frac{U}{I - U/R_V} = \frac{UR_V}{IR_V - U}$$

（3）②和③的误差来源较多，包括仪器误差、读数误差，导线接触电阻带来的误差等，这里主要是仪器误差，故

$$u_V = 3 \text{ V} \times 1.0\% = 0.03 \text{ V}$$

$$u_I = 150 \text{ mA} \times 1.0\% = 1.5 \text{ mA}$$

（4）测量值：　　　$R = \frac{UR_V}{IR_V - U} = \frac{3.00 \times 1001}{147.4 \times 10^{-3} \times 1001 - 3.00} = 20.77\ \Omega$

（5）由测量公式导出合成不确定度

将上式取对数并微分：

$$\ln R = \ln U + \ln R_V - \ln(IR_V - U)$$

$$\frac{dR}{R} = \frac{dU}{U} + \frac{dR_V}{R_V} - \frac{I dR_V + R_V dI - dU}{IR_V - U}$$

合并同类项：

$$\frac{dR}{R} = \left(\frac{1}{U} + \frac{1}{IR_V - U}\right)dU + \left(\frac{1}{R_V} - \frac{I}{IR_V - U}\right)dR_V - \frac{R_V}{IR_V - U}dI$$

将微分号改成不确定度符号,并对各独立项取方和根(平方、求和、开方)值,得相对不确定度:

$$\frac{u_R}{R} = \sqrt{\left(\frac{1}{U} + \frac{1}{IR_V - U}\right)^2 u_V^2 + \left(\frac{1}{R_V} - \frac{I}{IR_V - U}\right)^2 u_{R_V}^2 + \left(\frac{R_V}{IR_V - U}\right)^2 u_I^2}$$

$$= \sqrt{\left[\frac{IR_V}{U(IR_V - U)} u_V\right]^2 + \left[\frac{-U}{R_V(IR_V - U)} u_{R_V}\right]^2 + \left(\frac{R_V}{IR_V - U} u_I^2\right)^2} \text{(代入数据)}$$

$$= \sqrt{\left(\frac{147}{3 \times 144} \times 0.03\right)^2 + \left(\frac{3}{144 \times 10^3} \times 4\right)^2 + \left(\frac{10^3}{144} \times 1.5 \times 10^{-3}\right)^2}$$

$$= \sqrt{1.04 \times 10^{-4} + 0.007 \times 10^{-6} + 1.09 \times 10^{-4}} \text{(略去小于最大分误差} \frac{1}{3} \text{的项)}$$

$$= \sqrt{1.04 \times 10^{-4} + 1.09 \times 10^{-4}}$$

$$= 1.5\%$$

在测量公式中引入了修正项以提高测量准确度。在计算不确定度时,当修正项是一个相对小量时,它对不确定度的贡献通常可以略去。即把各项按数量级作出分类,通常可以略去其中小一个数量级以上的项,只计算主要项的误差。在这个实验中,电压表的内阻 $R_V \gg R$,则可把它的影响作为修正项处理。为此,将测量公式改写为:

$$R = \frac{U}{I} \quad \text{(流过 } R_V \text{ 的电流略去不计)}$$

$$\frac{u_R}{R} = \sqrt{\left(\frac{u_V}{V}\right)^2 + \left(\frac{u_I}{I}\right)^2} = \sqrt{\left(\frac{0.03}{3.0}\right)^2 + \left(\frac{1.5 \times 10^{-3}}{147 \times 10^{-3}}\right)^2}$$

$$= \sqrt{1 \times 10^{-4} + 1 \times 10^{-4}} = 1.5\%$$

结果与前一方法得到的一致,但计算简化了许多。应当提出的是,把修正项当作小项略去,这在事先或事后应给出定量的核算或说明。如本例中就是要验算 $R_V \gg R$。

合成不确定度为:

$$u_R = \left(\frac{u_R}{R}\right) \times R = 21 \times 1.5\% = 0.32 = 0.4 \text{ } (\Omega)$$

由于误差是估算,其结果只取一位或二位数字,为简单起见,我们规定不确定度只取一位数字,尾数除零以外,一律进位。下同。

(6)测量结果

测量结果数值的最后一位要与绝对误差(即不确定度)所在的一位对齐,即

$$R = (20.8 \pm 0.4) \text{ } \Omega$$

$$E_R = \frac{0.4}{21} \times 100\% = 2\%$$

例 2 − 5 − 3 用李萨如图形测市电频率的不确定度分析。

将标准频率 f_0 的信号和待测的市电信号分别输入示波器的 x 轴和 y 轴,标准频率为晶体振荡器频率分频 50 Hz,频率精度为 $\frac{u_{f_0}}{f_0} = 1 \times 10^{-5}$。由于被测频率不是准确地等于 50 Hz,故示波器上显示的图形在转动,经过多次测量,取算术平均值,得一分钟转 14 次,求 f_x 及其不确定度。

解 （1）由测量方法可知 $f_x = f_0 \pm \frac{n}{t}$（$\frac{n}{t}$ 为每分钟转速），由图形转动方向可判定 f_x 大于标准频率，故

$$\bar{f}_x = f_0 + \frac{\bar{n}}{t}$$

（2）求 f_x 的不确定度

① f_x 的不确定度表达式：

$$\mathrm{d}f_x = \mathrm{d}f_0 + \frac{t\mathrm{d}n - n\mathrm{d}t}{t^2} = \mathrm{d}f_0 + \frac{\mathrm{d}n}{t} - \frac{n\mathrm{d}t}{t^2}$$

不确定度：

$$u_{f_x} = \sqrt{u_{f_0}^2 + \left(\frac{1}{t}u_n\right)^2 + \left(\frac{n}{t^2}u_t\right)^2}$$

② 确定各分量的值：

a. $u_{f_0} = f_0 \times 10^{-5} = 5 \times 10^{-4}$ Hz。

b. 测量 n 的误差主要来源于李萨如图形一定宽度，结合图形宽度的实际情况，估计测量 n 的误差限为 $u_n = 0.04$。

c. 测量 t 的误差来源主要有二种，一是计时操作带来的误差，二是秒表本身的误差。计时开始与停止，秒表未及时按，估计其误差限值为 0.2 s，则 $u_{t_1} = 0.2$ s。

秒表本身的误差：一个合格的秒表，走一分钟其误差不会超过 0.06 s，故取 $u_{t_2} = 0.06$ s

u_{t_1} 与 u_{t_2} 这两个误差产生的原因彼此无关，故测量时间的不确定度：

$$u_t = \sqrt{u_{t_1}^2 + u_{t_2}^2} = \sqrt{0.2^2 + 0.06^2} = 0.2$$

③ f_x 的不确定度：

$$\begin{aligned}
u_{f_x} &= \sqrt{u_{f_0}^2 + \left(\frac{1}{t}u_n\right)^2 + \left(\frac{n}{t^2}u_t\right)^2} \\
&= \sqrt{(5 \times 10^{-4})^2 + \left(\frac{1}{60} \times 4 \times 10^{-2}\right)^2 + \left(\frac{14}{60^2} \times 0.2\right)^2} \\
&= \sqrt{25 \times 10^{-8} + 44 \times 10^{-8} + 60 \times 10^{-8}} \\
&= 2 \times 10^{-3}
\end{aligned}$$

（3）$\bar{f}_x = f_0 + \frac{n}{t} = 50 + \frac{14}{60} = 50.2333$ Hz

（4）测量结果：

$$f_x = (50.233 \pm 0.002)\ \text{Hz}$$

$$E_{fx} = \frac{2 \times 10^{-3}}{50} \times 100\% = 0.004\%$$

四、误差分析应用举例

如前所述，误差分析的应用贯穿实验的始终，而且大量的实际应用常常是估算，或作单项误差估计，不一定要全部写出误差的数学表达式来。

下面举两个误差分析的应用例子。

例 2 – 5 – 4 通过测定直径 D 和高 h 求圆柱的体积 V。已知:$D \approx 0.8$ cm,$h \approx 3.2$ cm,问:

(1)D 和 h 的误差 u_D 和 u_h 对 u_V 的影响如何?

(2)如果用米尺测量,其仪器误差 $u_{\text{米}} \approx 0.01$ cm,用游标尺测量,其仪器误差 $u_{\text{游}} \approx 0.002$ cm,用螺旋测微计测量,其仪器误差 $u_{\text{螺}} \approx 0.001$ cm,问如果要求 $\eta_V \approx 0.5\%$ 应选用哪种仪器?

解 根据 $V = \dfrac{\pi}{4} D^2 h$

(1) $$u_V = \sqrt{\left(\frac{\partial V}{\partial D}\right)^2 u_D^2 + \left(\frac{\partial V}{\partial h}\right)^2 u_h^2} = \sqrt{\left(\frac{\pi}{2} Dh\right)^2 u_D^2 + \left(\frac{\pi}{4} D^2\right)^2 u_h^2}$$
$$= \sqrt{16 u_D^2 + 0.25 u_h^2}$$

如果 $u_D \approx u_h$,则带有 u_D 项的分误差对 u_V 的影响远大于带有 u_h 项的分误差的影响,故 u_h 项可略去不计。即使 $u_h = 2.5 u_D$,$\dfrac{16 u_D^2}{0.25 u_h^2} \approx 10$,$u_h$ 项仍可略去不计。

(2) $$\eta_V = \frac{u_V}{V} = \sqrt{\left(\frac{\partial \ln V}{\partial D}\right)^2 \cdot u_D^2 + \left(\frac{\partial \ln V}{\partial h}\right)^2 \cdot u_h^2} = \sqrt{4\left(\frac{u_D}{D}\right)^2 + \left(\frac{u_h}{h}\right)^2}$$

(a)如果都用米尺测量,则 $\sqrt{4\left(\dfrac{u_D}{D}\right)^2} \approx \sqrt{4\left(\dfrac{1}{80}\right)^2} = \dfrac{2}{80} = 2.5\%$,已经超过要求,不可行。

(b)如果都用游标尺测量,$4\left(\dfrac{u_D}{D}\right)^2 \approx 4\left(\dfrac{2}{8.0 \times 10^2}\right)^2 \approx \left(\dfrac{5}{1.0 \times 10^3}\right)^2$,$\left(\dfrac{u_h}{h}\right)^2 \approx \left(\dfrac{1}{1.6 \times 10^3}\right)^2$。两项相比,$\left(\dfrac{u_h}{h}\right)^2$ 可忽略不计,则 $\eta_V = \dfrac{2u_D}{D} \approx 0.5\%$,可行。

可以看出,影响精确度的主要因素是对直径 D 的测量,故我们可选用螺旋测微计测 D,游标尺测 h。这样可以更好地达到要求。

第六节 有效数字及其运算

实验中总要记录很多数值,并进行计算,但是记录时应取几位,运算后应留几位,这是实验数据处理的重要问题,为此我们引入了有效数字的概念。

一、有效数字与读数规则

1. 有效数字

我们把测量结果中可靠的几位数字加上有误差的一位数字,称为测量结果的有效数字。可见,有效数字的最后一位数字是不确定的,有效数字的多少,表示了测量所能达到的准确程度,这与所用的测量工具有关。即当被测物理量和测量仪器选定后,测量值的有效数字位数就已经确定了。

2. 仪器的读数规则

测量就要从仪器上读数,读数包括仪器上指示的全部确定的数字和能够估计出来的数字。在测量中,有一些仪器读数是需要估读的,如米尺、螺旋测微计、指针式电表等。在读数时,可以将估读位读到最小刻度值的 1/2 到 1/10。对于分度式的仪表,读数要到分度的 1/10,例如分度是 1 mm 的尺,测量时一定要估测到 0.1 mm 那一位;分度是 0.01A 的安培计，测量时一定要估测到 0.001A 那一位。但有的指针式仪表，它的分度较窄，而指针较宽（大于分度的 1/5），这时要读到最小分度的 1/10 有困难，可以读到分度的 1/5 甚至 1/2。

3. 有效位数的认定

（1）有效数字的位数与小数点的位置无关。如 1.56 与 0.0156 都是三位有效数字，可见由大单位转换为小单位或由小单位转换为大单位时，原数的有效位不变。

（2）以第一个不为零的数字为标准，它左边的 0 不是有效数字，而它右边的 0 是有效数字。如 0.0156 是三位有效数字，0.01560 是四位有效数字，也就是说，当 0 只是用来表示小数点位置的，它不是有效数字，否则，它是有效数字。可见，作为有效数字的 0，不可省略不写。例如，不能将 0.01560 cm 写成 0.0156 cm，因为它们的准确程度是不同的。

二、有效数字的运算规则

有效数字在进行运算时，应使结果具有足够的有效数字，不能少算，也不能多算，少算了会带来附加误差，降低了结果的准确程度；多算了也不会减小误差。有效数字运算取舍的原则是运算结果保留一位可疑数字。

1. 加减运算

几个数相加减时，其运算后的末位，应当和参加运算各数中最先出现的可疑位一致。

例如：

$$
\begin{array}{r}
214.24 \\
26.7 \\
+\,0.123 \\
\hline
241.063
\end{array}
$$

结果为 241.1（数字下有横线的是可疑数，仍算有效数字）。

最后，结果的可疑数字与各数值中最先出现的可疑数字对齐。

2. 乘除运算

乘除运算后的有效数字位数，可估计为和参加运算各数中有效数字最少的相同。

例如：

$$
\begin{array}{r}
1.1123 \\
\times\quad 1.21 \\
\hline
11123 \\
22246 \\
11123\quad \\
\hline
1.345883
\end{array}
$$

因为一个数字与一个可疑数字相乘，其结果必然是可疑数字。所以，由上面运算过程可知，小数点后面第二位的 4 及其以后的数字都是可疑数字。按照保留一位可疑数字的原则，计算结果应写成 1.34，为三位有效数字。这与上面叙述的乘除运算法则是一致的，即在此例中，五位有效数字与三位有效数字相乘，计算结果为三位有效数字。除法是乘法的逆运算，运算法则与此相同。

3. 乘方、开方运算

乘方、开方运算的有效位数与其底数相同。

4. 三角函数、对数运算

对于这类运算,可将函数的自变量末位变化1,两个运算结果产生差异的最高位就是应保留的有效位的最后一位。

例如:$x = 43°26'$,求 $\sin x = ?$

由计算器(或查表)求出

$$\sin 43°26' = 0.6875100985$$
$$\sin 43°27' = 0.6877213051$$

由此可知应取:$\sin 43°26' = 0.6875$

三、使用有效数字规则时的注意事项

(1)物理公式中有些数值,不是实验测量值,例如,测量圆柱体的直径 d 和长度 l,求其体积 V 的公式 $V = \dfrac{1}{4}\pi d^2 l$ 中的 $\dfrac{1}{4}$ 不是测量值,在确定 V 的有效数字位数时不必考虑 $\dfrac{1}{4}$ 的位数。

(2)对数运算时,首数不算有效数字。

(3)首位数是8或9的同位数值在乘除运算中,计算有效数字位数时,可多算一位。

例如,$9.81 \times 16.24 = 159.3$,按9.81是三位有效数字,结果应取159,但因为9.81的首位数是9,可将9.81算作4位数,所以结果取159.3。

(4)有多个数值参加运算时,在运算中途应比按有效数字运算规则规定的多保留一位,以防止由于多次取舍引入计算误差,但运算最后仍应舍去。

例如:求 $3.144 \times (3.615^2 - 2.684^2) \times 12.39 = ?$

$$3.144 \times (3.615^2 - 2.684^2) \times 12.39$$
$$= 3.144 \times (13.06\overline{8} - 7.203\overline{9}) \times 12.39$$
$$= 3.144 \times 5.86\overline{4} \times 12.39 = 228$$

数字上有横线的不是有效数字,运算过程中保留它,是为了减少舍入误差,这样的数称为安全数字。

四、数值的修约规则

运算后的数值只保留有效数字,其他数字应舍去,要舍弃的数字的第一位应按如下修约规则处理。

(1)开始要舍去的第一位是1、2、3、4时就舍去;是6、7、8、9时,在舍去的同时进1。

例如:将下列数保留三位小数

2.14346→2.143

2.14372→2.144

(2)要舍去的一位是5,而保留的最后一位为奇数,则舍去5进1,如果要保留的最后的一位是偶数则舍去5不进1,但是5的下一位不是零时仍然要进位。

例如:将下列数保留三位小数

2.14350→2.144

2.14450→2.144

2.14451→2.145

在前面已谈到直接测量值是准确的读数加上一位估读数组成。例如用钢板尺测量铜棒的长度为 18.65 cm，18.6 这三位数是可以从钢板尺上准确读出来的，是准确和可靠的，故称为可靠数；最后一位 0.05 是估读出来的，是不十分准确和可靠的，故称为可疑数。但在测量中我们还是保留了它，这是因为若将它删去，会明显地扩大误差。虽然可靠数和可疑数有差别，但是都是有价值的。

五、一般规定

(1)有效数字含一位可疑数，该可疑数与测量结果的不确定度看齐。

例如：$L = (3.1869 \pm 0.0008)$ m 式中 3.1869 为测量值，有 5 位有效数字，小数点后第四位 9 为可疑数，与测量结果的不确定度(即 0.0008)对齐，测量结果的不确定度一般取一位数。

(2)有效数字与小数点的位置或单位无关；但提倡采用国际单位制，用科学计数法将有效位数的首位作个位，其余各位均处于小数点后，再乘以 10 的方幂。例如：2 001 nm = 2.001 μm = 2.001 $\times 10^{-4}$ cm = 2.001 $\times 10^{-6}$ m

(3)尾数的取舍法则。在数据处理过程中经常遇到数据尾数的截取和取舍的问题。过去常用的四舍五入法则，仔细分析会发现不是十分合理的，入的几率大于舍的几率，使整个实验结果偏差较大。为了消除这种影响，对原有的四舍五入法则进行修改，变为：当测量值的可疑位数的后一位不等于 5 时，采用大于 5 进，小于 5 舍的方法，而当可疑位数的后一位正好等于 5 时，有效数字的可疑位是奇数时就进，可疑位是偶数时就舍。

例如：某测量结果为 $\bar{L} = 32.65$ cm，但根据不确定度的计算，可疑位在小数点后面第一位 "6" 上，即测量结果只有三位有效数字，此时有 32.65 cm→32.6 cm，若测量结果为 $\bar{L} = 32.75$ cm，则有 32.75 cm→32.8 cm，可疑位奇数变偶数。

第七节 实验数据的处理方法

在做完实验后，我们需要对实验中测量的数据进行计算、分析和整理，进行去粗取精，去伪存真的工作，从中得到最终的结论和找出实验的规律，这一过程称为数据处理。实验数据处理是实验工作中一个不可缺少的部分。下面介绍实验数据处理常用的几种方法。

一、列表法

列表法就是将实验中测量的数据、计算过程数据和最终结果等以一定的形式和顺序列成表格。列表法的优点是结构紧凑、条目清晰，可以简明地表示出有关物理量之间的对应关系，便于分析比较、便于随时检查错误，易于寻找物理量之间的相互关系和变化规律。同时数据列表也是图示法、解析法的数值基础。

列表的要求：

(1)简单明了，便于看出有关量之间的关系，便于处理数据。

（2）必须注明表中各符号所代表的物理量、单位。

（3）表中记录的数据必须忠实于原始测量结果、符合有关的标准和规则。应正确地反映测量值的有效位数，尤其不允许忘记末位为"0"的有效数字。

（4）在表的上方应当写出表的内容（即表名）。

二、图示法

图示法就是在专用的坐标纸上将实验数据之间的对应关系描绘成图线。通过图线可直观、形象地将物理量之间的对应关系清楚地表示出来，它最能反映这些物理量之间的变化规律。而且图线具有完整连续性，通过内插、外延等方法可以找出它们之间对应的函数关系，求得经验公式，探求物理量之间的变化规律；通过作图还可以帮助我们发现测量中的失误、不足与"坏值"，指导进一步的实验和测量。定量的图线一般都是工程师和科学工作者最感兴趣的实验结果表达形式之一。

函数图像可以直接由函数（图示）记录仪或示波器（加上摄影记录）或计算机屏幕（打印机）画出。但在物理教学实验中，更多的是由列表所得的数值在坐标纸上画成。为了保证实验的图线达到"直观、简明、清晰、方便"，而且准确度符合原始数据，由列表转而画成图线时，应遵从如下的步骤及要求。

1. 图纸选择

依据物理量变化的特点和参数，先确定选用合适的坐标纸，如直角坐标纸、双对数坐标纸、单对数坐标纸、极坐标纸或其他坐标纸等。原则上数据中的可靠数字在图中也应可靠，数据中的可疑位在图中应是估计的，使从图中读到的有效数字位数与测量的读数相当。例如：作电阻 $R(\Omega)$ 与温度 $T(℃)$ 的图时，可以选用直角坐标纸或单对数坐标纸作图。选择何种坐标纸要看需要，若要求从任一温度值得到对应的电阻值，或某点的电阻温度系数，则用直角坐标纸较为合适；若要计算半导体热敏电阻 $R_T = Ae^{\frac{B}{T}}$ 中的常数 A 和 B，则用单对数坐标纸较为合适。

2. 定标与分度

合理选轴，正确分度，是一张图做得好坏的关键，在习惯上常将自变量作横坐标轴（X 轴），因变量作纵坐标轴（Y 轴）。在两个变化的物理量中，究竟谁为自变量或因变量，应根据实验方法和数据特性来判断。例如在上例中，我们可取温度 T 为 X 轴，电阻 R 为 Y 轴。当坐标轴确定后，应当注明该轴所代表的物理量名称的单位，还要在轴上均匀地标明该物理量的坐标分度，在标注坐标分度时应注意：

（1）分度应使每个点的坐标值都能迅速方便地读出。一般用一大格（1 cm）代表 1、2、5、10 个单位，因为这样不仅标点和读数都比较方便，而且也不容易出错。

（2）坐标的分度不一定从零开始，可以用低于原始数据最小值的某一个整数作为坐标分度的起点，用高于测量数据的最大值的某一整数作为终点，两轴的比例也不同。这样，图线可充满所选用的图纸。

3. 描点

根据数表列的测量值，在坐标系内用削细的铅笔逐个描上"×"或其他准确清晰的标志。若在同一张图上要标志几条不同的曲线，为区别不同的函数关系的点，可以用不同的符号作出标记,如用"○"、"+"等,以示区别,并在适当的位置上注明各符号代表的意义。注意,在描点时,交叉或中心点应是数据的最佳值。

4. 连线

依照数据点体现的函数关系的总规律和测量要求,确定用何种曲线。若校准电表,采用折线连接每个测量点,而在大多数情况下,物理量在某一范围内连续变化,故采用光滑的直线或曲线。该曲线应尽可能通过或接近大多数测量数据点,并使数据点尽可能均匀对称地分布在曲线的两侧。对于个别大于 3σ 的"错值"或"坏值"可以舍去。

5. 曲线的内插与外延

在有经验、有把握的情况下,可以将实验所得的图线向着本次实验数据范围以外的区域(按原有的规律)延伸并且用虚线画出,以区别范围内的图线。如图 2-7-1 所示。

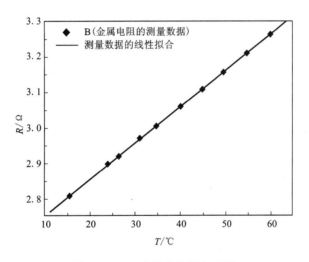

图 2-7-1　曲线的外延与内插

值得注意的是实验图线不能随意延伸,不能认为在某范围内得到的规律就可以通用于另一范围。例如金属的电阻,温度关系在极低温度和高温下并不是线性的,因此不能把室温下测量的结果任意延伸到极低温和高温区域。任意延伸不但有风险,而且这样做的本身也是一种不实事求是的态度。

6. 坐标变换

某些函数关系是非线性的,不仅曲线不易画准确,而且也难以从曲线上得到物理量之间的函数关系。若能通过坐标变换,使曲线变成直线,既降低了作图的难度,更重要的是便于寻找物理量之间的函数关系,获得经验公式。还以半导体的温度曲线为例,将 Y 轴 $R_T(\Omega)$ 变化为 $\ln R_T(\Omega)$,将 X 轴的 $T(\text{℃})$ 变换为 $T^{-1}(\text{K}^{-1})$ 作图,$\ln R_T(\Omega)-T^{-1}(\text{K}^{-1})$ 曲线为一直线。如图 2-7-2 所示。

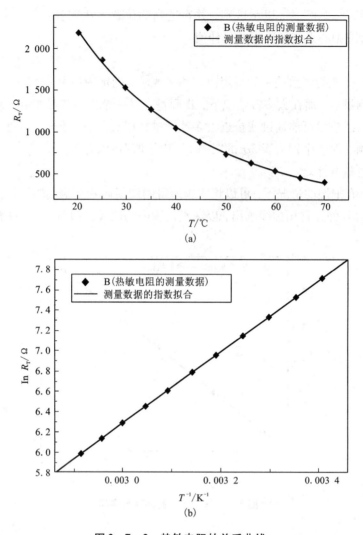

图 2 - 7 - 2　热敏电阻的关系曲线

(a)热敏电阻的 $R_T(\Omega) - T$ 曲线；(b)热敏电阻的 $\mathrm{In}R_T(\Omega) - T^{-1}(\mathrm{K}^{-1})$ 曲线

7.标写图名

在图的下方书写上完整的图名，一般是将纵坐标所代表的物理量写在前面，横轴所代表的物理量写在后面。必要时，还应在图的下方或其他空白处，注明实验条件或其他相关内容，作出简要的说明。

三、图解法

利用图示法得到物理量之间的关系图线，采用解析方法得到与图线所对应的函数关系——经验公式的方法称为图解法。在物理实验中，经常遇到的图线是直线、抛物线、双曲线、指数曲线和对数曲线等，下面我们对以上各种情况分别进行讨论。

1.直线方程

设直线方程 $y = ax + b$，在直角坐标纸上 Y 轴为纵轴，则 a 为此直线的斜率，b 为直线的 Y 轴上的截距。要建立经验公式，则需求出 a 和 b。

（1）求斜率 a：首先在画好的直线上任取两点，但不要相距太近，一般取靠近直线的两端 $P_1(x_1, y_1)$，$P(x_2, y_2)$，其 x 坐标最好取整数。于是得出：

$$a = \frac{y_2 - y_1}{x_2 - x_1} \tag{2-7-1}$$

（2）求截距 b：如果 x 轴的零点刚好在坐标原点，则可直接从图线上读取截距 $b = y$；否则可将直线上选出的点（如 x_2，y_2）和斜率 a 代入方程，求得：

$$b = y_2 - \left(\frac{y_2 - y_1}{x_2 - x_1}\right)x_2 \tag{2-7-2}$$

2. 非直线方程

要想直接建立非直线方程的经验公式，往往是困难的。但是，直线是我们可以最精确绘制出的图线，这样就可以用变量替换法把非直线方程改为直线方程，再利用建立直线方程的办法来求解，求出未知常量，最后将确定了的求知常量代入原函数关系式中，即可得到非直线函数的经验公式。（见表 2-7-1）

表 2-7-1　常见的非线性函数变换为线性关系表

原函数关系		变换后的函数关系		
方程式	求知常量	方程式	斜率	截距
$y = ax^b$	a，b	$\lg y = b\lg x + \lg a$	b	$\lg a$
$x \cdot y = a$	a	$y = a \cdot \dfrac{1}{x}$	a	0
$y = ae^{-bx}$	a，b	$\ln y = -bx + \ln a$	$-b$	$\ln a$
$y = ab^x$	a，b	$\lg y = (\lg b)x + \lg a$	$\lg b$	$\lg a$

四、最小二乘法

用图解法固然可以求出经验公式，表示出相应的物理规律，但是这种方法求出的有关常数比较粗略，图表的表示往往不如用函数表示更准确，因此，人们希望从实验数据出发通过计算求出经验方程，这称为方程的回归问题。下面介绍一种处理数据的方法——最小二乘法。

1. 方程的回归

方程的回归，首先要确定函数形式。一般可以根据理论的推断或从实验数据的变化趋势来判断。

例如：根据数据推断出测量数据 X 与 Y 为线性的函数关系，则可将其函数关系写成下列形式：

$$Y = a + bX \quad (a，b \text{ 为待定系数})$$

若推断测量数据的函数形式为指数函数关系，则可写为：

$$Y = ae^{bX} + c \quad (a，b，c \text{ 为待定系数})$$

若测量数据的函数关系不明确，则常用多项式来拟合，即：

$$Y = a_0 + a_1X + a_2X^2 + \cdots + a_nX^n \tag{2-7-3}$$

式中 a_1，a_2，a_3，$\cdots$，a_n 均为待定系数。

方程回归的第二步就是要用测定的实验数据来确定上述方程中的选定常数。第三步就是在选定系数确定之后，还必须验证所得的结果是否合理，否则，需用其他的函数关系重新试探，直到合理为止。

2. 一元线性回归（又称直线拟合）

一元线性回归是方程回归中最简单和基本的问题，在一元线性回归中确定 a 和 b，相当于在作图法中求直线的截距和斜率。假设测量值符合直线方程

$$Y = a + bX \tag{2-7-4}$$

则所测各 y_i 值与拟合直线上相应的点 $y_i = a + bx_i$ 之间偏离的平方和为最小（即 $\sum\limits_{i=1}^{n} \varepsilon_i^2$ 最小），故称为最小二乘法。

$$S = \sum\limits_{i=1}^{n} \varepsilon_i^2 = \sum\limits_{i=1}^{n} (y_i - a - bx_i)^2 \qquad i = 1, 2, \cdots, n \tag{2-7-5}$$

为求 $\sum\limits_{i=1}^{n} \varepsilon_i^2$ 最小值，应使 $\dfrac{\partial S}{\partial a} = 0$，$\dfrac{\partial S}{\partial b} = 0$，$\dfrac{\partial^2 S}{\partial a^2} > 0$ 和 $\dfrac{\partial^2 S}{\partial b^2} > 0$。

把公式（2-7-5）分别对 a 和 b 求偏微分得：

$$\begin{cases} \dfrac{\partial S}{\partial a} = -2 \sum\limits_{i=1}^{n} (y_i - a - bx_i) = 0 \\[2mm] \dfrac{\partial S}{\partial b} = -2 \sum\limits_{i=1}^{n} [(y_i - a - bx_i)x_i] = 0 \end{cases} \tag{2-7-6}$$

即

$$\begin{cases} \sum\limits_{i=1}^{n} y_i - na - b \sum\limits_{i=1}^{n} x_i = 0 \\[2mm] \sum\limits_{i=1}^{n} x_i y_i - a \sum\limits_{i=1}^{n} x_i - b \sum\limits_{i=1}^{n} x_i^2 = 0 \end{cases} \tag{2-7-7}$$

令 $\bar{x}$ 表示 x 的平均值，即：$n\bar{x} = \sum\limits_{i=1}^{n} x_i$，$\bar{y}$ 表示 y 的平均值，即 $n\bar{y} = \sum\limits_{i=1}^{n} y_i$，$\overline{x^2}$ 表示 x^2 的平均值，即，$n\overline{x^2} = \sum\limits_{i=1}^{n} x_i^2$，$\overline{xy}$ 表示 xy 的平均值，即 $n\overline{xy} = \sum\limits_{i=1}^{n} x_i y_i$，代入公式（2-7-7）得：

$$\begin{cases} \bar{y} - a - b\bar{x} = 0 \\ \overline{xy} - a\bar{x} - b\overline{x^2} = 0 \end{cases} \tag{2-7-8}$$

解方程得：

$$\begin{cases} a = \bar{y} - b\bar{x} \\[2mm] b = \dfrac{\overline{xy} - \bar{x} \cdot \bar{y}}{\overline{x^2} - \bar{x}^2} \end{cases} \tag{2-7-9}$$

式中 a 和 b 分别为直线的截距和斜率。为了判断拟合的结果是否合理，在求出待定系数后，还需要计算一下相关系数 r。对于一元线性回归，r 的定义为：

$$r = \frac{\overline{xy} - \bar{x} \cdot \bar{y}}{\sqrt{(\overline{x^2} - \bar{x}^2)(\overline{y^2} - \bar{y}^2)}} \tag{2-7-10}$$

r 值在 0 和 1 之间，r 值越接近 1，说明实验数据点 x 和 y 的线性关系越好，用线性函数回归是合适的。

可以证明，斜率的标准偏差为：

$$S_b = b \cdot \sqrt{\dfrac{\dfrac{1}{r^2} - 1}{n - 2}} \qquad (2-7-11)$$

截距的标准偏差为：

$$S_a = S_b \cdot \sqrt{x^2} \qquad (2-7-12)$$

对于指数函数、对数函数、幂函数的最小二乘法拟合，可以通过变量代换，变换成线性关系，再进行拟合。也可以用计算器进行相关的回归计算，直接求解实验方程。现在市场上有很多函数计算器具有多种函数的回归功能，操作方便。对更复杂一些的函数，可以自编程序或采用计算机作图软件来进行拟合。

五、逐差法

当自变量等间隔变化，而两物理量之间呈线性关系时，我们除了采用图解法、最小二乘法以外，还可采用逐差法。比如弹性模量测量中，在金属丝弹性限度内，每次加载质量相等的砝码，测得光杠杆标尺读数 r_i；然后再逐次减砝码，对应地测量标尺读数 r'_i，取 r_i 和 r'_i 的平均值 $\bar{r}_i$。若求每加（减）一个砝码引起读数变化的平均值为 $\bar{b}$，则有

$$\bar{b} = \frac{1}{n} \sum_{i=1}^{n-1} (\bar{r}_{i+1} - \bar{r}_i) = \frac{1}{n} [(\bar{r}_2 - \bar{r}_1) + (\bar{r}_3 - \bar{r}_2) + \cdots + (\bar{r}_n - \bar{r}_{n-1})]$$

$$= \frac{1}{n} (\bar{r}_n - \bar{r}_1) \qquad (2-7-13)$$

从上式看到，只有首末两次读数对结果有贡献，失去了多次测量的好处。这两次读数误差对测量结果的准确度有很大影响。

为了避免这种情况，平等地运用各次测量值，可把它们按顺序分成相等数量的两组 $(r_1, r_2, \cdots, r_p)$ 和 $(r_{p+1}, r_{p+2}, \cdots, r_{2p})$，取两组对应项之差：$\bar{b}_j = (\bar{r}_{p+j} - \bar{r}_j)$，$j = 1, 2, \cdots, p$，再求平均，即：

$$\bar{b} = \frac{1}{p} \sum_{j=1}^{p} \bar{b}_j = \frac{1}{p} [(\bar{r}_{p+1} - \bar{r}_1) + \cdots + (\bar{r}_{2p} - r_p)] \qquad (2-7-14)$$

相应地，它们对应砝码质量为 $m_{p+j} - m_j$，$j = 1, 2, \cdots, p$。这样处理保留了多次测量的优越性。

注意：逐差法要求自变量等间隔变化而函数关系为线性。

六、实验结果正确表达

表征一个物理量的三要素有：有效数值、不确定度、单位。

（1）测量结果有效位数由不确定度决定。

（2）实验结果一般用不确定度或相对不确定度来表示测量的精度。（最好两种表达式都给出）

（3）实验结果和单位一般采用国际单位制。

根据所有的置信概率，测量结果的最终表达式为：

$$Y = \bar{y} \pm u_P (单位)$$

或

$$Y = \bar{y}(1 \pm E)(单位) \qquad (2-7-15)$$

式中，$\bar{y}$ 为实验结果的平均值。一般情况下 P 取 0.683，u_P 可简写为 u；工程技术上常取置信度 $P = 0.955$，u 一般取 1 位(特殊情况可以取 2 位)，实验结果的平均值 $\bar{y}$ 的最后一位与不确定度的最后一位对齐。相对不确定度 E 取一位或两位有效数字，用百分数来表示。式中 $E = \frac{u}{y}$，对于等精度多次测量的合成，$y = \bar{y}$，是测量结果的算术平均值，必要时也可以与公认标准值、或理论值进行比较。

对于均为单次测量的合成，公式可写为：

$$Y = \bar{y} \pm u_P (\text{单位})$$

其相对不确定度为 $E = \frac{u}{y}$，y 是测量值，此时 $u = u_P$，若待测物理量有公认标准、或理论值，分母上的 y 可取公认标准值 $Y_{标}$、或理论值 $Y_{理}$。

第八节　物理实验的基本测量方法

任何物理实验都离不开物理量的测量。物理测量泛指以物理理论为依据，以实验装置和实验技术为手段进行测量的过程。待测物理量的内容非常广泛，它包括运动力学量、分子物理热学量、电磁学量和光学量等。对于同一物理量，通常有多种测量方法。测量的方法及其分类方法名目繁多，如按测量内容来分，可分为电量测量和非电量测量；按测量数据获得的方式来分，可分为直接测量、间接测量和组合测量；按测量进行方式来分，可分为直读法、比较法、替代法和差值法；按被测量与时间的关系来分，可分为静态测量、动态测量和积算测量等等。本节将对物理实验中最常用的几种基本测量方法作概括的介绍。

一、比较法

比较法是将相同类型的被测量与标准量直接或间接地进行比较，测出其大小的测量方法。比较法可分为直接比较法和间接比较法两种。

1. 直接比较法

将被测量直接与已知其值的同类量进行比较，测出其大小的测量方法，称为直接比较测量法。它所使用的测量仪表，通常是直读指示式仪表，它所测量的物理量一般为基本量。例如，用米尺、游标尺和螺旋测微计测量长度；用秒表和数字毫秒计测量时间；用伏特表测量电压等。仪表刻度预先用标准量仪进行分度和校准，在测量过程中，指示标记的位移，在标尺上相应的刻度值就表示出被测量的大小。对测量人员来说，除了将其指示值乘以测量仪器的常数或倍率外，无需作附加的操作或计算。由于测量过程简单方便，在物理量的测量中应用较广泛。

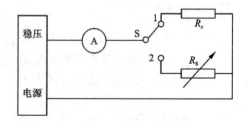

图 2 - 8 - 1　间接比较法示意图

2. 间接比较法

当一些物理量难以用直接比较测量法测量时，可以利用物理量之间的函数关系将被测量与同类标准量进行间接比较测出其值。图 2 - 8 - 1 是将待测电阻 R_x 与一个可调节的标准电

阻 R_S，进行间接比较的测量示意图。若稳压电源输出 U 保持不变，调节标准电阻值 R_S，使开关 S 在"1"和"2"两个位置时，电流指示值不变，则：

$$R_x = R_S = \frac{U}{I}$$

如果在示波器的 X 偏转板和 Y 偏转板上分别输入正弦电压信号，其中一个为频率待测电信号，另一个为频率可调的标准电信号。若调节标准电信号的频率，当两个电信号的频率相同或成简单的整数比时，则可以利用在荧光屏上呈现的李萨如图形间接比较两个电信号的频率。设 N_x、N_y 分别为 X 方向和 Y 方向切线与李萨如图形的切点数，则：

$$\frac{f_y}{f_x} = \frac{N_x}{N_y}$$

二、放大法

物理实验中常遇到一些微小物理量的测量。为提高测量精度，常需要采用合适的放大方法，选用相应的测量装置将被测量进行放大后再进行测量。常用的放大法有累计放大法、机械放大法、光学放大法、电子电路放大法等。

1. 累计放大法

在被测物理量能够简单重叠的条件下，将它展延若干倍再进行测量的方法，称为累计放大法（叠加放大法）。如纸的厚度、金属丝的直径等，常用这种方法进行测量；又如，在转动惯量的测量中，用秒表测量三线扭摆的周期时，不是测一次扭转周期的时间，而是测出连续 40 次扭转周期的总时间 t，则三线扭摆的周期为：

$$T = \frac{t}{40}$$

累计放大法的优点是在不改变测量性质的情况下，将被测量扩展若干倍后再进行测量，从而增加测量结果的有效数字位数，减小测量的相对误差。在使用累计放大法时，应注意两点：一是在扩展过程中被测量不能发生变化；二是在扩展过程中应努力避免引入新的误差因素。

2. 机械放大法

螺旋测微放大法是一种典型的机械放大法。螺旋测微计、读数显微镜和迈克耳逊干涉仪等的测量系统的机械部分都是采用螺旋测微装置进行测量的。常用的读数显微镜的测微丝杆的螺距是 1 mm，当丝杆转动一圈时，滑动平台就沿轴向前或后退 1 mm，在丝杆的一端固定一测微鼓轮，其周界上刻成 100 分格，因此当鼓轮转动一分格时，滑动平台移动了 0.01 mm，从而使沿轴线方向的微小位移用鼓轮圆周上较大的弧长精确地表示出来，大大提高了测量精度。

3. 光学放大法

常用的光学放大法有两种，一种是使被测物通过光学装置放大视角形成放大像，便于观察判别，从而提高测量精度。例如放大镜、显微镜、望远镜等。另一种是使用光学装置将待测微小物理量进行间接放大，通过测量放大了的物理量来获得微小物理量。例如测量微小长度和微小角度变化的光杠杆镜尺法，就是一种常用的光学放大法。

4. 电子电路放大法

在物理实验中往往需要测量变化微弱的电信号（电流、电压或功率），或者利用微弱的电信号去控制某些机构的动作，必须用电子放大器将微弱电信号放大后才能有效地进行观察、控制和测量。电子放大作用是由三极管完成的。最基本的交流放大电路如图2-8-2所示的共发射极三极管放大电路，当微弱信号 V_i 由基极和发射极之间输入时，在输出端就可获得放大了一定倍数的电信号 V_o。

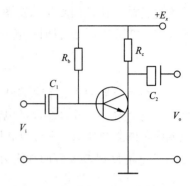

图 2-8-2　共射极晶体管放大电路

三、平衡法

平衡态是物理学中的一个重要概念，在平衡态下，许多复杂的物理现象可以以比较简单的形式进行描述，一些复杂的物理关系亦可以变得十分简明，实验会保持原始条件，观察会有较高的分辨率和灵敏度，从而容易实现定性和定量的物理分析。

所谓平衡态，其本质就是各物理量之间的差异逐步减小到零的状态。判断测量系统是否已达到平衡态，可以通过"零示法"测量来实现，即在测量中，不是研究被测物理量本身，而是让它与一个已知物理量或相对参考量进行比较，通过检测并使这个差值为"0"，再用已知量或相对参考量描述待测物理量。利用平衡态测量被测物理量的方法称为平衡法。例如利用等臂天平称衡时，当天平指针处在刻度的零位或在零位左右等幅摆动时，天平达到力矩平衡，此时物体的质量(作为待测物理量)和砝码的质量(作为相对参考量)相等；温度计测温度是热平衡的典例；惠斯登电桥测电阻亦是一个平衡法的典型例子。

四、补偿法

补偿测量法是通过调整一个或几个与被测物理量有已知平衡关系(或已知其值)的同类标准物理量，去抵消(或补偿)被测物理量的作用，使系统处于补偿(或平衡)状态。处于补偿状态的测量系统，被测量与标准量具有确定的关系，由此可测得被测量值，这种测量方法称为补偿法。补偿法往往要与平衡法、比较法结合使用。

两个电池与检流计串接成闭合回路，两个电池正极对正极，负极对负极相接。调节标准电池的电动势 E_0 的大小，当 E_0 等于 E_x 时，则回路中没有电流通过(检流计指针指零)，这时两个电池的电动势相互补偿了，电路处于补偿状态；因此利用检流计就可判断电路是否处于补偿状态，一旦处于补偿状态，则 E_x 与 E_0 大小相等，就可知道待测电池的电动势大小了。这种测量电动势(或电压)的方法就是典型的补偿法。

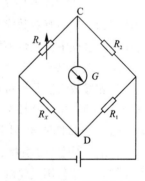

图 2-8-3　惠斯登电桥

图2-8-3所示的惠斯登电桥，图中 R_s、R_1 和 R_2 为标准电阻，R_x 为待测电阻，调节 R_s，当通过检流计的电流为零时，C 和 D 两点的电位相等，桥臂上的电压相互补偿，此时电桥处于平衡状态，则有：

$$R_x = \frac{R_1}{R_2}R_s = cR_s$$

当比较臂 R_s 和比率臂 c 已知时，就可测得 R_x 值。

由上可见，补偿测量法的特点是测量系统中包含有标准量具，还有一个指零部件，在测量过程中，被测量与标准量直接比较，测量时要调整标准量，使标准量与被测量之差为零，这个过程称为补偿或平衡操作。采用补偿测量法进行测量的优点是可以获得比较高的精确度，但是测量过程比较复杂，在测量时要进行补偿操作。这种测量方法在工程参数测量和实验室测量中应用很广泛。如用天平测质量、零位式活塞压力计测压强、电位差计及平衡电桥测电压信号及电阻值等。

五、模拟法

人们在研究物质运动规律、各种自然现象和进行科学研究、解决工程技术问题中，常会遇到一些由于研究对象过分庞大，变化过程太迅猛或太缓慢，所处环境太恶劣太危险等情况，以致对这些研究对象难以进行直接研究和实地测量。于是，人们以相似理论为基础，在实验室中，模仿实验情况，制造一个与研究对象的物理现象或过程相似的模型，使现象重现，延缓或加速等来进行研究和测量，这种方法称为模拟法。模拟法可分为物理模拟和数学模拟两类。

1. 物理模拟法

物理模拟就是人为制造的模型与实际研究对象保持相同物理本质的物理现象或过程的模拟。例如，为研制新型飞机，必须掌握飞机在空中高速飞行时的动力学特性，通常先制造一个与实际飞机几何形状相似的模型，将此飞机模型放入风洞（高速气流装置），创造一个与原飞机在空中实际飞行完全相似的运动状态，通过对飞机模型受力情况的测试，便可方便地在较短的时间内以较小的代价取得可靠的有关数据。

2. 数学模拟法

数学模拟是指把两个物理本质完全不同，但具有相同的数学形式的物理现象或过程的模拟。例如第四章实验三十六中，静电场与稳恒电流场本来是两种不同的场，但这两种场所遵循的物理规律具有相同的数学形式，因此，我们可以用稳恒电流场来模拟难以直接测量的静电场，用稳恒电流场中的电位分布来模拟静电场的电位分布。

力电模拟也是一种常用的数学模拟。在实际问题中，改变一些力学量，不是轻而易举的事，而在实验电路中改变电阻、电容和电感的数值是很容易实现的。例如，质量为 m 的物体在弹性力 $-kx$、阻尼力 $-\alpha\dfrac{\mathrm{d}x}{\mathrm{d}t}$ 和策动力 $F_0\sin\omega t$ 的作用下，其振动方程为：

$$m\frac{\mathrm{d}^2x}{\mathrm{d}t^2}+\alpha\frac{\mathrm{d}x}{\mathrm{d}t}+kx=F_0\sin\omega t$$

而对 RLC 串联电路，加上交流电压 $V_0=\sin\omega t$ 时，电荷 Q 的运动方程为：

$$L\frac{\mathrm{d}^2Q}{\mathrm{d}t^2}+R\frac{\mathrm{d}Q}{\mathrm{d}t}+\frac{1}{C}Q=V_0\sin\omega t$$

上述两式是形式上完全相同的二阶常系数常微分方程，利用其系数的对应关系，就可把上述力学振动系统用电学振动系统来进行模拟。

把上述两种模拟法很好地配合使用，就能更见成效。随着微机的不断发展和广泛应用，用微机进行模拟实验更为方便，并能将两者很好地结合起来。

模拟法是一种极其简单易行有效的测试方法，在现代科学研究和工程设计中被广泛地应用。例如在发展空间科学技术的研究中，通常先进行模拟实验，获得可靠的必要的实验数据。模拟法在水电建设、地下矿物勘探、电真空器件设计等方面都大有用处。

六、干涉法

应用相干波干涉时所遵循的物理规律，进行有关物理量测量的方法，称为干涉法。利用干涉法可进行物体的长度、薄膜的厚度、微小的位移与角度、光波波长、透镜的曲率半径、气体或液体的折射率等物理量的精确测量，并可检验某些光学元件的质量等。

例如，在著名的牛顿环实验中，可通过对等厚干涉图样牛顿环的测量，求出平凸透镜的曲率半径；在迈克耳孙干涉仪的使用实验中，应用干涉图样，可准确地测定光束的波长、薄膜的厚度、微小的位移与角度等物理量。

测量振动频率的重要方法之一就是共振干涉法。将一未知振动施加于频率可调的已知振动系统，调节已知振动系统的频率，当两者发生共振时，则此已知频率即是该未知系统的固有频率。如振簧式频率计的工作原理就是共振干涉法。

在用驻波法测定声波波长实验中，根据驻波是由振幅、频率和传播速度都相同的两列相干波在同一直线上沿相反方向传播时叠加而形成的一种特殊形式的干涉现象，当其反射波的频率与入射波的频率相同时，将形成共振，此时驻波最为显著。基于这一原理，通过改变反射面和发射面的距离，用压电陶瓷换能器将声波的能量转换为电能，通过示波器所呈现的李萨如图形等来确定驻波的波节位置和相应的波长，从而测定声波的波长。

七、转换法

1.转换测量的定义与意义

许多物理量，由于属性关系无法用仪器直接测量，或者即使能够进行测量，但测量起来也很不方便、且准确性差，为此常将这些物理量转换成其他能方便、准确测量的物理量来进行测量，之后再反求待测量，这种测量方法叫转换法。最常见的玻璃温度计，就利用在一定范围内材料的热膨胀与温度的关系，将温度测量转换为长度测量。由上述转换法测量的定义可知，转换法测量至少有下述几方面的意义。

（1）把不可测的量转换为可测的量

质子衰变为此类问题的一个典型。长期以来人们认为质子是一种稳定的粒子，但进一步的理论预言，质子的寿命是有限的，质子也会衰变成正电子及介子，其平均寿命约 10^{31} 年。这个时间是一个不可测出的时间，也是等待不到的时间，地球也只存在几十亿年（10^9 年）。于是解决的途径是：如果用 10^{33} 个质子（每吨水约有 10^{29} 个质子），则一年内可有近 100 个质子发生衰变，使原来根本没有可能实现的事情现在变成有可能实现了。这里把时间几率转换为空间几率，从而把不能测的物理量变为可以测量的了。

我国古代曹冲称象的故事，也包含了把不能直接测的大象的重量，变成可测的石块的重量这一转换法思想。

（2）把不易测准的量转换为可测准的量

有时某个物理量虽然在某种条件下是可以测定的，其实验方案也可以实现，但是这种测量只能是粗略的测量，换一个途径则可测得准确些。最典型的例子就是利用阿基米德原理测量不规则物体的体积，把不易测准的不规则物体的体积变成容易准确测量的浮力来测量。

（3）用测量改变量替代测量物理量

把测量物理量变为测量该物理量的改变量也是转换测量法的一种。在基础实验中，金属丝杨氏模量的测定就是通过金属丝长度的改变量的测量来进行的。

（4）绕过一些不易测准的量

在实际的实验或测量工作中，可以测量的量，可以选择的条件是众多的，在这样的情形下，可以在一定的范围内，绕过一些测不准或不好测的量，选择一些容易测准的量来进行测量。例如在综合实验中，光电效应法测普朗克常量 h 利用了爱因斯坦的光电效应方程：

$$V_S = \left(\frac{h}{c} \right) \cdot \nu - \frac{W_0}{e}$$

测出不同入射光频率 ν 对应的光电流截止电压 V_S，做出 $V_S - \nu$ 关系直线，由该直线的斜率可方便地求出普朗克常量 h，而不必考虑金属表面的逸出功 W_0 究竟为多少。

2. 两种基本的转换测量法

（1）参量转换法

利用各种参量变换及其变化的相互关系来测量某一物理量的方法称为参量转换法。例如在拉伸法测金属丝的杨氏模量实验中，依据胡克定律在弹性限度内，应力 $\frac{F}{S}$ 与应变 $\frac{\Delta L}{L}$ 成正比，即：

$$\frac{F}{S} = E \cdot \frac{\Delta L}{L}$$

其比例系数即为金属丝的杨氏模量。利用此关系式，将关于杨氏模量 E 的测量转换为应力 $\frac{F}{S}$ 与应变 $\frac{\Delta L}{L}$ 的测量了。

（2）能量转换法

能量转换法是利用换能器（如传感器）将一种形式的能量转换为另一种形式的能量来进行测量的方法，一般来说是将非电学物理量转换成电学量。如热电转换，就是将热学量转换为电学量的测量；压电转换，就是将压力转换为电学量的测量；光电转换，就是将光学量转换为电学量的测量；磁电转换，就是将磁学量转换为电学量的测量。

能量转换法的主要优点有：

①非电量转换成电学量信号，由于电信号容易传递和控制，因而可方便地进行远距离的自动控制和遥测。

②对测量结果可以数字化显示，并可以与计算机相连接进行数据处理和在线分析。

③电测量装置的惯性小、灵敏度高、测量幅度范围大、测量频率范围宽。

因此，能量转换法在科学技术与工程实践中得到了广泛的应用，特别在静态测试向动态测试的发展中显示出更多的优越性。

3. 转换法测量与传感器

转换法测量最关键的器件是传感器。传感器种类很多，从原则上讲所有物理量都能找到与之相应的传感器，从而将这些物理量转换为其他信号进行测量。

一般传感器由两个部分组成，一个是敏感元件，另一个是转换元件。敏感元件的作用是接收被测信号，转换元件的作用是将所接受的待测信号按一定的物理规律转换为另一种可测信号。传感器性能的优劣由其敏感程度以及转换规律是否单一来决定。敏感程度越高，测量越精确；转换规律越单一，干扰就越小，测量效果就越好。例如，在磁阻传感器测量地磁场实验中，磁阻传感器就是一种磁电转换器件，其基本原理是霍尔效应和磁阻效应。在有关实验中，用集成霍尔传感器作探测器探测载流线圈的磁场，也是将磁学量的测量转换为电学量的测量来进行的。

传感器是现代检测、控制等仪器设备的重要组成部分，由于电子技术的不断进步，计算机技术的快速发展，传感器在现代科技与工程实践中的重要地位越来越突出，成为一门新兴的科学技术。

第九节　物理实验的基本操作技术

在物理实验中调整和操作技术十分重要。合理的调整和正确操作对提高实验结果的准确度有直接影响。对某一实验具体使用的仪器的调整和操作将在以后有关实验中介绍。本节介绍一些最基本的且具有普遍意义的调整操作技术。

一、零位调整

许多仪器由于装配不当或由于长期使用和环境变化等原因，其零位往往已发生偏离，因此在使用前都须校正零位。有一类仪器配有零位校准器，如电表等，可直接调整零位；另有一类仪器不能或不易校正零位，如螺旋测微器等，则可在使用前记下零位读数，以便在测量值中加以修正。

二、水平、铅直调整

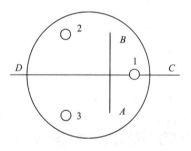

图 2 - 9 - 1　水平调整

在实验中常需对仪器进行水平和铅直调整，如仪器工作台的水平或立柱需保持铅直等。调整时可利用水平仪和悬锤进行。一般说来需要调整水平或铅直的实验装置。水平工作台在底座都装有 3 个调节螺钉，3个螺钉的连线成正三角形或等腰三角形，如图 2 - 9 - 1所示。调整时，首先将水平仪放在与 2 - 3 连线平行的 AB 方向上，调整螺钉 2（或 3），使 2 - 3 连线方向处于水平方向；然后再将水平仪置于与 AB 垂直的 CD 方向，调节螺钉 1，使工作台大致在一个水平面上；由于调整时 3 个螺钉作用的相互影响，故这种调节须反复进行，直到满意。

三、消除读数装置的空程误差

许多仪器（如测微目镜、读数显微镜等）的读数装置都由丝杠—螺母的螺旋机构组成。在刚开始测量或开始反向移测时，丝杠须转动一定的角度才能与螺母啮合，由此引起的虚假读数，称为空程误差（这种空程误差会由于空程的累积而加大，如迈克耳孙干涉仪的读数机构）。为了消除空程误差，使用时除了一开始就要注意排除空程外，还须保持整个读数过程沿同一方向行进。

四、仪器的初态和安全位置

许多仪器在正式实验操作前，需要处于正确的"初态"和"安全位置"，以便保证实验顺利进行和仪器使用安全。光学仪器中有许多调节螺钉，如迈克耳孙干涉仪动镜和定镜的调节螺钉，光学测角仪中望远镜的俯仰角调节螺钉等。在调整这些仪器前，应先将这些调整螺钉处于适中状态，使其具有足够的调整量。移测显微镜在使用前也应使显微镜处于主尺的中间位置。

在电学实验中则需要考虑一个安全位置。例如连好线路而未合开关接通电源前，应使电源处于最小电压输出位置，使滑线变阻器组成的制流电路处于电路电流最小状态和组成的分压电路处于电压输出最小状态；电路平衡调节前，要使接入指零仪器的保护电阻处于阻值最大位置，等等。电路的安全位置不仅保护了仪器的安全，还能使实验顺利进行。

五、逐次逼近调整

"反向逐次逼近"调节法是使仪器装置较快调整到规定状态的一种方法。可在天平、电桥、电位差计等平衡调节中应用，也可在光路共轴调整、分光计调整中应用。例如，输入量为 x_1 时，指零器左偏若干格，输入第二个量 x_2 时应使指零器右偏若干格，这样就可以判定指零的平衡位置对应的输入量 x 应在 $x_1 < x < x_2$ 范围内。然后输入 $x_3 (x_2 < x_3 < x_1)$ 的大小约为 $x_1 - \dfrac{x_1 - x_2}{3}$，再输入 $x_4 (x_2 < x_4 < x_3)$，x_4 大小约为 $x_2 + \dfrac{x_3 - x_2}{3}$。如此反向逐次逼近就会很快找到平衡点。

六、消视差调节

在光学实验中，像与叉丝(或分划板标尺)不在一个平面上的情况经常出现。此时，若眼睛在观察位置左右或上下的移动，即可见像和叉丝的相对位置也随之变动，这就是视差现象。如同日常用尺量物，尺和物必须贴紧才能测量准确的道理一样，在光路中为了准确定位和测量，必须把像与叉丝或分划板标尺调到一个平面上，即作消视差调节。在比较像与叉丝二者离眼睛的远近时，可据下述实验规律作出判断：把自己左右手的食指伸直，一前一后立在视平线附近，眼睛左右移动时即可看出，离眼近者，其视位置变动与眼睛移动方向相反，而离眼远者，其视位置变动与眼睛移动方向相同。

常用仪表的指针与标尺之间总会有一段小距离，应尽量在正视位置读数。有些表盘上安装平面镜，用以引导正确的视点位置，从而减小视差，使读数更准确。

练习题

(1)请回答测量数据与数字的区别是什么？

(2)在物理实验中为何要计算不确定度？其意义何在？

(3)何为 A 类标准不确定度？何为 B 类不确定度？两类不确定度有什么关系？

(4)计算下列间接测量的标准不确定度和相对不确定度。

a. 单摆的长度：$L = L_0 + \dfrac{d}{2}$，其中：$L_0 = (70.00 \pm 0.06)$ cm，$d = (1.002 \pm 0.004)$ cm

b. 球的体积：$V = \dfrac{\pi d^3}{6}$，$d = (3.168 \pm 0.03)$ cm

c. 弹性模量：$E = \dfrac{8LDP}{\pi dlb}$

d. 金属线的长度：$L = L_0(1 + \alpha t)$

其中，α 为线膨胀系数，测量数据如下表所示，试用逐差法、作图法和线性回归法求出 α 值，并分析其不确定度。

$T/℃$	10.0	15.0	20.0	25.0	30.0	35.0	40.0	45.0
$L/$mm	1003	1005	1008	1010	1014	1016	1018	1021

（5）指出以下各实验数据有几位有效数字，其相对不确定度有多大。

a. 真空中的光速 $c = (299792500 \pm 10)$ m/s

b. 单摆的周期 $T = (1.896 \pm 0.006)$ s

c. 阿伏加德罗常数 $N = (6002169 \pm 40) \pm 10^{20}/$千克分子

（6）请回答有效数字与不确定度的关系，以及有效数字的取舍规则。

（7）下列测量结果的表达式是否正确？若有错请更正，并说明理由。

a. 用秒表测量单摆的周期为 $T = (1.78 \pm 0.6)$ s

b. 用测距仪测量某段公路的长度为 $L = 12$ km ± 100 cm

c. 用磅秤测出某磁铁的质量为 $M = (2.796 \times 10^2 \pm 0.4)$ kg

d. 用万用表测出电阻上的电压为 $V = (8.96 \pm 1.3)$ V

e. 用声速测定仪测出空气中的声速为 $v = 341.61(1 \pm 0.2\%)$ m/s

f. 用温度计测出室温 $T_R = 22℃ \pm 0.3℃$

第三章　物理实验基础知识

第一节　力、热学实验基础知识

一、长度测量器具

长度测量是最基本的测量，除用图形和数字显示的仪器外，大多数测量仪器都要转化为长度（包括弧长）显示。因而能正确测量长度，快捷准确地读各种分度尺是实验工作的最基本技能之一。

实验中常用的长度测量器具有米尺（钢直尺、钢卷尺）、游标卡尺、螺旋测微器、移测显微镜和测微目镜等。

1. 米尺

在准确度要求不高的场合，可以使用木制或塑料米尺。实验室中一般使用比较准确的钢直尺和钢卷尺。它们的分度值为 1 mm，测量时常可估读到 0.1 mm。为了避免米尺端面磨损引起的零位误差，一般不使用米尺的端面作为测量起点，而是选择米尺上的某一刻度作为起点，测量时应把米尺的刻度面与待测物体贴紧（处在同一平面内），以尽量减小读数视差引起的测量误差。

根据国标 GB9056—88 规定，钢直尺的示值误差限：

$$\Delta = (0.05 + 0.015L)\,\text{mm}$$

式中，L 是以米为单位的长度值，当长度不是米的整数倍时，取最接近的较大整数倍。

例如，所测长度为 30.2 mm，取 $L=1$，$\Delta = 0.065$ mm；所测长度为 198.7 cm 时，取 $L=2$，则 $\Delta = 0.08$ mm。

使用钢卷尺测量时，其示值误差限可按国标 GB10633—89 的规定计算。自零点端起到任意线纹的示值误差限为：

Ⅰ 级 $\Delta = (0.1 + 0.1L)\,\text{mm}$

Ⅱ 级 $\Delta = (0.3 + 0.2L)\,\text{mm}$

式中，L 是以米为单位的长度值，当长度不是米的整数倍时，取接近的较大的整数倍。

例如，使用 Ⅰ 级钢卷尺测量长度为 786.3 mm 时，计算 Δ 的公式中取 $L=1$，即 $\Delta = 0.2$ mm。

实际上，在使用钢直尺和钢卷尺测量长度（或距离）时，常常由于尺的纹线与被测长度的起点和终点对准（瞄准）条件不好，尺与被测长度倾斜以及视差等原因而引起的测量不确定度要比尺本身示值误差限引入的不确定度更大些。因而常需要根据实际情况合理估计测量结果的不确定度。

2. 游标卡尺

为了克服使用钢直尺测量时与工件比齐和小数位估读的困难，人们设计了游标卡尺，其结构如图 3 - 1 - 1 所示。主尺仍是钢制毫米分度尺，主尺顶头连有量爪 A 和 E，在主尺上套一可滑动的游标附尺，其上附有量爪 B 和 F，游标附尺背面还连有一测杆 C。沿主尺推动游标附尺时，量爪 A、B 张开，量爪 E、F 错开，测杆 C 从尺端探出同样的距离，因而利用游标卡尺可方便地测量内外圆直径和孔槽的深度。

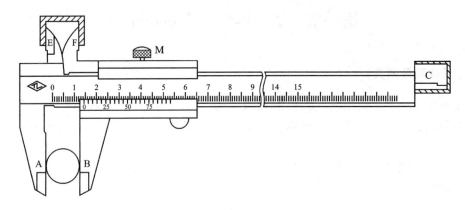

图 3 - 1 - 1　游标卡尺

游标卡尺最主要的特点是在游标附尺上刻有游标分度，用来准确地读出毫米以下的小数测量值。常用的游标卡尺有 10 分度、20 分度和 50 分度 3 种，对应的分度值为 0.1 mm、0.05 mm 和 0.02 mm。

(1)游标读数原理。下面以分度值为 0.05 mm 的游标卡尺为例，具体说明游标的分度方法和读数原理。当使游标卡尺的量爪 A、B 并合时，游标上的 0 刻线正对主尺上的 0 刻线(见图 3 - 1 - 2)。游标上有 20 个分度，总长为 39 mm。这样，游标上每个分度的长度为 1.95 mm，它比主尺上二个分度差 0.05 mm。当游标附尺向右移 0.05 mm，则游标上第一条分度线就与主尺 2 mm 刻度线对齐，这时量爪 A、B 张开 0.05 mm；游标向右移 0.10 mm，游标第二分度线就与主尺 4 mm 刻度线对齐，量爪 A、B 张开 0.10 mm，依此类推。所以游标附尺在 1 mm 内向右移动的距离，可由游标中哪一条分度线与主尺某刻线对齐来决定，看是第几条分度线与主尺刻线对得最齐，游标附尺向右移动的距离就是几个 0.05 mm。图 3 - 1 - 3 是图 3 - 1 - 1 中游标位置的放大图，待测物体长度的毫米以上的整数部分看游标"0"刻线指示主尺上的整刻度值，图中所示为 14 mm，毫米以下的小数部分通过观察游标附尺的 20 条分度线来决定，图示为第 9 条分度线与主尺刻度线对得最齐，因而游标附尺的"0"刻线比主尺 14 mm 刻线还错过 0.45 mm，即物体的长度为 14.45 mm。

除了游标卡尺外，许多测量仪器也常使用游标读数装置，有直尺游标，还有用在弧尺上的角游标，因而有必要进一步说明游标分度的一般原理。

如果用 a 表示主尺的分度值，用 n 表示游标的分度数，当 n 个游标分度的总长与主尺上 $(vn-1)$ 个分度值相等时，则每个游标分度的分度值：

$$b = \frac{(vn-1)a}{n}$$

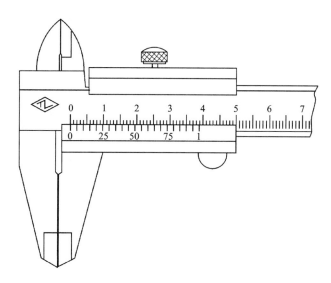

图 3 - 1 - 2　游标总长

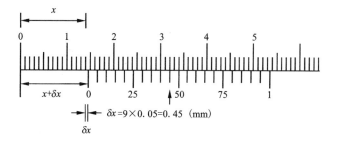

图 3 - 1 - 3　游标卡尺的读数

式中，v 称为游标系数，一般取 1 或 2。前述 0.05 mm 分度的游标卡尺就是 $v = 2$ 的例子。v 取为 2 的目的是为了把游标刻线间距放大一些以便于读数。

游标卡尺的分度值定义为 v 倍主尺分度值(va)与游标分度值(b)之差，即：

$$i = va - b = va - \frac{(vn - 1)a}{n} = \frac{a}{n}$$

可见游标卡尺的分度值只与游标的分度数 n 和主尺分度值 a 有关。

（2）游标量具的读数方法。使用带有游标装置的量具时，必须首先弄清游标装置的分度值 a/n。读数时以游标的零刻线为基线，先读出游标零刻线前主尺上整刻度值 l_0，然后再仔细观察哪一条游标刻度线与主尺刻线对得最齐，若确定为第 k 条，则测量的结果便是：$l_0 + k \dfrac{a}{n}$。

（3）游标卡尺的示值误差限。在正确使用游标卡尺测量时，如果被测对象稳定，测量不确定度主要取决于游标卡尺的示值误差限。

符合国标 GB1214—85 规定的游标卡尺，其示值误差限列于表 3 - 1 - 1。

表 3 - 1 - 1　游标卡尺的示值误差限

测量长度/mm	游标分度值/mm		
	0.02	0.05	0.10
	示值误差限/mm		
0 ~ 150	0.02	0.04	0.10
150 ~ 200	0.03	0.05	
200 ~ 300	0.04	0.08	
300 ~ 500	0.04	0.08	
500 ~ 1 000	0.07	0.10	0.15

3. 螺旋测微器(千分尺)

螺旋测微器是又一种常用的精密测长量具。这种量具的种类很多,按用途分为外径千分尺、内径千分尺、深度千分尺等。此外在不少测量仪器中也利用这种螺旋测微装置作为仪器的读数机构,如移测显微镜、测微目镜等。

下面以外径千分尺(见图 3 - 1 - 4)为例介绍这类螺旋测微装置的工作原理和读数方法。

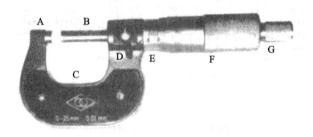

图 3 - 1 - 4　螺旋测微器(千分尺)

图中测量砧 A 通过弓形架 C 与刻有主尺分度的套筒 E 相连。E 称为固定套筒,筒内固定有精密螺母。附尺刻在套筒 F 的圆周上,称为微分筒。F 内装有与测量杆 B 相连的精密螺杆,转动套筒 F,通过内部螺旋副,使 F 可相对于 E 旋进旋出,套筒 F 的端边沿着主尺刻度移动,并使测杆 B 一起移动。

测量砧 A 与测量杆 B 离开的距离可从固定套筒 E 和微分筒 F 所组成的读数机构中得到测量读数。在固定套筒 E 上刻有一条纵刻线作为微分筒的基准线,纵刻线的上、下方各刻有毫米分度线,上、下刻线错开 0.5 mm。测微螺杆的螺距为 0.5 mm,微分筒圆周上刻有 50 个分度线,这样当微分筒旋转一周时,测微螺杆就移动 0.5 mm,微分筒旋转一个分度时,测微螺杆就移动 0.01 mm。所以,螺旋测微器的分度值为 0.01 mm,并可估读到 0.001 mm。

使用螺旋测微器时应注意如下事项:

(1)测量前先检查零点读数。当使量杆 B 和量砧 A 并合时,微分筒的边缘对到主尺的"0"刻度线且微分筒圆周上的"0"线也正好对准基准线,如图 3 - 1 - 5(a),则零点读数为 0.000 mm。如果未对准则应记下零点读数。顺刻度方向读出的零点读数记为正值,逆刻度方向读出的零点读数记为负值。测量值为测量读数值减去零点读数值。

（2）螺旋测微器主尺分度值为 0.5 mm。所以在读数时要特别注意半毫米刻度线是否露出来。图 3 - 1 - 5(b)，读数是 5.386 mm，而图 3 - 1 - 5(c)的读数应该是 5.886 mm。

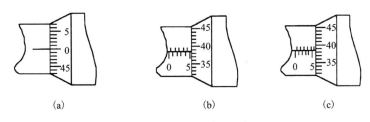

图 3 - 1 - 5 螺旋测微器的读数

（3）不论是读取零点读数或夹持物体测量时，都不准直接旋转微分筒，必须利用尾钮 G 带动微分筒旋转，尾钮 G 中的棘轮装置可以保证夹紧力不会过大。否则不仅测量不准，还会夹坏待测物或损坏螺旋测微器的精密螺旋。

（4）螺旋测微器用毕后，在测量杆 B 和测量砧 A 之间要留有一定的间隙，以免测量杆受热膨胀，而损坏螺旋测微器。实验室通常使用量程为 0 ~ 25 mm 的一级螺旋测微器，分度值为 0.01 mm，示值误差限为 0.004 mm。

二、计时器

时间概念一般有两个含义：①指时间间隔；②指某一时刻。所谓时间间隔是指两个先后发生的事件之间延续的时间长短；所谓时刻是指连续流逝的时间长河中的某一瞬时。

为了计量时间，可以选定某一周期性重复的运动过程作为参考标准，把其他物质的运动过程与这个选定的标准进行比较，判定各个事件发生的先后顺序及运动过程的快慢程度。

所选定的周期性运动过程应具备运动周期稳定、易于观测和复现的特点。实验室常用的计时器有停表、数字计时器、数字频率计、示波器以及火花计时器、频闪仪等。

1. 机械停表

机械停表是由频率较低的游丝摆轮振动系统通过发条和锚式擒纵机构补充能量，以齿轮系统带动指针显示分秒，并设有专门的启动停止机构。一般停表的表盘最小分度为 0.1 s 或 0.2 s，测量范围是 0 ~ 15 min 或 0 ~ 30 min。有的停表还有暂停按钮，可以用来进行累积计时。

使用停表进行计时测量所产生的误差应分两种情况考虑。

（1）短时间测量（几十秒以内），其误差主要来源于启动、制动停表时的操作误差。其值约为 0.2 s，有时还会更大些。

（2）长时间测量，测量误差除了掐表操作误差外，还有停表的仪器误差。实验前可以用高精度计时仪器，如数字毫秒计等对停表进行校准。

由于停表的机械很精细，结构也很脆弱，因此使用时要求十分细心，以保持它的精度，延长使用寿命。

2. 电子停表

电子停表的机芯由电子元件组成，利用石英振荡频率(32768 Hz)作为时间基准，采用六位液晶数字显示器显示时间,它兼有连续计时(怀表)和测量时间间隔(停表)的功能。连续计时能显示出月、日、星期、时、分、秒。做停表用时有 1/100 s 计时的单针停表和双针停表功能。

三、质量测量仪器

质量是描述物体本身固有性质的物理量。这种性质可以从两个不同的角度来阐明。从物体惯性角度来说明质量,称为惯性质量;从两物体存在相互吸引力的角度来说明质量,则称为引力质量。实验证明物体的惯性质量和引力质量的量值相等。

测量物体的质量也有基于"惯性"和基于"引力"两种不同的方法。从惯性角度,物体的质量是作用在该物体上的力与物体在此力作用下所获得的加速度的比率。将一个已知的力作用在一个物体上,测出该物体的加速度,就可以求出物体的质量,这种方法常用在不能用天平称衡的领域,如天体和微观粒子的质量。从引力角度,就是通常所使用的利用等臂天平将一物体与另一质量已知的物体相比较,它能精确测定两物体质量相等。而这所谓质量已知的物体就是通过严密的量值传递系统而与质量计量基准相联系的质量标准,即砝码。

1. 质量的计量基准

质量在国际单位制(SI)中的单位为 kg,用以体现这一单位量值的实物就是质量计量基准。质量计量基准是一个用 90% 铂和 10% 铱的铂铱合金制成的圆柱体,它的直径和高都是 39 mm。这个质量计量基准称为国际千克原器,保存在法国巴黎的国际计量局。国际千克原器是目前国际单位制(SI)的 7 个基本单位中,唯一的一个仍然使用的人为实物基准。

我国质量计量基准是国家千克原器(编号为 NO.60),它是 1965 年从英国引进并经过国际计量局(BIPM)检定的,其标称质量为 1 kg,检定的质量值 $m_{NO.60} = 1kg + 0.271$ mg ± 0.008 mg。这个国家千克原器保存在中国计量科学院质量称重实验室。

2. 天平和砝码

天平按其称衡精确程度分为物理天平和分析天平两类。分析天平又分为摆动式、空气阻尼式和光电读数式等。图 3-1-6 为摆动式分析天平,图 3-1-7 为物理天平。

(1)天平的结构

天平是一种等臂杠杆装置,其结构如图 3-1-6 和图 3-1-7 所示。天平的横梁上有 3 个刀口,两侧刀口向上,用以承挂左右秤盘,而中间刀口则搁置在立柱上部的刀承平面上。横梁中间装有一根指针。当横梁摆动时,通过指针尖端在立柱下部的标尺上所指示的读数,可以指示左右秤盘上待测物体的质量和砝码质量间的平衡状态。为了保护天平的刀口,在立柱内装有制动器,旋转立柱下部的制动钮,可使刀承平面上下升降。天平在不使用时或在称衡过程中添加砝码时,应处于制动状态。这时刀承面降下,使横梁放置在立柱两旁的支架上,以保护刀口。只有在称衡过程中考察天平是否平衡时才支起横梁。横梁两端有调节空载平衡用的配重螺母,横梁上有放置游码的分度标尺。天平立柱固定在稳固的底盘上,并设有铅垂或水准器,以检验天平立柱是否铅直。精密天平为防止称衡时气流的干扰,一般都置于玻璃罩内。

(2)天平的性能参数

①最大称量和分度值。天平的最大称量是天平允许称衡的最大质量。使用天平时,被称物体的质量必须小于天平的最大称量,否则会使横梁产生形变,并使刀口受损。一般先将被称物体在低一级天平上进行预称衡,以减少精度较高的天平在称衡过程中横梁启动次数,减少刀口的磨损。

图 3 - 1 - 6　分析天平

图 3 - 1 - 7　物理天平

天平的分度值是指使天平指针偏离平衡位置一格需在秤盘上添加的砝码质量，它的单位为 mg/格。分度值的倒数称为天平的灵敏度。上下调节套在指针上的重心螺丝，可以改变天平的灵敏度。重心越高，灵敏度越高。天平的分度值及灵敏度与天平的负载状态有关。

②不等臂性误差。等臂天平两臂的长度应该是相等的，但由于制造、调节状况和温度不匀等原因，会使天平的两臂长度不是严格相等。因此，当天平平衡时，砝码的质量并不完全与待称物体的质量相等。由于这个原因造成的偏差称为天平的不等臂性误差。不等臂性误差属于系统误差，它随载荷的增加而增大。按计量部门规定，天平的不等臂性误差不得大于 6 个分度值。

为了消除不等臂性误差，可以利用复称法来进行精密称衡。

复称法是先将被称物体放在左盘，砝码放在右盘，称得质量 M_1，然后将被称物体放在右盘，砝码放在左盘，称得质量 M_2。根据力矩平衡原理，被称物体的质量应为：$M = \sqrt{M_1 M_2} \approx \dfrac{M_1 + M_2}{2}$

③示值变动性误差。示值变动性误差表示在同一条件下多次开启天平，其平衡位置的再现性，是一种随机误差。由于天平的调整状态、操作情况、温差、气流、静电等原因，使重复称衡时各次平衡位置产生差异。合格天平的示值变动性误差不应大于 1 个分度值。

（3）天平和砝码的精度等级

以天平的名义分度值与最大称量之比来决定天平的精度等级。根据《机械天平检定规程 JJG98—2006》规定天平产品分 10 个精度级别，见表 3 - 1 - 2。例如实验室常用的物理天平为 10 级，TG620 分析天平为 6 级。

天平在质量测量中是一个比较器，通过称衡把物体的质量与砝码的质量相比较。砝码是

表 3 - 1 - 2　天平的精度级别

（ n = 最大称量/分变值）

精度级别符号	检定标尺分度数 n
I_1	$1 \times 10^7 \leqslant n$
I_2	$5 \times 10^6 \leqslant n < 1 \times 10^7$
I_3	$2 \times 10^6 \leqslant n < 5 \times 10^6$
I_4	$1 \times 10^6 \leqslant n < 2 \times 10^6$
I_5	$5 \times 10^5 \leqslant n < 1 \times 10^6$
I_6	$2 \times 10^5 \leqslant n < 5 \times 10^5$
I_7	$1 \times 10^5 \leqslant n < 2 \times 10^5$
II_8	$5 \times 10^4 \leqslant n < 1 \times 10^5$
II_9	$2 \times 10^4 \leqslant n < 5 \times 10^4$
II_{10}	$1 \times 10^4 \leqslant n < 2 \times 10^4$

体现质量单位标准的量具，一般由物理、化学性能稳定的非磁性金属材料制成。考虑到使用

方便、经济合理以及组合精度高的原则，砝码组以 5 - 2 - 2 - 1 建制，如 TG620 分析天平配用的三等砝码，是由 50 g、20 g、20 g、10 g、5 g、2 g、2 g、1 g 等砝码组成的。

　　不同精度级别的天平配用不同等级的砝码。根据《砝码检定规程 JJG99—2006》规定，砝码的精度分为 9 等，各等级砝码最大允许误差的绝对值列于表 3 - 1 - 3 中。

表 3 - 1 - 3　　砝码最大允许误差的绝对值(|MPE| ,以 mg 为单位)

标称值 \ 等级 最大允许误差的绝对值	E_1	E_2	F_1	F_2	M_1	M_{12}	M_2	M_{23}	M_3
5000(kg)			25000	80000	250000	500000	800000	1600000	2500000
2000(kg)			10000	30000	100000	200000	300000	600000	1000000
1000(kg)		1600	5000	16000	50000	100000	160000	300000	500000
500(kg)		800	2500	8000	25000	50000	80000	160000	250000
200(kg)		300	1000	3000	10000	20000	30000	60000	100000
100(kg)		160	500	1600	5000	10000	16000	30000	50000
50(kg)	25	80	250	800	2500	5000	8000	16000	25000
20(kg)	10	30	100	300	1000		3000		10000
10(kg)	5.0	16	50	160	500		1600		5000
5(kg)	2.5	8.0	25	80	250		800		2500
2(kg)	1.0	3.0	10	30	100		300		1000
1(kg)	0.5	1.6	5.0	16	50		160		500
500(g)	0.25	0.8	2.5	8.0	25		80		250
200(g)	0.10	0.3	1.0	3.0	10		30		100
100(g)	0.05	0.16	0.5	1.6	5.0		16		50
50(g)	0.03	0.10	0.3	1.0	3.0		10		30
20(g)	0.025	0.08	0.25	0.8	2.5		8.0		25
10(g)	0.020	0.06	0.20	0.6	2.0		6.0		20
5(g)	0.016	0.05	0.16	0.5	1.6		5.0		16
2(g)	0.012	0.04	0.12	0.4	1.2		4.0		12
1(g)	0.010	0.03	0.10	0.3	1.0		3.0		10
500(mg)	0.008	0.025	0.08	0.25	0.8		2.5		
200(mg)	0.006	0.020	0.06	0.20	0.6		2.0		
100(mg)	0.005	0.016	0.05	0.16	0.5		1.6		
50(mg)	0.004	0.012	0.04	0.12	0.4				
20(mg)	0.003	0.010	0.03	0.10	0.3				
10(mg)	0.003	0.008	0.025	0.08	0.25				
5(mg)	0.003	0.006	0.020	0.06	0.20				
2(mg)	0.003	0.006	0.020	0.06	0.20				
1(mg)	0.003	0.006	0.020	0.06	0.20				

（4）天平的操作规程

天平及砝码都是精密仪器，如果使用不当不仅会使称衡达不到应有的准确度，而且还会损坏天平、降低天平的灵敏度和砝码的准确度。因而使用时须遵守下列操作规程：

①使用天平前先要看清仪器的型号规格，注意载荷量不要超过最大称量，检查天平横梁、砝码盘及挂钩安装是否正常。

②调节底脚螺丝使底盘水平、立柱铅直，检查空载时的停点，确定是否需要调节平衡螺丝。

③称衡时一般将被测物体放在左盘、砝码放在右盘（复称法除外），增减砝码须在天平制动后进行，旋转制动旋钮须缓慢小心，在试放砝码过程中不可将横梁完全支起，只要能判定指针向哪边偏斜就立即将天平制动。

④取用砝码必须使用镊子，异组砝码不得混用。读数时须读一次总值，由秤盘放回砝码盒时再复核一次。

⑤在观察天平是否平衡时，应将玻璃框门关上，以防空气对流影响称衡。取放物体和砝码一般使用侧门。

⑥使用天平时如发现故障（例如横梁、秤盘滑落等）要找老师解决，不得自行处理。

（5）天平的精密称衡法

利用摆动式分析天平进行精密称衡时，常按下列方法进行：

①用摆动法确定天平的停点。

为了准确确定天平平衡时其指针在刻度尺上的读数（称为停点），一般取 3 次或 5 次连续摆动的摆幅读数值来计算停点位置。

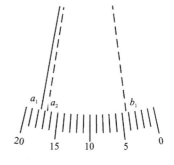

图 3－1－8　天平指针读数

假定在摆动时，指针的末端在刻度尺的中线（第 10 刻度）左右所达到的位置为 a_1、b_1、a_2（见图 3－1－8），则停点：

$$e = \frac{\frac{1}{2}(a_1 + a_2) + b_1}{2}$$

例如：$a_1 = 17.6$，$b_1 = 4.1$，$a_2 = 16.8$，则：

$$e = \frac{\frac{1}{2}(17.6 + 16.8) + 4.1}{2} = 10.7$$

注意在读数时，必须估读一位。

②测量空载停点 e_0。用摆动法测量空载停点 e_0，如发现 e_0 超出（10 ± 1）的范围，应调节横梁上的平衡螺母。称衡过程中，空载停点会有一些变动，因此应随时检查空载停点。

③检查天平空载分度值和灵敏度。设天平空载时测出的停点为 e_0，如在右盘上加 1 mg 砝码（或用游码），此时指针的停点变为 e_1，则天平的分度值：

$$g = \frac{1}{e_1 - e_0} \text{mg/格}$$

它的倒数 $S = e_1 - e_0$（格/mg）就是空载灵敏度。

④在确定了天平空载停点 e_0 并检查了空载灵敏度后，就可以进行称衡。砝码从大到小逐次增加，直到 10 mg 以下，再用游码。当移动游码到天平横梁上某一刻度时，指针停点 $e_1 <$ e_0，表示砝码一端稍轻一些(此时砝码加游码为 m_1)，称 e_1 为第一停点。于是制动天平，将游码向右移一个小格(或两个小格)，砝码增至 m_2，若发现指针停点 $e_2 > e_0$，表示砝码端稍重了一些，称 e_2 为第二停点。那么待测物体质量应在 m_1、m_2 之间，可用比例插入法确定出物体质量 m 与砝码质量 m_1 相差的部分。因为此时天平的分度值 $g = \dfrac{m_2 - m_1}{e_2 - e_1}$，而第一停点 e_1 离空载停点 e_0 还差 $(e_0 - e_1)$ 格，所以待测物体质量：

$$m = m_1 + (e_0 - e_1)g = m_1 + \frac{e_0 - e_1}{e_2 - e_1}(m_2 - m_1)$$

这样，测量结果可估计到 0.1 mg。

注意，第一停点 e_1 和第二停点 e_2 必须位于空载停点 e_0 的两旁，即 $e_2 > e_0 > e_1$。称衡的过程就是找这两个停点。

四、温度测量仪器

温度是 7 个基本物理量之一。温度的宏观概念是物体冷热程度的表示，或者说，互为热平衡的两个物体，其温度相等。温度的微观概念是大量分子热运动平均强度的表示，分子无规则运动愈激烈，物体的温度愈高。

许多物质的特征参数与温度有着密切关系，所以在科学研究和工农业生产中对温度的控制和测量显得特别重要。

1. 温标

温度的数值表示法叫做温标。建立温标有 3 个要素：①选定某种测温物质的温度属性制成一个温度计(例如用水银受热膨胀制成的玻璃水银温度计)；②定义出温度数值的两个温度固定点(例如把水的冰点定义为 0 ℃，水的沸点定义为 100 ℃)；③有一个中间温度的插补公式(例如，假设水银的膨胀与温度有线性关系，于是把玻璃水银温度计 0 ℃ 到 100 ℃ 之间的毛细管长度均匀分为 100 个分格，从而获得 1 ℃ 的测温数值表示)。依靠某种测温物质属性制定的温标，其中必然含有对测温物质属性随温度变化关系的假设，显然是不够科学的。能否找到不依赖某种物质属性而建立完全客观的温标呢？1848 年开尔文根据卡诺热机的效率只与冷源和热源温度有关，而与工作物质无关的理论，建立了热力学温标，并推证出：

$$T_2/T_1 = Q_2/Q_1$$

式中，Q_1 是卡诺机从高温(T_1)热源吸收的热量；Q_2 是向低温热源(T_2)放出的热量。从理论上讲，如果把一台卡诺热机作为温度计，其高温热源的温度 T_1 和低温热源的温度 T_2 代表了决定温度计数值的两个温度固定点，那么 $T_2/T_1 = Q_2/Q_1$ 就是热力学温标的插补公式了。研究表明，利用气体温度计可以实现热力学温标。首先从理论上可以严格证明理想气体状态方程($pV = nRT$)中的温度量，就是热力学温度的数值，经过修正后的理想气体方程可以相当准确地适用于实际气体。所以现在世界上许多国家的计量部门都建立了气体温度计来获得热力学温标。

　　经过 100 多年的努力，1968 年国际计量委员会根据 1967 年第十三届国际计量大会决议，公布了《1968 年国际实用温标》（缩写为 IPTS—1968），并规定它从 1969 年起在国际上生效。我国是从 1973 年 1 月 1 日起采用 IPTS—1968 的。

　　IPTS—1968 规定了热力学温度是基本温度，它的单位是开尔文，符号是 K。以水的三相点温度定义为 273.16 K，因而 1 K 就是水三相点热力学温度的 1/273.16。这是为了照顾人们已经习惯使用的摄氏温标，使摄氏 1 度的间隔为 1 K，而原来的摄氏温标（称为经验温标），也根据热力学温标做了相应的新规定，即规定水的冰点 273.15 K 为 1 ℃，水的沸点 373.15 K 为 100 ℃。

　　2. 水银温度计

　　水银温度计以水银作为测温物质，利用水银的热胀冷缩性质来测量温度。这种温度计下端是一个贮藏水银的感温泡，上接一个内径均匀的玻璃毛细管。随温度的变化，毛细管内水银柱的高度随之改变，其高度与感温泡所感受的温度相对应，在刻度尺上即可读出温度的数值。

　　水银温度计的测温范围是 -30 ~ 300 ℃，其分度值为 0.05 ℃（一等标准水银温度计）和 0.1 ℃ 或 0.2 ℃（二等标准水银温度计）。实验室常用的温度计为实验用玻璃水银温度计，分度值为 0.1 ℃ 或 0.2 ℃，示值误差为 0.2 ℃。采用全浸式读数。普通水银温度计测温范围分 0 ~ 50 ℃、0 ~ 100 ℃、0 ~ 150 ℃ 等，分度值一般为 1 ℃，示值误差限等于分度值，多采用局浸式读数。

　　除示值误差外，水银玻璃温度计测温误差尚应考虑以下两点：

　　(1) 零点位移。由于温度计的老化使玻璃内部组织发生变化而使感温泡体积发生变化，从而出现零点位移。所以必须经常检查和校准水银温度计的零点，以消除由零点位移而导致的系统误差。校准零点时要按照规定程序进行。

　　(2) 露出液柱误差。玻璃温度计一般分为全浸式和局浸式两种。全浸式温度计是将温度计全部浸没在待测温度介质中，并使感温泡与毛细管中的全部水银处于同一温度中；局浸式温度计是将感温泡和一部分毛细管（局浸式温度计背面刻有一横线，表示毛细管浸入测温介质的位置）浸入测温介质中。如果由于各种原因不能按照规定使用，就会引起示值误差，这就是露出液柱误差。

　　露出液柱误差可按下式进行修正：

$$\Delta t = kn(t - t_1)$$

式中，Δt 为修正值（℃）；k 为水银对玻璃的视膨胀系数（1/℃），一般取 0.00016（1/℃）；n 为露出水银柱的长度，用刻度数计值（℃）；t 为露出水银柱部分理应达到的温度（可以温度计示值替代）；t_1 为露出水银柱部分玻璃管的实际平均温度。

　　使用水银温度计还应注意：①测温读数时，应使视线与水银柱液面处于同一水平面；②应使感温泡离开被测对象的容器壁一定的距离；③由于水银柱在毛细管中升降有滞留现象，水银柱随温度的升降有跳跃式的间歇变动，这种现象在下降过程中尤为明显，所以使用水银温度计时最好采用升温的方式；④由于热传导速度等原因，在被测介质的温度发生变化时，水银温度计滞后一定时间才能正确显示介质的实际温度，在待测介质的温度变化较快时，必须改用反应迅速的温差电偶温度计。

3.温差电偶温度计

用两种不同的金属丝 A 和 B 联成回路并使两个接点维持在不同温度 T_1 和 T_2 时，则该闭合回路中会产生温差电动势 E。在两种金属材料给定时，E 的大小取决于温度差 $(T_1 - T_2)$。如果使温差电偶一个接头(称参考端)的温度固定在已知温度 T_0，则回路的温差电动势大小将与另一接头(称测温端)的温度有一一对应关系，测出回路中的温差电动势 E 就可以确定 T，这就是温差电偶温度计的原理。常用的测温温差电偶列于表 3 – 1 – 4。

表 3 – 1 – 4　常用的温差电偶

温差电偶	代号	主要组成		使用温度/℃
铜—康铜	T	铜(Cu100%)	康铜(Ni40%，Cu58% 及少量 Fe 2%)	300
铁—康铜	J	铁(Fe100%)	康铜(同上)	600
镍铬—镍铝	K	镍铬 (Ni90%,Cr10%)	镍铝(Ni94%，Al3% 及其他元素 3%)	1000
铂铑—铂	S	铂铑 (Pt90%,Rh10%)	铂(Pt100%)	1400

温差电偶测温有两种基本接线方法，如图 3 – 1 – 9 所示。图中虚线框内表示温度均匀区，其中：图(a)表示常用来测量两处的温差；图(b)表示用来测量某处温度，T_0 是参考温度，一般选冰点。

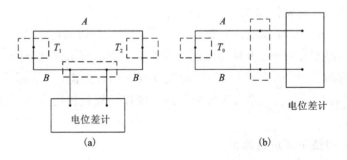

(a)　　　　　　　　　　(b)

图 3 – 1 – 9　温差电偶测温的接线

使用温差电偶测温时要注意避免金属丝在可能遇到较大温度梯度的部位弯曲，这会改变温差电偶的分度值。

五、湿度计和气压计

在影响实验的各种环境因素中，居首位的当属温度，因为各种物质性质几乎都与温度有关。其次便是空气的湿度和大气压强。比如，湿度大多会降低介电材料的绝缘性能，会使仪器锈蚀而降低其精密度，会使光学元件表面起雾和生霉而降低其透光度和成像清晰度。大气压强将影响气体和液体的密度，影响液体的沸点、固体的凝固点，影响空气中声音传播速度等等。因而实验室中常挂有温度计、湿度计和气压计作为环境监测仪器。

1. 干湿球湿度计

湿度是指存在于空气中的水蒸气含量的多少。湿度不仅是气象方面的一个重要参数，而且在科学实验、工农业生产各方面都相当重要。

空气中水蒸气的含量可用 3 种方法表示：①直接用空气中水蒸气的分压强表示；②绝对湿度，即每单位体积潮湿空气中含水蒸气的质量，以 g/m^3 表示；③相对湿度，即空气中所含水蒸气的分压与相同温度下水的饱和蒸汽压之比，以百分数表示。在科学实验和工农业生产中使用得较多的是相对湿度。

利用干湿球湿度计可以测出环境的相对湿度。干湿球湿度计由两支相同的温度计 A 和 B 组成，如图 3 – 1 – 10 所示。A 直接指示室温，而 B 的感温泡上裹着细纱布，布的下端浸在水槽内。如果空气中的水蒸气不饱和，水就要蒸发，由于水蒸发吸热，而使 B 的感温泡冷却，因而湿温度计 B 所指示的温度就低于干温度计 A 所指示的温度。环境空气的湿度小，水蒸发就快，两支温度计指示的温度差就大。温度差与空气相对湿度的关系可从表 3 – 1 – 5 中查出。

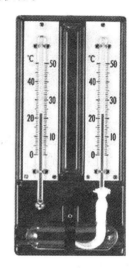

图 3 – 1 – 10　干湿球湿度计

表 3 – 1 – 5　空气的相对湿度与干湿球湿度计温差的关系

干温度计读数/℃	干湿球湿度计读数差/℃										
	0	1	2	3	4	5	6	7	8	9	10
0	100	81	63	45	28	11					
2	100	84	68	51	35	20					
4	100	85	70	56	42	28	14				
6	100	86	73	60	47	35	23	10			
8	100	87	75	63	51	40	28	18	7		
10	100	88	76	65	54	44	34	24	14	4	
12	100	89	78	68	57	48	38	29	30	11	
14	100	90	79	60	51	42	33	25	17	9	
16	100	90	81	71	62	54	45	37	30	22	15
18	100	91	82	73	64	56	48	41	34	26	20
20	100	91	83	74	66	59	51	44	37	30	24
22	100	92	83	76	68	61	54	47	40	34	28
24	100	92	84	77	69	62	56	49	43	37	31
26	100	92	85	78	71	64	58	50	45	40	34
28	100	93	85	78	72	65	59	53	48	42	37
30	100	93	86	79	73	67	61	55	50	44	39

日常生活最适合的湿度是60%。当空气的温度下降，而水蒸气的含量不变时，相对湿度增大，当降到某一温度时，相对湿度成为100%，即达到露点，露点以下水蒸气就会凝结。一般实验室都要避免这种现象。

2. 水银气压计

压强指垂直而均匀地作用在物体单位面积上的压力。

在国际单位制(SI)中，压强的单位为帕斯卡(Pascal)，简称帕，符号Pa。

过去的文献和旧仪表曾使用的压强单位，如标准大气压(atm)、毫米汞柱(mmHg)、托(Torr)等，现在统一以帕重新定义，即：

1 atm = 101325 Pa(≈0.1 MPa) = 760 mmHg

1 mmHg = 1 Torr = 133.322 Pa

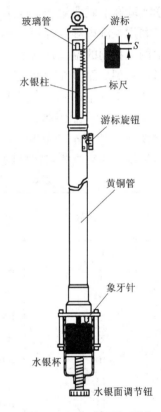

实验室里常用福廷气压计测量环境的气压。如图3-1-11所示，一根长约80 cm的玻璃管，一端封口并灌满水银倒插入水银杯内，在标准大气压下，管内水银柱将会下降到距杯内水银面76 cm高度。气压变化，水银柱的高度就改变。利用玻璃管旁的黄铜米尺及游标装置可测量水银柱的高度。米尺的下端连接一象牙针，是高度的零点。使用时，先调节气压计悬挂铅直，然后利用底部旋钮升降水银杯，使杯中的水银面恰好与象牙针尖端接触(利用水银面反映的象牙针倒影判断)。最后调节游标旋钮，使游标的下缘与管中水银柱的弯月面顶部对齐，从米尺和游标上可以读出准确的水银柱高度，即大气压值。

若需精确测量，还必须对上述量值作以下3项修正。

(1)温度修正。由于水银密度随温度升高而变小以及黄铜受热膨胀等因素的影响，须对气压的示值作温度修正。一般以0℃时水银密度和黄铜标尺长度为准，所以将各不同温度下测量的水银柱高度，换算到0℃时的读数。此项修正值为：

$$\Delta p_1 = -1.63 \times 10^{-4} p \cdot t$$

式中，p为t℃时的水银气压计示值(mmHg)。

(2)重力修正。由于各地区纬度不同、海拔高度不同，重力加速度的值也就不同，所以要进行重力修正(包括纬度修正和高度修正)。此项修正值为：

$$\Delta p_2 = -p(2.65 \times 10^{-3}\cos 2\psi + 3.15 \times 10^{-7}h)$$

式中，ψ是当地纬度；h为海拔高度(m)；p为以mmHg为单位的气压计示值。

(3)毛细管修正。由于毛细管的作用而使管中水银面低于大气压所应支持的水银柱高度，毛细管内径越小，其影响就越大，管中凸起的弯月面就越突出。根据弯月面的高度S(图3-2-11)，查表3-1-6给出修正值Δp_3，加在气压计示值上。

图3-1-11　福廷气压计

表 3 − 1 − 6　气压计毛细管效应修正值

水银柱凸面高度 S/mm	应修正值 Δp_3/mmHg
0.4	0.13
0.6	0.19
0.8	0.25
1.0	0.30
1.2	0.35
1.4	0.40
1.6	0.44

第二节　光学实验基础知识

　　光学是物理学中一门古老的经典学科，近几十年来又有了突飞猛进的发展。经典的光学理论和实验方法在促进科学技术进步方面发挥了重要作用；新的研究成果和新的实验技术不断促进光学学科自身的进展，也为其他许多科技领域的发展，如天文、化学、生物、医学等提供了重要的实验手段。光学实验技术在现代科技中发挥着越来越重要的作用。在基础物理实验中，学生通过研究一些最基本的光学现象，同时接触一些新的概念和实验技术，学习和掌握光学实验的基本知识和基本方法，培养基本的光学实验技能。在光学实验中使用的仪器比较精密，光学仪器的调节也比较复杂，只有在了解了仪器结构性能基础上建立清晰的物理图像，才能选择有效而准确的调节方法，判断仪器是否处于正常的工作状态。在光学实验中，理论联系实际的科学作风显得特别重要，如果没有很好地掌握光学理论，要做好光学实验几乎是不可能的。在光学实验过程中，仪器的调节和检验，实验现象的观察、分析等都离不开理论的指导。为了做好光学实验，要在实验前充分做好预习，实验时多动手、多思考，实验后认真总结，只有这样才能提高科学实验的素养、培养实验技能、养成理论联系实际的科学作风。

一、使用光学仪器注意事项

　　具备良好实验素养的科技工作者，在光学实验中都会十分爱惜各种仪器。而学生在实验中加强爱护仪器的意识也是培养良好实验素养的重要方面。光学仪器一般都比较精密，光学元件都是用光学玻璃用多项技术加工而成的，其光学表面加工尤其精细，有的还镀有膜层，因此使用时要特别小心。如使用维护不当很容易造成光学元件破损和光学表面的污损。使用和维护光学仪器时应注意以下方面：

　　(1)在使用仪器前必须认真阅读仪器使用说明书，详细了解仪器的结构、工作原理，调节光学仪器时要耐心细致，切忌盲目动手。

　　使用和搬动光学仪器时，应轻拿轻放，避免受震磕碰。光学元件使用完毕，应当放回光学元件盒内。

　　(2)保护好光学元件的光学表面，不能用手触及光学表面，以免印上汗渍和指纹。对于光学表面上附着的灰尘可用脱脂棉球或专用软毛刷等清除。如发现汗渍、指纹污损可用实验室准备的擦镜纸擦拭干净，有镀膜的光学表面上的污迹常用脱脂棉球蘸少量乙醇和乙醚混合液转动擦拭多遍才行。对于镀膜光学表面的污迹和光学表面起雾等现象及时送实验室专门处理，学生不要自行处理。

（3）光学仪器的机械部分应及时添加润滑剂，以保持各转动部件转动自如、防止生锈。仪器长期不使用时，应将仪器放入带有干燥剂的木箱内。

（4）使用激光光源时切不可直视激光束，以免灼伤眼睛。

二、光学实验的观测方法

1. 用眼睛直接观察

在光学实验中常通过眼睛直接对光学实验现象进行观察。用眼睛直接进行观测具有简单灵敏，同时观察到的图像具有立体感和色彩等特点。这种用眼睛直接观察的方法，常称为主观观察方法。

人的眼睛可以说是一个相当完善的天然光学仪器，从结构上说它类似于一架照相机。人眼能感觉的亮度范围很宽，随着亮度的改变眼睛中瞳孔大小可以自动调节。人眼分辨物体细节的能力称为人眼的分辨力。在正常照度下，人眼黄斑区的最小分辨角约为 $1'$。人眼的视觉对于不同波长的光的灵敏度是不同的，它对绿光的感觉灵敏度最高。人眼还是一个变焦距系统，它通过改变水晶体两曲面的曲率半径来改变焦距，约有 20% 的变化范围。

2. 用光电探测器进行客观测量

除了用人眼直接观察外，还常用光电探测器来进行客观测量，对超出可见光范围的光学现象或对光强测量需要较高精度要求时就必须采用光电探测器进行测量，以弥补人眼的局限性。

常用的光电探测器有光电管、光敏电阻和光电池等。

光电管是利用光电效应原理制成的一光电发射二极管。它有一个阴极和一个阳极，装在抽成真空并充有惰性气体的玻璃管中。当满足一定条件的光照射到涂有适当光电发射材料的光阴极时，就会有电子从阴极发出，在二极间的电压作用下产生光电流。一般情况下光电流的大小与光通量成正比。

光敏电阻是用硫化镉、硒化镉等半导体材料制成的光导管。当有光照射到光导管时，并没有光电子发射，但半导体材料内电子的能量状态发生变化，导致电导率增加（即电阻变小）。照射的光通量越大，电阻就变得越小。这样就可利用光电管电阻的变化来测量光通量大小。

光电池是利用半导体材料的光生伏特效应制成的一种光探测器，由于光电池有不需要加电源、产生的光电流与入射光通量有很好的线性关系等优点，常在大学物理实验中使用。

硅光电池结构如图 3-2-1 所示。利用硅片制成 PN 结，在 P 型层上贴一栅形电极，N 型层上镀背电极作为负极。电池表面有一层增透膜，以减少光的反射。由于多数载流子的扩散，在 N 型与 P 型层间形成阻挡层，有一由 N 型层指向 P 型层的电场阻止多数载流子的扩散，但是这个电场却能帮助少数载流子通过。当有光照射时，半导体内产生正负电子对，这样 P 型层中的电子扩散到 PN 结附近被电场拉向 N 型层，N 型层中的空穴扩散到 PN 结附近被阻挡层拉向 P 区，因此正负电极间产生电流；如停止光照，则少数载流子没有来源，电流就会停止。硅光电池的光谱灵敏度最大值在可见光红光附近（800 nm），截止波长为 1100 nm。

图 3 - 2 - 2 表示硅光电池灵敏度的相对值。

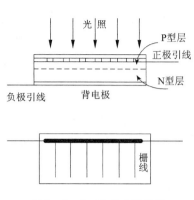

图 3 - 2 - 1 硅光电池构造

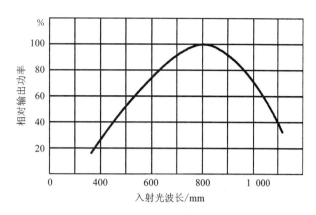

图 3 - 2 - 2 硅光电池的光谱灵敏度

使用时注意，硅光电池质脆，不可用力按压。不要拉动电极引线，以免脱落。电池表面勿用手摸。如需清理表面，可用软毛刷或酒精棉，防止损伤增透膜。

三、光学实验常用仪器的结构与调节

1. 光具座与光路调节

光具座是一种多功能的通用光学仪器。用于物理实验的光具座由导轨、滑动座（光具凳）、光源、可调狭缝、像屏和各种夹持器组成（图 3 - 2 - 3），按实验需要另配光学元件，如透镜、棱镜、偏振片等组成光学系统。常用的导轨长度为 1 ~ 2 m，导轨上有米尺，滑动座上有定位线，便于确定光学元件的位置。

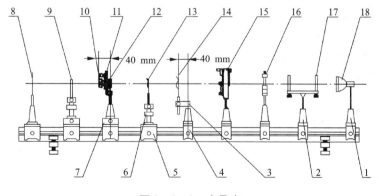

图 3 - 2 - 3 光具座

1、2—不同高度的支座；3—弯头架；4、5—不同宽度的光具凳；6—垂直微调支座；7—横向微调组件；8—像屏；9—测微目镜架；10—可调狭缝；11—可转圆盘；12—偏振片圈；13、14—大小弹簧夹片屏；15、16—透镜夹；17—激光管架；18—光源

光具座的同轴等高调节步骤如下：

无论是几何光学实验还是物理光学实验，在光具座上经常需要进行与共轴球面系统相关

的光路调节。一个透镜的两个折射球面的曲率中心处在同一直线(即光轴)上,就成为一个共轴球面系统。实验光具组常由一个或多个共轴球面系统与其他器件组合而成。为了获得良好质量的像,各透镜的主光轴应处于同一直线上,并使物箭头位于主光轴附近;又因物距、像距等长度量都是沿主光轴确定的,为了便于调节和准确测量,必须使透镜的主光轴平行于带标尺的导轨。达到上述要求的调节叫做"等高同轴"调节。具体操作分两步进行:

(1)粗调,即先将透镜等元器件向光源靠拢,凭目视初步决定它们的高低和方位(要求不高时,在形成光路过程中再加以适当修正,即可进行观测)。

(2)细调,即在粗调基础上,按照成像规律或借助其他仪器做细致调节。如两次成像法(贝塞尔法或共轭法)测凸透镜焦距的实验光路,常用于光具组的共轴调节。当透镜移动到两个适当位置,使正立箭头在接收屏上分别成大小两个清晰的倒立实像时,若此二像的尾端在屏坐标的同一位置,它们就与物箭头的尾端同在平行于导轨的主光轴上(轴上物点成像不离轴)。以此为基准,可将物方某点调到主光轴上,或对另一透镜做共轴调节。

2. 测微目镜

测微目镜是带测微装置的目镜,可作为测微显微镜和测微望远镜等仪器的部件,在光学实验中有时也作为一个测长仪器独立使用。图 3-2-4 是一种常见的丝杠式测微目镜的结构剖面图。鼓轮转动时通过传动螺旋推动叉丝玻片移动;鼓轮反转时,叉丝玻片因受弹簧恢复力作用而反向移动。有 100 个分格的鼓轮每转一周,叉丝移动 1 mm,所以鼓轮上的最小刻度为 1/100 mm。图 3-2-5 表示通过目镜看到的固定分划板上的毫米尺、可移动分划板上的叉丝与竖丝。

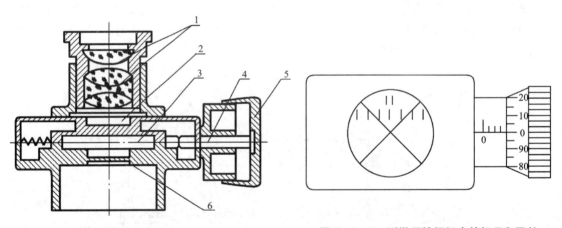

图 3-2-4　测微目镜　　　　　　　　图 3-2-5　测微目镜视场内的标尺和叉丝
1—复合目镜;2—固定的毫米刻度玻片;
3—可动的叉丝玻片;4—传动螺旋;5—鼓轮;6—防尘玻璃

测微目镜的结构很精密,使用时应注意:虽然分划板刻尺是 0~8 mm,但一般测量应尽量在 1~7 mm 范围内进行,竖丝或叉丝交点不许越出毫米尺刻线之外,这是为保护测微装置的准确度所必须遵守的规则。

3. 移测显微镜

移测显微镜是利用螺旋测微器控制镜筒(或工作台)移动的一种测量显微镜。此外,也有移动分划板进行测量的机型。显微镜由物镜、分划板和目镜组成光学显微系统。位于物镜焦点前的物体经物镜成放大倒立实像于目镜焦点附近并与分划板的刻线在同一平面上。目镜的作用如同放大镜，人眼通过它观察放大后的虚像。为精确测量小目标，有的移测显微镜配备测微目镜，取代普通目镜。

图 3 - 2 - 6 中的镜筒移动式移测显微镜可分为测量架和底座两大部分。在测量架上装有显微镜筒和螺旋测微装置。显微镜的目镜用锁紧圈和锁紧螺钉紧固于镜筒内。物镜用螺纹与镜筒连接。整体的镜筒可用调焦手轮对物调焦。旋转测微鼓轮，镜筒能够沿导轨横向移动，测微鼓轮每旋转一周，显微镜筒移动 1 mm，镜筒的移动量从附在导轨上的 50 mm 直尺上读出整毫米数，小数部分从测微鼓轮上读。测微鼓轮圆周均分为 100 个刻度，所以测微鼓轮每转一格，显微镜移动 0.01 mm。测量架的横杆插入立柱的十字孔中，立柱可在底座内转动和升降，用旋手固紧。

图 3 - 2 - 6　移测显微镜

1—目镜；2—物镜；3—底座；4—测微鼓轮；5—调焦手轮

为了保证应有的测量精度，移测显微镜最好在室温(20 ±3)℃条件下使用。使用前先调整目镜，对分划板（叉丝）聚焦清晰后，再转动调焦手轮，同时从目镜观察，使被观测物成像清晰，无视差。为了测量准确，必须使待测长度与显微镜筒移动方向平行。还要注意，应使镜筒单向移动到起止点读数，以避免由于螺旋空回产生的误差。

4. 光学测角计

光学测角计原称分光计，简称测角计，主要用于精确测量平行光束的偏转角度，借助它并利用折射、衍射等物理现象完成偏振角、折射率、光波波长等物理量的测量，其用途十分广泛。

（1）测角计的结构

测角计由准直管、载物台、望远镜、读数装置和底座组成。此外常附一块调节用的光学平行平板。图 3 - 2 - 7 是 JJY 型测角计的外貌，其主要部件分别简介如下：

①准直管。它的一端是狭缝，另一端是准直物镜。当被照明的狭缝位于物镜焦平面上时，通过镜筒出射的光成为平行光束。如图 3 - 2 - 7 所示，它装在底座的立柱上，螺钉 24 和 25 能调节其光轴的方位。狭缝可沿光轴移动和转动，缝宽可在 0.02 ~ 2 mm 内调节。

②载物台。它是一个放置光学元件用的圆形平台，通过台下的连接套筒装在仪器的中心转轴上，能以该轴为中心转动。把螺钉 7、制动架 4 和游标盘止动螺钉 23 锁紧，借助立柱上的调节螺钉 22 也能使载物台微动，为固定台面高度，锁紧螺钉 7 即可。台下有 3 个调平螺钉，可用于调节光学元件的方位，从准直管出射的平行光束因所用元件的反射、折射或衍射而改变方向。

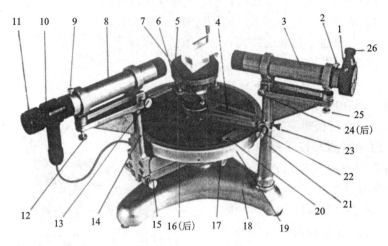

图 3-2-7　光学测角计

1—狭缝装置；2—狭缝装置锁紧螺钉；3—准直管；4—游标盘止动架；5—载物台；6—载物台调平螺钉（3 个）；7—载物台锁紧螺钉；8—望远镜；9—目镜锁紧螺钉；10—阿贝式自准直目镜；11—目镜调节手轮；12—望远镜光轴高低调节螺钉；13—望远镜光轴水平调节螺钉；14—支臂；15—望远镜微调螺钉；16—转座与度盘止动螺钉；17—望远镜止动螺钉；18—底座；19—度盘；20—游标盘；21—立柱；22—游标盘微调螺钉；23—游标盘止动螺钉；24—准直管光轴水平调节螺钉；25—准直管光轴高低调节螺钉；26—狭缝宽度调节手轮

　　③望远镜(阿贝自准直式)。用于确定平行光束方向，由支臂 14 支持。支臂与转座固定连接套在度盘上。松开螺钉 16，转座与度盘皆可单独转动；旋紧这个螺钉，转座与度盘即可一起转动。旋紧制动架和底座上的止动螺钉 17 时，利用螺钉 15 能够微调望远镜方位。调节望远镜光轴的另外两个螺钉是 12 和 13。目镜 10 可用手轮 11 调焦，松开螺钉 9，目镜筒又可前后移动。

　　自准直望远镜的结构如图 3-2-8 所示。它由目镜、全反射棱镜、叉丝分划板和物镜等组成。目镜、全反射棱镜和叉丝分划板以及物镜分别装在可以前后移动的 3 个套筒中。分划板上刻有双十字叉丝和透光小"十"字刻线，并且上叉丝与小"十"字透光刻线对称于中心叉丝，如图 3-2-9(a)所示，全反射棱镜的一个直角边紧贴在小"十"字刻线上。开启照明灯，光线经全反射棱镜透过"十"字刻线。当分划板在物镜的焦平面上时，经物镜出射的光即成一束平行光。如有一平面反射镜将这束平行光反射回来，再经物镜成像于分划板上，于是从目镜中可以同时看清叉丝和小"十"字刻线的反射像，并且无视差，见图 3-2-9(b)。如果望远镜光轴垂直于平面反射镜，那么小"十"字反射像将与上叉丝重合，见图 3-2-9(c)。

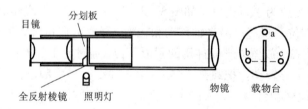

图 3-2-8　自准直望远镜

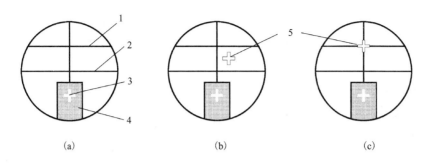

图 3 - 2 - 9　叉丝分划板和反射"十"字像

1—上叉丝；2—中心叉丝；3—透光"十"字刻线；4—绿色背景；5—"十"字刻线的反射像(绿色)

④读数装置。度盘 19 和游标盘 20 套在仪器底座的中心轴上。度盘下有轴承，盘面的圆周被刻线分成 720 等份，每格值 30′。在游标盘直径两端有两个游标读数装置。利用游标能够把角度读准到 1′。

(2)测角计的调节

测角计调节的基本要求是：望远镜调焦至无穷远，其光轴垂直于仪器主轴；从准直管出射光为平行光束，其光轴也垂直于仪器主轴，在此基础上，针对不同器件(棱镜、光栅等)的观测要求，调节载物台。

①粗调。首先从仪器外部观察，调节螺钉 13、12，使望远镜居支架中央，并使其光轴大致与主轴垂直；调节载物平台下方的 3 个螺钉使平台大致与主轴垂直。然后点亮目镜小灯，按图 3 - 2 - 8 右方所示在载物台上放置平行平面镜，进而调节镜面与仪器主轴平行，并用望远镜寻找绿色反射像，若经一镜面反射找不到反射像，可据判断适当调节螺丝 b、c 和望远镜的倾斜度，直到平面镜转动 180° 前后反射像都能够进入望远镜视场。这些粗调对于仪器进一步顺利调节非常重要。

②望远镜的自准调焦。调目镜，使分划线聚焦清晰。通过全反射小棱镜上的透明十字的光，从望远镜射出，经平行平面镜反射进入望远镜后，需前后移动调焦套筒，得到亮十字的清晰像，即把分划板调到物镜的焦平面上，并消除视差。然后把载物台及平面镜转动 180°，比较被前后二镜面反射的亮十字像，先使最靠近视场上下边缘的亮十字与分划板上方的十字线重合，为此分别利用平台和镜筒的调平螺钉各调节亮十字行程的一半，再把载物台回转 180°，对另一镜面反射的亮十字作同样的"各半调节"。如此反复调节，直到被平行平面镜两面反射的亮十字都能够与分划板上方的十字线重合，即可完成望远镜光轴与仪器主轴垂直并聚焦在无穷远的调节。

为了检查分划板的方位，可以慢转载物台，看视场内亮十字的横线是否始终沿着分划板的水平线平行移动，若有些偏离，须谨慎地转动目镜筒，校正分划板方位后再加以固定。

③准直管的调节。关闭目镜照明灯，取下平面镜，使准直管正对光源，在用望远镜观察狭缝像的同时，调节狭缝至准直物镜的距离，使狭缝像清晰、铅直，能够与竖直分划线无视差地重合。最后调节准直管的倾斜度，当望远镜视场中狭缝的像高被分划板中心水平线等分时，即表明准直管的光轴已经垂直于仪器主轴并能出射平行光。

（3）测角计的简易调节

这里的简易调节是指实验室事先把测角计的准直管调好，即狭缝限位在准直物镜的焦平面上，准直管光轴已经垂直于测角计的主轴。学生使用测角计前，只需以此为基准，完成以下调节步骤。

①望远镜对无限远处的实物调焦。先用目镜对分划板调焦，然后伸缩目镜套筒，对相当于无限远处的狭缝调焦，获得清晰的狭缝像，并使狭缝与分划板的竖直分划线重合时无视差。

②望远镜光轴垂直于测角计主轴。利用望远镜轴线调节螺丝，使分划板的中心水平线平分狭缝的长度即可。

经过上述调节的测角计，如同经过常规调节的测角计一样，仍需按所用光学器件（如棱镜）观测原理的要求调节载物台。

5．常用光源

（1）白炽灯

白炽灯是以热辐射形式发射光能的电光源。它以高熔点的钨丝为发光体，通电后温度约2500K 达到白炽发光。玻璃泡内抽成真空，充进惰性气体，以减少钨的蒸发。白炽灯的光谱是连续光谱。白炽灯可做白光光源和一般照明用。使用低压灯泡特别注意是否与电源电压相适应，避免误接电压较高的电插座造成损坏事故。

（2）汞灯

汞灯是一种气体放电光源。常用的低压汞灯，其玻璃管胆内的汞蒸气压很低（约几十到几百帕之间），发光效率不高，是小强度的弧光放电光源，可用它产生汞元素的特征光谱线。GP20 型低压汞灯的电源电压为 220V，工作电压 20V，工作电流 1.3A。高压汞灯也是常用光源，它的管胆内汞蒸气压较高（有几个大气压），发光效率也较高，是中高强度的弧光放电灯。该灯用于需要较强光源的实验，加上适当的滤光片可以得到一定波长（例如 546.1 nm）单色光。GGQ50 型仪器高压汞灯额定电压 220V，功率 50 W，工作电压（95 ± 15）V，工作电流 0.62A，稳定时间 10 min。

汞灯的各光谱线波长分别为 579.07 nm、576.96 nm、546.07 nm、491.60 nm、435.83 nm、407.78 nm、404.66 nm。汞灯工作时必须串接适当的镇流器，否则会烧断灯丝。为了保护眼睛，不要直接注视强光源。正常工作的灯泡如遇临时断电或电压有较大波动而熄灭，须等待灯泡逐步冷却，汞蒸气降到适当压强之后才可以重新发光。

（3）钠灯

钠光谱在可见光范围内有 589.59 nm 和 588.99 nm 两条波长很接近的特强光谱线，实验室通常取其平均值，以 589.3 nm（D 线）的波长直接当近似单色光使用。此时其他的弱谱线实际上被忽略。低压钠灯与低压汞灯的工作原理相类似。充有金属钠和辅助气体氖的玻璃泡是用抗钠玻璃吹制的，通电后先是氖放电呈现红光，待钠滴受热蒸发产生低压蒸气，很快取代氖气放电，经过几分钟以后发光稳定，射出强烈黄光。

GP20Na 低压钠灯与 GP20Hg 低压汞灯使用同一规格的镇流器。

（4）光谱管（辉光放电管）

这是一种主要用于光谱实验的光源，大多在两个装有金属电极的玻璃泡之间连接一段细玻璃管，内充极纯的气体。两极间加高电压，管内气体因辉光放电发出具有该种气体特征光谱成分的光辐射。它发光稳定，谱线宽度小，可用于光谱分析实验作波长标准参考。使用时把霓虹灯变压器的输出端接在放电管的两个电极上。因各元素光谱管起辉电压不同，所以在霓虹灯变压器的输入端接一个调压器，调节电压到管子稳定发光为止。光谱管只能配接霓虹灯变压器或专用的漏磁变压器，不可接普通变压器，否则会被烧毁。

6. 滤光片

滤光片是能够从白光或其他复色光分选出一定的波长范围或某一准单色辐射成分（光谱线）的光学元件。各种滤光片可以按所利用的不同物理现象分类，其中以选择吸收和多光束干涉两种类型最为常见。

（1）吸收滤光片

这是利用化合物基体本身对辐射具有的选择吸收作用制成的滤光片。常用的材料是无机盐做成的有色玻璃或者有机物质做成的明胶和塑料。

滤光片的一个重要参数是透射率。若 Φ_0 是入射光通量，Φ 是经过滤光片的透射光通量，则透射率 $T = \Phi/\Phi_0$。有色玻璃滤光片使用广泛，优点是稳定、均匀、有良好的光学质量，但其通带较宽（很少低于 30 nm）。有机物质滤光片制作容易，便于切割，而机械强度和热稳定性较差。

选用两片（或 3 片）不同型号的有色玻璃组合起来，可以获得较窄的通带。

（2）干涉滤光片

干涉滤光片的显著优点是既有窄通带，同时又有较高透射率。

常见的透射干涉滤光片利用多光束干涉原理制成的。例如，一种最简单的结构是：在一块平面玻璃板上先镀一层反射率较高的金属膜，然后镀一层介质膜，在这层膜上再镀一层金属反射膜，最后盖封一块平面玻璃板。使光束垂直通过滤光片，则直接透过的光束与经金属膜两次反射后再透过的光束之间的光程差：

$$\delta = 2nd$$

其中，n 为介质膜的折射率；d 为膜的厚度。如果选择光程 nd，对某一波长为 λ 的光束来说 $\delta = m\lambda$ （$m = 1, 2, 3, \cdots$），则：

$$\lambda = \frac{2nd}{m}$$

于是，该波长的透射光都是干涉加强的，其他接近此波长的透射光急剧减弱。例如，当忽略折射率随波长的变化时，设 $nd = 5.46 \times 10^{-5}$ cm，则在可见光范围的透射光峰值波长为 546 nm。这就是能够滤出汞光谱绿线的干涉滤光片。如果以多层介质膜取代上述金属膜，即可获得高透射率的窄带滤光片。选择普通吸收滤光片做干涉滤光片的基板（保护板）还可以控制透射光的截止区域。

干涉滤光片的主要光学性能由中心波长 λ_0、通带半宽度 $\Delta\lambda$ 和峰值透射率决定。

第三节　电磁学实验基础知识

本节包括电磁学实验常用仪器和基本操作规程两部分。这些内容至关重要，在做电磁学实验前务必认真阅读，仔细领会；在做实验时要自觉运用，做到熟练掌握。

一、常用电学仪器及元件

1. 直流电源

实验室常用直流电源有晶体管直流稳压电源和干电池、蓄电池等。

晶体管直流稳压电源的优点是输出电压长期稳定性好、输出可调、功率（额定电流）大、内阻小、可长期连续使用。缺点是工作时由于用交流电源供电，因而短期稳定性不如干电池，会受电网电压波动的影响。一般说来体积也较大。

干电池输出电压的短期稳定性好，使用时不会对用电电路造成交流噪声干扰和电磁干扰，常用于对稳压要求高的电路或便携式仪器中。缺点是容量有限，使用寿命短，不能长期连续使用。干电池变坏的标志是内阻变大，端电压变低，严重失效的会流出腐蚀性液体。干电池需要经常检查，及时更换。

选用电源要注意：①输出电压是否满足要求；②电源是否超载，即负载取用电流是否超过电源的额定值，如果超载，直流稳压电源会很快发热以致烧坏，干电池会很快报废；③要谨防电源两极短路。

2. 标准电池

标准电池具有稳定而准确的电动势，因而自 1908 年即被国际计量局推荐作为电压单位的基准器。标准电池的正极是汞，上面覆盖有硫酸亚汞固体作为去极化剂；负极为镉汞齐，电解液为硫酸镉溶液。各种化学物质密封在玻璃管内，两电极由铂导线引出，然后装入金属筒内。

根据硫酸镉电解液饱和程度不同，标准电池又分为饱和型和不饱和型两种。从外形看，又分为 H 型和单管型。

图 3 - 3 - 1 为饱和型标准电池的结构示意图。饱和型标准电池电解液中有过剩的硫酸镉晶体，负极镉汞齐中含镉 10%、汞 90%。其电动势在恒温下有很高的长期稳定性，年变化不超过几微伏。当使用环境温度偏离 20℃时，根据 1986 年颁布的国家计量检定规程，其电动势温度修正公式为：

$$E_N(t) = E_{N20} - [39.9(t-20) + 0.954(t-20)^2 - 0.009(t-20)^3] \times 10^{-6} (\text{V})$$

式中，E_{N20} 是在 20℃时的电动势。

不饱和标准电池，在规定使用温度范围内硫酸镉电解液处于不饱和状态，负极镉汞齐中含镉 12.5%、汞 87.5%。其结构和化学成分与饱和型基本相同，只是电解液中无过量的硫酸镉晶体。电动势长期稳定性比饱和型差，变化量约 20 ~ 200μV/年；但其温度稳定性较好，约为 -1 ~ -5μV/℃。在 0 ~ 50℃范围内电动势不必修正，可取其 20℃时的值。

标准电池按其年稳定度分等级。例如实验室常用的 BC3 型标准电池，等级指数 0.005，其电动势年变化量不超过 ±50μV。表 3 - 3 - 1 给出了标准电池的主要技术指标。

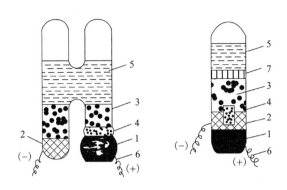

图 3 - 3 - 1 饱和型标准电池

1—汞；2—10%镉汞齐；3—硫酸镉晶体；4—硫酸亚汞；5—硫酸镉饱和溶液；6—铂丝引线；7—微孔塞片

表3-3-1 标准电池的主要技术指标

类型	等级指数	20℃时检定值 /V	分钟内最大允许通过电流 /μA	一年内电动势允许偏差值 /μV	放电前与放电后电动势允许偏差值 /μV	参考温度范围 /℃	工作温度范围 /℃	相对湿度 /%	±20℃时直充内阻最大值 Ω 新的	±20℃时直充内阻最大值 Ω 使用中的	绝缘电阻 Ω	参考型号	备注
饱和式	0.000 2	1.018 590~1.018 680	0.1	±2	1	17.5~22.5	15~25		700	1 000	≥5×10¹⁰		经数年考核可定为一或二等标准量具
	0.000 5	1.018 590~1.018 680	0.1	±5	2	15~25	10~30		700	1 000	≥5×10¹⁰	BC11	
	0.001	1.018 590~1.018 680	0.1	±10	3	12.5~32.5	5~35		1 000	1 500	≥5×10¹⁰	BC17	
	0.002	1.018 55~1.018 68	1	±20	5	10~40	5~40	≤80	1 000	1 500	≥1×10¹⁰	—	
	0.005	1.018 55~1.018 68	1	±50	10	10~35	0~40		1 000	2 000	≥1×10¹⁰	BC3 BC9	
	0.01	0.018 55~1.018 68	1	±100	25	10~40	0~40		1 000	3 000	≥1×10¹⁰	BC2	
不饱和式	0.002	1.018 80~1.019 30	1	±20	5	18~22	15~25	≤80	1 000	2 000	≥1×10¹⁰	—	
	0.005	1.018 80~1.019 30	1	±50	10	12.5~22.5	10~30		1 000	3 000	≥1×10¹⁰		
	0.01	1.018 80~1.019 30	1	±100	25	5~35	4~40		1 000	3 000	≥1×10¹⁰	BC24	

每只标准电池出厂时，都附有检定证书，给出该电池20℃时的电动势值及内阻值。在准确度要求高的情况下使用，可先按实际使用温度（标准电池插有温度计）对检定值做温度修正，并可简单地以该电池等级指数所规定的一年内电动势允许偏差值作为误差限。在大学物理实验中，一般取标准电池电动势为1.018V就可以了，在室温变化范围内不必做温度修正，而且可不考虑其误差。因温度修正值和误差限都远小于10^{-3}V。

使用中应注意如下事项：

（1）温度要求，应符合表3-3-1规定的工作温度范围。使用中要远离冷源和热源，防止骤冷骤热。

（2）充放电电流，一般要求不得超过 1μA。在补偿电路中使用时极性不得接反；不得用伏特计测量其电动势；不能用多用表或电桥测量其内阻；要谨防两极短路，不允许用手指同时接触两个电极的端钮。

（3）防止振动、倾斜、倒置。

（4）遮光保存，防止强光直照。

3. 电阻箱

测量用电阻箱要求有足够的准确度和稳定度，故一般由电阻温度系数较小的锰铜合金丝绕制的精密电阻串联而成。实验室常把电阻箱作为标准电阻使用。

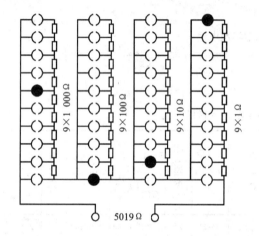

图 3 - 3 - 2　插塞式电阻箱的内部电路

图 3 - 3 - 3　ZX21 型电阻箱面板

图 3 - 3 - 2 为插塞式电阻箱的内部电路。图中以插塞（黑圆点）选择的电阻为 5019Ω。实验室以转盘式电阻箱使用最为广泛，借助变换转盘位置，可获得 1 ~ 9999Ω（如 ZX36 型）或 0.1 ~ 99999.9Ω（如 ZX21 型）的各种电阻值。图 3 - 3 - 3 是 ZX21 型电阻箱的面板图。

电阻箱的主要规格是其总电阻、额定电流和准确度等级。现以 ZX21 型电阻箱为例做如下说明。

（1）调节范围。如果 6 个转盘所对应的电阻全部用上（使用"0"和"99999.9Ω"两个接线柱，6 个转盘均置于最高位），总电阻值为 99999.9Ω，此时残余电阻（内部导线电阻和电刷接触电阻）最大。如果只需要 0.1 ~ 0.9Ω（或 9.9Ω）的阻值范围，则内接"0"和"0.9Ω"（9.9Ω）两接线柱，这样可减小残余电阻对使用低电阻时的影响。

（2）额定电流。使用电阻箱不允许超过其额定电流。有些电阻箱只标明了额定功率 P，额定电流可利用公式 $I = \sqrt{P/R}$ 算出。例如，电阻箱额定功率为 0.25W，对于步进电阻为 × 0.1Ω 的挡，其额定电流为 $\sqrt{0.25/0.1}A = 1.6A$。注意电阻箱各挡的额定电流是不同的，但均可照此例计算。

（3）准确度等级。电阻箱的准确度等级由基本误差和影响量（环境温度、相对湿度等）引起的变差来确定。对等级指数的划分，GB3949—83 与 JB1788—76 的规定有所不同。旧国标规定一个电阻箱有一个共同的等级指数，而新国标规定一个电阻箱的各挡可以有不同的等级指数。对于适用 JB1788—76 的电阻箱，暂约定按下式估算示值误差限：

$$\Delta R = a\% R + 0.005m \qquad (3-3-1)$$

式中，R 为电阻箱示值；a 为等级指数；m 为所使用的步进盘的个数。例如，使用"0"和"9.9Ω"两个接线柱时，$m=2$。而使用"0"和"99999.9Ω"两接线柱时，$m=6$。对于适用 GB3949—83 的电阻箱，可用下式估算其示值误差限：

$$\Delta R = \sum a_i\% R_i + 0.005m \qquad (3-3-2)$$

式中，a_i、R_i表示第 i 个 10 进盘的等级指数和示值。各挡的等级指数标示在产品铭牌上。

使用电阻箱时应注意：使用前应先来回旋转一下各转盘，使电刷接触可靠。使用过程中注意不要使电阻箱出现0Ω 示值。为简化计算，有时可认为 $m=0$。

　4. 滑线变阻器

滑线变阻器的主要部分为密绕在瓷管上的涂有绝缘漆的电阻丝。电阻丝两端与固定接线端相连，并有一滑动触头通过瓷管上方的金属导杆与滑动接线端相连，如图 3-3-4 所示。

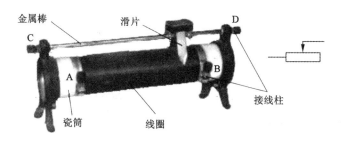

图 3-3-4　滑线变阻器

滑线变阻器的主要技术指标为全电阻和额定电流（功率）。应根据外接负载的大小和调节要求选用，尤其要注意，通过变阻器任一部分的电流均不允许超过其额定电流。

实验室常用滑线变阻器来改变电路中的电流或电压，分别连接成制流电路和分压电路，如图 3-3-5(a) 和 (b)。使用时应注意，接通电源前，制流电路中滑动端 T 应置于电阻最大位置（N 端）；分压电路中，滑动端 T 应置于电阻最小位置（N 端）。

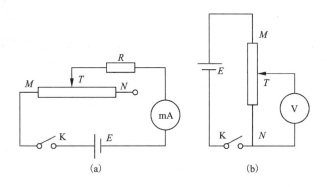

图 3-3-5　制流电路和分压电路

表 3 - 3 - 2 列出了常用电路元件的符号。

表 3 - 3 - 2　常用电路元件符号

电池(直流电源)	———⊣⊢———	单刀单掷开关	——o o——
固定电阻	——▭——	单刀双掷开关	——o o o——
变阻器	变阻器符号	双刀双掷开关	双刀双掷开关符号
可变电阻	可变电阻符号		
固定电容	——⊣⊢——	换向开关	换向开关符号
可变电容	可变电容符号		
电感线圈	——〰〰〰——	晶体二极管	——▷⊢——
互感线圈	——〰〰〰——	晶体三极管（NPN）	晶体三极管符号
信号灯	——⊗——		

5. 直流电表

实验室常用的直流电表大多为磁电式电表，它的内部构造如图 3 - 3 - 6 所示。图中圆筒状极掌之间铁芯的使用是使极掌和铁芯间磁场很强，并使气隙间磁感线呈均匀辐射状。当线圈中有电流通过时，线圈受电磁力矩而偏转，直到与游丝的反抗力矩相平衡，指针即指向某一分度。线圈串并联不同电阻，即可构成不同量程的伏特计、安培计。随着集成元件的成本降低，数字式电表的应用也日趋广泛。要做

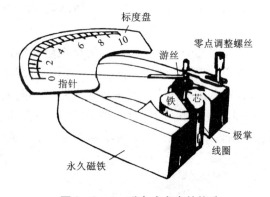

图 3 - 3 - 6　磁电式电表的构造

到正确选择和使用电表，必须了解电表的主要规格、电表接入电路的方法和正确读数的方法。

电表的主要技术指标是量程、内阻和准确度等级。量程是指电表可测的最大电流值或电压值。安培计内阻一般由说明书给出或由实验测出。对于伏特计，内阻可由下式算出：

$$内阻 = 量程 \times (\Omega/V) \tag{3-3-3}$$

(Ω/V)标在表盘上，准确度等级一般也标在表盘上。

电表准确度等级指数的确定取决于电表的误差，包括基本误差和附加误差两部分。电表的附加误差考虑比较困难，在教学实验中，一般只考虑基本误差。电表的基本误差是由其内部特性及构件等的质量缺陷引起的。国家标准规定，电表的准确度等级共分为 0.1、0.2、0.

5、1.0、1.5、2.5、5.0 七个级别。如果以 a 表示等级指数，A_m 表示量程，ΔA 表示示值误差（$\Delta A =$ 示值 $-$ 实际值），则 ΔA 应满足：

$$|\Delta A| \leqslant A_m a\% = \Delta A(P \geqslant 95\%) \tag{3-3-4}$$

由上式可见，$\Delta A = A_m a\%$ 对于确定的电表来说是个常量，它表示电表基本允许误差极限。实际上，人们很难确知示值误差 ΔA 的大小和正负，而只能依据电表量程和等级指数估算其示值误差限。电表示值相对误差限表示为：

$$E_r = \frac{\Delta A}{A} \times 100\% = \frac{A_m a\%}{A} \times 100\% \qquad (P \geqslant 95\%) \tag{3-3-5}$$

式中，A 为电表示值。显然当显示值 $A = A_m$ 时，$E_r = a\%$。

物理实验中，可粗略地用示值误差限估算电表测量结果高置信概率($P \approx 95\%$)的 B 类测量不确定度 u_B。

电表的使用和读数应注意以下几点：

（1）正确选择量程。选用电表时应让指针偏转尽量接近满量程。当待测量大小未知时，应首选较大量程，然后根据偏转情况选择合适量程。

（2）电表接入电路的方法。安培计应与待测电路串联；伏特计应与待测电路并联。注意电表极性，正端接高电位，负端接低电位。

（3）正确读取示值。为了减小读数误差，眼睛应正对指针。对于配有镜面的电表，必须看到指针镜像与指针重合时再读数。一般应估读到电表分度的 $1/4 \sim 1/10$。

（4）应尽量在规定的允许条件下使用电表，从而尽量减小影响量带来的附加误差。

此外，在实际测量时，为了减小电表内阻对测量结果的影响，应选择合理的测量线路。

例如，在伏安法测电阻的实验中，应根据安培计内阻 r_g 与待测电阻 R_x 的相对大小，选择安培计的内接法线路和外接法线路。

表 3-3-3 列出各种符号的意义，明了其意义有助于正确使用电表。

表 3-3-3 常见的电气仪表表盘标记符号

名称	符号	名称	符号
指标测量仪表的一般符号	○	磁电式仪表	⌂
检流计	f	静电式仪表	⊥
安培计	A	直流	—
毫安计	mA	交流（单相）	~
微安计	μA	准确度等级（例如1.5级）	1.5
伏特计	V	电表垂直放置	⊥
毫伏计	mV	电表水平放置	⊓
千伏计	kV	绝缘强度试验电压为2kV	☆2
欧姆计	Ω	不进行绝缘强度试验	☆
兆欧计	MΩ	Ⅱ级防外磁场及电场	‖

二、电磁学实验操作规程

电磁学实验操作规程可概括为下述口诀：布局合理，操作方便；初态安全，回路法接线；认真复查，瞬态试验；断电整理，仪器还原。

(1)布局合理，操作方便。根据电路图精心安排仪器布局。做到走线合理，操作安全方便。一般应将经常操作的仪器放在近处，读数仪表放在便于观察的位置，开关尽量放在最易操纵的地方。

(2)初态安全，回路法接线。正式接线前仪器应预置安全状态。例如，电源开关应断开，用于限流和分压的滑线变阻器滑动端的位置应使电路中电流最小或电压最低，电表量程选择合理挡次，电阻箱示值不能为零，等等。

回路法接线是指按回路连接线路。首先分析电路图可分为几个回路，然后从电源正极开始，由高电位到低电位顺序接线，最后回到电源的负极(此线端先置于电源附近不接，待全部线路接完后，经检查无误，最后连接)，完成一个回路。接着从已完成的回路中某高电位点出发，完成下一个回路。一边接线，一边想象电流走向，顺序完成各个回路的连接。切忌盲目乱接，严禁通电试接碰运气。回路法接线是电磁学实验的基本功，务必熟练掌握。

(3)认真复查，瞬态试验。接线完毕后，应按照回路认真检查一遍。无误后接通电源，马上根据仪表示值等现象判断有无异常。若发现异常，立刻断电检查排除。若无异常，则可调节线路元件至所需状态，正式开始做实验。

(4)断电整理，仪器还原。实验完毕后，应先切断电源再拆线。把导线理顺扎齐，仪器还原归位。整理时严防电源短路。

第四章　基础性、综合性实验项目

实验一　长度的测量

【实验目的】

(1)掌握游标卡尺及螺旋测微器的原理,学会正确使用游标卡尺、螺旋测微器及读数显微镜。

(2)掌握等精度测量中不确定度的估算方法和有效数字的基本运算。

【实验仪器】

游标卡尺,螺旋测微器,读数显微镜和待测量的小工件。

【实验原理】

1. 游标卡尺

(1)原理

游标卡尺示意图如图 4 - 1 - 1 所示。游标刻度尺上一共有 m 分格,而 m 分格的总长度和主刻度尺上的$(m-1)$分格的总长度相等。设主刻度尺上每个等分格的长度为 y,游标刻度尺上每个等分格的长度为 x,则有

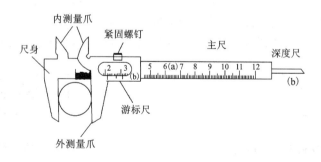

图 4 - 1 - 1　游标卡尺

$$mx = (m-1)y \qquad (4-1-1)$$

主刻度尺与游标刻度尺每个分格之差 $y-x=y/m$ 为游标卡尺的最小读数值,即最小刻度的分度数值。主刻度尺的最小分度是毫米,若 $m=10$,即游标刻度尺上 10 个等分格的总长度和主刻度尺上的 9 mm 相等,每个游标分度是 0.9 mm,主刻度尺与游标刻度尺每个分度之差 $\Delta x = 1 - 0.9 = 0.1(\text{mm})$,称作 10 分度游标卡尺;如 $m=20$,则游标卡尺的最小分度为 1/20 mm = 0.05 mm,

称为20分度游标卡尺；还有常用的50分度的游标卡尺，其分度数值为1/50 mm = 0.02 mm。

（2）读数

游标卡尺的读数表示的是主刻度尺的0线与游标刻度尺的0线之间的距离。读数可分为两部分：首先，从游标刻度上0线的位置读出整数部分（毫米位）；其次，根据游标刻度尺上

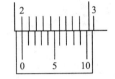

图4-1-2 10分度游标卡读数

与主刻度尺对齐的刻度线读出不足毫米分格的小数部分，二者相加就是测量值。以10分度的游标卡尺为例，看一下如图4-1-2所示读数。毫米以上的整数部分直接从主刻度尺上读出为21 mm。读毫米以下的小数部分时应细心寻找游标刻度尺上哪一根刻度线与主刻度尺上的刻度线对得最整齐，对得最整齐的那根刻度线表示的数值就是我们要找的小数部分。若图中是第6根刻度线和主刻度尺上的刻度线对得最整齐，应该读作0.6 mm。所测工件的读数值为21 + 0.6 = 21.6（mm）。如果是第4根刻度线和主刻度尺上的刻度线对得最整齐，那么读数就是21.4 mm。20分度的游标卡尺和50分度的游标卡尺的读数方法与10分度游标卡尺相同，读数也是由两部分组成。

（3）注意事项

①游标卡尺使用前，应该先将游标卡尺的卡口合拢，检查游标尺的0线和主刻度尺的0线是否对齐。若对不齐说明卡口有零点误差，应记下零点读数，用以修正测量值；

②推动游标刻度尺时，不要用力过猛，卡住被测物体时松紧应适当，更不能卡住物体后再移动物体，以防卡口受损；

③用完后两卡口要留有间隙，然后将游标卡尺放入包装盒内，不能随便放在桌上，更不能放在潮湿的地方。

2. 螺旋测微器

（1）原理

螺旋测微器内部螺旋的螺距为0.5 mm，因此副刻度尺（微分筒）每旋转一周，螺旋测微器内部的测微螺丝杆和副刻度尺同时前进或后退0.5 mm，而螺旋测微器内部的测微螺丝杆套筒每旋转一格，测微螺丝杆沿着轴线方向前进0.01 mm，0.01 mm即为螺旋测微器的最小分度数值。在读数时可估计到最小分度的1/10，即0.001 mm，故螺旋测微器又称为千分尺。

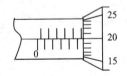

图4-1-3 螺旋测微器读数（一）

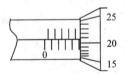

图4-1-4 螺旋测微器读数（二）

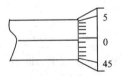

图4-1-5 螺旋测微器读数（三）

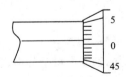

图4-1-6 螺旋测微器读数（四）

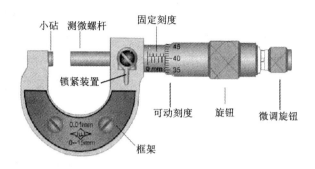

小砧 测微螺杆 固定刻度

锁紧装置

可动刻度 旋钮 微调旋钮

框架

图 4 - 1 - 7 螺旋测微器

（2）读数

读数可分两步：首先，观察固定标尺读数准线（即微分筒前沿）所在的位置，可以从固定标尺上读出整数部分，每格 0.5 mm，即可读到半毫米；其次，以固定标尺的刻度线为读数准线，读出 0.5 mm 以下的数值，估读到最小分度的 1/10，然后两者相加。

如图 4 - 1 - 3 所示，整数部分是 5.5 mm（因固定标尺的读数准线已超过了 1/2 刻度线，所以是 5.5 mm，副刻度尺上的圆周刻度是 20 的刻线正好与读数准线对齐，即 0.200 mm。所以，其读数值为 5.5 + 0.200 = 5.700 mm。如图 4 - 1 - 4 所示，整数部分（主尺部分）是 5 mm，而圆周刻度是 20.9，即 0.209 mm，其读数值为 5 + 0.209 = 5.209（mm）。使用螺旋测微器时要注意零点误差，即当两个测量界面密合时，看一下副刻度尺 0 线和主刻度尺 0 线所对应的位置。经过使用后的螺旋测微器零点一般对不齐，而是显示某一读数，使用时要分清是正误差还是负误差。如图 4 - 1 - 5 和图 4 - 1 - 6 所示，如果零点误差用 δ_0 表示，测量待测物的读数是 d。此时，待测量物体的实际长度为 $d' = d - \delta_0$，δ_0 可正可负。

在图 4 - 1 - 5 中 $\delta_0 = -0.006$ mm，$d' = d - (-0.006) = d + 0.006$（mm）。

在图 4 - 1 - 6 中 $\delta_0 = +0.008$ mm，$d' = d - \delta_0 = d - 0.008$（mm）。

3. 读数显微镜

（1）原理

测微螺旋螺距为 1 mm（即标尺分度），在显微镜的旋转轮上刻有 100 个等分格，每格为 0.01 mm，当旋转轮转动一周时，显微镜沿标尺移动 1 mm，当旋转轮旋转过一个等分格，显微镜就沿标尺移动 0.01 mm。0.01 mm 即为读数显微镜的最小分度。

（2）测量与读数

①调节目镜进行视场调整，使显微镜十字线最清晰即可；转动调焦手轮，从目镜中观测使被测工件成像清晰；可调整被测工件，使其被测工件的一个横截面和显微镜移动方向平行；

②转动旋转轮可以调节十字竖线对准被测工件的起点，在标尺上读取毫米的整数部分，在旋转轮上读取毫米以下的小数部分。两次读数之和是此点的读数 A；

③沿着同方向转动旋转轮，使十字竖线恰好停止于被测工件的终点，记下此时读数 A'，所测量工件的长度即 $L = |A' - A|$。

（3）使用注意事项

①在松开每个锁紧螺丝时，必须用手托住相应部分，以免其坠落和受冲击。

②注意防止回程误差，由于螺丝和螺母不可能完全密合，螺旋转动方向改变时它的接触状态也改变，两次读数将不同，由此产生的误差叫回程误差。为防止此误差，测量时应向同一方向转动，使十字线和目标对准。若移动十字线超过了目标，就要多退回一些，重新再向同一方向转动。

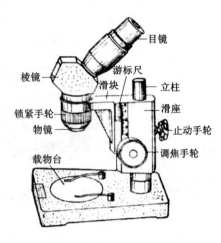

图 4 - 1 - 8　读数显微镜

【实验内容】

(1)用游标卡尺测圆柱体体积；

(2)用螺旋测微器测量小钢球直径；

(3)用读数显微镜测量钢丝的直径。

【数据记录及处理】

(1)自拟表格记录圆柱体的直径 D、高度 h，并计算圆柱体体积 V。利用直接和间接测量的不确定度公式计算不确定度，并将直径、高度和体积用测量结果的标准式表示出来。

(2)自拟表格记录小钢球的直径，计算出不确定度，将测量结果用标准式表示出来。

(3)测量钢丝直径，计算不确定度，并将结果用标准式表示出来。

【思考题】

(1)何谓仪器的分度数值？米尺、20 分度游标卡尺和螺旋测微器的分度数值各为多少？如果用它们测量一个物体约 7 cm 的长度，每个待测量能读得几位有效数字？

(2)游标刻度尺上 30 个分格与主刻度尺 29 个分格等长，这种游标尺的分度数值为多少？

实验二　固体和液体的密度测定

【实验目的】

(1)熟练掌握物理天平的调整和使用方法。

(2)掌握测定固体和液体密度的两种方法。

【实验仪器】

天平，待测物体，线绳，烧杯，水，比重瓶。

【实验原理】

若一个物体的质量为 m，体积为 V，则其密度为

$$\rho = \frac{m}{V}$$

$$(4 - 2 - 1)$$

可见，通过测定 m 和 V 可求出 ρ，m 可用物理天平称量，而物体体积则可根据实际情况，采用不同的测量方法。对于形状不规则的物体或小粒状固体、液体，可用下述两种方法测量其体积，从而计算出它们的密度。

1. 用液体静力"称量法"测量固体的密度

(1) 能沉于水中的固体密度的测定

所谓液体静力"称量法"，即先用天平称被测物体在空气中质量 m_1，然后将物体浸入水中，称出其在水中的质量 m_2，如图 4 – 2 – 1 所示，则物体在水中受到的浮力为

$$F = (m_1 - m_2)g \qquad (4-2-2)$$

根据阿基米德原理，浸没在液体中的物体所受浮力的大小等于物体所排开液体的重量。因此，可以推出

$$F = \rho_0 V g \qquad (4-2-3)$$

其中 ρ_0 为液体的密度(本实验中采用的液体为水)；V 是排开液体的体积亦即物体的体积。联立式(4 – 2 – 2)和式(4 – 2 – 3)可得

$$V = \frac{m_1 - m_2}{\rho_0} \qquad (4-2-4)$$

由此得

$$\rho = \frac{m_1}{m_1 - m_2} \cdot \rho_0 \qquad (4-2-5)$$

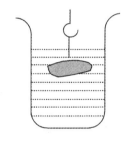　　　　　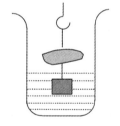

图 4 – 2 – 1　沉于水中的固体密度的测定　　　图 4 – 2 – 2　浮于液体中固体的密度的测定(一)

(2) 浮于液体中固体的密度测定

待测物体的密度比液体密度小时，可采用加"助沉物"的办法。如图 4 – 2 – 2 所示，"助沉物"在液体中而待测物在空气中，称量时砝码质量为 m_1。待测物体和"助沉物"都浸入液体中称量时如图 4 – 2 – 3 所示，砝码质量为 m_2，因此物体所受浮力为 $(m_1 - m_2)g$。若物体在空气中称量时的砝码质量为 m，物体密度为：

$$\rho = \frac{m}{m_1 - m_2} \cdot \rho_0 \qquad (4-2-6)$$

2. 比重瓶法

(1) 液体密度的测量

对液体密度的测定可用流体静力"称量法"，也可用"比重瓶法"。在一定温度的条件下，比重瓶的容积是一定的。如将液体注入比重瓶中，将毛玻璃塞由上而下自由塞上，多余的液体将从毛玻璃塞的中心毛细管中溢出，瓶中液体的体积将保持一定。

比重瓶的体积可通过注入蒸馏水，由天平称其质量算出，称量得空比重瓶的质量为 m_1，

充满蒸馏水时的质量为 m_2，则 $m_2 = m_1 + \rho V$，因此，可以推出：

$$V = (m_2 - m_1)/\rho \qquad (4-2-7)$$

如果再将待测密度为 ρ' 的液体（如酒精）注入比重瓶，再称量得出被测液体和比重瓶的质量为 m_3，则 $\rho' = (m_3 - m_1)/V$。将式(4-2-7)代入此式得：

$$\rho' = \rho \frac{m_3 - m_1}{m_2 - m_1} \qquad (4-2-8)$$

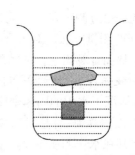

图 4-2-3　浮于液体中固体的
密度测定（二）

（2）粒状固体密度的测定

对于不规则的颗粒状固体，不可能用流体静力"称量法"来逐一称其质量。因此，可采用"比重瓶法"。实验时，比重瓶内盛满蒸馏水，用天平称出瓶和水的质量 m_1，称出粒状固体的质量为 m_2，称出在装满水的瓶内投入粒状固体后的总质量为 m_3，则被测粒状固体将排出比重瓶内水的质量是 $m = m_1 + m_2 - m_3$，而排出水的体积就是质量为 m_2 的粒状固体的体积，所以待测粒状固体的密度为：

$$\rho = \frac{m_2}{m_1 + m_2 - m_3} \cdot \rho_0 \qquad (4-2-9)$$

当然，所测粒状固体不能溶于水，其大小应保证能投入比重瓶内。

【实验内容】

1. 调试物理天平

调节水平；调节零点；练习使用方法。

2. 用流体静力"称量法"测物体的密度

（1）测金属块的密度

①用细线拴住金属块，置于天平的左面挂钩上测出其在空气中的质量 m_1；

②将金属块浸没在水中，称其质量 m_2；

③记录实验室内水的温度。

（2）测塑料块的密度

①测量塑料块在空气中的质量 m；

②用细线在塑料块的下面悬挂一个"助沉物"，测量塑料块在空气中而"助沉物"在液体中的质量 m_1；

③将塑料块和"助沉物"一起浸入水中，测量质量 m_2。

3. 采用比重瓶测定物体的密度

（1）测定液体的密度

①用天平称量比重瓶没有装入东西时的质量 m_1；

②用吸管将蒸馏水充满比重瓶，称其质量 m_2；

③倒出比重瓶中的蒸馏水、烘干，然后再将被测液体注入比重瓶，称量比重瓶和液体的质量 m_3。

（2）测定粒状固体物质的密度

①将纯水注满比重瓶后盖上塞子，擦去溢出的水，再用天平称出瓶和水的总质量 m_1；

②用天平称量固体颗粒铅的质量 m_2；

③将颗粒铅投入比重瓶内，擦去溢出的水，称出瓶、水和颗粒铅的总质量 m_3。

【数据记录及处理】

(1)用流体静力"称量法"测物体密度

①自拟表格记录测量金属块的有关数据，并计算其密度和误差，将结果用标准式表示。

②自拟表格记录测量塑料块的有关数据，并计算其密度和误差，将结果用标准式表示。

(2)采用比重瓶测量酒精和颗粒铅的密度

自拟表格记录测量酒精和颗粒铅的有关数据，并计算其密度和误差，将结果用标准式表示。

【思考题】

(1)使用物理天平应注意哪几点？怎样消除天平两臂不等而造成的系统误差？

(2)分析造成本实验误差的主要原因。

【参考资料】

物理天平

1. 使用介绍

物理天平的构造如图 4－2－4 所示，在横梁上装有三角刀口 A、F_1、F_2，中间刀口 A 置于支柱顶端的玛瑙刀口垫上，作为横梁的支点。两边刀口各有秤盘 P_1、P_2，横梁上升或下降，当横梁下降时，制动架就会把它托住，以免刀口磨损。横梁两端各有一平衡螺母 B_1、B_2，用于空载调节平衡。横梁上装有游动砝码 D，用于 1 g 以下的称量。

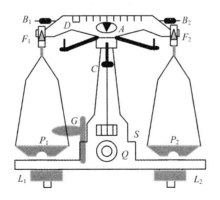

图 4－2－4　物理天平

物理天平的规格由最大称量值和感量(或灵敏度)来表示。最大称量值是天平允许称量的最大质量。感量就是天平的指针从标牌上零点平衡位置转过一格，天平两盘上的质量差，灵敏度是感量的倒数，感量越小灵敏度就越高。物理天平的操作步骤：

（1）水平调节：使用天平时，首先调节天平底座下两个螺钉 L_1、L_2，使水准仪中的气泡位于圆圈线的中央位置；

（2）零点调节：天平空载时，将游动砝码拨到左端点，与 0 刻度线对齐。两端秤盘悬挂在刀口上顺时针方向旋转制动旋钮 Q，启动天平，观察天平是否平衡。当指针在刻度尺 S 上来回摆动，左右摆幅近似相等，便可认为天平达到了平衡。如果不平衡，逆时针方向旋转制动旋钮 Q，使天平制动，调节横梁两端的平衡螺母 B_1、B_2，再用前面的方法判断天平是否处于平衡状态，直至达到空载平衡时为止；

（3）称量：把待测物体放在左盘中，右砝码盘中放置砝码，轻轻顺时针方向旋转制动旋钮使天平启动，观察天平向哪边倾斜，立即反向旋转制动旋钮，使天平制动，酌情增减砝码，再启动，观察天平倾斜情况。如此反复调整，直到天平能够左右对称摆动。然后调节游动砝码，使天平达到平衡，此时游动砝码的质量就是待测物体的质量。称量时选择砝码应由大到小，逐个试用，直到最后利用游动砝码使天平平衡。

2. 维护方法

（1）天平的负载量不得超过其最大称量值，以免损坏刀口或横梁；

（2）为了避免刀口受冲击而损坏，在取放物体、取放砝码、调节平衡螺母以及不使用天平时，都必须使天平制动。只有在判断天平是否平衡时才将天平启动。天平启动或制动时，旋转制动旋钮动作要轻；

（3）砝码不能用手直接取拿，只能用镊子间接夹取。从秤盘上取下后应立即放入砝码盒中；

（4）天平的各部分以及砝码都要防锈、防腐蚀，高温物体以及有腐蚀性的化学药品不得直接放在盘内称量；

（5）称量完毕将制动旋钮左旋转，放下横梁，保护刀口。

实验三　声速的测量（共振干涉法）

声波是在弹性媒质中传播的一种机械波。频率在 $20 \sim 2 \times 10^4$ Hz 的机械波，能引起人的听觉，称为声波；频率低于 20Hz 的机械波为次声波；频率高于 2×10^4 Hz 的机械波为超声波。

超声波具有波长短，易于定向传播等优点，所以声速测量所采用的声波频率一般都在超声波频率范围内。超声波的传播速度就是声波的传播速度。声波是纵波，声波在媒质中的传播速度与媒质的特性及状态等因素有关。

通过媒质中声速的测量，可以了解被测媒质的特性或状态变化，因而声速测量有非常广泛的应用，如无损检测、测距和定位、测气体温度的瞬间变化、测液体的流速、测材料的弹性模量等。

【实验目的】

（1）理解波动、波的反射及波的合成等基本概念；

（2）了解超声换能器的结构原理和工作过程；

（3）了解声速测量的基本原理，并掌握声波波长和声速的测量方法；

（4）掌握用逐差法处理数据的方法。

【实验原理】

1. 空气中的声速

在理想气体中声波的传播速度为

$$v = \sqrt{\frac{\gamma R T}{M}} \qquad\qquad (4-3-1)$$

式中，$\gamma = C_P / C_V$，C_P 为气体的定压摩尔热容，C_V 为气体的定体摩尔热容，R 为普适气体常量（$R = 8.3145\mathrm{J/mol \cdot K}$），$M$ 为气体的摩尔质量，T 为热力学温度。由式（$4-3-1$）可知，声速的大小与声波的频率无关，仅决定于媒质的性质，温度是影响空气中声速的主要因素。

在标准状态下，如果忽略空气中的水蒸气和其他夹杂物的影响（近似理想气体），声速 v_0 = 331.45 m/s。在温度为 t ℃时的声速为

$$v = v_0 \sqrt{1 + \frac{t}{273.15}} \qquad\qquad (4-3-2)$$

由波动理论可知，声速 v，声源的振动频率 ν 和声波波长 λ 间的关系为

$$v = \lambda \nu \qquad\qquad (4-3-3)$$

本实验由综合声速测定仪中的频率计数器直接读出频率 ν，通过共振干涉法或相位比较法测出波长 λ，即可由式（$4-3-3$）求得声速 v。

如果声波在媒质中 t 时间内传播的距离为 L，则声速为

$$v = \frac{L}{t} \qquad\qquad (4-3-4)$$

本实验也可通过时差法，由高精度计时电路测出一个声脉冲波从发出到接收这段距离中所经过的时间，从而由式（$4-3-4$）计算出声波在媒质中的传播速度。

2. 压电陶瓷超声换能器的工作原理

在声速测量中，采用压电陶瓷超声换能器作为声波的发射器和接收器。压电陶瓷超声换能器是由压电陶瓷环和轻重两种金属组成。压电陶瓷环由多晶结构的压电材料（如钛酸钡、锆钛酸铅等）制成。这种材料在受到机械应力，发生机械形变时，会发生极化，同时在极化方向产生电场，这种特性称为压电效应。反之，如果在压电材料上加交变电场，材料会发生机械形变，这被称为逆压电效应。如图 $4-3-2$，声速测试仪中换能器 S_1 作为声波的发射器是利用了压电材料的逆压电效应。压电陶瓷环片在交流电压作用下，发生纵向机械振动，在空气中激发超声波。换能器 S_2 作为声波的接收器是利用了压电材料的压电效应。空气的振动使压电陶瓷环片发生机械形变，从而产生电场，把声信号转变成了电信号。

压电超声换能器的结构如图 $4-3-1$ 所示，头部用轻金属制成喇叭形，尾部用重金属制成柱形，中部为压电陶瓷圆环，螺钉穿过环中心。这种结构增大了

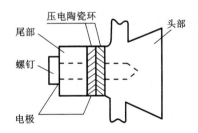

图 4-3-1　压电陶瓷超声换能器

辐射面积、辐射振幅和发射功率。由于振子做纵向伸缩振动直接影响头部轻金属而对尾部重金属影响很小，因此发射的波方向性强，平面性好。

3. 声速的测定

(1)共振干涉法

图 4-3-2 为实验装置图，S_1、S_2 为两个压电陶瓷超声换能器。S_1 为发射换能器，由逆压电效应它把电信号转换为机械振动，产生超声波；S_2 为接收换能器，它接收超声波，由压电效应它把声信号转换为电信号。当两超声换能器的平面平行时，S_1 发出的超声波经 S_2 反射，入射波与反射波为相干波，它们在 S_1 和 S_2 之间发生相干叠加。由于空气对入射波的吸收以及接收换能器 S_2 对入射波的透射和吸收，反射波的振幅将小于入射波的振幅，合成波具有驻波加行波的特征。在对实验结果影响不大的前提下，可近似认为入射波和反射波是沿相反方向传播的振幅相等的平面相干波，则两平面间的合成波可近似看成是驻波。

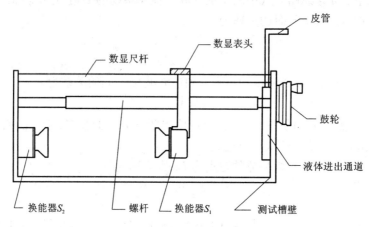

图 4-3-2　声速测试仪实验装置图

设接收换能器 S_2 的反射面处为坐标原点，S_1 指向 S_2 为 x 轴正方向。入射波在 S_2 的反射面处即坐标原点发生反射(有相位突变 π)。其入射波与反射波的波动方程为

$$\begin{cases} \text{入射波} \quad y_1 = A\cos\left(\omega t - \dfrac{2\pi}{\lambda}x\right) \\ \text{反射波} \quad y_2 = A\cos\left(\omega t + \dfrac{2\pi}{\lambda}x + \pi\right) \end{cases} \qquad (4-3-5)$$

则合成波的波动方程(驻波方程)为

$$y = y_1 + y_2 = 2A\sin\frac{2\pi}{\lambda}x\sin\omega t \qquad (4-3-6)$$

令 $A(x)$ 为合成后各点的振幅，则

$$A(x) = \left| 2A\sin\frac{2\pi}{\lambda}x \right| \qquad (4-3-7)$$

由上式可知，合成后各点的振幅是 x 的函数。当 $|\sin 2\pi x/\lambda| = 1$，即 $x = \pm(2k+1)\lambda/4(k=0,1,2,\cdots)$ 时，$A(x)$ 最大，$A(x) = 2A$，这些点为声波的波腹；当 $\sin 2\pi x/\lambda = 0$，即 $x = \pm k\lambda/2(k=0,1,2,\cdots)$ 时，$A(x)$ 最小，$A(x) = 0$，这些点为声波的波节。因入射波是由 x 轴的负端向坐标原点传播，所以各波腹和波节的位置坐标均应取负值。

由上述讨论可知，相邻两波腹或相邻两波节间的距离为 $\lambda/2$。但实验当中会发现，每相

邻两波腹或相邻两波节间的距离并不严格相等，振幅的最小值也并不为零。造成这种误差的原因是多方面的，理论公式的近似也是其中的原因之一。

当声波在媒质中传播时，媒质中的压强也随着时间和位置发生变化，所以也常用声压 p 描述驻波。定义声压 p 为有声波传播时媒质中的压强与无声波传播时媒质中静压强之差。声波为疏密波，有声波传播的媒质在压缩或膨胀时，来不及和外界交换热量，可近似看做是绝热过程。气体做绝热膨胀，则压强减小；做绝热压缩，则压强增大。媒质体元的位移最大处为波腹，此处可看做既未压缩也未膨胀，则声压为零；媒质体元位移为零处为波节，此处压缩形变最大，则声压最大。由此可知，声波在媒质中传播形成驻波时，声压和位移的相位差为 $\pi/2$。令 $p(x)$ 为驻波的声压振幅，由式（4-3-6）可得到驻波的声压表达式为

$$p = p(x)\sin\left(\omega t + \frac{\pi}{2}\right) \tag{4-3-8}$$

压电陶瓷超声换能器的固有频率在 $36 \sim 38$ kHz。调节综合声速测量仪的信号频率旋钮，当输出的正弦交流电信号频率与固有频率相同时，发射换能器 S_1 处于共振状态，此时，发射的超声波能量最大。若在这样一个最佳状态移动 S_1 至每一个波节处，接收换能器 S_2 接收到的声压都为最大，转变成电信号，晶体管电压表都会显示出最大值。由数显表头读出每一个电压最大值时的位置，即对应的波节位置。相邻两电压最大值之间的距离即为相邻两波节之间的距离 $\Delta x = \lambda/2$，从而求出声波的波长 λ。

（2）相位比较法

声波在传播途中各个点的相位是不同的，当发射点与接收点的距离变化时，二者的相位差也随之变化。其相位差 $\Delta\varphi$ 与发射波的波长 λ、发射换能器 S_1 和接收换能器 S_2 间的距离 Δx 有如下关系：

$$\Delta\varphi = \frac{2\pi}{\lambda}\Delta x \tag{4-3-9}$$

接收换能器 S_2 每移动一个波长的距离，相位差将改变 2π。

由振动合成理论可知，两个相互垂直的同频率的谐振动合成的轨道曲线为李萨如图形。设两个相互垂直的同频率谐振动方程为

$$\begin{cases} x = A_1\cos(\omega t + \varphi_1) \\ y = A_2\cos(\omega t + \varphi_2) \end{cases} \tag{4-3-10}$$

合振动的轨道方程为

$$\frac{x^2}{A_1^2} + \frac{y^2}{A_2^2} - \frac{2xy}{A_1 A_2}\cos(\varphi_2 - \varphi_1) = \sin^2(\varphi_2 - \varphi_1) \tag{4-3-11}$$

由上式可知，合振动的轨迹曲线——李萨如图形决定于相位差 $\Delta\varphi = \varphi_2 - \varphi_1$，如图 4-3-3 所示。

将声速测试仪信号源面板上发射端的"发射波形"接至示波器的"Y 输入"，将面板上接收端的"接收波形"接至示波器的"X 输入"。对于换能器 S_1 和 S_2 间的确定间距 Δx，示波器上将显示出两个频率相同，振动方向相互垂直，相位差恒定的振动合成图形——李萨如图形。连续移动换能器 S_1 以增大 S_1 与 S_2 的间距 Δx，示波器将依次显示如图 4-3-3 所示的图形。当李萨如图形由图 4-3-3（a）所示直线逐步变为图 4-3-3（e）所示直线时，表明相位差变化了 π，换能器 S_1 移动了 $\lambda/2$ 的距离。继续移动 S_1，李萨如图形由图 4-3-3（e）所

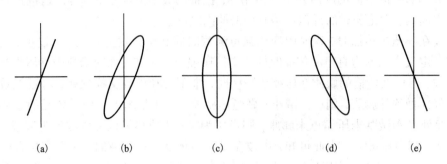

图 4 - 3 - 3　李萨如图形

$(a)\Delta\varphi=0$; $(b)\Delta\varphi=\dfrac{\pi}{4}$; $(c)\Delta\varphi=\dfrac{\pi}{2}$; $(d)\Delta\varphi=\dfrac{3\pi}{4}$; $(e)\Delta\varphi=\pi$

示直线逐步变为图 4 - 3 - 3(a)所示直线时,表明相位差又变化了 π。由数显表头依次记录换能器 S_1 的相对位置,即可求得波长。

用共振干涉法或相位比较法测得波长,由声速测试仪信号源显示窗口读出共振频率,代入公式 $v=\lambda\nu$,即可求出声速 v。

(3)时差法

时差法测量声速的基本原理是基于速度(v) = 距离(L)/时间(t)。用时差法测量声速时,将声速测试仪信号源面板上的"测试方法"设置到"脉冲波"方式。由计时电路控制,发射换能器 S_1 定时发出一个声脉冲,经过一段距离的传播后到达接收换能器 S_2。S_2 接收到的声信号转换成电信号,经放大、滤波后,由高精度计时电路得到声波从发出到接收在媒质中传播的时间,并由声速测试仪信号源时间显示窗口直接读出,声波传播的距离由数显表头记录,从而计算出声波在媒质中的传播速度。

时差法是由仪器本身来计测的,这种方法比通过目测波形变化进行波长测量的相位比较法测量精度高。特别是测量声波在液体中的传播速度时,共振干涉法和相位比较法都难以得到精确的结果。这是由于声波在液体中传播速度比较大,发射的声波在两个超声换能器之间发生多次反射,致使接收换能器的表面已不是两个波叠加,而是多个回波叠加,从而导致测量结果的误差增大。时差法只检测首先到达的声波的时间,而与其他相继到达的回波无关,因此测量结果较为准确。由于时差法测量声速既准确又简便,所以在工程技术中广为采用。

【实验仪器】

SV - DH - 5A 型综合声速测试仪,SVX - 5 型综合声速测试仪信号源,交流毫伏表或晶体管电压表、示波器、导线等。

【实验内容】

1. 共振干涉法测空气中声速

(1)测定压电陶瓷超声换能器系统的最佳工作点。按图 4 - 3 - 2 连接线路。移动 S_1,使 S_1、S_2 相距 10 cm 左右。声速测试仪信号源面板上"测试方法"设置为"连续波","传播介质"设置为"空气","发射强度"和"接收增益"旋钮顺时针旋在较大位置。缓慢调节"信号频率"旋钮使交流毫伏表指针指示最大（或晶体管电压表的示值达到最大），此时系统处于共振状态，显示共振发生的信号指示灯亮，信号源面板上频率显示窗口显示共振频率（kHz）。此状态为压电陶瓷换能器系统的最佳工作点。

（2）旋转鼓轮，使 S_1、S_2 相距 6 cm 左右。移动 S_1，使晶体管电压表的示值达到最大，由数显表头读数记录 S_1 所在位置 x_1。

（3）依次移动 S_1，观察电压表，每当示值达到最大时，记录 S_1 所在位置 x_2、x_3、$\cdots$、x_{32}（相邻位置之间的距离为 $\lambda/2$）。每测 4 个 x_i 值，须记录一次频率值 ν。

（4）记录实验室温度 t（℃）。

2. 时差法测水中声速

（1）换能器 S_1、S_2 按图 4-3-2 所示连接。信号源面板上"测试方法"设置为"脉冲波"，"传播介质"设置为"液体"，此时面板上显示窗口显示时间（μs）。

（2）旋转鼓轮，使 S_1、S_2 相距 7 cm 左右。调节"接收增益"旋钮，使定时器工作在最佳状态，即显示窗口读数稳定。

（3）缓慢移动 S_1，同时观察时间显示窗口，当时间读数增加 10 μs 时，由数显表头读数记录 S_1 所在位置 x_1（10 μs 内声波在水中传播的距离）。依次移动 S_1，观察时间显示窗口，每增加 10 μs 时，由数显表头读数记录 x_2、x_3、$\cdots$、x_{12}。

【数据记录及处理】

（1）列表记录实验数据。共振干涉法测量声速实验数据表参阅表 4-3-1，时差法测水中声速实验数据表自拟。

表 4-3-1　共振干涉法测量空气中声速的实验数据表

$x_1 \sim x_8$/mm							
$x_{17} \sim x_{24}$/mm							
$L_i = x_{16+i} - x_i$/mm							
$x_9 \sim x_{16}$/mm							
$x_{25} \sim x_{32}$/mm							
$L_i = x_{16+i} - x_i$/mm							

（2）计算空气中声速的最佳估计值 $\bar{v}$、合成不确定度 u、相对不确定度 E_v 和百分偏差 δ。

①逐差法处理数据。求 L 和频率 ν 的算术平均值 $\bar{L}$ 和 $\bar{\nu}$，由式（4-3-3）计算空气中声速的最佳估计值 $\bar{v}$。（思考：$\bar{L}$ 等于 $\overline{\lambda}$ 吗？）

②计算声速 v 的不确定度 u 和相对不确定度 E_v。

L 的合成不确定度 $u_L = \sqrt{\Delta_{AL}^2 + \Delta_{BL}^2}$；$L$ 的不确定度 A 类分量 $\Delta_{AL} = \sqrt{\dfrac{\sum\limits_{i=1}^{16}(L_i - \bar{L})^2}{16 \times 15}}$；$L$ 的不确定度 B 类分量 $\Delta_{BL} = \Delta_{仪}/\sqrt{3}$（数显表头的示值误差 $\Delta_{仪} = 0.02$ mm）。

参阅以上计算公式,计算频率 ν 的不确定度 A 类分量 $\Delta_{A\nu}$、不确定度 B 类分量 $\Delta_{B\nu}$(频率计数器的仪器误差 $\Delta_{仪} = 0.002$ kHz)和合成不确定度 u_ν。

声速 v 的相对不确定度 $E_v = \sqrt{\left(\dfrac{u_L}{L}\right)^2 + \left(\dfrac{u_\nu}{\nu}\right)^2}$,声速 v 的不确定度 $u = \bar{v}E_v$。

③正确表示测量结果(要求置信概率 $P = 0.683$)。

④计算空气中声速的百分偏差 δ。将室温 t 代入式(4 – 3 – 2)计算空气中声速的理论值。

百分偏差
$$\delta = \frac{|v_{测} - v_{理}|}{v_{理}} \times 100\%$$

(3)计算水中声速的最佳估计值 $\bar{v}$ 和百分偏差 δ。

①逐差法处理数据,求算术平均值 $\bar{L}$。由式(4 – 3 – 4)计算水中声速的最佳估计值 $\bar{v}$。(思考:公式中 $t = $?)

②计算水中声速的百分偏差 δ,$v_{水} = 1497$ m·s^{-1}。

【注意事项】

(1)测量时,旋转鼓轮应向同一方向旋转,以避免空程误差。

(2)电源接通时,两超声换能器不得接触。

(3)测水中声速时,水不得进入数显表头。

【思考题】

(1)如何调节和判断测量系统是否处于共振状态?为什么要在系统处于共振的条件下进行声速测定?

(2)压电陶瓷超声换能器是怎样实现机械信号和电信号之间的相互转换?

【讨论题】

(1)为什么接收器位于波节处,晶体管电压表显示的电压值是最大值?

(2)用逐差法处理数据的优点是什么?

【参考资料】

SVX – 5 型综合声速测试仪信号源

SVX – 5 型综合声速测试仪信号源面板上调节旋钮的作用:"信号频率"用于调节输出信号的频率;"发射强度"用于调节输出信号的电功率(输出电压);"接收增益"用于调节内部的接收增益。"测试方法"设置在"连续波"方式时,面板左上方显示窗显示频率(kHz);设置在"脉冲波"方式时,显示窗显示时间(μs)。当测量系统处于共振状态时,面板左下角"信号指示灯"应亮,并且在测量过程中应一直保持亮。

采用共振干涉法测空气中声速时,线路连接如图 4 – 3 – 4 所示。采用相位比较法测空气中声速时,换能器 S_1、S_2 和信号源连接如图 4 – 3 – 4 所示,示波器"Y 输入"接至发射端的"发射波形",示波器"X 输入"接至接收端的"接收波形"。采用时差法测水中声速时,只需将换能器 S_1、S_2 和声速测试仪信号源如图 4 – 3 – 4 所示连接。

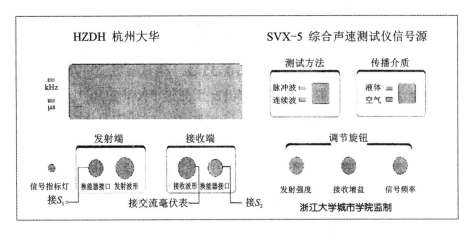

图 4 - 3 - 4　SVX - 5 型综合声速测试仪信号源面板

实验四　弦振动特性的研究

【实验目的】

(1)观察弦振动形成的驻波。

(2)用两种方法测量弦线上横波的传播速度,比较两种方法测得结果的符合情况。

(3)验证弦振动的基频与张力、弦长的关系。

【实验仪器】

电振音叉(约100Hz),弦线,分析天平,滑轮,弹簧及尺,砝码,低压电源,米尺。

【实验原理】

1. 弦线上横波传播速度(一)

如图 4 - 4 - 1 所示,将细弦线的一端固定在电振音叉上,另一端绕过滑轮挂在砝码上,当音叉振动时,强迫弦线振动,弦振动频率应当和音叉的频率 ν 相等。若适当调节砝码重量或弹簧拉力,可在弦线上出现明显稳定的驻波,即弦与音叉共振。设驻波波长为 λ,则弦线上横波传播速度 v 等于

$$v = \nu\lambda \qquad\qquad (4 - 4 - 1)$$

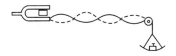

图 4 - 4 - 1　弦线上横波传播

2. 弦线上横波传播速度(二)

若横波在张紧的弦线上沿 x 轴正方向传播，我们取 $\overset{\frown}{AB} = \mathrm{d}s$ 的微分段加以讨论（图 4 - 4 - 2）。设弦线的线密度（即单位长质量）为 ρ，则此微分段弦线 $\mathrm{d}s$ 的质量为 $\rho \mathrm{d}s$。在 A、B 处受到左右邻段的张力分别为 T_1、T_2，其方向为沿弦线的切线方向，与 x 轴相交成 α_1、α_2 角。

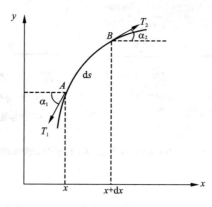

图 4 - 4 - 2　弦振动分析

由于弦线上传播的横波在 x 方向无振动，所以作用在微分段 $\mathrm{d}s$ 上的张力的 x 分量应该为零，即：

$$T_2\cos\alpha_2 - T_1\cos\alpha_1 = 0 \tag{4 - 4 - 2}$$

又根据牛顿第二定律，在 y 方向微分段的运动方程为

$$T_2\sin\alpha_2 - T_1\sin\alpha_1 = \rho \mathrm{d}s \frac{\mathrm{d}^2 y}{\mathrm{d}t^2} \tag{4 - 4 - 3}$$

对于微小的振动，可取 $\mathrm{d}s \approx \mathrm{d}x$，而 α_1、α_2 都很小，所以 $\cos\alpha_1 \approx 1$，$\cos\alpha_2 \approx 1$，$\sin\alpha_1 \approx \tan\alpha_1$，$\sin\alpha_2 \approx \tan\alpha_2$。又从导数的几何意义可知 $\tan\alpha_1 = \left(\dfrac{\mathrm{d}y}{\mathrm{d}x}\right)_x$，$\tan\alpha_2 = \left(\dfrac{\mathrm{d}y}{\mathrm{d}x}\right)_{x+\mathrm{d}x}$，式（4 - 4 - 2）将成为 $T_2 - T_1 = 0$，即 $T_2 = T_1 = T$ 表示张力不随时间和地点而变，为一定值。式（4 - 4 - 3）将成为

$$T\left(\frac{\mathrm{d}y}{\mathrm{d}x}\right)_{x+\mathrm{d}x} - T\left(\frac{\mathrm{d}y}{\mathrm{d}x}\right)_x = \rho \mathrm{d}x \frac{\mathrm{d}^2 y}{\mathrm{d}t^2} \tag{4 - 4 - 4}$$

将 $\left(\dfrac{\mathrm{d}y}{\mathrm{d}x}\right)_{x+\mathrm{d}x}$ 按泰勒级数展开并略去二级微量，得

$$\left(\frac{\mathrm{d}y}{\mathrm{d}x}\right)_{x+\mathrm{d}x} = \left(\frac{\mathrm{d}y}{\mathrm{d}x}\right)_x + \left(\frac{\mathrm{d}^2 y}{\mathrm{d}x^2}\right)_x \mathrm{d}x$$

将此式代入式（4 - 4 - 4），得

$$T\left(\frac{\mathrm{d}^2 y}{\mathrm{d}x^2}\right)_x \mathrm{d}x = \rho \mathrm{d}x \frac{\mathrm{d}^2 y}{\mathrm{d}t^2}$$

即

$$\frac{\mathrm{d}^2 y}{\mathrm{d}t^2} = \frac{T}{\rho} \frac{\mathrm{d}^2 y}{\mathrm{d}x^2} \tag{4 - 4 - 5}$$

将式(4-4-5)中与简谐波的波动方程$\dfrac{d^2y}{dt^2}=v^2\dfrac{d^2y}{dx^2}$相比较可知：在线密度为$\rho$、张力为$T$的弦线上，横波传播速度$v$的平方等于

$$v^2=\frac{T}{\rho}$$

即

$$v=\sqrt{\frac{T}{\rho}} \qquad\qquad (4-4-6)$$

3. 弦振动规律

将式(4-4-1)代入式(4-4-6)，可得

$$\nu\lambda=\sqrt{\frac{T}{\rho}} \qquad\qquad (4-4-7)$$

设弦线长为l，振动时弦上的半波数为n，则$\dfrac{l}{n}=\dfrac{\lambda}{2}$即$\lambda=\dfrac{2l}{n}$，将此式代入式(4-4-7)，得出

$$\nu=\frac{n}{2l}\sqrt{\frac{T}{\rho}} \qquad\qquad (4-4-8)$$

上式表明对于线密度ρ、长度l和张力T一定的弦，其自由振动时的频率不止一个，而是包括相当于$n=1$、2、3、…的ν_1、ν_2、ν_3、…多种频率，$n=1$的频率称为基频，$n=2$、3的频率称为第一、第二谐频，但基频较其他谐频强得多，因此它决定弦的频率，而各谐频则决定它的音色。振动体有一个基频和多个谐频的规律不只是弦线上存在，而是普遍的现象。但基频相同的各振动体，其各谐频的能量分布可以不同，所以音色不同。例如具有同一基频的弦线和音叉，其音调是相同的，但听起来声音不同就是这个道理。

当弦线在频率为ν的音叉策动下振动时，适当改变T、l和ρ，则可能和强迫力发生共振的不一定是基频，而可能是第一、第二、第三、…谐频。但是根据式(4-4-8)，可知此时的基频ν_0等于$\dfrac{\nu}{n}$，即

$$\nu_0=\frac{1}{2l}\sqrt{\frac{T}{\rho}} \qquad\qquad (4-4-9)$$

两侧取对数，得

$$\lg\nu_0=\lg\left(\frac{1}{2\sqrt{\rho}}\right)-\lg l+\frac{1}{2}\lg T \qquad\qquad (4-4-10)$$

此式表明在$\lg\nu_0$和$\lg l$、$\lg T$之间存在线性关系。本实验即将验证这一关系。

【实验内容】

1. 弦的基频与弦长的关系

(1)如图4-4-1所示，将弦线挂好，砝码托盘上加适当砝码。将音叉上电磁线圈接到低电源(50Hz，约3V)上，音叉将在交流电的作用下做受迫振动。

(2)改变弦线的长度，使弦上出现$n=1$、2、3、4、5等稳定的、振幅最大的驻波，测出各n值对应的弦线长l。对每个n值都要反复测4次。

(3)记下砝码(包括托盘)的质量。在此部分实验中砝码质量保持一定。

(4)用音叉频率 ν 除以驻波数 n 求出各 n 值的基频 ν_0,作 $\lg\nu_0 - \lg l$ 图线,求出其斜率。

2. 弦的基频与张力的关系

(1)将弦挂在音叉和弹簧之间,弹簧的上端固定在标尺上,在松弛时读出弹簧下端所对标尺上的读数 x_0。

(2)向上拉弹簧及标尺,使弦线上出现 5、4、3、2、1 个半波,读出弹簧下端所对标尺读数 x_5、x_4、x_3、x_2、x_1。对各 x 值都要上下拉动弹簧反复测 4 次。实验时 l 不变。

(3)取下弦线测弹簧的倔强系数 k。在弹簧下端,分别加 10 g、20 g、30 g、40 g 砝码时弹簧下端的读数设为 x_{10}、x_{20}、x_{30}、x_{40},则 k 等于

$$k = 20g \Big/ \frac{(x_{30} - x_{10}) + (x_{40} - x_{20})}{2} (\text{N} \cdot \text{cm}^{-1})$$

(4)用音叉频率除以 n 值所求出 n 值对应的弦的基频 ν_0,再求出张力 $T[\,= k(x_i - x_0)]$,作 $\lg\nu_0 - \lg T$ 图线,并求其斜率。

3. 比较两种波速的计算值

(1)从以上各测量中求出各 T 值对应的波长 λ,乘以音叉频率 ν,用式(4 - 4 - 1)计算出各自的波速。

(2)在所用弦线的同一线轴上截取 10 cm 长的线,用分析天平称其质量,求出其线密度 ρ。

(3)将各 T 值和 ρ 代入式(4 - 4 - 6),求出各波速。

(4)比较用两种方法求出的同一 T 值的波速(列表),分析其差异的原因。

4. 频率比较

就实验中某一组 n、l、T、ρ 值,代入式(4 - 4 - 8)计算弦振动的频率,并将其和音叉振动的频率作比较。

【注意事项】

(1)使音叉频率接近市电频率的两倍,以便使用一般的低压交流电源驱动音叉。如差异较大,就要用低频信号发生器去驱动音叉。

(2)要用线密度尽量小的弦线,以免 T 过大。

(3)在“实验内容”1 中所加砝码要适当,以免 l 过小或过大,可控制在 $n = 1$ 时,l 约为 20 cm。

(4)在“实验内容”2 中,l 值要适当,以免 $n = 1$ 时对 T 值的要求过大。如果弹簧的倔强系数不合适,也可不测 $n = 1$ 时的 T 值,或改用倔强系数大的弹簧。

【思考题】

(1)说明弦上传播横波的波动方程是如何导出的。

(2)说明弦振动基频与谐频的差异。

(3)说明弦在频率为 ν 的音叉策动下振动时,若弦上出现 n 个半波区,则弦的基频为 $\dfrac{\nu}{n}$,为什么?

(4)弦振动时,若 n 为偶数,则将音叉转 $90°$(l、T、ρ 不变)后,半波区数将减少为 $\frac{n}{2}$(图 4-4-3),观察此现象并说明其原因。(注意后者弦振动频率和音叉的频率不等。)

(5)将线密度为 ρ 的细铜线用张力 T 拉紧并通以直流电,另外在弦的中间置一通以市电的电磁铁(图4-4-4)。说明在什么条件下弦将出现振动,振动的频率是多少,这和市电频率有何关系。

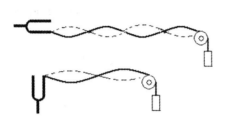

图 4-4-3　音叉旋转 $90°$ 后弦振动现象

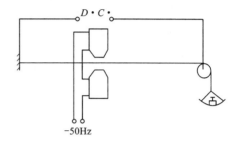

图 4-4-4　通电后细铜线上弦振动现象

实验五　牛顿第二定律的验证

【实验目的】

(1)掌握气垫导轨的水平调整和数字计时器的使用。
(2)利用气垫导轨测滑块运动的速度和加速度。
(3)验证牛顿第二定律。
(4)测定重力加速度。

【实验仪器】

气垫导轨、滑块、两个光电门、砝码及砝码托盘、数字计时器、微型气泵。

【实验原理】

1.速度的测定
物体做一维运动时,平均速度表示为

$$\bar{v} = \frac{\Delta x}{\Delta t} \quad\quad (4-5-1)$$

若时间间隔 Δt 或位移 Δx 取极限就得到物体在某位置或某一时刻的瞬时速度

$$v = \lim_{\Delta t \to 0} \frac{\Delta x}{\Delta t} \quad\quad (4-5-2)$$

在实际测量中,可以对运动物体取一很小的 Δx,用其平均速度近似地代替瞬时速度。
实验时,在滑块上装上一个 U 形挡光片,如图 4-5-1 所示。当滑块经过光电门时,挡光片第一次挡光(AA' 或 CC'),数字计时器开始计时,紧接着挡光片第二次挡光(BB' 或 DD'),计时立即停止,计数器上显示出两次挡光的时间间隔 Δt。由于 $\Delta x = \overline{AB} = \overline{CD}$,约 1

cm，相应的 Δt 也很小，因此，可将 $\dfrac{\Delta x}{\Delta t}$ 之值当做滑块经过光电门所

在点（以指针为准）的瞬时速度。

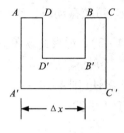

2. 加速度的测定

当滑块做匀加速直线运动时，其加速度 a 可用下式求得

$$a = \frac{v_2^2 - v_1^2}{2(x_2 - x_1)} \qquad (4-5-3)$$

图 4-5-1　U 形挡光片

式中 v_1 和 v_2 分别为滑块经过前、后两光电门的瞬时速度，x_1 和 x_2 为与之相对应的光电门的位置（以指针为准）。

v_1 和 v_2 可用前述方法测得，x_1 和 x_2 可由附着在气垫导轨上的米尺读出。

3. 验证牛顿第二定律

牛顿第二定律是动力学的基本定律。其内容为物体受外力作用时，所获得的加速度的大小与合外力的大小成正比，并与物体的质量成反比。

忽略滑块与气垫导轨之间的滑动摩擦力和细线的质量，则可列出滑块系统的一组动力学方程

$$\begin{cases} mg - T = ma \\ T = Ma \end{cases} \qquad (4-5-4)$$

其中 M 为滑块的质量，m 为砝码盘和砝码的总质量，T 为细线的张力，如图 4-5-2。

解方程组（4-5-4），得系统所受合外力 F 为

$$F = mg = (M+m)a \qquad (4-5-5)$$

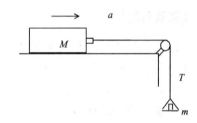

从式（4-5-5）中可见，当滑块系统质量 $(M+m)$ 一定时，$a \propto F$。实验中，测量出一组在不同外力 F 作用下滑块的加速度值 a，以 F 为横坐标，a 为纵坐标，作 $a-F$ 曲线，观测该图的特征。若所绘制的 $a-F$ 图为过原点的直线，其平均斜率近似为 $\dfrac{1}{(M+m)}$，即可验

图 4-5-2　验证牛顿第二定律

证：物体加速度的大小与所受合外力的大小成正比。

从式（4-5-5）中还可见，当滑块系统所受的合外力 F 一定时，$a \propto \dfrac{1}{(M+m)}$。改变滑块

的质量，测量一组在不同质量下的滑块的加速度值 a，以 $\dfrac{1}{(M+m)}$ 为横坐标，以 a 为纵坐标，

作 $a - \dfrac{1}{(M+m)}$ 曲线，观测该图的特征。若所绘制的 $a - \dfrac{1}{(M+m)}$ 图为过原点的直线，其平均

斜率近似为 F，即可验证：物体所获得的加速度与物体的质量成反比。

由此可验证牛顿第二定律。

【实验内容】

实验前仔细预习"实验介绍"，阅读附录，弄清仪器结构、使用方法和注意事项。

1. 气垫导轨的水平调节

对气垫导轨的水平调节是进行气垫导轨实验必须掌握的一项基本技能。调节水平的方法

有静态和动态两种。实验时应先静态调平，再动态调平。

（1）静态调节法：接通气源，用手测试导轨，若感到导轨两侧气孔明显有气流喷出，则通气状态良好。把装有挡光片的滑块轻置于导轨上，若滑块总向导轨一头定向滑动，则表明导轨该头的位置相对较低，可调节导轨一端的单脚螺钉，使滑块在导轨上保持不动或稍微左右摆动而无定向移动，那么导轨已调水平。

（2）动态调节法：调节两光电门的间距，使之约 50 cm（以指针为准）。打开数字计数器开关，导轨通气良好后，放上滑块，使之以某一初速度在导轨上来回滑行。设滑块经过两光电门的时间分别为 Δt_1 和 Δt_2，观察 Δt_1 和 Δt_2 的数据，若考虑空气阻力的影响，滑块经过第一个光电门的时间 Δt_1 总是略小于经过第二个光电门的时间 Δt_2（两者相差 2% 以内），就可认为导轨已调水平。否则根据实际情况调节导轨下面的单脚螺钉，反复观察，直到计算左右来回运动对应的时间差（$\Delta t_1 - \Delta t_2$）大体相同为止。

2. 测定速度

用游标卡尺测量 Δx。将数字计时器功能键置于"计时"挡，使滑块在气垫导轨上运动，计时器显示屏依次显示出滑块经过两光电门的时间间隔，用式（4-5-1）计算出相应的速度 v_1 和 v_2。

3. 测定加速度

按图 4-5-2 所示装置，用一细线经导轨一端的滑轮将滑块和砝码盘相连。估计线的长度，使砝码盘落地前滑块能顺利通过两光电门。根据实验要求向砝码盘上添加砝码。

将滑块移至远离滑轮的一端，静置自由释放。滑块在合外力 F 作用下做初速度为零的匀加速直线运动。计时器上依次显示滑块经过两光电门的时间间隔 Δt_1 和 Δt_2，用式（4-5-1）和式（4-5-3）分别计算出滑块经过两光电门的速度 v_1、v_2 和加速度 a。

4. 验证牛顿第二定律

在滑块上加 5 个砝码，用上述方法测定滑块运动的加速度。再将滑块上 5 个砝码分 5 次从滑块上移至砝码盘中。重复上述步骤，验证：物体质量不变时，加速度大小与外力大小成正比。

保持滑块所受外力不变，使砝码盘中的砝码质量不变，测定滑块运动的加速度。将 5 个砝码逐次加置滑块上改变滑块的质量，验证：物体所获得的加速度与物体的质量成反比。

5. 在倾斜的气垫导轨上测定重力加速度

从附着于气垫导轨的米尺上读出两支撑螺钉刻线的位置 L_1 和 L_2，求得其间距离 $L = L_1 - L_2$，用游标卡尺测得垫块的厚度 h。将垫块放在导轨支撑螺钉的下面，使导轨倾斜，则重力加速度沿导轨方向的分量

$$a = g \cdot \sin\theta \approx g \cdot h/L \qquad (4-5-6)$$

$$g = \frac{a \cdot L}{h} \qquad (4-5-7)$$

用上述方法测得滑块沿倾斜导轨运动的加速度（为了消除粘滞阻力的影响，需分别测得上滑与下滑的加速度，然后取平均值），代入式（4-5-7），求得重力加速度值。

【数据记录及处理】

1. 测滑块系统的加速度与验证牛顿第二定律

（1）数据记录和计算（当滑块系统质量一定时），见表 4-5-1。

两光电门间距离 $x_2 - x_1 = $ 　　　　　　　两挡光片对应边的距离 $\Delta x = $

滑块质量 $M =$ 砝码盘质量 $m_0 =$

砝码质量 $m =$ 滑块系统质量 $M_系 = (M + m_0 + 5m)g =$

表 4 – 5 – 1   验证质量不变, 外力和加速度成正比

F	Δt_1	v_1	Δt_2	v_2	a	$a_理$	E	$\overline{E}$
$m_0 g$								
$(m_0 + m)g$								
$(m_0 + 2m)g$								
$(m_0 + 3m)g$								
$(m_0 + 4m)g$								
$(m_0 + 5m)g$								

①表中 a 由式(4 – 5 – 3)得出; $a_理$ 由式(4 – 5 – 5)得出; 求出其相对误差: $E = \dfrac{|a_理 - a|}{a_理} \times 100\%$。

②以 F 为横坐标, 以 a 为纵坐标, 在方格纸上作 a – F 曲线, 求出其平均斜率 k, 再求出其相对误差: $\overline{E} = \dfrac{|1/M_系 - k|}{1/M_系} \times 100\%$。

(2)数据记录和计算(当滑块系统所受外力一定时), 见表 4 – 5 – 2。

两光电门间距离 $x_2 - x_1 =$ $F = m_0 g =$

表 4 – 5 – 2   验证外力一定时, 质量和加速度成反比

$M_系$	Δt_1	v_1	Δt_2	v_2	a	$a_理$	E	$\overline{E}$
$M + m_0$								
$(M + m_0 + m)g$								
$(M + m_0 + 2m)g$								
$(M + m_0 + 3m)g$								
$(M + m_0 + 4m)g$								
$(M + m_0 + 5m)g$								

①表中 a、$a_理$ 和 E 求法同上。

②以 $1/M_系$ 为横坐标, 以 a 为纵坐标, 在方格纸上作 a – $(1/M_系)$ 曲线, 求出其平均斜率 k', 再求出其相对误差: $\overline{E} = \dfrac{|F - k'|}{F} \times 100\%$。

2. 在倾斜气垫导轨上测重力加速度

(1)数据记录和计算, 见表 4 – 5 – 3。

气垫导轨支撑螺钉间的垂直距离 $L = L_1 - L_2$　　　　两光电门间距离 $x_2 - x_1 =$

两挡光片对应边的距离 $\Delta x =$　　　　　　　　　　重力加速度 $g_0 \approx 9.793$ m/s^2

表 4 - 5 - 3　在倾斜气垫导轨上重力加速度的测量

h	上滑			下滑			$a = \dfrac{a_{上} + a_{下}}{2}$
	Δt_1	Δt_2	$a_{上}$	$\Delta t'_1$	$\Delta t'_2$	$a_{下}$	

【注意事项】

(1)先调平气垫导轨,通气后放滑块,结束时先取下滑块,后关掉气源,不应长时间供气,以免气源温度过高,缩短使用寿命;

(2)两滑块碰撞要做对心碰撞,切勿斜撞,防止滑块从气垫导轨上掉下;

(3)挡光片必须通过光电门进行挡光,才能计时;

(4)改变滑块质量时,应对称地加减配重块。

【思考题】

(1)滑块的初速度不同是否会影响加速度的测定?

(2)用气垫导轨测量重力加速度还有哪些方法?

(3)能否将导轨调成某一角度而做此实验?为什么?

(4)造成本实验的系统误差的因素有哪些?怎样避免或减少?

(5)调整与判断气垫导轨是否水平的依据为何?实验中如果导轨未调平,对验证牛顿第二定律有何影响,得到的图将是什么样的?

(6)在倾斜的导轨上测量重力加速度时,如何消除气流阻力的影响?(提示:根据泊肃叶公式 $p_1 - p_2 = 8\eta L Q/(\pi r^4)$,粘滞系数为 η 的流体,流过半径为 r、长为 L 的圆管时,每秒流量为 Q,则圆管两端压力差为 $p_1 - p_2$。)

(7)实验中砝码质量选择得太大、太小有什么不好?砝码的改变量 Δm 应根据什么而定?

【参考资料】

气垫导轨

1.气垫导轨简介

气垫导轨装置如图 4 - 5 - 3 所示。

气垫导轨是一根方形(或三角形)铝合金型材结构的管体,全长约 1580 mm,两个轨面互成直角,经过精细加工,有较高的平直度和表面光洁度,每个轨面上均匀分布着直径为 0.6

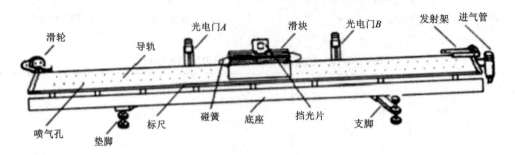

图 4 – 5 – 3　气垫导轨示意图

mm 的喷气孔。气泵将压缩空气从导轨一端的进气管送入,空气通过导轨表面的喷气孔向外
喷射,在滑块与导轨之间形成一定厚度的"气垫",将滑块托起,使滑块能在导轨上做近似无
摩擦的运动。

这是因为气垫导轨内腔的压缩空气通过导轨面上的喷气孔作用于滑块下部,在滑块的上
下部间便形成了一定的压力差,这个压力差超过滑块本身的自重时,滑块便浮起,滑块与导
轨之间就形成了气膜,气膜内的气体向四周流出使其气压降低,当滑块上下部的压力差等于
滑块自重时,气膜厚度就保持在一定的数值。一般气膜厚度大约在 10 ~ 200 μm 之间。气膜
厚度取决于气垫导轨的制造精度、滑块的重量和气源流量的大小;而气膜厚度过大时,滑块
在运动时会产生左右摇摆现象,使测量的数据不够准确。

2. 气垫导轨的主要附件

(1)滑块:共三个,装有碰簧、挡光片夹
等,它与导轨配套使用,不可随意调换。滑块
两端的弹簧与气垫导轨端座的弹簧,校准到
发生对心碰撞。如果碰撞偏斜,滑块运动时
就会左右摇摆,造成能量损失,产生较大的实
验误差。

(2)挡光片:挡光片安装在滑块上,随滑
块一起运动。当经过光电门时,挡光片阻挡光
电门的光路,使数字计时器"开始计时"或"停
止计时"。挡光片形状有"U"形(开口)和条形
(不开口)两种,如图 4 – 5 – 4 所示。挡光片的

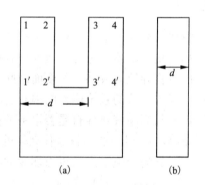

图 4 – 5 – 4　挡光片
(a)"U"形挡光片;(b)条形挡光片

宽度 d,对于"U"形挡光片是第一前沿到第二前沿的距离,即"11'"和"33'"之间的距离;对于条
形挡光片即为其宽度。

(3)光电门:共两个,内装发光二极管及光敏二极管,能将挡光信号转换为电信号,用来
控制数字计时器的"开始计时"或"停止计时"。

(4)气垫滑轮:滑轮的表面上有喷气孔,喷出的气流在滑轮表面与跨在表面上的胶带之
间形成气垫,使胶带在滑轮面上做无摩擦的滑动。

(5)碰簧:位于导轨面的两端。当滑块上的碰簧与之相撞时起缓冲作用。

(6)高度调节旋钮:用于调节导轨左右、前后水平。

（7）进气管：气源和气垫导轨相连接的波纹管，将一定压强的气流输进导轨内部。

（8）标尺：固定在导轨上用来指示光电门、滑块的位置及间距等。

（9）配重块：每组八块，每块质量为 (25.0 ± 0.5) g，用以调节滑块的质量。

3. 气垫导轨使用注意事项

（1）气垫导轨的导轨面与滑块的工作面必须保持平整、清洁；在使用、搬动和存放时，都应谨防碰伤，切勿在导轨上压、划、敲击，以免损坏。

（2）使用之前，用酒精棉球擦拭轨面和滑块的工作面，不应留有灰尘和污垢，并检查气流是否全部畅通，如有气孔堵塞，可用直径 0.5 mm 的钢丝疏通。

（3）在气源不供气的情况下，不得在导轨面上推动滑块，以防划伤气垫导轨和滑块的工作面，影响正常实验。

（4）实验完毕应先取下滑块，再关闭气源。更换或调节滑块上的附件时，也必须将滑块从气垫导轨上取下再调节，并要注意轻拿轻放。

JO201 – CC 存储式数字计时器

1. JO201 – CC 存储式数字计时器简介

（1）前面板示意图

JO201 – CC 存储式数字计时器面板示意图，如图 4 – 5 – 5 所示。

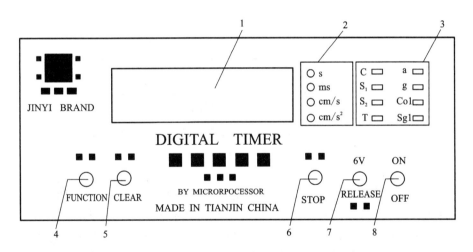

图 4 – 5 – 5　JO201 – CC 存储式数字计时器面板

1—数据显示窗口；2—单位显示；3—功能选择显示；4—功能选择键；5—清零键；6—停止键；7—6V/同步键；8—电源开关

（2）后面板示意图

后盖示意图说明见图 4 – 5 – 6。

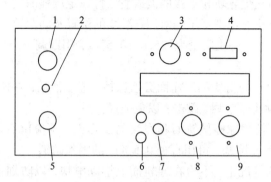

图4 – 5 – 6　后盖示意图

1—保险管座；2—外接地线接线柱；3—自由落体接口插座；4—挡光片宽度选择开关；5—电源输入插头线；6—直流稳压电源输出；7—时标输出；8—2号光电门输入插座；9—1号光电门输入插座

2. 操作使用

（1）自检状态

开机后自动进入自检状态，循环顺序如下：

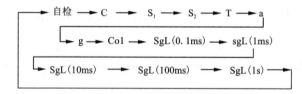

开机或按［功能］键选择自检功能，都将进入自检状态；当光电门无故障时，屏幕循环显示各显示器件，当光电门发生故障（如：接触不良、损坏、遮挡光电门或光电门输入电路出现故障等）时，屏幕将闪烁着该光电门的号码，不做循环显示工作。这时，必须先排除故障，程序才能继续运行。

（2）功能键的选择

①"C"——计数：用挡光片对任意一个光电门挡光一次，屏幕显示就累加一个数。按［停止］键，立即锁存原值，停止计数。按［清零］键，清除所有实验数据，可重新做实验。

②"S_1"——挡光计时：用挡光片对任意一个光电门依次挡光，屏幕将依次显示出挡光次数和挡光时间。可连续做 1~255 次实验，但只存储前 10 个数据。按［停止］键后，立即进入循环显示存储的数据状态。按［清除］键，清除所有实验数据，可重新做实验。

③"S_2"——间隔计时：用挡光片对任意一个光电门依次挡光，屏幕将依次显示挡光间隔的次数、挡光间隔的时间。可连续做 1~255 次实验，只存储前 10 个数据，按［停止］健后，先依次显示测量的间隔时间数据，再依次显示与之对应的速度数据，并反复循环。按［清零］键清除所有实验数据，可重新做实验。

④"T"——测振子振动周期：用弹簧振子或单摆振子配合一个光电门和一个挡光片做实验（挡光片宽度不小于 3 mm）。在振子上粘上轻小的挡光片，使挡光片通过光电门。屏幕仅显示振动次数，当完成了第 n（1~255 任选）个振动（即屏幕显示出 $n+1$）之后，立即按［停止］健。这时，屏幕便自动循环显示 n 个振动周期和 n 次振动时间的总和。当 $n>10$ 时只显

示前 10 个振动周期和前 10 次振动时间的总和。按［清零］健，清除所有实验数据，可重新做实验。

⑤"a"——测加速度：测运动物体的加速度实验。运动物体上的挡光片通过两个光电门之后自动进入循环显示：

1：滑块第一次通过光电门的时间；

2：滑块通过二个光电门的间隔时间；

3：滑块第二次通过光电门的时间；

v_1：滑块通过第一个光电门时的速度；

v_2：滑块通过第二个光电门时的速度；

a：滑块从第一个光电门到第二个光电门之间的运动加速度。

如此反复循环显示上述 6 个数据。按［清零］键，清除所有实验数据，可重新做实验。

⑥"g"——测重力加速度：配合自由落体实验仪做实验。

Ⅰ.操作

a.把自由落体实验仪的光电门插头插入后盖上的自由落体插座。

b.拔下 1 号光电门插座上的光电门和 2 号光电门插座上的光电门。

c.接上 220V 交流电源，打开电源开关。

d.按［功能］键，选择"g"挡。

e.把［6V/同步］键拨到"6V"处，这时自由落体实验仪的电磁铁电源被接通，吸住钢球。

f.按［清零］键，消除所有数据。

g.把［6V/同步］键拨到"同步"处，电磁铁断电，钢球释放，计时器同步计时。

h.待钢球通过其中一个光电门后，实验即自行结束，自动进入循环，显示 2 个实验数据。

Ⅱ.实验数据

a.钢球自 0 cm 处下落到光电门时所用的时间。

b.钢球通过光电门的时间。

按［清零］键，清除所有实验数据，又可重新做实验。

注意：自由落体的实验只需要一个光电门，但另一个光电门必须保持光照状态才能正常工作。

⑦"Col"——完全弹性碰撞实验：适用于两物体做完全弹性碰撞实验。其他非完全弹性的碰撞请用"S_2"功能。当两个滑块完成完全弹性碰撞实验之后自动进入循环显示 4 个时间数据和 4 个速度数据，分别为

1：碰撞前滑块通过 1 号光电门的时间；

2：碰撞后滑块通过 1 号光电门的时间；

3：碰撞前滑块通过 2 号光电门的时间；

4：碰撞后滑块通过 2 号光电门的时间；

v1.0：碰撞前滑块通过 1 号光电门的速度；

v1.1：碰撞后滑块通过 1 号光电门的速度；

v2.0：碰撞前滑块通过 2 号光电门的速度；

v2.1：碰撞后滑块通过 2 号光电门的速度。

如此反复循环。按［清零］键，清除所有实验数据，可重新做实验。

⑧"Sgl"——时标输出：选择 Sgl 挡，再依次按［功能］键可选择时标周期，屏幕将随依次按［功能］键显示时标周期为 0.1ms，1ms，10ms，100ms，1s；后盖上的时标插座输出幅度不低于 5V 的脉冲信号。

CS - Z 智能数字计时器

1. 概述

如图 4 - 5 - 7 所示，CS - Z 型智能数字计时器（以下简称计时器）是以 89C51 单片机为核心，在软件控制下的一种通用测时智能仪器。与气垫导轨配合，可以进行多种力学实验，是测量精确可靠的计时仪器，也可用于其他测时场合。

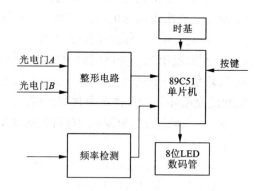

图 4 - 5 - 7　智能数字计时器原理框图

计时器有两路光电门 A 和光电门 B 信号输入（电脉冲信号输入）和一路电频率信号输入。当与计时器相连接的光电门被挡光时，计时器可测得两次挡光之间的时间间隔（范围可在 50 μs ~ 99s 之间）；利用频率输入口，可测量输入电信号的频率（可测频率范围 1Hz ~ 500kHz）。

该计时器还具有数据的存储功能和运算功能，可直接测出平均速度和平均加速度，另外，还提供了事件计数、测周期和碰撞数据等功能。

注意： 光电门 A 和光电门 B 必须同时插上，并且当两只光电门都正常工作时，计时器才能正常工作，否则计时器无法正常工作。

2. 技术参数

（1）测量时间

测时范围：50 μs ~ 99 s。

分辨率：1 μs。

精度：50 μs（最大时间测量范围为 1 s 时），0.5 ms（最大时间测量范围为 10 s 时）。

（2）计数

计数最大容量：99 999 999。

信号间最小时间间隔：>1 μs。

（3）频率测量

范围：1 Hz ~ 500 kHz。

分辨率：1 Hz。

精度：10 Hz（500 kHz 输入时），1 Hz（1 kHz 输入时）。

输入灵敏度：500 mV（ppV）。

输入阻抗：200 kΩ。

ppV：峰值电压。

（4）显示方式

8 位 LED 数码管，小数点自动定位。

（5）电源

电压：AC220 V±10%。

频率：50 Hz。

功耗：<12 W。

3. 使用方法

将计时器电源开关拨到 ON 位置，LED 数码管显示 HELLO，按"选择"键，数码管显示 1Pr，以后每按一次"选择"键依次出现：2Pr、3-V、4-V、5A、6Pd、7Fr 和 8CC、9EV；再按"选择"键一次则又回到 HELLO，以上的显示分别表示进入计时器的 9 种功能。

注意： 当执行上述前 7 个功能时，功能应处在 1Pr~7Fr，即键盘板左上角灯亮，而执行最后两个功能时，按功能键，此时功能应处在 8CC 与 9EV，即键盘板左下角灯亮。

（1）1Pr（测一个时间间隔）

当显示为 1Pr 时，按"执行"键就进入测量一个时间间隔操作，当滑块通过光电门 A 或光电门 B 后，"U"形（开口）挡光片通过光电门一次，条形（不开口）挡光片通过光电门两次，屏幕就显示 Δt，单位为毫秒（ms）。

①使用光电门 A，安装"U"形（开口）挡光片，可测如图 4-5-4 中经过宽度 d 的时间 Δt；

②使用光电门 A 和 B，安装条形（不开口）挡光片，可测出滑块移动自 A 至 B 的时间，如图 4-5-8 所示，完成一次操作后，再按"执行"键则重新测一个时间间隔。

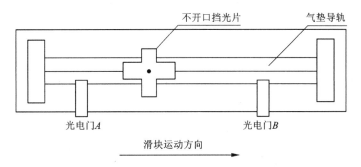

图 4-5-8　安装条形（不开口）挡光片测一个时间间隔

（2）2Pr（测两个时间间隔）

通过按"选择"键，使数码管显示为 2Pr，按下"执行"键，屏幕显示消失，即进入测两个时间间隔功能。等待光电门 A 或 B 的两次挡光（指开口挡光片，下同），两次挡光后屏幕显示后一次时间间隔 Δt_2。再按"选择"键出现第一次挡光时间间隔 Δt_1。每按一次"选择"键交替显示 Δt_1 和 Δt_2。

完成一次 2Pr 功能后再按"执行"键，则再做一次 2Pr 测时。

（3）3-V（测一个速度）

当滑头上安装开口挡光片时，可测出滑块运动的平均速度。

进入 3-V 显示后，按"执行"键，LED 屏幕出现 2.00，表示必须使用宽度 d 为 2.00 cm 的开口挡光片。如果不使用 2.00 cm 的挡光片，还可以使用 2.20 cm、2.40 cm 等多种规格的标准挡光片，只需再按"选择"键，便可依次选择上述几种规格的挡光片，以便求出滑块的平均速度。

选择好挡光片后,按"执行"键则进入测速,类似1Pr,挡光一次后屏幕显示平均速度,单位为 mm/s,再按"执行"键可进入下次测速。

(4)4 – V(测两个速度)

当显示为4 – V,即进入测两个速度功能。

类似于3 – V,按"执行"键后显示2.00,亦可如前例,按"选择"键依次选择挡光片宽度,再按"执行"键进入测速,此时显示消失,等待两次挡光后,屏幕显示测得的速度 v_1,按"选择"键可显示 v_2。

此时再按"执行"键,又重复上述测速功能。

(5)5A(测加速度)

当显示为5A,即进入测加速度功能。

类似于3 – V,按"执行"键后显示2.00,亦可如前操作选择挡光片宽度 d,再按"执行"键,显示消失;等待光电门 A 和 B 的两次挡光(测加速度时,使用一只装有开口挡光片的滑块),两次挡光后,出现数据显示,即 v_2,按"选择"键显示 v_1,再按"选择"键又交替显示;按"执行"键则显示 $\bar{a}$(按该键后,v_1 和 v_2 清除),即为滑块的平均加速度 $\bar{a}$。

计算 $\bar{a}$ 的公式为:$\bar{a} = \dfrac{v_2 - v_1}{\Delta t}$,式中,$\bar{a}$ 为平均加速度,单位为 mm/s²。v_1、v_2 为滑块通过光电门时的速度;Δt 为滑块在光电门 A、B 之间运动的时间。

(6)6Pd(测周期)

显示为6Pd,即为测周期功能。

可选预制周期数,进入测试后,显示剩余周期计数。

显示为6Pd时按"执行"键,显示0,每按一次"选择"键,显示加1,达到你所需的预置数后,按"执行"键即进入测周期操作,此时显示为 YES。

使用开口挡光片,挡光片每挡光两次,显示的预置数就减1,最后一次挡光后,显示为时间总数,单位为 ms。

(7)7Fr(测电频率)

显示为7Fr时,只需按一下"执行"键,即进入测频率。此时只要在机箱后部测频输入有稳定的输入信号,屏幕便显示被测电信号的频率,单位为 Hz。

(8)8CC(碰撞数据)

当显示为8CC,即为测碰撞功能。

此时需将"功能键"按下,使右下角灯亮。

显示为8CC时,按"执行"键选择开口挡光 d。用"选择"键选择完之后,再按"执行"键,显示消失,等待滑块通过光电门(图4 – 5 – 9)。

当滑块 A、B 分别以初速 v_{10}、v_{20} 通过光电门 A、B 后,滑块 A、B 对心碰撞,碰撞后滑块 A、B 再次以末速 v_1、分别通过光电门 A、B,出现显示数为 v_{20}。按"选择"键,交替出现 v_{20}、v_2,记录下 v_{20}、v_2 后;按"执行"键出现 v_1,此时按"选择"键可交替出现 v_1、v_{10}。

如再按"执行"键,显示消失,再测一次碰撞数据。

注意:v_{10}、v_{20}、v_1、v_2 的单位均为 mm/s。

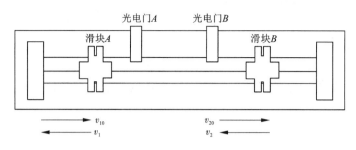

图 4 - 5 - 9　碰撞测试

(9)9EV(事件计数)

当显示为 9EV 时,即为事件计数功能。

此时亦需将"功能键"按下,使左下角灯亮。

按下"执行"键,显示出现 0,开口挡光片每经过光电门 A 一次,显示就加 1。

(10)自动延迟

处在 1Pr、2Pr、3 - V、4 - V 功能状态时,计时器具有自动延迟功能。自动延迟功能即包括在测定并显示一个数据后,延迟若干时间,然后自动进入再次测试。

使用时只需将"自动/手动"键按下,使右上角的灯熄灭即可。

延迟时间可预选设置。设置方法是:在显示为 HELLO 时,按"执行"键,显示 1.00,按"选择"键分别出现 3.00、5.00、7.00。以上数据分别对应 1s、3s、5s 和 7s。选定后,按一次"执行"键,恢复 HELLO。

开机复位后,延迟时间自动设置为 1.00 s。

(11)复位

①当开机时,自动复位。

②当屏幕有显示时,按"选择"键 2s 以上,计时器自动复位。

③在复位②时,不影响已设置的延迟时间。

4.滑块速度的测量

据上所述,当智能数字计时器选择"1Pr"功能,按"执行"键可测一个时间间隔,当滑块通过光电门 A 或光电门 B 后(开口挡光片通过一次,不开口挡光片通过两次),屏幕就显示测量时间间隔 Δt,单位为 ms。

在滑块上安装一"U"形挡光片,使之随滑块一起运动,若滑块自右向左运动,挡光片的四条边依次经过光电门,做两次挡光(图 4 - 5 - 10),计时器显示的时间 Δt,就是滑块运动 d 距离所用的时间,d 是第一次挡光(11′边)到第二次挡光(33′边)间的距离,因此可以算出滑块通过该光电门的平均速度为 $\bar{v} = \dfrac{d}{\Delta t}$。

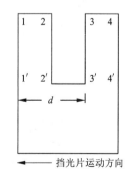

图 4 - 5 - 10　滑块速度测量

挡光片越窄,即 d 越小,同时 Δt 亦越小时,平均速度 $\bar{v}$ 就越趋近于滑块经过该光电门的瞬时速度大小。同理,如果滑块自左向右运动,d 就是第一次挡光(44′边)到第二次挡光 22′

边)间的距离，亦可测出滑块向右运动的速度。

　　显然，当滑块做匀速直线运动时，瞬时速度与平均速度处处相等，则滑块经过气垫导轨上任意位置的光电门时，计时器上所显示的时间应大致相等。

实验六　动量守恒和能量守恒定律的验证

【实验目的】

（1）观察弹性碰撞和完全非弹性碰撞现象，在这两种情况下，验证动量守恒定律；
（2）通过测定系统内各物体在运动过程中动能和势能的增减，验证系统的机械能守恒；
（3）熟悉使用气垫导轨和数字毫秒计。

【实验仪器】

气垫导轨、垫块、存储式数字毫秒计、砝码、砝码盘、细线、物理天平、微型气泵。

【实验原理】

1. 动量守恒

　　如果系统不受外力或所受外力的矢量和为零，则系统的总动量保持不变。这一结论称为动量守恒定律。本实验研究两个滑块在水平气垫上沿直线发生碰撞的情况，由于气垫导轨的漂浮作用，滑块受到的摩擦阻力可忽略不计。这样，当发生碰撞时，系统（即两个滑块）仅受内力的相互作用，而在水平方向上不受外力，系统的动量守恒。

　　设两个滑块的质量分别为 m_1 和 m_2，它们碰撞前的速度为 v_{10} 和 v_{20}，碰撞后的速度为 v_1 和 v_2，则按动量守恒定律有

$$m_1 v_{10} + m_2 v_{20} = m_1 v_1 + m_2 v_2 \qquad (4-6-1)$$

下面分弹性碰撞和完全非弹性碰撞两种情况进行讨论。

　　（1）弹性碰撞

　　两个物体相互碰撞，在碰撞前后物体的动能没有损失，这种碰撞称为弹性碰撞，用公式表示为

$$\frac{1}{2} m_1 v_{10}^2 + \frac{1}{2} m_2 v_{20}^2 = \frac{1}{2} m_1 v_1^2 + \frac{1}{2} m_2 v_2^2 \qquad (4-6-2)$$

　　①若两个滑块质量相等，即 $m_1 = m_2$，且 $v_{20} = 0$，由公式（4-6-1）和（4-6-2），得到 $v_1 = 0$，$v_2 = v_{10}$，即两个滑块交换速度。

　　②若两个滑块的质量不相等，即 $m_1 \neq m_2$，仍令 $v_{20} = 0$，由公式（4-6-1）得到 $m_1 v_{10} = m_1 v_1 + m_2 v_2$。

　　（2）完全非弹性碰撞

　　如果两个滑块碰撞后不再分开，以同一速度运动，我们把这种碰撞称为完全非弹性碰撞，其特点是碰撞前后系统动量守恒，但动能不守恒。为了实现完全非弹性碰撞，在两滑块相碰端安装尼龙塔扣，则两滑块相碰时将通过尼龙塔扣粘在一起。

　　在这种碰撞中，由于 $v_1 = v_2 = v$，由公式（4-6-1）可得

$$m_1 v_{10} + m_2 v_{20} = (m_1 + m_2) v \qquad (4-6-3)$$

解之得，$v = \dfrac{m_1 v_{10} + m_2 v_{20}}{m_1 + m_2}$。故当 $v_{20} = 0$，且 $m_1 = m_2$ 时，有 $v = \dfrac{1}{2} v_{10}$。

2. 机械能守恒

在外力不做功、内力只是保守力（例如重力、弹性力等）的条件下，一个系统的动能和势能可以相互转化，但其总和保持不变，这个结论简称为机械能守恒定律。

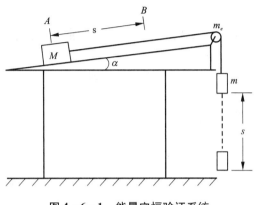

图 4-6-1　能量守恒验证系统

如图 4-6-1，调节气垫导轨使其与水平面的夹角为 α 后，再把质量为 m 的砝码用细绳跨过气垫导轨滑轮 m_e（m_e 为滑轮折合质量）与质量为 M 的滑块相连接。我们把滑块、砝码、气垫导轨滑轮和地球作为一个系统，由于采用了气垫导轨和气垫导轨滑轮，几乎消除了耗散机械能的摩擦力，这样，系统不受外力，而内力又只是重力，所以系统内各物体的动能和势能虽然可以相互转化，但它们的总和保持不变。

我们考察滑块 M 在气轨上从 A 点运动到 B 点的过程。设 A、B 两点距离为 s，显然这时滑块上升的高度为 $s \times \sin\alpha$，砝码下落的距离为 s。结果整个系统的势能发生了变化。砝码 m 下落 s 后，其势能减少为 $\Delta E_{pm} = mgs$，它的一部分转化为自身动能的增加 $\Delta E_{km} = \dfrac{1}{2} m v_2^2 - \dfrac{1}{2} m v_1^2$，其中 v_1 和 v_2 分别为砝码 m 下落距离 s 前、后的速度。另一部分转化为滑块势能的增加 $\Delta E_{pM} = Mgs\sin\alpha$ 和滑块动能的增加 $\Delta E_{kM} = \dfrac{1}{2} M v_2^2 - \dfrac{1}{2} M v_1^2$。实验中使用了气垫导轨滑轮，还需要考虑由它的转动所引起的转动动能的变化。令 ΔE_{ke} 为转动动能的变化量，则有 $\Delta E_{ke} = \dfrac{1}{2} m_e v_2^2 - \dfrac{1}{2} m_e v_1^2$。根据机械能守恒定律，则

$$\Delta E_{pm} = \Delta E_{km} + \Delta E_{pM} + \Delta E_{kM} + \Delta E_{ke}$$

即

$$mgs = \dfrac{1}{2} (m + M + m_e) v_2^2 - \dfrac{1}{2} (m + M + m_e) v_1^2 + Mgs\sin\alpha \qquad (4-6-4)$$

当导轨呈水平状态时，$\alpha = 0$，则上式变为

$$mgs = \frac{1}{2}(m + M + m_e)v_2^2 - \frac{1}{2}(m + M + m_e)v_1^2 \qquad (4-6-5)$$

所以,只要测出滑块、砝码的质量(滑轮的折合质量 m_e 已事先给出),以及滑块在各种运动状态下的速度,即可对上述二定律进行验证。

【实验内容】

1. 验证动量守恒定律

(1)弹性碰撞下验证动量守恒定律

①实验前,将气垫导轨通气,使数字毫秒计处于正常工作状态。

②调节气垫导轨水平。检验是否水平的方法:检查滑块是否在气垫导轨上任一位置都能静止不动,如是,则气垫导轨是水平的。(也可在气垫导轨上相隔约 $50 \sim 60$ cm 的两处放两个相同的光电门,给滑块装上挡光条,看滑块自由运动经过两光电门的时间差别是否满足小于 1% 的条件,如满足,则说明滑块做匀速运动。)否则,可调整底座螺钉,使气垫导轨达到水平。

③在质量相等($m_1 = m_2$)的两滑块上,分别装上挡光条及弹簧发条。

④将一滑块(例如 m_2)置于两个光电门中间,并令它静止($v_{20}=0$),将另一滑块 m_1 放在气垫的另一端,将它推向 m_2,记下滑块 m_1 通过光电门 A 的速度 v_{10}。(测量速度的方法参照实验六)

⑤两滑块相碰撞后,滑块 m_1 静止,而滑块 m_2 以速度 v_2 向前运动,记下 m_2 经过光电门 B 的速度 v_2。

⑥重复上述步骤③、④、⑤数次,将所测数据填入表 $4-6-1$。

⑦在滑块 m_1 上加两片砝码,这时 $m_1 > m_2$,重复步骤④数次,记下滑块 m_1 在碰撞前经过光电门 A 的速度 v_{10},及碰撞后 m_2 和 m_1 经过光电门 B 的速度 v_2 和 v_1,将所测数据填入表 $4-6-1$,验证弹性碰撞前后的动量是否守恒。

(2)完全非弹性碰撞下验证动量守恒定律

①重复弹性碰撞下的实验步骤①、②。

②在质量为 m_1、m_2 的两滑块上,分别装上挡光条及尼龙塔扣,同时记下两滑块的质量。

③将滑块 m_2 以较慢的速度 v_{20} 通过光电门 A,然后使滑块 m_1 以较快的速度 v_{10} 通过光电门与滑块 m_2 相碰撞,碰撞后两滑块粘在一起以共同的速度 v 通过光电门 B,分别记下 v_{10}、v_{20}、v。

④重复上述步骤③数次,将所测数据填入表 $4-6-1$,验证完全非弹性碰撞前后的动量是否守恒。

2. 验证机械能守恒定律

(1)在调平气垫导轨后,将滑块放在气垫导轨的一端,然后从滑块引出细线跨过气垫导轨滑轮与砝码盘连起来。调节两个光电门之间距离 s,使之为所选取数值。例如,取 $s = 60.0$ cm。

(2)在砝码盘内加适当的砝码,使滑块从静止开始,沿水平气垫导轨做匀加速运动。记下滑块 M 经过两个光电门的瞬时速度 v_1 和 v_2,重复数次。自拟表格记录数据,算出每次的结果,由式($4-6-5$)验证机械能是否守恒。

(3)参照本实验中实验原理的机械能守恒定律的验证部分所提供的实验原理图安置仪器。为了使气垫导轨与水平方向的夹角为 α,可在气垫导轨靠近滑轮一端的底下放上垫块(如 10 mm 或 20 mm 厚的垫块)。在砝码盘内适当增加砝码,使滑块 M 由静止开始运动,自制表格记下滑块经过两个光电门的速度 v_1 和 v_2,重复数次,算出每次的结果,由式($4-6-4$)

验证机械能是否守恒。

【数据记录及处理】

按实验内容要求记录数据，并进行处理。

表 4 – 6 – 1　验证碰撞前后动量守恒

滑块质量	弹性碰撞						完全非弹性碰撞		
	$m_1 = m_2 = $ kg			$m_1 \neq m_2$, $m_1 = $ kg $m_2 = $ kg			$m_1 = $ kg $m_2 = $ kg		
实验次数	1	2	3	1	2	3	1	2	3
$v_{10}/(\mathrm{m \cdot s^{-1}})$									
$v_{20}/(\mathrm{m \cdot s^{-1}})$									
$v_1/(\mathrm{m \cdot s^{-1}})$									
$v_2/(\mathrm{m \cdot s^{-1}})$									
$p_1 = m_1 v_{10} + m_2 v_{20}$									
$p_2 = m_1 v_1 + m_2 v_2$									
$\Delta p = p_2 - p_1$									

【思考题】

（1）若实验结果表明，两滑块在碰撞前后总动量有差别，试分析其原因。

（2）从两滑块在弹性碰撞实验数据中取出一组，验证碰撞前后机械能是否守恒，并分析之。

（3）实验前为什么应将气垫导轨调至水平？

（4）为了验证动量守恒，在本实验操作上如何来保证实验条件，减小测量误差？

（5）为了使滑块在气垫导轨上匀速运动，是否应调节导轨完全水平？应怎样调节才能使滑块受到的合外力近似等于零？

实验七　重力加速度的测定（单摆法）

【实验目的】

（1）学习镜尺、光电计时装置的使用。

（2）掌握用单摆测量重力加速度的方法。

（3）研究单摆的周期与单摆的长度、摆动角度之间的关系。

（4）学习用作图法处理测量数据。

【实验仪器】

单摆，光电计时装置，镜尺，钢卷尺，游标卡尺。

【实验原理】

一根不可伸长的细线,上端悬挂一个小球。当细线质量比小球的质量小很多,而且小球的直径又比细线的长度小很多时,此种装置称为单摆,如图 4-7-1 所示。如果把小球稍微拉开一定距离,小球在重力作用下可在铅直平面内做往复运动,一个完整的往复运动所用的时间称为一个周期。当摆动的角度小于 5° 时,可以证明单摆的周期 T 满足下面公式

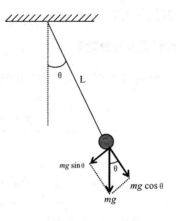

图 4-7-1　单摆

$$T = 2\pi \sqrt{\frac{L}{g}} \qquad (4-7-1)$$

$$g = 4\pi^2 \frac{L}{T^2} \qquad (4-7-2)$$

式中 L 为单摆长度。单摆长度是指上端悬挂点到球心之间的距离; g 为重力加速度。如果测量得出周期 T、单摆长度 L,利用上面式子可计算出当地的重力加速度 g。从上面公式知 T^2 和 L 具有线性关系,即 $T^2 = \dfrac{4\pi^2}{g}L$。对不同的单摆长度 L 测量得出相对应的周期,可由 $T^2 - L$ 图线的斜率求出 g 值。

当摆动角度 θ 较大($\theta > 5°$)时,单摆的振动周期 T 和摆动的角度 θ 之间存在下列关系:

$$T = 2\pi \sqrt{\frac{L}{g}} \Big[1 + \Big(\frac{1}{2} \Big)^2 \sin^2 \frac{\theta}{2} + \Big(\frac{1}{2} \Big)^2 \Big(\frac{3}{4} \Big)^2 \sin^4 \frac{\theta}{2} + \cdots \Big]$$

【实验内容】

1. 研究周期与单摆长度的关系,并测定 g 值

(1)用游标卡尺测量摆动小球直径 d,测三次,取平均值。

(2)用光电计时装置测时间。

(3)取细线约 1 米,使用镜尺来测量单摆长度 L。

(4)取不同的单摆长度(每次改变 10 cm),拉开单摆的小球,让其在摆动角度小于 5° 的情况下自由摆动,用计时装置测出摆动 50 个周期所用的时间 t。在测量时要注意选择摆动小球通过平衡位置时开始计时。

2. 研究单摆的周期与摆角之间的关系

对同一单摆长度 L,在 $\theta < 5°$ 的情况下采用多次测量的方法测出摆动小球摆动 50 个周期所用的时间,可以计算出周期 T。当 $\theta > 75°$ 的情况下,研究摆动角度 θ 和周期 T 之间的关系,略去 $\sin^4 \dfrac{\theta}{4}$ 及其后各项,则

$$T = 2\pi \sqrt{\frac{L}{g}} \Big[1 + \frac{1}{4} \sin^2 \frac{\theta}{2} \Big] \qquad (4-7-3)$$

【数据记录及处理】

1. 研究周期 T 与单摆长度的关系，用作图的方法求 g 值

（1）计算摆动小球直径 $\bar{d} = \frac{1}{3}(d_1 + d_2 + d_3)$；

（2）记录不同单摆长度 L 对应的周期。

表 4-7-1 研究周期 T 与单摆长度的关系数据记录表

L/cm	$50T/\text{s}$	T'/s	T/s	T^2/s^2
100.0				
110.0				
...				

根据以上数据可以在坐标纸上作 $T^2 - L$ 图，从图中知 T^2 与 L 成线性关系。在直线上选取两点 $P_1(L_1, T_1^2)$ 和 $P_2(L_2, T_2^2)$，由两点式求出斜率 $k = \dfrac{T_2^2 - T_1^2}{L_2 - L_1}$，再从 $k = \dfrac{4\pi^2}{g}$ 求得重力加速度，即

$$g = 4\pi^2 \frac{L_2 - L_1}{T_2^2 - T_1^2}$$

2. 对同一摆长多次进行周期测量，用计算法求重力加速度

将测得数据填入表 4-7-2。

表 4-7-2 对同一摆长求重力加速度数据记录表

次数 ＼ 名称	L/cm	$|\Delta L|/\text{cm}$	$50T/\text{s}$	T/s	$|\Delta T|/\text{s}$
1					
2					
3					
平均值					

由式（4-7-2）计算 $\bar{g}$ 值，用误差传递公式计算出误差，将结果表示成 $g = \bar{g} \pm \Delta g$ 的形式。

3. 研究周期与摆角的关系

将测得数据填入表 4 – 7 – 3。

表 4 – 7 – 3　研究周期与摆角的关系数据记录表

次数	1	2	3	4	5	6	7	8
θ								
$50T/s$								
T/s								

可使用坐标纸来作 $T - \sin^2\dfrac{\theta}{2}$ 图，求直线的斜率，并与 $\dfrac{\pi}{2}\sqrt{\dfrac{L}{g}}$ 作比较，验证式(4 – 7 – 3)。

【思考题】

(1)摆动小球从平衡位置移开的距离为单摆长度的几分之一时，摆动角度为 5°？

(2)用长约 1 m 的单摆测重力加速度，要求结果的相对误差不大于 0.4% 时，测量单摆长度和周期的绝对误差不应超过多大？若要用精度为 0.1 s 的秒表测周期，应连续测多少个周期？

(3)测量周期时有人认为，摆动小球通过平衡位置走得太快，计时不准，摆动小球通过最大位置时走得慢，计时准确，你认为如何？试从理论和实际测量中加以说明。

(4)要测量单摆长度 L，就必须先确定摆动小球重心的位置，这对不规则的摆动球来说是比较困难的。那么，采取什么方法可以测出重力加速度呢？

实验八　重力加速度的测定(自由落体法)

【实验目的】

(1)观察和研究自由落体运动及其规律。
(2)掌握用自由落体法测量当地重力加速度的方法。

【实验仪器】

ZL – A 自由落体仪、MUJ – 4B 电脑计时器。

【实验原理】

仅在重力作用下，物体从静止开始下落的运动是匀加速直线运动，其加速度称为重力加速度 g。地球表面的重力加速度 g 主要是随纬度不同而有所不同，可由下式计算得出

$$g = 978.049(1 + 0.005288\sin^2\phi - 0.0000059\sin^2 2\phi) \tag{4 – 8 – 1}$$

单位为 $\mathrm{cm/s^2}$，式中 ϕ 为纬度角，ϕ 值可由地图查出。而运动规律满足

$$h = v_0 t + g t^2 \tag{4 – 8 – 2}$$

当 $v_0 = 0$ 时

$$h = gt^2 \text{ 或 } g = h/t^2 \qquad (4-8-3)$$

只要测出物体下落的时间 t 和 t 时间内物体下落的距离 h，就可以求得重力加速度 g。

本实验使用如图 $4-8-1$ 所示的ZL－A自由落体仪进行测量。通常可用如下两种方法。

1. 联动计时方式

当计时器切断电磁铁电源、钢球下落开始计时，钢球经过第一个光电门时停止计时。由钢球下落到第一个光电门之间的距离 h 和计时器所显示时间 t，运用式（$4-8-3$）即可求出重力加速度 g。这种测量方式，测算方便，但测得的重力加速度 g 一般偏差较大，原因是精确测量 h 有困难，断电的瞬间，仪器中的电磁铁有剩磁，以致钢球并不立即下落，引起 t 值的测量误差。

2. 双光电门计时方式

如图 $4-8-2$ 所示，钢球沿垂直方向从 O 点开始自由下落，设它到达 A 点的速度为 v_1，从 A 点起，经过时间 t_1 后钢球到达 B 点。A、B 两点间的距离为 h_1，则

$$h_1 = v_1 t_1 + g t_1^2/2 \qquad (4-8-4)$$

若保持上述条件不变，从 A 点起，经过时间 t_2 后，钢球到 B' 点，A、B' 两点的距离为 h_2，则

$$h_2 = v_1 t_2 + g t_2^2/2 \qquad (4-8-5)$$

将式（$4-8-5$）$\times t_1$、式（$4-8-4$）$\times t_2$，再两式相减得

$$h_2 t_1 - h_1 t_2 = g(t_2^2 t_1 - t_1^2 t_2)/2 \quad (4-8-6)$$
$$g = 2(h_2/t_2 - h_1/t_1)/(t_2 - t_1) \quad (4-8-7)$$

利用上述方法测量，将原来难于精确测定的距离 h 转化两测量差值，即（$h_2 - h_1$），该值等于第二个光电门在两次实验中的上下移动距离，可由第二个光

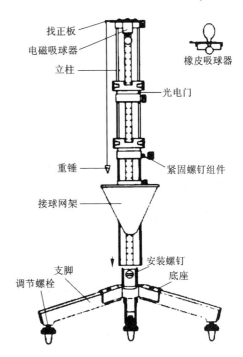

图 $4-8-1$　ZL－A自由落体仪安装示意图

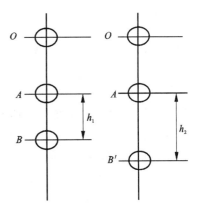

图 $4-8-2$　双光电门计时方式

电门在移动前后标尺上的两次读数求得。从而解决了剩磁所引起的时间测量精度的问题。测量结果比联动计时方式精确。

【实验内容】

（1）组装、调试ZL－A自由落体仪。自由落体仪安装示意图见图 $4-8-1$，将三条支脚与底座连接紧固，再固定在立柱上，使其不能松动。

调节立柱垂直度：将重锤悬挂在电磁吸球器左端的找正板挂钩上，调节底座左右两枚螺

丝，使重垂线与上下两光电门重合（从侧面目测）；将重锤悬挂在电磁吸球器下端的找正板挂钩上，调节底座后面的螺丝，使重垂线与标尺中线重合（从正面目测）。保证钢球下落过程中遮光位置的准确性，确保实验精度。

（2）给 MUJ – 4B 电脑计时器接线，接通计时器电源，并置于"计时"挡的"S_2"功能计时，打开电磁铁开关，将钢球吸于电磁铁中心。设置第一个光电门（位于上部）位置不变，将第二个光电门（位于下部）下移距第一个光电门 20 cm 处，释放钢球，记录通过两光电门之间的时间 t 和距离 h。

（3）移动第二个光电门，依次测量两只光电门距离 h 分别为 40 cm、50 cm、60 cm、70 cm、80 cm 所用的时间 t 和距离 h。

（4）以第一次实验的 h 值作为 h_1，对应的时间为 t_1，分别以 2 ~ 6 次实验的 h 值作为 h_2，对应的时间为 t_2，按式（4 – 8 – 7）计算重力加速度 g，取其平均值，并计算相对误差。

【数据记录及处理】

数据记录如表 4 – 8 – 1 所示，按实验内容要求进行处理。

表 4 – 8 – 1　　测重力加速度实验数据记录表

实验次数		1	2	3	4	5	6
时间/ms	t						
位移/m	H						

【注意事项】

要求小铁球初位置 O、两光电门中心、接球网兜中心在同一铅直线上。

【思考题】

（1）按式（4 – 8 – 3）测重力加速度 g 值的误差的主要原因是什么？实验中若用体积相同的小木球代替小铁球对实验结果有什么影响？

（2）查找当地纬度，再按式（4 – 8 – 1）求出当地 g 值准确值，分析本次实验产生误差的主要原因，讨论如何减少实验产生的误差。

实验九　杨氏弹性模量的测定（拉伸法）

【实验目的】

（1）掌握用光杠杆测量微小长度的原理和方法，测量金属丝的杨氏模量。

（2）训练正确调整测量系统的能力。

（3）学习一种处理实验数据的方法——逐差法。

【实验仪器】

杨氏模量测定仪，螺旋测微器，游标卡尺，钢卷尺，光杠杆及望远镜直横尺。

【实验原理】

胡克定律指出，在弹性限度内，弹性体的应力和应变成正比。设有一根长为 L，横截面积为 S 的钢丝，在外力 F 作用下伸长了 ΔL，则

$$\frac{F}{S} = E\frac{\Delta L}{L} \qquad\qquad (4-9-1)$$

式中的比例系数 E 称为杨氏模量，单位为 $\mathrm{N \cdot m^{-2}}$。设实验中所用钢丝直径为 d，则 $S = \frac{1}{4}\pi d^2$，将此公式代入上式整理以后得

$$E = \frac{4FL}{\pi d^2 \Delta L} \qquad\qquad (4-9-2)$$

上式表明，对于长度 L，直径 d 和所加外力 F 相同的情况下，杨氏模量 E 大的金属丝的伸长量 ΔL 小。因而，杨氏模量表达了金属材料抵抗外力产生拉伸(或压缩)形变的能力。

如图 4-9-1 所示安装光杠杆 G 及望远镜直横尺。光杠杆前后足尖的垂直距离为 h，光杠杆平面镜到标尺的距离为 D，设加砝码 m 后金属丝伸长为 ΔL，加砝码 m 前后望远镜中直尺的读数差为 Δd，则由图 4-9-2 知，$\tan\theta = \Delta L/h$，反射线偏转了 2θ，$\tan2\theta = \Delta d/D$。当 $\theta < 5°$ 时，$\tan2\theta \approx 2\theta$，$\tan\theta \approx \theta$，故有 $2\Delta L/h = \Delta d/D$，即 $\Delta L = \Delta d\, h/2D$，或者

$$\Delta L = (d_2 - d_1)h/2D \qquad\qquad (4-9-3)$$

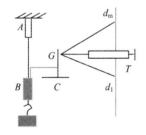

图 4-9-1　杨氏模量仪示意图

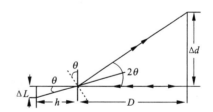

图 4-9-2　光杠杆放大原理图

将 $F = mg$ 和式(4-9-3)代入式(4-9-2)，得出用伸长法测金属的杨氏模量 E 的公式为

$$E = \frac{8mgLD}{\pi d^2 \Delta d h} \qquad\qquad (4-9-4)$$

【实验内容】

1. 杨氏模量测定仪的调整

(1)调节杨氏模量测定仪底脚螺丝，使立柱处于垂直状态；

(2)将钢丝上端夹住，下端穿过钢丝夹子和砝码相连；

(3)将光杠杆放在平台上，调节平台的上下位置，尽量使三足在同一个水平面上。

2. 光杠杆及望远镜直横尺的调节

(1)在杨氏模量测定仪前方约 1 m 处放置望远镜直横尺，并使望远镜和光杠杆在同一个高度，光杠杆的镜面和标尺都与钢丝平行；

(2)调节望远镜，在望远镜中能看到平面镜中直尺的像；

(3)仔细调节望远镜的目镜，使望远镜内的十字线看起来清楚为止，调节平面镜、标尺的位置及望远镜的焦距，使人眼能清楚地看到标尺刻度的像。

3. 测量

(1)将砝码托盘挂在下端，再放上一个砝码成为本底砝码，拉直钢丝，然后记下此时望远镜中所对应的读数；

(2)顺次增加砝码 1 kg，直至将砝码全部加完为止，然后再依次减少 1 kg 直至将砝码全部取完为止，分别记录下读数。注意加减砝码要轻放。由对应同一砝码值的两个读数求平均，然后再分组对数据应用逐差法进行处理；

(3)用钢卷尺测量钢丝长度 L；

(4)用钢卷尺测量标尺到平面镜之间的距离 D；

(5)用螺旋测微器测量钢丝直径 d，变换位置测五次(注意不能用悬挂砝码的钢丝)，求平均值；

(6)将光杠杆在纸上压出三个足印，用卡尺测量出 h。

【数据记录及处理】

自拟表格记录有关测量数据。钢丝直径测量 5 次求平均值，并写出 d 的标准式。光杠杆的后脚到两个前脚连线的距离为 h，钢丝长度 L，标尺到平面镜的距离 D 都取单次测量值，分别写出标准式。计算钢丝的杨氏模量 E，并用标准式表示。

【思考题】

(1)本实验应注意哪些问题？

(2)怎样调节光杠杆及望远镜等组成的系统，使在望远镜中能看到清晰的像？

实验十　刚体转动惯量的测定(三线摆法)

转动惯量是刚体转动惯性大小的量度，它与刚体的质量、转轴位置及质量相对转轴的分布情况有关。对于形状简单规则的刚体，测出其尺寸和质量，可用数学方法计算出转动惯量，而对形状复杂的刚体用数学方法求转动惯量非常困难，一般要通过实验方法来测定。三线扭摆法测转动惯量是一种简单易行的方法。

【实验目的】

(1)学会使用三线扭摆法测定圆盘和圆环绕其对称轴的转动惯量。

(2)学习使用 MUJ – 5B 型计时计数测速仪测量周期。

(3)研究转动惯量的叠加原理及应用。

【实验仪器】

三线扭摆、钢直尺、游标卡尺、水准仪、钢圆环、铝圆环、MUJ－5B 计时计数测速仪。

【实验原理】

三线扭摆装置如图 4－10－1(a)所示。上、下两个圆盘均处于水平，圆盘 A 的中心悬挂在支架的横梁上，圆盘 B 由三根等长的弦线悬挂在 A 盘上。三根弦线的上端和下端分别在 A 圆盘和 B 圆盘上各自构成等边三角形，且两个等边三角形的中心与两个圆盘的圆心重合。A 盘可绕自身对称轴 O_1O_2 转动，若将 A 盘转动一个不大的角度，通过弦线作用将使 B 盘摆动，B 盘一方面绕轴 O_1O_2 转动，同时又在铅直方向上做升降平动，其摆动周期与 B 盘的转动惯量大小有关。

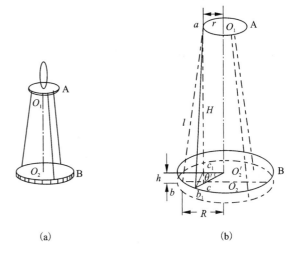

图 4－10－1　三线扭摆

设 B 盘的质量是 m_0，当它从平衡位置开始向某一方向转动角度 θ 时，上升高度为 h（如图 4－10－1(b)所示），那么 B 盘增加的势能为

$$E_p = m_0 g h \tag{4－10－1}$$

这时 B 圆盘的角速度为 $\dfrac{\mathrm{d}\theta}{\mathrm{d}t}$，B 盘的动能为

$$E_k = \frac{1}{2} J_0 \left(\frac{\mathrm{d}\theta}{\mathrm{d}t} \right)^2 \tag{4－10－2}$$

式中，J_0 是 B 盘绕自身中心轴的转动惯量。

如果略去摩擦力，则圆盘系统的机械能守恒，即

$$\frac{1}{2} J_0 \left(\frac{\mathrm{d}\theta}{\mathrm{d}t} \right)^2 + m_0 g h = 常量 \tag{4－10－3}$$

设悬线长为 l，上圆盘悬线到盘心的距离为 r，下圆盘悬线到盘心的距离为 R。当下圆盘 B 转一小角度 $\theta(<5°)$ 时，圆盘上升高度 h，从上盘 a 点向下作垂线，与升高前、后的下盘分别交于 c、c_1，悬线端点 b 移到位置 b_1，因而下盘 B 上升高度为

$$h = ac - ac_1 = \frac{(ac)^2 - (ac_1)^2}{ac + ac_1} \tag{4－10－4}$$

因为
$$(ac)^2 = (ab)^2 - (bc)^2 = l^2 - (R-r)^2$$
$$(ac_1)^2 = (ab_1)^2 - (b_1c_1)^2 = l^2 - (R^2 + r^2 - 2Rr\cos\theta)$$

所以

$$h = \frac{2Rr(1-\cos\theta)}{ac + ac_1} = \frac{2Rr \times 2\sin^2(\frac{\theta}{2})}{ac + ac_1} \tag{4-10-5}$$

在悬线 l 较长而 B 盘的扭转角 θ 很小时，有

$$ac + ac_1 \approx 2H, \ \sin(\frac{\theta}{2}) \approx \frac{\theta}{2}$$

其中 H 为两圆盘之间的距离。代入式(4-10-5)得

$$h = \frac{Rr\theta^2}{2H} \tag{4-10-6}$$

将式(4-10-6)代入式(4-10-3)，两边对 t 微分，可得

$$J_0 \frac{\mathrm{d}\theta \mathrm{d}^2\theta}{\mathrm{d}t \mathrm{d}t^2} + m_0 g \frac{Rr}{H}\theta \frac{\mathrm{d}\theta}{\mathrm{d}t} = 0$$

即

$$\frac{\mathrm{d}^2\theta}{\mathrm{d}t^2} + \frac{m_0 g}{J_0} \cdot \frac{Rr}{H}\theta = 0 \tag{4-10-7}$$

式(4-10-7)是简谐振动的微分方程，其中振动角频率 ω 的平方为

$$\omega^2 = \frac{m_0 g}{J_0} \cdot \frac{Rr}{H}$$

振动周期 $T_0 = 2\pi/\omega$，则下圆盘 B 的转动惯量为

$$J_0 = \frac{m_0 g Rr}{4\pi^2 H} T_0^2 \tag{4-10-8}$$

实验中测出 m_0、R、r、H 和 T_0，就可根据式(4-10-8)求出圆盘 B 绕自身对称轴的转动惯量。

若 B 圆盘上放置另一质量为 m 的待测刚体(刚体的质心要在轴 $O_1 O_2$ 上)，使原转轴 $O_1 O_2$ 不变，测出此时的摆动周期 T，待测刚体和 B 盘对轴 $O_1 O_2$ 的总转动惯量 J

$$J = \frac{(m + m_0) g Rr}{4\pi^2 H} T^2 \tag{4-10-9}$$

转动惯量具有可叠加性，故待测刚体对轴 $O_1 O_2$ 的总转动惯量为

$$J_1 = J - J_0$$

将式(4-10-8)和式(4-10-9)代入上式得

$$J_1 = \frac{gRr}{4\pi^2 H}[(m + m_0)T^2 - m_0 T_0^2] \tag{4-10-10}$$

【实验内容】

1. 测量 B 盘对于其中心对称轴 $O_1 O_2$ 的转动惯量

(1)调节三线扭摆的角螺丝使 A 圆盘面处于水平，再调整三线摆悬线的长度，使 B 盘水平，并且使 A、B 两圆盘之间的距离 H 大约为 60 cm。

(2)用米尺测定 A、B 两圆盘之间的距离 H，B 圆盘的直径 D，并记下 B 圆盘的质量 m_0。

(3)用游标卡尺分别测定 A、B 圆盘三线悬挂点之间的距离 e_i、f_i($i = 1, 2, 3$)，并求平均值。

（4）用 MUJ – 5B 型计时计数测速仪测定 B 盘的摆动周期 T_0。首先让 B 盘处于静止状态，然后轻轻转动一下 A 盘，使 B 盘绕 O_1O_2 轴做小角度摆动（摆角控制在 5° 左右），待 B 盘做稳定摆动后，调整光电门和 MUJ – 5B 型计时计数测速仪，测出它摆动 50 个周期所对应的总时间 t_0。重复三次，算出周期 T_0 的平均值。

（5）将测量数据填入表 4 – 10 – 1。

2. 测量待测圆环对自身对称轴的转动惯量

（1）将待测钢圆环放在 B 盘上，并使环心与 B 盘盘心重合。

（2）测量系统的摆动周期 T，方法与上述相同。

（3）用米尺测量待测钢圆环的内、外直径 D_1、D_2，并记下钢圆环的质量 m，将测量数据填入表 4 – 10 – 2。利用式（4 – 10 – 10）算出钢圆环的转动惯量。

（4）用相同的方法测量铝圆环，将测量数据填入自拟表格。

【数据记录及处理】

1. 测量圆盘 B 绕对称轴 O_1O_2 的转动惯量

表 4 – 10 – 1　测量圆盘 B 的转动惯量数据记录表

$m_0 =$	kg		$D =$	cm	$H =$	cm
次数	1	2	3	平均值		
e/cm					$\bar{f} =$	
f/cm					$\bar{R} =$	
t_0/cm					$\bar{T}_0 =$	

（1）计算 A、B 圆盘的悬点到转轴 O_1O_2 的距离 r、R。

由于三线摆的三条弦线的上端和下端分别在 A 圆盘和 B 圆盘上各自构成等边三角形，所以，A、B 圆盘的悬点到转轴 O_1O_2 的距离 $r = \sqrt{3}e/3$、$R = \sqrt{3}f/3$。

（2）应用式（4 – 10 – 8）计算 B 盘的转动惯量 J_0。

（3）应用公式 $J = (mD^2)/8$，计算 B 盘的转动惯量的理论值 $J_{0理}$。

（4）计算相对误差 $E_{t0} = \dfrac{|\bar{J}_0 - J_{0理}|}{J_{0理}} \times 100\% = $ _____。

2. 测量钢圆环的转动惯量

表 4 – 10 – 2　测量钢环的转动惯量数据记录表

次数	t/s	$m =$	kg
1		$D_1 =$	cm
2		$D_2 =$	cm
3		$\bar{T} =$	s
平均值			

（1）应用式（式 4 – 10 – 10）计算钢环的转动惯量。

（2）应用公式 $J = m(D_2^2 - D_1^2)/8$，计算钢环的转动惯量的理论值 $J_{1理}$。

（3）计算相对误差 $E_{r1} = \dfrac{|\bar{J}_1 - J_{1理}|}{J_{1理}} \times 100\% = $ _____。

3. 测量铝圆环的转动惯量

计算铝环的转动惯量及相对误差。

【思考题】

（1）公式 $J_0 = \dfrac{m_0 g R r}{4\pi^2 H} T_0^2$ 是根据什么条件导出的？在实验时如何做才能满足这些条件？

（2）若在 B 盘上所加的待测刚体是一个半径较小的柱体，将柱体对自身轴的转动惯量的实验值与理论值比较，发现误差较大。试分析产生误差的主要原因。

（3）在测量过程中，如下圆盘出现晃动，对周期测量有影响吗？如有影响，应如何避免？

（4）测量圆环的转动惯量时，若圆环的转轴与下圆盘转轴不重合，对实验结果有何影响？

（5）如何利用三线摆测定任意形状的物体绕某轴的转动惯量？

（6）三线摆在摆动中受空气阻尼作用，其振幅越来越小，它的周期是否会变化？对测量结果影响大吗？为什么？

实验十一　刚体转动惯量的测定（转动惯量仪）

【实验目的】

（1）用实验方法检验刚体绕固定轴的转动定埋。

（2）测定几种不同形状刚体的转动惯量，并与理论值进行比较。

（3）验证转动惯量的平行轴定理。

【实验仪器】

（1）HM – J 型智能转动惯量实验仪；转动惯量仪和数字存储式毫秒计。

（2）实验仪器配套器材：信号线 2 根、定滑轮 1 套、砝码 1 个、移轴砝码 2 个、圆环 1 个、圆盘 1 个。

（3）物理天平 1 台、游标卡尺 1 把、卷尺 1 把。

【实验原理】

转动惯量仪如图 4 – 11 – 1 所示，各种待测试件可以放置在可绕竖直轴转动的支架上，支架的下面有一个用来绕线的倒置塔轮，细线通过定滑轮和砝码相连。设转动惯量仪空载（不加载任何试件）时的转动惯量为 I_0，我们称它为该系统的本底转动惯量。根据刚体动力学的理论，如果不给该系统加外力矩（即不连接砝码），使该系统在某一个初角速度的启动下转动，此时系统只受摩擦力矩的作用，根据转动定律则有

$$-M = I_0 \beta_1 \tag{4-11-1}$$

式中 I_0 为本底转动惯量，M 为摩擦力矩，负号是因 M 的方向与外力矩的方向相反，β_1 为角加速度，计算出 β_1 值应为负值。

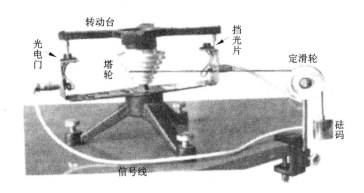

图 4－11－1 转动惯量仪工作示意图

若给该系统加一个外力矩（即连接砝码），则该系统满足以下关系：

$$Mg - T = ma \tag{4－11－2}$$

$$Tr - M = I_0\beta_2 \tag{4－11－3}$$

$$a = r\beta_2 \tag{4－11－4}$$

其中 β_2 是在外力矩与摩擦力矩共同作用下系统的角加速度，r 是塔轮的半径，m 是砝码的质量。由式（4－11－1）、（4－11－2）、（4－11－3）、（4－11－4）联立，可得本底转动惯量

$$I_0 = \frac{mr(g - r\beta_2)}{\beta_2 - \beta_1} \tag{4－11－5}$$

式中 β_1 为转动惯量仪空载时不连接砝码做匀减速转动的角加速度，β_2 为转动惯量仪空载时连接砝码做匀加速转动的角加速度。

同理，转动惯量仪加载试件后（试件的质心在转动惯量仪的转轴上），设此时系统总的转动惯量为 I_1，则

$$I_1 = \frac{mr(g - r\beta_4)}{\beta_4 - \beta_3} \tag{4－11－6}$$

式中 β_3 为转动惯量仪加载试件后不连接砝码做匀减速转动的角加速度，β_4 为惯量仪加载试件后连接砝码做匀加速转动的角加速度。

根据转动惯量叠加原理，试件的转动惯量

$$I_{试件} = I_1 - I_0 \tag{4－11－7}$$

在上述式（4－11－5）、式（4－11－6）中，m、g、r 是已知量或是可直接测量的物理量，只要测量出 β 就可确定试件的转动惯量。本实验中，β 值可以由数字存储式毫秒计自动完成运算，直接提取即可。运算原理如下：

由刚体运动学，角位移 θ 和时间 t 的关系：

$$\theta = \omega_0 t + \frac{1}{2}\beta t^2 \tag{4－11－8}$$

在一次转动过程中，取两个不同的角位移 θ_1 和 θ_2，则有

$$\theta_1 = \omega_0 t_1 + \frac{1}{2}\beta t_1^2 \tag{4-11-9}$$

$$\theta_2 = \omega_0 t_2 + \frac{1}{2}\beta t_2^2 \tag{4-11-10}$$

联立式$(4-11-9)$、$(4-11-10)$解得

$$\beta = \frac{2(\theta_2 t_1 - \theta_1 t_2)}{t_1 t_2 (t_2 - t_1)} \tag{4-33-11}$$

本实验采用数字存储式毫秒计自动记录,每转过 π 弧度记录一次时间 t 和相对应计数器遮挡的次数 k 值。因为开始时, $k=1$, $t=0$;经过 $\theta=1\pi$ 时, $k=2$,于是 $\theta=(k-1)\pi$。代入式$(4-11-11)$,可得

$$\beta = \frac{2\pi\left[(k_2-1)t_1 - (k_1-1)t_2\right]}{t_1 t_2 (t_2 - t_1)} \tag{4-11-12}$$

毫秒计在计算 β 值时,第一个角加速度为第 2 个脉冲所对应的时间值与隔一个时间值(不是相邻的值)相计算所得,即第 2 个时间数和第 4 个时间数代入式$(4-11-12)$计算而得,依此类推。

本实验可测定各种物体的转动惯量,只需将待测物体安放在实验仪的顶部并固定好,按上述过程,测出其匀加速转动和匀减速转动的 β 值,由式$(4-11-6)$、$(4-11-7)$即可求出该物体绕固定转动轴的转动惯量。

理论分析证明,若质量为 m 的物体绕通过质心轴的转动惯量为 I_C,当轴平行移动距离 x 时,则该物体对新转轴的转动惯量变为 $I_C + mx^2$,这称为转动惯量的平行轴定理。

【实验内容】

1. 实验准备

调整转动惯量仪基座上的三颗调平螺钉,将仪器调水平。将定滑轮支架固定在实验台边缘,调整定滑轮高度及方位,使滑轮槽与选择的绕线塔轮槽等高,且其方位相互垂直。将转动惯量仪和数字存储式毫秒计用信号线连接起来,数字存储式毫秒计上两路光电门的开关应一路接通,另一路断开作备用。

将砝码挂在细线的一端,线的另一端打个结,将其塞入塔轮的狭缝中,并将线不重叠的密绕在塔轮上,如图 4-11-1 所示。注意细线的长度最好是当砝码落地时,打结的一端刚好脱离塔轮。

用物理天平称量出砝码、圆盘、圆环的质量;用游标卡尺测量出塔轮绕线处的半径;用直尺测量圆盘的半径和圆环的内半径和外半径。以上数值各测量 3 次,取平均值。

2. 测量转动惯量仪空载时的转动惯量 I_0

接通数字存储式毫秒计电源开关(或按复位键),进入设置状态,不用改变默认值;再按 OK 键,使计时器进入工作等待状态;由静止释放砝码,使转动惯量仪发生转动。测量结束后按 β 键以及↑、↓键查阅、记录数值,并用式$(4-11-5)$计算转动惯量仪空载时的本底转动惯量 I_0。

注意:

(1)本实验中,建议设置 1 个光电脉冲为记数 1 次。

（2）由于砝码落地之前，转动惯量仪受外力矩的作用角加速度为正值（即 β_2 为正），而砝码落地之后转动惯量仪在摩擦力矩的作用下，角加速度为负值（即 β_1 为负）。在有外力作用的加速旋转状态过渡到砝码落地后的减速旋转状态之间，隔有 5 次无效数据（显示为 PASS），这表示该转折点周围的数据不可靠，须舍去。以后再提出的角加速度即为 β_1。

（3）摩擦力会随运动速度不同而发生变化，角加速度值不多，而角减速度有几十个值，而且还是逐渐减小的。建议从开始减速起，取与加速度相同个数值，再取平均值，这才与实际的情况接近。

3. 测量圆盘和圆环的转动惯量

将圆盘和圆环放置在转动台上，并使试件几何中心轴与转动惯量仪转轴重合，按与测量 I_0 相同的方法分别测量出角加速度 β_3 和 β_4。由式（4-11-6）计算出 I_1，由式（4-11-7）计算出圆盘和圆环的转动惯量 $I_{试件}$，并与理论计算值相比较，计算测量值的相对误差。

4. 验证转动惯量的平行轴定理（选做）

将两个移轴砝码对称放置在转动台上不同位置的凹槽内，此时移轴砝码的质心偏离转动惯量仪的转轴，重复以上步骤测量出 β 值，据此计算移轴砝码在不同位置时的转动惯量，验证转动惯量的平行轴定理。

$$I = I_0 + I_C + 2m_0 x^2$$

式中 I 为系统总的转动惯量，I_0 为转动惯量仪本底的转动惯量，I_C 为两个移轴砝码绕自身质心轴的转动惯量，m_0 为移轴砝码质量，x 为移轴砝码质心到转动惯量仪转轴的距离。

【数据记录及处理】

1. 转动惯量仪本底的转动惯量 I_0

类似表 4-11-1 的形式测 3 组实验数据并记录在自行设计的表格中。

表 4-11-1 测量转动惯量仪本底的转动惯量实验数据

	匀加速 β_2/s^{-2}				匀减速 β_1/s^{-2}				$I_0/(kg \cdot m^2)$
第1组				平均值				平均值	

绕线塔轮半径 $r =$ _____ m，砝码质量 $m =$ _____ kg。

2. 圆环的转动惯量

（1）实验测量值：类似表 4-11-2 的形式测 3 组实验数据，并记录在自行设计的表格中。

表 4 – 11 – 2　测量圆环转动惯量的实验数据

	匀加速 β_4/s^{-2}		平均值	匀减速 β_3/s^{-2}		平均值	$I_1/(\text{kg}\cdot\text{m}^2)$
第1组							

绕线塔轮半径 $r =$ ＿＿＿ m，砝码质量 $m =$ ＿＿＿ kg，圆环转动惯量的实验值 $I_{环实} = I_1 - I_0 =$ ＿＿＿。

(2)理论计算值：

圆环外半径 $R_1 =$ ＿＿＿ m，圆环内半径 $R_2 =$ ＿＿＿ m，圆环质量 $m_{环} =$ ＿＿＿ kg。

圆环转动惯量的理论值 $I_{环理} = \dfrac{1}{2}m_{环}(R_1^2 + R_2^2) =$ ＿＿＿＿＿＿。

(3)相对误差 $E_{环} =$ ＿＿＿＿＿＿。

3. 圆盘的转动惯量

(1)参照测量圆环转动惯量的方法测出圆盘转动惯量的实验测量值 $I_{盘实} = I_1 - I_0$ = ＿＿＿＿＿＿。

(2)理论计算值：

圆盘半径 $R =$ ＿＿＿＿＿＿ m，圆盘质量 $m =$ ＿＿＿＿＿＿ kg。

圆盘转动惯量的理论值 $I_{盘理} = \dfrac{1}{2}m_{盘}R^2 =$ ＿＿＿＿＿＿。

(3)相对误差 $E_{盘} =$ ＿＿＿＿＿＿。

4. 验证转动惯量的平行轴定理(选做)

自己设计实验数据记录表格，并进行误差分析。

【思考题】

(1)在建立测量 I 的方法过程中，做了哪些近似？

(2)如何在实验过程中随时判断测量数据是否合理？依据是什么？

(3)如何用本实验仪来测定任意形状物体绕特定轴的转动惯量？

实验十二　液体表面张力系数的测定(拉脱法)

【实验目的】

(1)学习测力计的使用方法。

(2)观察拉脱法测液体表面张力的物理过程和物理现象。

(3)测量乙醇和纯水的表面张力系数。

【实验仪器】

温度计，液体表面张力测定装置(如图 4 – 12 – 2 所示)：

（1）硅压阻式力敏传感器。①受力量程：$0 \sim 0.098\mathrm{N}$。②灵敏度：约 $3.00\mathrm{V/N}$（用砝码质量作单位定标）。

（2）显示仪器（读数显示：200 mV 三位半数字电压表）。

（3）力敏传感器固定支架、升降台、底板及水平调节装置。

（4）吊环：外径 $\phi 3.496$ cm、内径 $\phi 3.310$ cm、高 0.850 cm 的铝合金吊环。

（5）直径 $\phi 12.00$ cm 玻璃器皿一套。

（6）砝码盘及 0.5 g 砝码 7 只。

【实验原理】

表面张力是指作用于液体表面上任意直线的两侧、垂直于该直线且平行于液面、并使液面具有收缩倾向的一种力。从微观上看，表面张力是由于液体表面层内分子作用的结果。可以用表面张力系数来定量地描述液体表面张力的大小。设想在液面上作长为 L 的线段，在 L 的两侧，表面张力以拉力的形式相互作用着，拉力的方向垂直于该线段，拉力的大小正比于 L，即 $f = \alpha L$，式中 α 表示作用于线段单位长度上的表面张力，称为表面张力系数，其单位为 N/m。

液体表面张力的大小与液体的成分有关。不同的液体由于它们有不同的摩尔体积、分子极性和分子间作用力而具有不同的表面张力。实验表明，温度对液体表面张力影响极大，表面张力随温度升高而减小，二者通常相当准确地成直线关系。表面张力与液体中含有的杂质有关，有的杂质能使表面张力减小，有的却使之增大。表面张力还与液面外的物质有关。

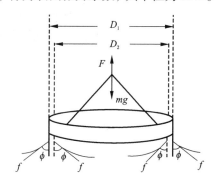

图 4 - 12 - 1　拉脱过程吊环受力分析

如图 4 - 12 - 1 所示，将表面清洁的铝合金吊环挂在测力计上并垂直浸入液体中，使液面下降，当吊环底面与液面平齐或略高时，由于液体表面张力的作用，吊环的内、外壁会带起液膜。

平衡时吊环重力 mg、向上拉力 F 与液体表面张力 f（忽略带起的液膜的重量）满足

$$F = mg + f\cos\phi \qquad (4 - 12 - 1)$$

在吊环临界脱离液体时，$\phi \approx 0$，即 $\cos\phi \approx 1$，则平衡条件近似为

$$f = F - mg = \alpha\left[\pi(D_1 + D_2)\right] \qquad (4 - 12 - 2)$$

式中 D_1 为吊环外径，D_2 为吊环内径。则液体表面张力系数为

$$\alpha = \frac{F - mg}{\pi(D_1 + D_2)} \qquad (4 - 12 - 3)$$

实验中需测出 $F - mg$ 及 D_1 和 D_2。本实验利用力敏传感器测力。硅压阻式力敏传感器由弹性梁和贴在梁上的传感器芯片组成，其中芯片由四个硅扩散电阻集成一个非平衡电桥。当外界压力作用于金属梁时，在压力作用下，电桥失去平衡，此时将有电压信号输出，输出电压大小与所加外力成正比。即

$$U = BF \qquad (4 - 12 - 4)$$

式中，F 为外力大小，B 为硅压阻式力敏传感器的灵敏度，U 为传感器输出电压的大小。

首先，进行硅压阻式力敏传感器定标，然后，求得传感器灵敏度 B（V/N），再测出吊环在

即将拉脱液面时($F = mg + f$)电压表读数 U_1,记录拉脱后($F = mg$)数字电压表的读数 U_2,代入(4 – 12 – 3)式得

$$\alpha = \frac{(U_1 - U_2)}{B\pi(D_1 + D_2)} \qquad (4 - 12 - 5)$$

【实验内容】

(1)对力敏传感器进行定标,用逐差法或最小二乘法作直线拟合,求出传感器灵敏度 B。

(2)用游标卡尺测量金属圆环的内、外直径,并清洁圆环表面。

(3)测乙醇的表面张力系数。

将金属环状吊片挂在传感器的小钩上。调节升降台,将液体升至靠近环片的下沿,观察环状吊片下沿与待测液面是否平行。如不平行,将金属环状吊片取下后,调节吊片上的细丝,使吊片与待测液面平行。(注意:吊环中心、玻璃皿中心最好与转轴重合。)

(4)调节容器下的升降台,使其渐渐上升,将环片的下沿部分全部浸没于待测液体。然后反向调节升降台,使液面逐渐下降。这时,金属环片和液面间形成一环形液膜,继续下降液面,测出环形液膜即将拉断前一瞬间数字电压表读数值 U_1 和液膜拉断后数字电压表读数值 U_2。(注意:液膜断裂应发生在转动的过程中,而不是开始转动或转动结束时,因为此时振动较厉害。)应多次重复测量,自拟表格记录数据。

(5)将实验数据代入公式,求出液体的表面张力系数。

(6)测纯水的表面张力系数(参考以上步骤)。

【数据记录及处理】

自拟表格记录数据,并按下列要求进行处理:

(1)按有效数字运算规则计算(不计算不确定度)结果。

(2)查液体表面张力系数表,由公认值和测得值计算测量结果的相对误差。

【思考题】

(1)测 α 值时,为什么必须在液膜破裂时记录数据?

(2)如果金属环不清洁会给测量带来什么影响?所测 α 值偏大还是偏小?为什么?

【参考资料】

液体表面张力系数测定仪

(1)仪器结构如图 4 – 12 – 2 所示。

(2)仪器调节步骤

①开机预热。

②清洗玻璃器皿和吊环。

③在玻璃器皿内放入被测液体并安放在升降台上。(玻璃盛器底部可用双面胶与升降台面贴紧固定)

④将砝码盘挂在力敏传感器的钩上。

⑤若整机已预热 15 min 以上,可对力敏传感器定标,在加砝码前应首先对仪器调零,安

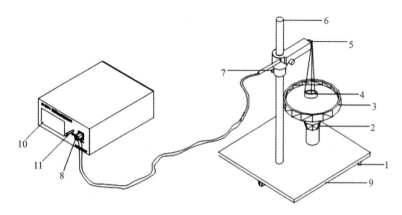

图4-12-2 液体表面张力系数测定仪结构图

1—调节螺丝；2—升降螺丝；3—玻璃器皿；4—吊环；5—力敏传感器；6—支架；7—固定螺丝；8—航空插头；

9—底座；10—数字电压表；11—调零旋钮

放砝码时应尽量轻。

⑥换吊环前应先测定吊环的内外直径，然后挂上吊环。在测定液体表面张力系数过程中，可观察到液体产生的浮力与张力的情况与现象。以顺时针转动升降台大螺帽时液体液面上升，当吊环下沿部分均浸入液体中时，改为逆时针转动该螺帽，这时液面下降(或者说相对吊环往下提拉)，观察吊环浸入液体中及从液体中拉起时的物理过程和现象。特别应注意吊环即将拉断液柱前一瞬间数字电压表读数值U_1，拉断时瞬间数字电压表读数U_2，记下这两个数值。

（3）测量数据记录表

①硅压阻式力敏传感器定标。

表4-12-1 力敏传感器定标

物体质量 m/g	0.500	1.000	1.500	2.000	2.500	3.000	3.500
输出电压 V/mV							

②水和其他液体表面张力系数的测量。

表4-12-2 水的表面张力系数测量(水的温度 ℃)

测量次数	U_1/mV	U_2/mV	$\Delta U/mV$	$f/\times 10^{-3} N$	$\alpha \times 10^{-3} N/m$
1					
2					
3					
4					
5					
6					

测量次数				
1				
2				
3				
4				
5				
6				

表 4 − 12 − 3 _____ 的表面张力系数测量(温度:　℃)

实验十三　液体表面张力系数的测定(毛细管法)

【实验目的】

利用毛细管中水柱的升高,测定水的表面张力系数。

【实验仪器】

测高仪一台、移测显微镜一台、毛细管数根、烧杯一个、温度计(0 ~ 100℃)一支。

【实验原理】

　　由于液体表面张力的存在,当液面为曲面时它有变平的趋势,即液面为凹(凸)面时。弯曲的液面对下层液体施以负(正)压力,如图 4 − 13 − 1 所示。

　　把半径为 r 的玻璃毛细管插入无限广延的水中,由于浸润作用,毛细管中的水面将是凹面。这个凹水面对下层的水施加以负压,使管内水面下方 B 点的压强比水面上方的大气压强小,如图 4 − 13 − 2(a)所示,而在管外与 B 点同一水平面的

图 4 − 13 − 1　弯曲液面对下层液体施以压力

C 点的压强仍与水面上方的大气压强相等。同一水平面上的 B、C 两点压强差使水不能平衡,水将从管外流向管中使管内水面升高,直至 B、C 两点的压强相等为止,如图 4 − 13 − 2(b)所示。

　　设毛细管的截面为圆形,则毛细管内的凹形水面可近似地看成半径为 r 的半球面,设管内水面下 A 点与大气压的压强差为 Δp,则管内外水面平衡时,有

$$\Delta p \pi r^2 = 2\pi r \alpha \cos\theta \tag{4 − 13 − 1}$$

式中 r 为毛细管半径,θ 为接触角,α 为表面张力系数。如水在毛细管中上升的高度为 h,则

$$\Delta p = \rho g h$$

式中 ρ 为水的密度。将此式代入式(4 − 13 − 1),可得

$$\rho g h \pi r^2 = 2\pi r \alpha \cos\theta$$

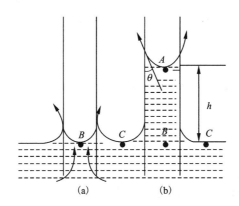

图 4 – 13 – 2　玻璃毛细管插入水中的情形

即

$$\alpha = \frac{\rho ghr}{2\cos\theta} \qquad (4-13-2)$$

对于清洁的玻璃和水，接触角 θ 近似为零，则

$$\alpha = \frac{\rho ghr}{2} \qquad (4-13-3)$$

由于在 A 点高度以上凹面周围还有少量的水，其体积为 $\left[(\pi r^2)\times r - \frac{4}{3}\pi r^3 \times \frac{1}{2}\right] = \pi r^2 \times \frac{r}{3}$，相当于管内高为 $r/3$ 的水柱的体积。因此，式$(4-13-3)$修正为

$$\alpha = \frac{\rho gr}{2}\left(h + \frac{r}{3}\right) \qquad (4-13-4)$$

【实验内容】

（1）将管内已排除气泡的清洁毛细管和一弯钩形并附有针尖的玻璃棒夹在一起，插在盛水的烧杯中，如图 4 – 13 – 3 所示。

上下升降烧杯使毛细管壁充分浸润，放稳烧杯使针尖在水面的稍下方。然后将测高仪放在离毛细管约为 1 m 远处。

（2）轻轻调节升降台，使针尖刚好与其水面上的影像相接触。

（3）调节测高仪，使其立柱铅直，望远镜光轴与立柱垂直。

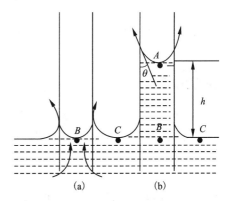

图 4 – 13 – 3　毛细管安装示意图

（4）调节望远镜，使毛细管和针尖成像清晰，并使其十字叉丝横线刚好和毛细管内液柱上端的凹面底部相切。记下望远镜位置 y_1。

（5）轻轻移开烧标（不要触动毛细管），向下平移望远镜，使十字叉丝横线与针尖对准，记下望远镜位置 y_2，则 $h = y_1 - y_2$。

（6）用移测显微镜测量毛细管不同方位的内径，取其平均值。

(7)计算水的表面张力系数及其标准不确定度,写出测量结果,注明实验时的水温。
(注:计算不确定度时,可以略去修正项的不确定度。)

【数据记录及处理】

自行设计实验数据记录表格,并按要求对实验数据进行处理。

【注意事项】

(1)清洗后不要用手触摸烧杯内的水和毛细管下半部。
(2)毛细管内如有气泡,必须排除。
(3)所采用的毛细管内径要均匀,内径测量要仔细。
(4)毛细管一定要垂直水面插入水中。

【思考题】

(1)能否用毛细管法测量任何一种液体的表面张力系数?
(2)为什么本实验特别强调清洁?

实验十四　液体粘滞系数的测定(落球法)

【实验目的】

使用下落小球的方法测定液体的粘滞系数。

【实验仪器】

玻璃圆筒,温度计,密度计,螺旋测微器,游标卡尺,天平,米尺,秒表,镊子,落球,蓖麻油等。

【实验原理】

由于液体具有粘滞性,固体在液体内运动时,附着在固体表面的一层液体和相邻层液体间有内摩擦阻力作用,这就是粘滞阻力的作用。对于半径为 r 的球形物体,在无限宽广的液体中以速度 v 运动,并无涡流产生时,小球所受到的粘滞阻力 F 为

$$F = 6\pi\eta rv \qquad\qquad (4-14-1)$$

公式(4-14-1)称为斯托克斯公式。其中 η 为液体的粘滞系数,它与液体性质和温度有关。如果让质量为 m,半径为 r 的小球在无限宽广的液体中竖直下落,它将受到三个力的作用,即重力 mg、液体浮力 f(大小为 $\frac{4}{3}\pi r^3\rho g$)、粘滞阻力 $6\pi\eta rv$,这三个力作用在同一直线上,方向如图4-14-1所示。起初速度小,重力大于其余两个力的合力,小球向下做加速运动;随着速度的增加,粘滞阻力也相应

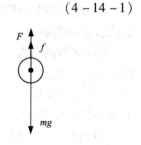

图4-14-1　液体中小球受力分析

地增大，合力相应地减小。当小球所受合力为零时，即

$$mg - \frac{4}{3}\pi r^3 \rho g - 6\pi\eta r v_0 = 0 \qquad (4-14-2)$$

小球以速度 v_0 向下做匀速直线运动，故 v_0 称收尾速度。由式(4-14-2)可得

$$\eta = \frac{(m - \frac{4}{3}\pi r^3 \rho)g}{6\pi r v_0} \qquad (4-14-3)$$

当小球达到收尾速度后，通过路程 L 所用时间为 t，则 $v_0 = L/t$，将此公式代入公式(4-14-3)又得

$$\eta = \frac{(m - \frac{4}{3}\pi r^3 \rho)g}{6\pi r L} \cdot t \qquad (4-14-4)$$

上式成立的条件是小球在无限宽广的均匀液体中下落，但实验中小球是在内半径为 R 的玻璃圆筒中的液体里下落，筒的直径和液体深度都是有限的，故实验时作用在小球上的粘滞阻力将与斯托克斯公式给出的不同。当圆筒直径比小球直径大很多、液体高度远远大于小球直径时，其差异是微小的。为此在斯托克斯公式后面加一项修正值，就可描述实际上小球所受的粘滞阻力。加一项修正值公式(4-14-4)将变成

$$\eta = \frac{(m - \frac{4}{3}\pi r^3 \rho)g}{6\pi r L \left(1 + 2.4\frac{r}{R}\right)} \cdot t \qquad (4-14-5)$$

式中 R 为玻璃圆筒的内半径。实验测出 m、r、ρ、t、L 和 R，用公式(4-14-5)可求出液体的粘滞系数 η。

【实验内容】

(1)用天平和螺旋测微器分别测出 10 个小球的质量和半径(实测直径三次，取平均后求半径)，编号后待用。

(2)将装有蓖麻油的圆筒如图 4-14-2 所示安装，调整其中心轴至铅直。

(3)用游标卡尺测量圆筒内径，不同内径测三次取平均，求得半径 R。

(4)在蓖麻油中部取一段，上下端各固定一标线 N_1、N_2，并通过测试或计算使小球匀速通过标线 N_1，测出 N_1、N_2 之间的距离 L。

(5)用镊子分别夹起每个小球，先在油中浸一下，然后放入圆形油面中心，让其自由下落，用秒表测出每个小球匀速经过路程 L 所用的时间 t_1、t_2、$\cdots$、t_{10}。

(6)测出蓖麻油的密度 ρ 和实验前后油的温度。

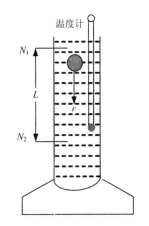

图 4-14-2　粘滞系数测量示意图

【数据记录及处理】

（1）将所测数据填入自拟的表格内；

（2）利用式（4 - 14 - 5）计算 η_1、η_2、$\cdots$、η_{10}，求 $\bar\eta$ 及其标准误差 $\sigma_{\bar\eta}$；

（3）将 η 的结果表示为标准式。

【思考题】

（1）斯托克斯公式的应用条件是什么？本实验是怎样去满足这些条件的？又如何进行修正的？

（2）如何判断小球已进入匀速运动阶段？

实验十五　热电偶定标和测温

温差热电偶（简称热电偶）是目前温度测量中应用最广泛的温度传感元件之一，是以热电效应为基础的测温仪表。它用热电偶作为传感器，把被测的温度信号转换成电势信号，经连接导线再配以测量毫伏级电压信号的显示仪表来实现温度的测量。

热电偶测温的优点是结构简单、制作方便、价格低廉、测温范围宽、热惯性小、准确度较高、输出的温差电信号便于远距离传送、实现集中控制和自动测试。流体、固体及其表面温度均可用它来测量，所以在工业生产和科学研究、空调与燃气工程中应用广泛。

【实验目的】

（1）加深对温差电现象的理解；

（2）了解热电偶测温的基本原理和方法；

（3）了解热电偶定标基本方法。

【实验仪器】

铜—康铜热电偶、YJ - RZ - 4A 型数字智能化热学综合实验仪、杜瓦瓶、数字万用表等。

【实验原理】

1. 温差电效应

在物理测量中，经常将非电学量如温度、时间、长度等转换为电学量进行测量，这种方法叫做非电量的电测法。其优点是不仅使测量方便、迅速，而且可提高测量精密度。温差电偶是利用温差电效应制作的测温元件，在温度测量与控制中有广泛的应用。本实验是研究一给定温差电偶的温差电动势与温度的关系。

如果用 A、B 两种不同的金属构成一闭合电路，并使两接点处于不同温度，如图 4 - 15 - 1 所示，则电路中将产生温差电动势，并且有温差电流流过，这种现

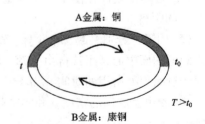

图 4 - 15 - 1　温差电效应

象称为温差电效应。

2.热电偶

两种不同金属串接在一起，其两端可以和仪器相连进行测温（图 4 – 15 – 2）的元件称为温差电偶，也叫热电偶。温差电偶的温差电动势与二接头温度之间的关系比较复杂，但是在较小温差范围内可以近似认为温差电动势 E_t 与温度差 $(t - t_0)$ 成正比，即

$$E_t = c(t - t_0) \qquad\qquad (4 – 15 – 1)$$

式中：t 为热端的温度；t_0 为冷端的温度；c 称为温差系数（或称温差电偶常量），单位为：$\mu V \cdot ℃^{-1}$，它表示二接点的温度相差 $1℃$ 时所产生的电动势，其大小取决于组成温差电偶材料的性质，即：

$$c = (k/e)\ln(n_{0A}/n_{0B}) \qquad\qquad (13 – 2)$$

式中：k 为玻耳兹曼常量，e 为电子电量，n_{0A} 和 n_{0B} 为两种金属单位体积内的自由电子数目。

如图 4 – 15 – 3 所示，温差电偶与测量仪器有两种连接方式：

（a）金属 B 的两端分别和金属 A 焊接，测量仪器 M 插入 A 线中间（或者插入 B 线之间），如图 4 – 15 – 3（a）；

（b）A、B 的一端焊接，另一端和测量仪器连接，如图 4 – 15 – 3（b）。

在使用温差电偶时，总要将温差电偶接入电势差计或数字电压表，这样除了构成温差电偶的两种金属外，必将有

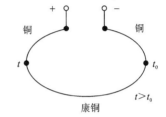

图 4 – 15 – 2　铜 – 康铜热电偶

第三种金属接入温差电偶电路中，理论上可以证明，在 A、B 两种金属之间插入任何一种金属 C，只要维持它和 A、B 的连接点在同一个温度，这个闭合电路中的温差电动势总是和只由 A、B 两种金属组成的温差电偶中的温差电动势一样。

温差电偶的测温范围可以从 $4.2K$（$-268.95℃$）的深低温直至 $2800℃$ 的高温。必须注意，不同的温差电偶所能测量的温度范围各不相同。

3.热电偶的定标

热电偶定标的方法有两种。

（1）比较法：即用被校热电偶与一标准组分的热电偶去测同一温度，测得一组数据，其中被校热电偶测得的热电势即由标准热电偶所测的热电势所校准，在被校热电偶的使用范围内改变不同的温度，进行逐点校准，就可得到被校热电偶的一条校准曲线。

（2）固定点法：这是利用几种合适的纯物质在一定气压下（一般是标准大气压），将这些纯物质的沸点或熔点温度作为已知温度，测出热电偶在这些温度下对应的电动势，从而得到电动势—温度关系曲线，这就是所求的校准曲线。

本实验采用固定点法、且连接方法参照图 4 – 15 – 3 中的图（a）对热电偶进行定标。

实验中的铜—康铜热电偶分为了"热电偶热端"和"热电偶冷端"两部分，它们都是由受热管和两股材料分别为铜和康铜的导线组成。如图 4 – 15 – 4 所示，其中，铜导线外部是红色绝缘层，康铜导线外部是黑色绝缘层，且两股导线在受热管中焊接在一起，但和外部的受热管绝缘，受热管的作用只是让其内部的两导线焊接端良好受热。

连接热电偶时，将"热电偶热端"和"热电偶冷端"的"红"接"红"，"黑"接"黑"，以保证形成热电偶。为了测出电压，可将数字万用表接在它们的"红"与"红"之间，或"黑"与"黑"

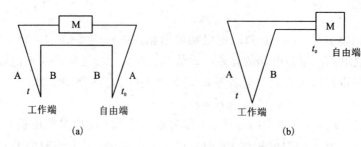

图 4 – 15 – 3　温差电偶的两种接触

之间，把冷端浸入冰水共存的杜瓦瓶中，热端插入加热盘的恒温腔中，如图 4 – 15 – 4，是其中一种连接方法。

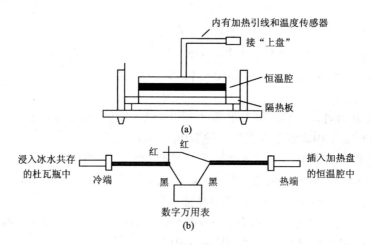

图 4 – 15 – 4　热电偶接法
（a）加热盘；（b）连接图示

　　定标时，加热盘可恒温在 50 ~ 120℃之间。用数字万用表测出对应点的温差电动势。以电动势 ε 为纵轴，以热端温度 t 为横轴，标出以上各点，连成直线。如图 4 – 15 – 5 所示，即为热电偶的定标曲线。有了定标曲线，就可以利用该热电偶测温度了。这时，仍将冷端保持在原来的温度($t_0 =$ 0℃)，将热端插入待测物中，测出此时的温差电动势，再由 $\varepsilon - t$ 图线，查出待测温度。

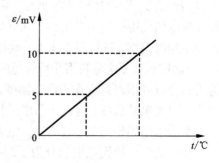

图 4 – 15 – 5　热电偶定标曲线

【实验内容】

1. 测温差电动势

连接好实验装置，将"热电偶热端"置于恒温腔中，将"热电偶冷端"置于杜瓦瓶的冰水混合物中，将"温度选择"开关置于"设定温度"，调节"设定温度初选"和"设定温度细选"，选择加热盘所需的温度（如50℃），按下"加热开关"开始加热，待加热盘温度稳定时，温度可能达不到设定值，可适当调节"设定温度细选"使其温度达到所需的温度（如50.0℃），这时给其设定的温度要高于所需的温度，读出数字万用表中此时的温差电动势。

2. 热电偶定标

如实验内容1，调节加热盘的温度，使其每次递增10℃（如依次达到60℃、70℃、80℃、90℃、100℃），热电偶冷端不变，测量不同温度下的温差电动势，作出热电偶的 $\varepsilon-t$ 定标曲线。

3. 利用热电偶测温验证 $\varepsilon-t$ 定标曲线

使恒温腔的温度达到某一值（如75℃），将冷端置于杜瓦瓶中，热端插入恒温腔中，测出此时的温差电动势，由 $\varepsilon-t$ 定标曲线查出对应的温度值，与恒温腔的实际温度值进行比较，分析误差。

【数据记录及处理】

1. 测量出对应温度的温差电动势

表 4 – 15 – 1　对应温度的温差电动势

$t/℃$	ε/mV
$t_0 =$	$\varepsilon_0 =$
$t_1 = t_0 + 10℃ =$	$\varepsilon_1 =$
$t_2 = t_0 + 20℃ =$	$\varepsilon_2 =$
$t_3 = t_0 + 30℃ =$	$\varepsilon_3 =$
$t_4 = t_0 + 40℃$	$\varepsilon_4 =$
$t_5 = t_0 + 50℃ =$	$\varepsilon_5 =$

2. 作出热电偶的 $\varepsilon-t$ 定标曲线

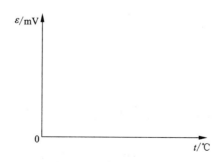

图 13 – 4 – 6　热电偶的 $\varepsilon-t$ 定标曲线

3. 验证 $\varepsilon-t$ 定标曲线

表 4 – 15 – 2　验证 $\varepsilon-t$ 定标曲线

恒温腔的实际温度/℃	
测出的温差电动势/mV	
由曲线查出的对应温度/℃	

【注意事项】

(1)在使用水浴锅和保温杯加热时，注意不要被烫伤。

(2)为减小测量误差，数字电压表应尽可能调到灵敏度最高的挡位。

(3)为便于作图，每次温差的测量点宜取在5℃或10℃的整数倍位置。

【思考题】

(1)如果实验过程中，热电偶的冷端不在冰水混合物中，而是暴露在空气中（即室温下），对实验结果有何影响？

(2)当热电偶回路中串联了其他的金属（比如测量仪器等），是否会引入附加的温差电动势从而影响热电偶原来的温差电特性？

(3)热电偶为什么能测温度？它与水银温度计比较有哪些优点？

(4)升温和降温测量有什么差别？是否需要升温和降温各测一次？目的是什么？

(5)如果热电偶与数字电压表的正负极反接，会出现什么现象？

实验十六　金属线胀系数的测定

【实验目的】

掌握利用光杠杆测定线胀系数的方法。

【实验仪器】

线胀系数测定仪（附光杠杆），望远镜直横尺，钢卷尺，蒸汽发生器，气压计（共用），温度计(50~100℃，准确到0.1℃)，游标卡尺。

【实验原理】

1. 金属线胀系数的测定及其测量方法

固体的长度一般是温度的函数，在常温下，固体的长度 L 与温度 t 有如下关系：

$$L = L_0(1 + \alpha t) \tag{4 – 16 – 1}$$

式中，L_0 为固体在 $t=0$℃时的长度；α 称为线胀系数，其数值与材料性质有关，单位为℃$^{-1}$。

设物体在 t_1℃时的长度为 L，温度升到 t_2℃时增加了 ΔL。根据(4 – 16 – 1)式可以写出

$$L = L_0(1 + \alpha t_1) \tag{4-16-2}$$

$$L + \Delta L = L_0(1 + \alpha t_2) \tag{4-16-3}$$

从(4-16-2)、(4-16-3)式中消去 L_0 后，再经简单运算得

$$\alpha = \frac{\Delta L}{L(t_2 - t_1) - \Delta L t_1} \tag{4-16-4}$$

由于 $\Delta L \ll L$，故式(4-16-4)可以近似写成

$$\alpha = \frac{\Delta L}{L(t_2 - t_1)} \tag{4-16-5}$$

显然，固体线胀系数的物理意义是当温度变化
1℃时，固体长度的相对变化值。在式(4-16-5)
中，L、t_1、t_2 都比较容易测量，但 ΔL 很小，一般长
度仪器不易测准，本实验中用光杠杆和望远镜标尺
组来对其进行测量。关于光杠杆和望远镜标尺组测
量微小长度变化原理可以根据图4-16-1所示进
行推导。

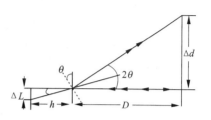

图4-16-1　光杠杆放大原理图

由图中可知，$\tan\theta = \Delta L/h$，反射线偏转了 2θ，$\tan 2\theta = \Delta d/D$，当 θ 角度很小时，$\tan 2\theta \approx$
2θ，$\tan\theta \approx \theta$，故有 $2\Delta L/h = \Delta d/D$，即

$$\Delta L = \Delta d\, h/2D, \text{ 或者 } \Delta L = (d_2 - d_1)h/2D \tag{4-16-6}$$

2. 测量装置简介

待测金属棒直立在仪器的大圆筒中，光杠杆的后脚尖置于金属棒的上顶端，两个前脚尖
置于固定平台的凹槽内。

设在温度 t_1 时，通过望远镜和光杠杆的平面镜，看到标尺上的刻度 d_1 恰好与目镜中十字
横线重合，当温度升到 t_2 时，与十字横线重合的是标尺的刻度 d_2，则根据光杠杆原理可得

$$\alpha = \frac{(d_2 - d_1)h}{2D(t_2 - t_1)} \tag{4-16-7}$$

【实验内容】

(1)在室温下，用米尺测量待测金属棒的长度 L 三次，取平均值。然后将其插入仪器的
大圆柱形筒中。注意：棒的下端点要和基座紧密接触。

(2)插入温度计，小心轻放，以免损坏。

(3)将光杠杆放置到仪器平台上，其后脚尖踏到金属棒顶端，前两脚尖踏入凹槽内。平
面镜要调到铅直方向。望远镜和标尺组要置于光杠杆前约1 m距离处，标尺调到垂直方向。
调节望远镜的目镜，使标尺的像最清晰并且与十字横线间无视差。记下标尺的读数 d_1。

(4)记下初温 t_1 后，给仪器通电加热，待温度计的读数稳定后，记下温度 t_2 以及望远镜中
标尺的相应读数 d_2。

(5)停止加热。测出距离 D。取下光杠杆放在白纸上轻轻压出三个足尖痕迹，用铅笔通
过前两足迹连成一直线，再作由后足迹到此直线的垂线，用标尺测出垂线的距离 h。

【数据记录及处理】

自拟表格记录实验数据，并按下列要求进行处理：

(1)把测得的数据代入式(4-16-7)，计算出 α 值；

(2)将 α 的测量值与实验室给出的真值相比较，求出百分误差。

【思考题】

(1)本实验所用仪器和用具有哪些？如何将仪器安装好？操作时应注意哪些问题？

(2)调节光杠杆的程序是什么？在调节中要特别注意哪些问题？

(3)分析本实验中各物理量的测量结果，哪一个对实验误差影响较大？

(4)根据实验室条件你还能设计一种测量 ΔL 的方案吗？

实验十七　固体比热容的测定(混合法)

19 世纪，随着工业文明的建立与发展，特别是蒸汽机的诞生，量热学有了巨大的进展。经过多年的实验研究，人们精确地测定了热功当量，逐步认识到不同性质的能量(如热能、机械能、电能、化学能等)之间的转化和守恒这一自然界物质运动的最根本的定律，成为 19 世纪人类最伟大的科学进展之一。从今天的观点看，量热学是建立在"热量"或"热质"的基础上的，不符合分子动理论的观点，缺乏科学内含。但这无损量热学的历史贡献。至今，量热学在物理学、化学、航空航天、机械制造以及各种热能工程、制冷工程中都有广泛的应用。

比热容是单位质量的物质升高(或降低)单位温度所吸收(或放出)的热量。比热容的测定对研究物质的宏观物理现象和微观结构之间的关系有重要意义。

本实验采用混合法测固体金属的比热容。在热学实验中，系统与外界的热交换是难免的。因此要努力创造一个热力学孤立体系，同时对实验过程中的其他吸热、散热做出校正，尽量使二者相抵消，以提高实验精度。

【实验目的】

(1)掌握基本的量热方法——混合法。

(2)测定金属的比热容。

【实验仪器】

量热器，温度计，物理天平，停表，加热器，小量筒，待测物(金属块)。

量热器如图 4-17-1 所示，C 为量热器筒(铜制)，T 为曲管温度计，P 为搅拌器，J 为套铜，G 为保温用玻璃棉。

加热器如图 4-17-2 所示，待测物由细线吊在其中间的圆筒中，由蒸汽锅发出的蒸汽通过加热器的套筒给待测物加热。加热后将其下侧的活门 K 打开，就可将物体投入置于其下面的量热器中。为了减少加热器排出的水蒸气，可将排气管插入冰和水的盆中，使蒸汽凝结成水。

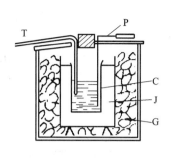

图 4 - 17 - 1 量热器

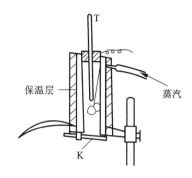

图 4 - 17 - 2 加热器

【实验原理】

温度不同的物体混合之后，热量将由高温物体传给低温物体。如果在混合过程中和外界没有热交换，最后将达到均匀稳定的平衡温度，在这过程中，高温物体放出的热量等于低温物体所吸收的热量，此称为热平衡原理。本实验即根据热平衡原理用混合法测定固体的比热。

将质量为 m、温度为 t_2 的金属块投入量热器的水中。设量热器（包括搅拌器和温度计插入水中部分）的热容为 q，其中水的质量为 m_0，比热容为 c_0，待测物投入水中之前的水温为 t_1。在待测物投入水中以后，其混合温度为 θ，则在不计量热器与外界的热交换的情况下，将存在下列关系：

$$mc(t_2 - \theta) = (m_0 c_0 + q)(\theta - t_1) \qquad (4 - 17 - 1)$$

即
$$c = \frac{(m_0 c_0 + q)(\theta - t_1)}{m(t_2 - \theta)} \qquad (4 - 17 - 2)$$

量热器的 q 可以根据其质量和比热容算出。设量热器筒和搅拌器由相同的物质（铜）制成，其质量为 m_1，比热容为 c_1，温度计插入水中部分的体积为 V，则

$$q = m_1 c_1 + 1.9\,V \qquad (4 - 17 - 3)$$

$1.9V(\text{J} \cdot \text{℃}^{-1})$ 为温度计插入水中部分的热容，但 V 的单位为 cm^3。也可以用混合法测量值热器的热容 q。即先将量热器中加入 $m'_0(\text{g})$ 水，它和量热器的温度为 t'_1，其次将 $m''_0(\text{g})$ 温度为 t'_2 的温水迅速倒入量热器中，搅拌后的混合温度为 θ'，则根据式（4 - 17 - 1），得 $m''_0 c_0 (t'_2 - \theta') = (m'_0 c_0 + q)(\theta' - t'_1)$

即
$$q = \frac{m''_0 c_0 (t'_2 - \theta')}{\theta' - t'_1} - m'_0 c_0 \qquad (4 - 17 - 4)$$

但是用混合法测量热器热容 q 时，要注意使水的总质量 $m'_0 + m''_0$ 和实际测比热容时水的质量 m_0 大体相等，混合后的温度 θ' 也应和实测时的混合温度 θ 尽量接近才好。

上述讨论是在假定量热器与外界没有热交换时的结论。实际上只要有温度差异就必然会有热交换存在，因此，必须考虑如何防止或进行修正热散失的影响。热散失的途径主要有：①加热后的物体在投入量热器水中之前散失的热量，这部分热量不易修正，应尽量缩短投放时间。②在投下待测物后，在混合过程中量热器从外部吸收的热量和高于室温后向外散失的热量。在本实验中由于测量的是导热良好的金属，从投下物体到达混合温度所需时间较短，

可以采用热量出入相互抵消的方法，消除散热的影响。即控制量热器的初温 t_1，使 t_1 低于环境温度 t_0，混合后的末温 θ 则高于 t_0，并使 $(t_0 - t_1) = (\theta - t_0)$。③注意量热器外部不要有水附着(可用干布擦干净)，以免由于水的蒸发损失较多的热量。

由于混合过程中量热与环境有热交换，先是吸热，后是放热，致使由温度计读出的初温 t_1 和混合温度 θ 都与无热交换时的初温度和混合温度不同。因此，必须对 t_1 和 θ 进行校正。可用图解法进行，如图 4-17-3 所示。

实验时，从投物前 5 或 6 min 开始测水温，每 30 s 测一次，记下投物的时刻与温度，记下达到室温 t_0 的时刻 τ_{t0}，过 τ_{t0} 作一竖直线 MN，过 t_0 作一水平线，二者交于 O 点。然后描出投物前的吸热线 AB，与 MN 交于 B 点，混合后的放热线 CD 与 MN 交于 C 点。混合过程中的温升线 EF，分别与 AB、CD 交于 E 和 F 点。因水温达室温前，量热器一直在吸热，故混合过程的初温应是与 B 点对应的 t_1，此值高于投物时记下的温度。同理，

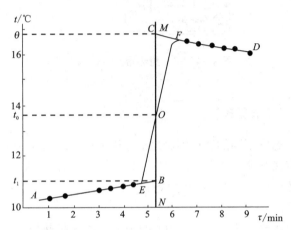

图 4-17-3　初温 t_1 和混合温度 θ 校正曲线

水温高于室温后，量热器向环境散热，故混合后的最高温度是 C 点对应的温度 θ，此值也高于温度计显示的最高温度。

在图 4-17-3 中，吸热用面积 BOE 表示，散热用面积 COF 表示，当两面积相等时，说明实验过程中，对环境的吸热与放热相消。否则，实验将受环境影响。实验中，力求两面积相等。

此外，要注意温度计本身的系统误差。高温度计在冰点时读数为 Δ_0，温度计刻度值 1℃ 对应的真实值为 a，则温度计读数为 t' 时，其真实温度 $t = (t' - \Delta_0)a$。每支温度计的 Δ_0 和 a 值都标在仪器卡片上。

【实验内容】

(1)将蒸汽锅中加入半锅水，并和加热器连接好之后就开始加热。

(2)用物理天平称量被测金属块的质量 m，然后将其吊在加热器当中的筒中加热，筒中插入的温度计要靠近待测物。

(3)按式(4-17-3)或式(4-17-4)可确定量热器的热容 q。

(4)用烧杯盛低于室温的冷水，称得其质量为 m_{01}，将冷水倒入量热器(约为其容积的 $\frac{2}{3}$)后再称得烧杯的质量为 m_{02}，则量热器中水的质量 $m_0 = m_{01} - m_{02}$。

开始测水温并记时间，每 30 s 测一次，接连测下去。

(5)当加热器中温度计指示值稳定不变后，再过几分钟测出其温度 t_2，就可将被测物体投放入量热器中。投放时，将量热器置于加热器的下面，打开量热器上部的投入口和加热器下侧的活门，敏捷地将物体放(不是投)入量热器中。

记下物体放入量热器的时间和温度。

进行搅拌并观察温度计示值，每 30 s 测一次，继续 5 min。

(6)按图 4 - 17 - 3 绘制 $t - \tau$ 图，求出混合前的初温 t_1 和混合温度 θ。

(7)将上述各测定值代入式(4 - 17 - 2)求出被测物的比热容及其标准偏差。比热容的单位为 $J \cdot kg^{-1} \cdot ℃^{-1}$。

水的比热容 c_0 为 $4.187 \times 10^3 \ J \cdot kg^{-1} \cdot ℃^{-1}$。量热器(包括搅拌器)是铜制的，其比热容 c_1 为 $0.385 \times 10^3 \ J \cdot kg^{-1} \cdot ℃^{-1}$。

【数据记录及处理】

自拟表格记录实验数据，并按要求进行处理。

【注意事项】

(1)搅拌时不要过快，以防止有水溅出。

(2)尽量减少与外界的热交换。

(3)缩短操作时间。

(4)严防有水附着在量热筒的外面。

(5)矫正沸点。

(6)采取补偿措施。在被测物体放入量热器前，先使量热器与水的初始温度低于室温。使初始温度与室温的温差与混合后末温高出室温的温度大体相等。

(7)量热器中温度计位置要适中，不要使它靠近放入的高温物体，因为未混合好的局部温度可能很高。

(8)t_1 的数值不宜比室温低得过多(控制在 2 ~ 3℃即可)，因为温度过低可能使量热器附近的温度降到露点，致使量热器外侧出现凝结水，而在温度升高后这凝结水蒸发时将散失较多的热量。

【思考题】

(1)为使系统从外界吸热与向外界放热大体相当，你采取了哪些措施？结果怎么样？

(2)被测物体放入量热器之前，先使量热器与水的初始温度低于室温，但应避免在量热器外生成凝结水滴。先估算，使初始温度与室温的温差与混合后末温高出室温的温度大体相等。这样混合前量热器从外界吸热与混合后向外界放热大体相等，极大地降低了系统误差。

(3)如果用冷却法测液体的比热，说明实验应如何安排。

【参考资料】

温度计插入水中部分的热容可如下求出。

已知水银的密度为 $13.6 \ g \cdot cm^{-3}$，比热容为 $0.139 \ J \cdot kg^{-1} \cdot ℃^{-1}$，其 $1 \ cm^3$ 的热容为 $1.89 \ J \cdot ℃^{-1}$。而制造温度计的玻璃的密度为 $2.58 \ g \cdot cm^{-3}$，比热容为 $1.89 \ J \cdot kg^{-1} \cdot ℃^{-1}$，其 $1 \ cm^3$ 的热容为 $2.14 \ J \cdot ℃^{-1}$，它和水银的很相近，因为温度计插入水中部分的体积不大，其热容在测量中占次要地位，因此可认为它们 $1 \ cm^3$ 的热容是相同的。高温度计插入水中部分的体积为 $V(cm^3)$，则该部分的热容可取为 $1.9 \ V(J \cdot ℃^{-1})$。V 可用盛水的小量筒去测量。

实验十八　气体比热容比的测定

气体的定压比热容与定容比热容之比称为气体的绝热指数，它是一个重要的热力学常数，在热力学方程中经常用到。本实验用新型扩散硅压力传感器测空气的压强，用电流型集成温度传感器测空气的温度变化，从而得到空气的绝热指数；要求观察热力学现象，掌握测量空气绝热指数的一种方法，并了解压力传感器和电流型集成温度传感器的使用方法及特性。

【实验目的】

(1)用绝热膨胀法测定空气的比热容比。

(2)观测热力学过程中空气状态变化及基本物理规律。

(3)学习用压力传感器和电流型集成温度传感器精确测量气体压强和温度的原理和方法。

【实验仪器】

1. FD – NCD 型空气比热容比测定仪

本实验采用的 FD – NCD 型空气比热容比测定仪，由扩散硅压力传感器、AD590 集成温度传感器、电源、容积为 1000 mL 左右玻璃瓶、打气球及导线等组成。如图 4 – 18 – 1、图 4 – 18 – 2 所示。

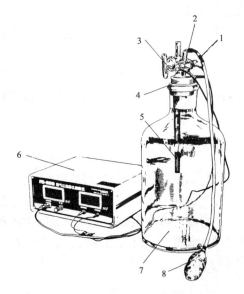

图 4 – 18 – 1　FD – NCD 空气比热容比测定仪

1—充气阀 B；2—扩散硅压力传感器；3—放气阀 A；4—瓶塞；5—AD590 集成温度传感器；6—电源（详见图 4 – 18 – 2）；7—贮气玻璃瓶；8—打气球

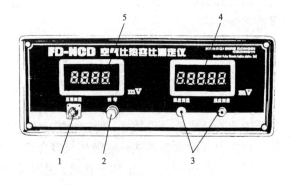

图 4 – 18 – 2　测定仪电源面板示意图

1—压力传感器接线端口；2—调零电位器旋钮；3—温度传感器接线插孔；4—四位半数字电压表面板（对应温度）；5—三位半数字电压表面板（对应压强）

(1)AD590 集成温度传感器

AD590 是一种新型的半导体温度传感器，测温范围为 – 50 ~ 150℃。当施加 +4 ~ +30V

的激励电压时,这种传感器起恒流源的作用,其输出电流与传感器所处的温度成线性关系。如用 t 表示摄氏温度,则输出电流为

$$I = Kt + I_0 \qquad (4-18-1)$$

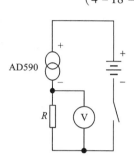

式中, $K = 1\ \mu A/℃$;对于 I_0 ,其值从 $273 \sim 278\ \mu A$ 。本实验所用 AD590 也是如此。AD590 输出的电流 I 可以在远距离处通过一个适当阻值的电阻 R ,转化为电压 U ,由公式 $I = U/R$ 算出输出的电流,从而算出温度值。如图 $4-18-3$,若串接 $5\ k\Omega$ 电阻后,可产生 $5\ mV/℃$ 的信号电压,接 $0 \sim 2V$ 量程四位半数字电压表,最小可检测到 $0.02℃$ 温度变化。

　　(2)扩散硅压力传感器

　　扩散硅压力传感器是把压强转化为电信号,最终由同轴电缆线输出信号,与仪器内的放大器及三位半数字电压表相接。它显示的是容器内的气体压强大于容器外环境大气压的压强差值。当待测气体压强为 $p_0 + 10.00\ kPa$ 时,数字电压表显示为 $200\ mV$,仪器测量气体压强灵敏度为 $20\ mV/kPa$,测量精度为 $5\ Pa$ 。可得测量公式

图 $4-18-3$　AD590 电路简图

$$p_1 = p_0 + 50U \qquad (4-18-2)$$

其中电压 U 的单位为 mV,压强 p_1 、 p_0 的单位为 $10^5\ Pa$ 。

　　2.气压计

　　该气压计用来观测环境气压。

【实验原理】

　　理想气体的压强 p 、体积 V 和温度 T 在准静态绝热过程中,遵守绝热过程方程: $pV^\gamma = $ 恒量,其中 γ 是气体的定压比热容 C_P 和定容比热容 C_V 之比,通常称 $\gamma = C_P/C_V$ 为该气体的比热容比(亦称绝热指数)。

　　如图 $4-18-4$ 所示,我们以贮气瓶内空气(近似为理想气体)作为研究的热学系统,试进行如下实验过程。

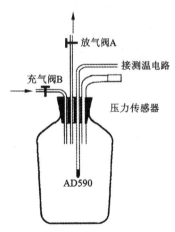

　　(1)首先打开放气阀 A,贮气瓶与大气相通,再关闭 A,瓶内充满与周围空气同温(设为 T_0)同压(设为 p_0)的气体。

　　(2)打开充气阀 B,用充气球向瓶内打气,充入一定量的气体,然后关闭充气阀 B。此时瓶内空气被压缩,压强增大,温度升高。等待内部气体温度稳定,即达到与周围温度平衡,此时的气体处于状态 I (p_1, V_1, T_0) 。

图 $4-18-4$　试验装置简图

　　(3)迅速打开放气阀 A,使瓶内气体与大气相通,当瓶内压强降至 p_0 时,立刻关闭放气阀 A,将有体积为 ΔV 的气体喷泻出贮气瓶。由于放气过程较快,瓶内保留的气体来不及与外界进行热交换,可以认为是一个绝热膨胀的过程。在此过程后瓶中的气体由状态 I $(p_1,$

V_1，T_0）转变为状态 Ⅱ（p_0，V_2，T_1）。V_2 为贮气瓶容积，V_1 为保留在瓶中这部分气体在状态 Ⅰ（p_1，T_0）时的体积。

（4）由于瓶内气体温度 T_1 低于室温 T_0，所以瓶内气体慢慢从外界吸热，直至达到室温 T_0 为止，此时瓶内气体压强也随之增大为 p_2。则稳定后的气体状态为 Ⅲ（p_2，V_2，T_0）。从状态 Ⅱ→状态 Ⅲ 的过程可以看作是一个等容吸热的过程。状态 Ⅰ→Ⅱ→Ⅲ 的过程如图 4-18-5 所示。

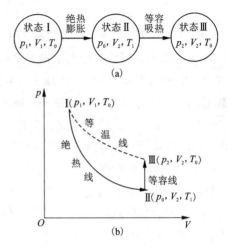

图 4-18-5　气体状态变化及 $p - V$ 图

状态 Ⅰ→Ⅱ 是绝热过程，由绝热过程方程得

$$p_1 V_1^\gamma = p_0 V_2^\gamma \qquad (4-18-3)$$

状态 Ⅰ 和状态 Ⅲ 的温度均为 T_0，由气体状态方程得

$$p_1 V_1 = p_2 V_2 \qquad (4-18-4)$$

合并式（4-18-3）、式（4-18-4），消去 V_1、V_2 得

$$\gamma = \frac{\ln p_1 - \ln p_0}{\ln p_1 - \ln p_2} = \frac{\ln(p_1/p_0)}{\ln(p_1/p_2)} \qquad (4-18-5)$$

由式（4-18-5）可以看出，只要测得 p_0、p_1、p_2 就可求得空气的绝热指数 γ。

【实验内容】

（1）打开放气阀 A，按图 4-18-2 连接电路，集成温度传感器的正负极请勿接错，电源机箱后面的开关拨向内。用气压计测定大气压强 p_0，用水银温度计测环境室温 T_0。开启电源，让电子仪器部件预热 20 min，然后旋转调零电位器旋钮，把用于测量空气压强的三位半数字电压表指示值调到"0"，并记录此时四位半数字电压表指示值 U_{T_0}。

（2）关闭放气阀 A，打开充气阀 B，用充气球向瓶内打气，使三位半数字电压表示值升高到 100～150 mV。然后关闭充气阀 B，观察 U_T、U_{p_1} 的变化，经历一段时间后，U_T、U_{p_1} 指示值不变时，记下（U_{p_1}，U_T），此时瓶内气体近似为状态Ⅰ（p_1，T_0）。注意：U_T 对应的温度值为 T。

（3）迅速打开放气阀 A，使瓶内气体与大气相通，由于瓶内气压高于大气压，瓶内 ΔV 体积的气体将突然喷出，发出"嗤"的声音。当瓶内空气压强降至环境大气压强 p_0 时（放气声刚结束），立刻关闭放气阀 A，这时瓶内气体温度降低，状态变为 Ⅱ。

（4）当瓶内空气的温度上升至温度 T 时，且压强稳定后，记下（U_{p_2}，U_T），此时瓶内气体近似为状态Ⅲ（p_2，T_0）。

（5）打开放气阀 A，使贮气瓶与大气相通，以便于下一次测量。

（6）把测得的电压值 U_{p_1}、U_{p_2}、U_T（以 mV 为单位）填入表 4-18-1，依式（4-18-2）计算气压值，依式（4-18-5）计算空气的绝热指数 γ。

表 4 – 18 – 1 数据记录表

测量值/mV				计算值			
状态 I		状态 III		$p/10^5\,\mathrm{Pa}$			γ
U_{p1}	U_T	U_{p2}	U_T	p_0	p_1	p_2	

（7）重复实验内容（2）~（4），重复 3 次测量，比较多次测量中气体的状态变化有何异同，并计算 $\bar{\gamma}$。

【注意事项】

（1）实验中贮气玻璃瓶及各仪器应放于合适位置，最好不要将贮气玻璃瓶放于桌沿处，以免打破。

（2）转动充气阀和放气阀的活塞时，一定要一手扶住活塞，另一只手转动活塞，避免损坏活塞。

（3）实验前应检查系统是否漏气，方法是关闭放气阀 A，打开充气阀 B，用充气球向瓶内打气，使瓶内压强升高 1000 ~ 2000 Pa（对应电压值为 20 mV ~ 40 mV），关闭充气阀 B，观察压强是否稳定，若始终下降则说明系统有漏气之处，须找出原因。

（4）做好本实验的关键是放气要进行得十分迅速。即打开放气阀后又关上放气阀的动作要快捷，使瓶内气体与大气相通要充分且尽量快地完成。注意记录电压值。

【预习思考题】

（1）了解理想气体物态方程，知道理想气体的等温及绝热过程特征和过程方程。

（2）预习定压比热容与定容比热容的定义，进而明确二者之比即绝热指数的定义。

（3）认真预习实验原理及测量公式。

【讨论思考题】

（1）本实验研究的热力学系统，是指哪部分气体？

（2）实验内容（2）中的 T 值一定与初始时室温 T_0 相等吗？为什么？若不相等，对 γ 有何影响？

（3）实验时若放气不充分，则所得 γ 值是偏大还是偏小？为什么？

（4）在上面的实验中，环境温度（室温）假设为恒值。瓶中气体处于室温不变情况下而得出测量公式（4 – 18 – 3）。实际测量中，室温是波动的，高灵敏度测温传感器观测时（如本实验所用的 AD590，温度每变化 0.02℃，电压变化 0.1 mV），这种变化很明显。那么，p_1，p_2 值短时间内不易读取。

为了得出更细致的测量公式，让我们再回顾瓶内气体状态变化过程：

设充气前室温为 T_0，充气后，瓶内气体平衡时室温为 T'_0，气体状态为 I (p'_1, V'_1, T'_0)，放气后，绝热膨胀，气体状态为 II (p_0, V_2, T'_1)，等容吸热瓶内气体平衡时室温为 T''_0，气体状态变为 III (p'_2, V_2, T''_0)，其中 V_2 为贮气瓶容积，V'_1 为保留在瓶中这部分气体在状态 I

(p'_1, T'_0) 时的体积。瓶内气体状态变化为

$$\text{I}(p'_1, V'_1, T'_0) \xrightarrow{\text{绝热膨胀}} \text{II}(p_0, V_2, T'_1) \xrightarrow{\text{等容吸热}} \text{III}(p'_2, V_2, T''_0)$$

I→II 是绝热过程，由绝热过程方程得

$$p'_1 (V'_1)^\gamma = p_0 V_2^\gamma$$

I、III 两状态，由理想气体状态方程得

$$p'_1 V'_1 = nRT'_0 \qquad\qquad p'_2 V_2 = nRT''_0$$

n 为气体的摩尔数，R 为气体的普适常数。

合并以上三式，消去 V'_1、V_2 得

$$\gamma = \frac{\ln(p'_1/p_0)}{\ln(p'_1 T''_0/p'_2 T'_0)} \tag{4-18-6}$$

由式（4-18-6）可知，只要测得 p'_1、p_0、p'_2、T'_0、T''_0 就可求得空气的 γ。很显然，用现有仪器只能得出 T'_0、T''_0 的粗略值，那么用公式（4-18-1）将毫无意义。为了得出温度的较精确而直观值，需要解决这样两个问题：

（1）定出测量公式（4-18-1）中的 I_0 具体值；

（2）把温度传感器改装成为真正的数字温度计。

实验十九　液体比汽化热的研究

【实验目的】

（1）用混合法测定水沸腾时的比汽化热；

（2）学习运用热平衡方程计算各种液体的比汽化热。

【实验原理】

物质由液态向气态转化的过程称为汽化。液体的汽化有蒸发和沸腾两种不同的形式。不管是哪种汽化过程，它的物理过程都是液体中一些热运动动能较大的分子飞离表面成为气体分子，而随着这些热运动较大分子的逸出，液体的温度将要下降，若要保持温度不变，在汽化过程中就要供给热量。通常定义单位质量的液体在温度保持不变的情况下转化为气体时所吸收的热量称为该液体的比汽化热。液体的比汽化热不但和液体的种类有关，而且和汽化时的温度有关，因为温度升高，液相中分子和气相中分子的能量差别将逐渐减小，因而温度升高液体的比汽化热减小。

物质由气态转化为液态的过程称为凝结，凝结时将释放出在同一条件下汽化所吸收的相同的热量，因而，可以通过测量凝结时放出的热量来测量液体汽化时的比汽化热。

本实验采用混合法测定水的比汽化热。方法是将烧瓶中接近100℃的水蒸气，通过短的玻璃管加接一段很短的橡皮管（或乳胶管）插入到量热器内杯中。如果水和量热器内杯的初始温度为 θ_1℃，而质量为 M 的水蒸气进入量热器的水中被凝结成水，当水和量热器内杯温度均一时，其温度为 θ_2℃，那么水的比汽化热可由下式得到

$$ML + Mc_\mathrm{W}(\theta_3 - \theta_2) = (mc_\mathrm{W} + m_1 c_\mathrm{Al} + m_2 c_\mathrm{Al}) \cdot (\theta_2 - \theta_1) \tag{4-19-1}$$

其中，c_W 为水的比热容；m 为原先在量热器中水的质量；c_Al 为铝的比热容；m_1 和 m_2 分别为铝

量热器和铝搅拌器的质量；θ_3为水蒸气的温度；L为水的比汽化热。

集成电路温度传感器 AD590 是由多个参数相同的三极管和电阻组成的。该器件的两引出端当加有某一直流工作电压时(一般工作电压可在 4.5~20V 范围内)，如果该温度传感器的温度升高或降低 1℃，那么传感器的输出电流增加或减少 1 μA，它的输出电流的变化与温度变化满足如下关系

$$I = B \cdot \theta + A \qquad\qquad (4 - 19 - 2)$$

其中，I 为 AD590 的输出电流，单位 μA/℃；θ 为摄氏温度，B 为斜率，A 为摄氏零度时的电流值，该值恰好与冰点的热力学温度 273K 相对应(实际使用时，应放在冰点温度时进行确定)。利用 AD590 集成电路温度传感器的上述特性，可以制成各种用途的温度计。在通常实验时，采取测量取样电阻 R 上的电压求得电流 I。

【实验仪器】

液体比汽化热实验装置如图 4 - 19 - 1 所示。

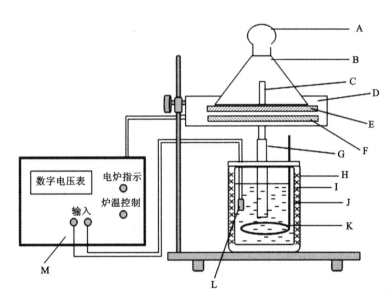

图 4 - 19 - 1　液体比汽化热实验装置图

A—烧瓶盖；B—烧瓶；C—通汽玻璃管；D—托盘；E—电炉；F—绝热板；G—橡皮管；H—量热器外壳；I—绝热材料；J—量热器内杯；K—铝搅拌器；L—AD590；M—温控和测量仪表

【实验内容】

1. 集成电路温度传感器 AD590 的定标

每个集成电路温度传感器的灵敏度有所不同，在实验前，应将其定标。按图 4 - 19 - 2 要求接线。(实际上测量仪器中已经接好了电阻(1000Ω ±1%)，数字电压表为四位半，传感器加电源电压为 6 V。做实验时只要把 AD590 的红黑接线分别插入面板中的输入孔即可进行定标或测量)把实验数据用最小二乘法进行直线拟合，求得斜率 B、截距 A 和

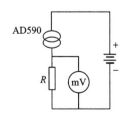

图 4 - 19 - 2　AD590 接线图

相关系数 r。

2. 水汽化热的实验

(1)用天平称出量热器内杯质量 m_1 和搅拌器的质量 m_2，然后在量热器内杯中加一定量的水，再称出盛水后的量热器内杯和搅拌器的总质量 M_1，得到水的质量 $m = M_1 - m_1 - m_2$。将内杯放回量热器内，读出水的初始温度 θ_1 及对应的电压值 U_1。

(2)打开加热电炉电源，将烧瓶及水加热直至水沸腾(加热过程中应将烧瓶帽盖打开)。当水沸腾后，调节加热电炉的电压，即调节烧瓶内水的沸腾状况，使得水蒸气的出气程度比较适中。在实验时，水蒸气的通入既不能把量热杯内的水溅出，又不能使量热杯内的水发生倒灌。

(3)将橡皮管插入量热杯内的水中，把烧瓶帽盖上，蒸汽通过短的玻璃和橡皮管直接进入水中，观测集成电路温度传感器 AD590 的输出电压值，当杯内水的温度升高一定值后，关闭电炉通电，将烧瓶帽打开，停止向量热器进汽，将通蒸汽管从量热器拔出(注意尽量不要把水带出)，用搅拌器搅拌量热器中的水，读出水和内杯温度刚好均匀相等时的末温 θ_2 及对应的电压值 U_2。

(4)再一次称量出量热器内杯水的总质量 M_2。经过计算，求得量热器中水蒸气的质量 $M = M_2 - M_1$。

(5)将所得到的测量结果代入公式(4-19-1)，即可求得水在 100℃ 时的比汽化热。

【数据记录及处理】

1. 集成电路温度传感器 AD590 定标

表 4-19-1   AD590 定标数据记录表

θ/℃					
U/mV					
I/μA($= U/1000$)					

经最小二乘法拟合得 $B =$ _____ ； $A =$ _____ 。

2. 水的比汽化热的测量数据

$m_1 =$ ____ ； $m_2 =$ ____ ； $\theta_3 = 100℃$ ； $c_W = 4.187 \times 10^3$ J/(kg · ℃)； $c_{Al} = 0.900 \times 10^3$ J/(kg · ℃)

表 4-19-2   水的比汽化热数据记录表

编号	M_1/g	M_2/g	m/g	M/g	U_1/mV	θ_1/℃	U_2/mV	θ_2/℃
1								
2								
3								

表 4 – 19 – 3　水的比汽化热计算结果

编号	$L/(\mathrm{J/kg})$	百分差	$L'/(\mathrm{J/kg})$	百分差
1				
2				
3				

（水在 100℃ 时的比汽化热公认值等于 2.25×10^3 J/kg）

L 表示水的比汽化热，L' 表示经过传感器吸收热量修正的水的比汽化热。修正方法是测量集成电路传感器 AD590 的热容量。考虑到传感器的热容量，公式（4 – 19 – 1）可以写成

$$ML' + Mc_\mathrm{w}(\theta_3 - \theta_2) = (mc_\mathrm{w} + m_1 c_{A1} + m_2 c_{A1} + m_3 c_3)(\theta_2 - \theta_1) \qquad (4-19-3)$$

式（4 – 19 – 3）中 $m_3 c_3$ 是集成电路温度传感器 AD590 的热容量。本实验装置中 $m_3 c_3 = 1.796 \times 10^3$ J/℃。

【思考题】

（1）为什么烧瓶中的水未达到沸腾时，水蒸气不能通入量热器中？

（2）用本实验装置测量水的比汽化热可能产生哪些误差？如何改进？

实验二十　温度传感器的温度特性测量和研究（FD – TTT – A 型温度传感器温度特性实验仪）

【实验目的】

（1）学习用恒电流法和直流电桥法测量热电阻；

（2）测量铂电阻和热敏电阻温度传感器的温度特性；

（3）测量电压型、电流型和 PN 结温度传感器的温度特性。

【实验仪器】

FD – TTT – A 型温度传感器温度特性实验仪（图 4 – 20 – 1）一台、十进制电阻箱一个。

图 4 – 20 – 1　FD – TTT – A 型温度传感器温度特性实验仪面板图

【实验原理】

"温度"是一个重要的热学物理量，它不仅和我们的生活环境密切相关，在科研及生产过程中，温度的变化对实验及生产的结果至关重要，所以温度传感器应用广泛。温度传感器是利用一些金属、半导体等材料与温度相关的特性制成的。常用的温度传感器的类型、测温范围和特点见表 4 – 20 – 1。本实验将通过测量几种常用的温度传感器的特征物理量随温度的变化，来了解这些温度传感器的工作原理。

表 4 – 20 – 1　常用的温度传感器的类型和特点

类型	传感器	测温范围/℃	特　　点
热电阻	铂电阻	– 200 ~ 650	准确度高、测量范围大
	铜电阻	– 50 ~ 150	
	镍电阻	– 60 ~ 180	
	半导体热敏电阻	– 50 ~ 150	电阻率大、温度系数大、线性差、一致性差
热电偶	铂铑 – 铂(S)	0 ~ 1300	用于高温测量、低温测量两大类，必须有恒温参考点(如冰点)
	铂铑 – 铂铑(B)	0 ~ 1600	
	镍铬 – 镍硅(K)	0 ~ 1000	
	镍铬 – 康铜(E)	– 200 ~ 750	
	铁 – 康铜(J)	– 40 ~ 600	
其他	PN 结温度传感器	– 50 ~ 150	体积小、灵敏度高、线性好、一致性差
	IC 温度传感器	– 50 ~ 150	线性度好、一致性好

1. 直流电桥法测量热电阻

直流平衡电桥(惠斯通电桥)的电路如图 4 – 20 – 2 所示，把四个电阻 R_1，R_2，R_3，R_t 连成一个四边形回路 ABCD，每条边称作电桥的一个"桥臂"。在四边形的一组对角接点 A、C 之间连入直流电源 E，在另一组对角接点 B、D 之间连入平衡指示仪表，B、D 两点的对角线形成一条"桥路"，它的作用是将桥路两个端点电位进行比较，当 B、D 两点电位相等时，桥路中无电流通过，指示器示值为零，电桥达到平衡。指示器指零，有 $U_{AB} = U_{AD}$，$U_{BC} = U_{DC}$，电桥平衡，电流 $I_g = 0$，流过电阻 R_1、R_3 的电流相等，即 $I_1 = I_3$，同理 $I_2 = I_{Rt}$，因此

$$\frac{R_1}{R_2} = \frac{R_3}{R_t} \Rightarrow R_t = \frac{R_1}{R_2} R_3 \qquad (4 – 20 – 1)$$

若 $R_1 = R_2$，则有 $R_t = R_3$。

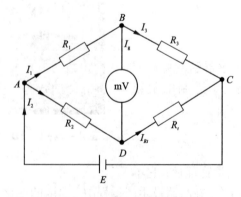

图 4 – 20 – 2　直流电桥法测热电阻

2. 恒电流法测量热电阻

恒电流法测量热电阻，电路如图 4 – 20 – 3 所示，电源采用恒流源，R_1 为已知数值的固定

电阻，R_t 为热电阻。U_{R1} 为 R_1 上的电压，U_{Rt} 为 R_t 上的电压，U_{R1} 用于监测电路的电流，当电路电流恒定时则只要测出热电阻两端电压 U_{Rt}，即可知道被测热电阻的阻值。当电路电流为 I_0，温度为 t 时，热电阻 R_t 为

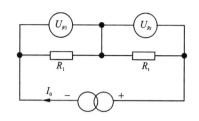

$$R_t = \frac{U_{Rt}}{I_0} = \frac{R_1 U_{Rt}}{U_{R1}} \qquad (4-20-2)$$

3. Pt100 铂电阻温度传感器

图 4 – 20 – 3 恒电流法测热电阻

Pt100 铂电阻是一种利用铂金属导体电阻随温度变化的特性制成的温度传感器。铂的物理、化学性能极稳定，抗氧化能力强，复制性好，易工业化生产，电阻率较高。因此铂电阻大多用于工业检测中的精密测温和温度标准。缺点是高质量的铂电阻（高级别）价格十分昂贵，温度系数偏小，受磁场影响较大。按 IEC 标准，铂电阻的测温范围为 –200 ~ 650℃。铂电阻比 $W(100) = 1.3850$，R_0 为 100Ω 或 10Ω 时，称为 Pt100 铂电阻或 Pt10 铂电阻。其允许的不确定度 A 级为：$\pm(0.15℃ + 0.002|t|)$，B 级为：$\pm(0.3℃ + 0.005|t|)$。铂电阻的阻值与温度之间的关系，当温度 t 在 –200 ~ 0℃ 之间时，其关系式为

$$R_t = R_0[1 + At + Bt^2 + C(t - 100℃)t^3] \qquad (4-20-3)$$

当温度在 0 ~ 650℃ 之间时关系式为

$$R_t = R_0(1 + At + Bt^2) \qquad (4-20-4)$$

式（4 – 20 – 3）、（4 – 20 – 4）中 R_t、R_0 分别为铂电阻在温度 t、0℃ 时的电阻值，A，B，C 为温度系数，对于常用的工业铂电阻

$A = 3.90802 \times 10^{-3}/℃$，$B = -5.80195 \times 10^{-7}/℃^2$，$C = -4.27350 \times 10^{-12}/℃^3$

在 0 ~ 100℃ 范围内 R_t 的表达式可近似线性为

$$R_t = R_0(1 + A_1 t) \qquad (4-20-5)$$

式（4 – 20 – 5）中 A_1 温度系数近似为 $3.85 \times 10^{-3}/℃$，Pt100 铂电阻的阻值，其 0℃ 时 $R_t = 100Ω$；而 100℃ 时 $R_t = 138.5Ω$。

4. 热敏电阻温度传感器

热敏电阻是利用半导体电阻阻值随温度变化的特性来测量温度的，按电阻阻值随温度升高而减小或增大，分为 NTC 型（负温度系数）、PTC 型（正温度系数）和 CTC 型（临界温度）。热敏电阻电阻率大，温度系数大，但其非线性大，置换性差，稳定性差，通常只适用于一般要求不高的温度测量。以上三种热敏电阻特性曲线见图 4 – 20 – 4。

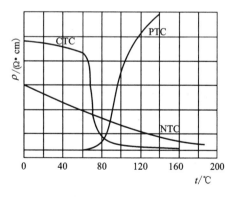

图 4 – 20 – 4 三种热敏电阻特性曲线

在一定的温度范围内（小于 450℃）热敏电阻的电阻 R_t 与温度 T 之间有如下关系：

$$R_T = R_0 e^{B(\frac{1}{T} - \frac{1}{T_0})} \qquad (4-20-6)$$

式中 R_T、R_0 是温度为 $T(K)$、$T_0(K)$ 时的电阻值（K 为热力学温度单位开）；B 是热敏电阻材料常数，一般情况下 B 为 2000 ~ 6000K。

对一定的热敏电阻而言，B 为常数，对上式两边取对数，则有

$$\ln R_T = B \left(\frac{1}{T} - \frac{1}{T_0} \right) + \ln R_0 \qquad (4-20-7)$$

由式(4-20-7)可见，$\ln R_T$ 与 $1/T$ 成线性关系，作 $\ln R_T - (1/T)$ 曲线，用直线拟合，由斜率可求出常数 B。

5. 电压型集成温度传感器(LM35)

LM35 温度传感器，标准 TO-92 工业封装，其准确度一般为 ±0.5℃。由于其输出为电压，且线性极好，故只要配上电压源，数字式电压表就可以构成一个精密数字测温系统。内部的激光校准保证了极高的准确度及一致性，且无须校准。输出电压的温度系数 $K_V = 10.0$ mV/℃，利用下式可计算出被测温度 $t(℃)$

$$U_0 = K_V \cdot t = (10 \text{ mV}/℃) \cdot t$$

即

$$t(℃) = U_0/10 \text{ mV} \qquad (4-20-8)$$

LM35 温度传感器的电路符号见图4-20-5，U_0 为输出端。

实验测量时只要直接测量其输出端电压 U_0，即可知待测量的温度。

图4-20-5　LM35 温度传感器的电路符号　　　　　图4-20-6　AD590 电路符号

6. 电流型集成温度传感器(AD590)

AD590 是一种电流型集成电路温度传感器。其输出电流大小与温度成正比。它的线性度极好，AD590 温度传感器的温度适用范围为 -55~150℃，灵敏度为 1μA/K。它具有高准确度、动态电阻大、响应速度快、线性好、使用方便等特点。AD590 是一个二端器件，电路符号如图4-20-6 所示。

AD590 等效于一个高阻抗的恒流源，其输出阻抗大于 10MΩ，能大大减小因电源电压变动而产生的测温误差。

AD590 的工作电压为 +4~+30V，测温范围是 -55~150℃。对应于热力学温度 T，每变化 1K，输出电流变化 1μA。其输出电流 $I_0(μA)$ 与热力学温度 $T(K)$ 严格成正比。其电流灵敏度表达式为

$$\frac{I}{T} = \frac{3k}{eR}\ln 8 \qquad (4-20-9)$$

式中 k、e 分别为波尔兹曼常数和电子电量，R 是内部集成化电阻。将 $k/e = 0.0862$ mV/K，$R = 538\Omega$ 代入式(4-20-9)中得到

$$\frac{I}{T} = 1.000 \text{ μA/K} \qquad (4-20-10)$$

在 $T = 0(K)$ 时其输出为 273.15 μA(AD590 有几种级别，一般准确度差异在 ±3~5 μA)。

因此，AD590 的输出电流 I_0 的微安数就代表着被测温度的热力学温度值(K)。

AD590 的电流—温度(I - T)特性曲线如图 4 - 20 - 7 所示。

其输出电流表达式为

$$I = AT + B \qquad\qquad (4 - 20 - 11)$$

式中 A 为灵敏度，B 为 0K 时输出电流。

如需显示摄氏温标 t(℃)则要加温标转换电路，其关系式为

$$t = T + 273.15 \qquad\qquad (4 - 20 - 12)$$

AD590 温度传感器其准确度在整个测温范围内 ≤ ±0.5℃，线性极好。利用 AD590 的上述特性，在最简单的应用中，用一个电源、一个电阻、一个数字式电压表即可用于温度的测量。由于 AD590 以热力学温度定标，在摄氏温标应用中，应该进行温标的转换。实验测量电路如图 4 - 20 - 8 所示。

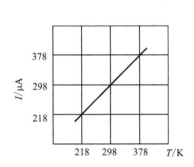

图 4 - 20 - 7　AD590 的电流 - 温度特性曲线

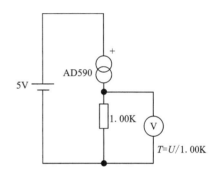

图 4 - 20 - 8　实验测量电路

7. PN 结温度传感器

PN 结温度传感器是利用半导体 PN 结的结电压对温度依赖性，实现对温度检测的，实验证明在一定的电流通过情况下，PN 结的正向电压与温度之间有良好的线性关系。通常将硅三极管 b、c 极短路，用 b、e 极之间的 PN 结作为温度传感器测量温度。硅三极管基极和发射极间正向导通电压 U_{be} 一般约为 600 mV(25℃)，且与温度成反比。线性良好，温度系数约为 -2.3 mV/℃，测温精度较高，测温范围可达 -50 ~ 150℃。缺点是一致性差，互换性差。

通常 PN 结组成二极管的电流 I 和电压 U 满足下式

$$I = I_S [\, \mathrm{e}^{qU/kT} - 1\,] \qquad\qquad (4 - 20 - 13)$$

在常温条件下，且 $\mathrm{e}^{qU/kT} \gg 1$ 时，式(4 - 20 - 13)可近似为

$$I = I_S \mathrm{e}^{qU/kT} \qquad\qquad (4 - 20 - 14)$$

式(4 - 20 - 13)、式(4 - 20 - 14)中，$q = 1.602 \times 10^{-19}$ C 为电子电量；$k = 1.381 \times 10^{-23}$ J/K 为玻尔兹曼常数；T 为热力学温度；I_S 为反向饱和电流。

正向电流保持恒定条件下，PN 结的正向电压 U 和温度 t 近似满足下列线性关系

$$U = Kt + U_{go} \qquad\qquad (4 - 20 - 15)$$

式中，U_{go} 为半导体材料参数，K 为 PN 结的结电压温度系数。

实验测量如图 4 - 20 - 9 所示。

【实验内容】

1. Pt100 铂电阻的温度特性测量

（1）用直流电桥法测量 Pt100 铂电阻的温度特性

插上桥路电源（+2V），将控温传感器 Pt100 铂电阻（A 级），插入干井炉中心井，另一只待测试的 Pt100 铂电阻插入另一井，从室温起开始测试，然后开启加热器，每隔5℃控温系统设置一次，控温稳定2 min 后，调整电阻箱 R_3 使输出电压为零，电桥平衡，则按式（4 - 20 - 1）测量、计算待测 Pt100 铂电阻的阻值（R_1，R_2 用金属膜精密电阻，R_3 用精密电阻箱）。

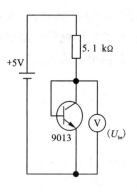

图 4 - 20 - 9　实验测量图

表 4 - 20 - 1　用直流电桥法测 Pt100 铂电阻的温度特性

序号	1	2	3	4	5	6
$t/℃$	室温	30	35	40	45	50
R_x/Ω	30					
R_t/Ω	35					

将测量数据用最小二乘法直线拟合，求出结果。

温度系数 $A =$ _____，相关系数 $r =$ _____。

（2）用恒电流法测量 Pt100 铂电阻的温度特性

插上恒流源，监测 R_1 上电流是否为 1 mA（即 $U_1 = 1.00$ V，$R_1 = 1.00$ kΩ）。将控温传感器 Pt100 铂电阻（A 级），插入干井炉的中心井，另一只待测试的 Pt 100 铂电阻温度传感器插入另一井，从室温起开始测量，然后开启加热器，每隔5℃控温系统设置一次，控温稳定 2 min 后，按式（4 - 20 -2）测量、计算 Pt100 铂电阻的阻值，到50℃止。用最小二乘法直线拟合，求出结果。

表 4 - 20 - 2　用恒电流法测量 Pt100 铂电阻的温度特性

序号	1	2	3	4	5	6
$t/℃$	室温	30	35	40	45	50
R_t/Ω						

温度系数 $A =$ _____，相关系数 $r =$ _____。

2. NTC 热敏电阻的温度特性测量

（1）用直流电桥法测量 NTC 热敏电阻的温度特性

插上桥路电源（+2V），将控温传感器 Pt100 铂电阻（A 级），插入干井炉中心井，另一只待测试的 NTC 1K 热敏电阻插入另一井，从室温起开始测试，然后开启加热器，每隔5℃控温系统设置一次，控温稳定 2 min 后，调整电阻箱 R_3 使输出电压为零，电桥平衡，则按式

(4-20-1)测量、计算待测 NTC 1K 热敏电阻的阻值(R_1，R_2用金属膜精密电阻，R_3用精密电阻箱)。

表 4-20-3　用直流电桥法测量 NTC 热敏电阻的温度特性

序号	1	2	3	4	5	6
$t/℃$	室温	30	35	40	45	50
R_x/Ω	30					
R_t/Ω	35					

将测量数据用最小二乘法直线拟合，求出结果。

温度系数 $B =$ _____，相关系数 $r =$ _____。

(2)用恒电流法测量 NTC 热敏电阻的温度特性

插上恒流源，监测 R_1 上电流是否为 1 mA(即 $U_1 = 1.00V$，$R_1 = 1.00\ k\Omega$)。将控温传感器 Pt100 铂电阻(A 级)，插入干井炉的中心井，另一只待测试的 NTC1K 热敏电阻温度传感器插入另一井，从室温起开始测试，然后开启加热器，每隔 5℃控温系统设置一次，控温稳定 2 min 后按式(4-20-2)测试、计算 NTC 1K 热敏电阻的阻值。

表 4-20-4　用恒电流法测量 NTC 热敏电阻的温度特性

序号	1	2	3	4	5	6
$t/℃$	室温	30	35	40	45	50
R_t/Ω	35					

将测量数据用最小二乘法进行曲线指数回归拟合，求出结果。

温度系数 $B =$ _____，相关系数 $r =$ _____。

3.电压型集成温度传感器(LM35)温度特性的测试

插接好电路，将控温传感器 Pt100 铂电阻(A 级)插入中心孔，开始从环境温度起测量，然后开启加热器，每隔 5℃控温系统设置一次，控温后，恒定 2 min 测试传感器 LM35 的输出电压。

表 4-20-5　电压型集成温度传感器温度特性的测试

序号	1	2	3	4	5	6
$t/℃$	室温	30	35	40	45	50
U_0/V						

得到数据用最小二乘法进行拟合得：$A =$ _____，$r =$ _____。

4. 电流型集成温度传感器(AD590)温度特性的测试(选作)

(1)按面板指示要求插好连接线,并将温度设置为25℃(25℃位置进行 PID 自适应调整,保证达 25℃ ±0.1℃ 的控温精度)。将控温传感器 Pt100 铂电阻插入干井炉中心井,温度传感器 AD590 插入另一干井炉孔中,升温至25℃。温度恒定后测试 1 kΩ 电阻(金属膜精密电阻)上的电压是否为 298.15 mV。(上述实验,环境温度必须低于25℃,AD590 输出电流定标温度为25℃,输出电流为 298.15μA。0℃时则为 273.15μA)

(2)将干井炉温度设置从最低室温起测量,每隔5℃控温系统设置一次,每次待温度稳定 2 min 后,测试 1 kΩ 电阻上电压。

表 4-20-6   电流型集成温度传感器温度特性的测试

序号	1	2	3	4	5	6
$t/℃$	室温	30	35	40	45	50
U/V						
$I/\mu A$						

I 为从 1.000 kΩ 电阻上测得电压换算所得($I = U/R$),用最小二乘法进行直线拟合,求出结果。

$A = $ _____ μA/K, $r = $ _____。

5. PN 结温度传感器温度特性的测试(选作)

将控温传感器 Pt100 铂电阻(A 级),插入干井炉中心井,PN 结温度传感器插入另一个干井炉孔中。按要求插好连线。从室温开始测量,然后开启加热器,每隔 5 ℃控温系统设置温度并进行 PN 结正向导通电压 U_{be} 的测量,得到结果记入表 4-20-7。

表 4-20-7   PN 结温度传感器温度特性的测试

序号	1	2	3	4	5	6
$t/℃$	室温	30	35	40	45	50
U_{be}/V						

用最小二乘法直线拟合,求出结果。$K = $ _____, $r = $ _____。

【注意事项】

(1)温控仪温度达到稳定需要的时间较长,一般需要 15 ~ 20 min 左右,请同学们耐心等待。

(2)鉴于第一点,为节省时间,请同学们合理安排实验步骤。建议同时进行多种传感器的实验,只要把数字电压表分别测量待测传感器输出即可。

【参考资料】

TCF－708 智能控温仪简便操作法

1. 设定加热温度

(1)在正常工作状态下，按 SET 键 0.5 s 进入主控设定状态(SO)；

(2)按上、下三角键增加、减少设定温度至所需设定温度；

(3)按 SET 键 0.5 s 退出主控设定状态。

2. PID 自适应整定

(1)在正常工作状态下，按 SET 键 3 s 进入参数设定区(LOK)；

(2)继续按 SET 键(每次 0.5 s)至自适应整定(AT)；

(3)按上、下三角键至"01"；

(4)按 SET 键 3 s 退出设定状态。

3. UU 控温精度微调

(1)在正常工作状态下，按 SET 键 3 s 进入参数设定区(LOK)；

(2)继续按 SET 键(每次 0.5 s)至控温精度微调(UU)；

(3)按上、下三角键至所需参数(5% ~40%)，按实际控温精度情况选择。

(详细操作请参考原仪器说明书)

实验二十一　不良导体导热系数的测定(稳态法)

【实验目的】

(1)学习一种量热方法——稳态平板法；

(2)学习用物体散热速率求热传导速率的实验方法；

(3)测量不良导体橡皮样品的导热系数。

【实验仪器】

FD－TX－FPZ－Ⅱ型导热系数测定仪，物理天平，热电偶，杜瓦瓶，橡皮样品。

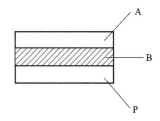

图 4－21－1　平板法测不良导体的导热系数

【实验原理】

1898 年 C. H. Lees 首先使用平板法测量不良导体的导热系数，这是一种稳态法。实验中，样品制成平板状，如图 4-21-1 所示，其上端面与一个稳定的均匀发热体充分接触，下端面与一均匀散热体相接触。由于平板样品 B 的侧面积比平板平面小很多，可以认为热量只沿着上下方向垂直传递，横向由侧面散去的热量可以忽略不计，即可以认为，样品内只有在垂直样品平面的方向上有温度梯度，在同一平面内，各处的温度相同。

设稳态时，样品的上下平面温度分别为 θ_1、θ_2，根据傅立叶传导方程，在 Δt 时间内通过

样品的热量 ΔQ 满足下式

$$\frac{\Delta Q}{\Delta t} = \lambda \frac{\theta_1 - \theta_2}{h_B} S \qquad (4-21-1)$$

式中，λ 为样品的导热系数，h_B 为样品 B 的厚度，S 为样品的平面面积。实验中样品为圆盘状，设圆盘样品的直径为 d_B，则由式（4 – 21 – 1）得

$$\frac{\Delta Q}{\Delta t} = \lambda \frac{\theta_1 - \theta_2}{4h_B} \pi d_B^2 \qquad (4-21-2)$$

实验装置如图 4 – 21 – 2 所示，固定于底座的三个支架上，支撑着一个铜散热盘 P，散热盘 P 可以借助底座内的风扇，达到稳定有效的散热。散热盘上安放面积相同的圆盘样品 B，样品 B 上放置一个圆盘状加热盘 A，其面积也与样品 B 的面积相同。

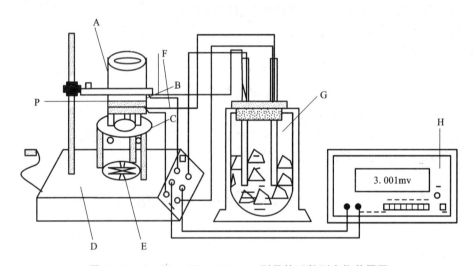

图 4 – 21 – 2　FD – TX – FPZ – Ⅱ型导热系数测定仪装置图

A—带电热板的发热盘；B—样品；C—螺旋头；D—样品支架；E—风扇；F—热电偶；G—杜瓦瓶；H—数字电压表；P—散热盘

当传热达到稳定状态时，样品上下表面的温度 θ_1 和 θ_2 不变，这时可以认为加热盘 A 通过样品传递的热流量与散热盘 P 向周围环境散热量相等。因此可以通过散热盘 P 在稳定温度 θ_2 时的散热速率来求出热流量 $\dfrac{\Delta Q}{\Delta t}$。

方法如下：当测得稳态时的样品上下表面温度 θ_1 和 θ_2 后，将样品 B 抽去，让加热盘 A 与散热盘 P 接触，当散热盘的温度上升到高于稳态时的 θ_2 值 1 mV 左右时，移开加热盘，复上样品，让散热盘在电扇作用下冷却，记录散热盘温度 θ 随时间 t（每隔 30 s）的下降情况，求出散热盘在 θ_2 时的冷却速率 $\left. \dfrac{\Delta \theta}{\Delta t} \right|_{\theta = \theta_2}$，则散热盘 P 在 θ_2 时的散热速率为

$$\frac{\Delta Q}{\Delta t} = mc \left. \frac{\Delta \theta}{\Delta t} \right|_{\theta = \theta_2} \qquad (4-21-3)$$

其中，m 为散热盘 P 的质量，c 为其比热容。

在达到稳态的过程中，P 盘的上表面并未暴露在空气中，而物体的冷却速率与它的散热

表面积成正比,为此,稳态时铜盘 P 的散热速率的表达式应作面积修正

$$\frac{\Delta Q}{\Delta t} = mc \left.\frac{\Delta \theta}{\Delta t}\right|_{\theta=\theta_2} \frac{(\pi R_P^2 + 2\pi R_P h_P)}{(2\pi R_P^2 + 2\pi R_P h_P)} \tag{4-21-4}$$

其中 R_P 为散热盘 P 的半径,h_P 为其厚度。

由式(4-21-2)和式(4-21-4)可得

$$\lambda \frac{\theta_1 - \theta_2}{4h_B} \pi d_B^2 = mc \left.\frac{\Delta \theta}{\Delta t}\right|_{\theta=\theta_2} \frac{(\pi R_P^2 + 2\pi R_P h_P)}{(2\pi R_P^2 + 2\pi R_P h_P)} \tag{4-21-5}$$

所以样品的导热系数 λ 为

$$\lambda = mc \left.\frac{\Delta \theta}{\Delta t}\right|_{\theta=\theta_2} \frac{(R_P + 2h_P)}{(2R_P + 2h_P)} \cdot \frac{4h_B}{(\theta_1 - \theta_2)} \cdot \frac{1}{\pi d_B^2} \tag{4-21-6}$$

【实验装置】

FD - TX - FPZ - Ⅱ型导热系数测定仪装置如图 4 - 21 - 2 所示,它由带电热板的发热盘 A、橡皮样品圆盘 B、铜散热盘 P、螺旋头 C、数字电压表 H、杜瓦瓶 G 及支架 D、风扇 E 组成。

【实验内容】

(1)取下固定螺丝,将橡皮样品放在加热盘与散热盘中间,橡皮样品要求与加热盘、散热盘完全对准;要求上下绝热薄板对准加热盘和散热盘。调节底部的三个微调螺丝,使样品与加热盘、散热盘接触良好,但注意不宜过紧或过松。

(2)按照图 4 - 21 - 2 所示,插好加热盘的电源插头;再将 2 根连接线的一端与机壳相连,另将热电偶插在加热盘和散热盘小孔中,要求热电偶完全插入小孔中,并在热电偶上抹一些硅油,以确保热电偶与加热盘和散热盘接触良好。在安放加热盘和散热盘时,都应与杜瓦瓶在同一侧,以免线路错乱。热电偶冷端插入浸于冰水中的细玻璃管内,管内也应加有适当的硅油。

(3)先将热电板电源电压打在 220V 挡,几分钟后 θ_1 = 4.00 mV 即可将开关拨至 110 mV 挡,待降至 3.5 mV 左右时通过手动调节电热板电压 220 V 挡、110 V 挡及 0 V 挡,使 θ_1 读数在 ±0.03 mV 范围内,同时每隔 2 min 记下样品上下圆盘 A 和 P 的温度 θ_1 和 θ_2 数值,待 θ_2 数值在 10 min 内不变即可认为已达到稳定状态,记下此时的 θ_1 和 θ_2 数值。

(4)取走样品 B,让加热盘 A 与散热盘 P 接触,当散热盘的温度上升到高于稳态时的 θ_2 值 1 mV 左右时,移开加热盘,复上样品,让散热盘在电扇作用下冷却,记录散热盘温度 θ 随时间 t(每隔 30 s)时的下降情况,选取邻近 θ_2 的温度数据,求出散热盘在 θ_2 时的冷却速率 $\left.\frac{\Delta \theta}{\Delta t}\right|_{\theta=\theta_2}$,并作出冷却曲线图。

(5)样品圆盘 B 和散热盘 P 的几何尺寸,可用游标卡尺多次测量(三次)取平均值。散热盘的质量用天平称量。

(6)根据测量得到的稳态时的温度值 θ_1 和 θ_2,以及在温度 θ_2 时的冷却速率,由公式 $\lambda = mc \left.\frac{\Delta \theta}{\Delta t}\right|_{\theta=\theta_2} \frac{(R_P + 2h_P)}{(2R_P + 2h_P)} \cdot \frac{4h_B}{(\theta_1 - \theta_2)} \cdot \frac{1}{\pi d_B^2}$ 计算不良导体样品的导热系数。c 为铜的比热

容，$c_{Cu} = 393 \ J/(kg \cdot ℃)$。

【数据记录及处理】

自拟数据表格记录数据，并按实验内容要求处理数据。

【注意事项】

(1)为了准确测定加热盘和散热盘的温度，实验中应该在电热偶上涂些导热硅油，以使其和加热盘、散热盘充分接触；另外，加热橡皮样品的时候，为达到稳定的传热，调节底部的三个微调螺丝，使样品与加热盘、散热盘紧密接触，注意不要中间有空气隙；也不要将螺丝旋太紧，以影响样品的厚度。

(2)导热系数测定仪铜盘下方的风扇做强迫对流换热用，减小样品侧面与底面的放热比，增加样品内部的温度梯度，从而减小实验误差，所以实验过程中，风扇一定要打开。

【思考题】

(1)应用稳态法是否可以测量良导体的导热系数？如可以，对实验样品有什么要求？实验方法与测不良导体有什么区别？

(2)什么是镜尺法？镜尺法画切线利用了什么原理？

实验二十二　良导体导热系数的测定(稳态法)

热量传输有多种方式，热传导是热量传输的重要方式之一，也是热交换现象三种基本形式(传导、对流、辐射)中的一种。导热系数是反映材料导热性能的重要参数之一，它不仅是评价材料热学特性的依据，也是材料在设计应用时的一个依据。熔炼炉、传热管道、散热器、加热器，以及日常生活中水瓶、冰箱等都要考虑它们的导热程度大小，所以对导热系数的研究和测量就显得很有必要。导热系数大、导热性能好的材料称为良导体；导热系数小、导热性能差的材料称为不良导体。一般来说，金属的导热系数比非金属的要大，固体的导热系数比液体的要大，气体的导热系数最小。因为材料的导热系数不仅随温度、压力变化，而且材料的杂质含量、结构变化都会明显影响导热系数的数值，所以在科学实验和工程技术中对材料的导热系数常用实验的方法测定。测量导热系数的方法大体上可分为稳态法和动态法两类。

本实验介绍一种比较简单的利用稳态法测材料导热系数的实验方法。稳态法是通过热源在样品内部形成一个稳定的温度分布后，用热电偶测出其温度，进而求出物质导热系数的方法。

【实验目的】

（1）掌握稳态法测材料导热系数的方法；

（2）掌握一种用热电转换方式进行温度测量的方法。

【实验仪器】

FD – TX – FPZ – Ⅱ型导热系数测试仪（图4 – 22 – 1）、杜瓦瓶、硬铝样品、游标卡尺等。

【实验原理】

早在 1882 年，法国科学家傅立叶就提出了热传导定律，目前各种测量导热系数的方法都建立在傅立叶热传导定律基础上的。

当物体内部各处温度不均匀时，就会有热量从温度较高处传向较低

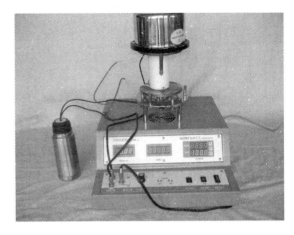

图4 – 22 – 1　FD – TX – FPZ – Ⅱ型导热系数测试仪

处，这种现象称为热传导。热传导定律指出：如果热量是沿着 z 方向传导，那么在 z 轴上任一位置 z_0 处取一个垂直截面积 dS，以 $\dfrac{dT}{dz}$ 表示在 z_0 处的温度梯度，以 $\dfrac{dQ}{dt}$ 表示该处的传热速率（单位时间内通过截面积 dS 的热量），那么热传导定律可表示成

$$dQ = -\lambda \left(\frac{dT}{dz}\right)_{z_0} dS \cdot dt \qquad (4-22-1)$$

式中的负号表示热量从高温区向低温区传导（即热传导的方向与温度梯度的方向相反），比例数 λ 即为导热系数，可见导热系数的物理意义：在温度梯度为一个单位的情况下，单位时间内垂直通过截面单位面积的热量。利用(4 – 22 – 1)式测量材料的导热系数 λ，需解决两个关键的问题：一是如何在材料内造成一个温度梯度 $\dfrac{dT}{dz}$ 并确定其数值；另一是如何测量材料内由高温区向低温区的传热速率 $\dfrac{dQ}{dt}$。

1. 关于温度梯度 $\dfrac{dT}{dz}$

为了在样品内造成一个温度的梯度分布，可以把样品加工成平板状，并把它夹在两块良导体铜板之间，如图4 – 22 – 2，使两块铜板分别保持在恒定温度 T_1 和 T_2，就可能在垂直于样品表面的方向上形成温度的梯度分布。若样品厚度远小于样品直径（$h \ll D$），由于样品侧面积比平板面积小得多，由侧面散去的热量可以忽略不计，可以认为热量是沿垂直于样品平面的方向上传导，即只在此方向上有温度梯度。由于铜是热的良导体，在达到平衡时，可以认为同一铜板各处

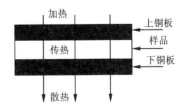

图4 – 22 – 2　传热示意图

的温度相同，样品内同一平行平面上各处的温度也相同。这样只要测出样品的厚度 h 和两块铜板的温度 T_1、T_2，就可以确定样品内的温度梯度 $\dfrac{T_1-T_2}{h}$。当然这需要铜板与样品表面紧密接触无缝隙，否则中间的空气层将产生热阻，使得温度梯度测量不准确。

　　为了保证样品中温度场的分布具有良好的对称性，把样品及两块铜板都加工成等大的圆形。

　　2. 关于传热速率 $\dfrac{\mathrm{d}Q}{\mathrm{d}t}$

单位时间内通过某一截面积的热量 $\dfrac{\mathrm{d}Q}{\mathrm{d}t}$ 是一个无法直接测定的量，我们设法将这个量转化为较容易测量的量。为了维持一个恒定的温度梯度分布，必须不断地给高温侧铜板加热，热量通过样品传到低温侧铜板，低温侧铜板则要将热量不断地向周围环境散出。当加热速率、传热速率与散热速率相等时，系统就达到一个动态平衡，称之为稳态，此时低温侧铜板的散热速率就是样品内的传热速率。这样，只要测量低温侧铜板在稳态温度 T_2 下散热的速率，也就间接测量出了样品内的传热速率。但是，铜板的散热速率也不易测量，还需要进一步作参量转换。我们知道，铜板的散热速率与冷却速率（温度变化率）$\dfrac{\mathrm{d}T}{\mathrm{d}t}$ 有关，其表达式为

$$\frac{\mathrm{d}Q}{\mathrm{d}t}\bigg|_{T_2}=-mc\frac{\mathrm{d}T}{\mathrm{d}t}\bigg|_{T_2} \qquad (4-22-2)$$

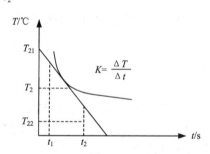

图 4-22-3　散热盘的冷却曲线图

式中的 m 为铜板的质量，c 为铜板的比热容，负号表示热量向低温方向传递。因为质量容易直接测量，c 为常量，这样对铜板的散热速率的测量又转化为对低温侧铜板冷却速率的测量。铜板的冷却速率可以这样测量：在达到稳态后，移去样品，用加热铜板直接对下铜板加热，使其温度高于稳态温度 T_2（大约高出 10℃ 左右），再让其在环境中自然冷却，直到温度低于 T_2，测出温度在大于 T_2 到小于 T_2 区间中随时间的变化关系，描绘出 $T-t$ 曲线（见图 4-22-3），曲线在 T_2 处的斜率就是铜板在稳态温度时 T_2 下的冷却速率。

　　应该注意的是，这样得出的 $\dfrac{\mathrm{d}T}{\mathrm{d}t}$ 是铜板全部表面暴露于空气中的冷却速率，其散热面积为 $2\pi R_\mathrm{P}^2+2\pi R_\mathrm{P}h_\mathrm{P}$（其中 R_P 和 h_P 分别是下铜板的半径和厚度），然而，设样品截面半径为 R，在实验中稳态传热时，铜板的上表面（面积为 πR_P^2）是被样品全部（$R=R_\mathrm{P}$）或部分（$R<R_\mathrm{P}$）覆盖的，由于物体的散热速率与它们的面积成正比，所以稳态时，铜板散热速率的表达式应修正为

　　若 $R=R_\mathrm{P}$，则

$$\frac{\mathrm{d}Q}{\mathrm{d}t}=-mc\frac{\mathrm{d}T}{\mathrm{d}t}\cdot\frac{\pi R_\mathrm{P}^2+2\pi R_\mathrm{P}h_\mathrm{P}}{2\pi R_\mathrm{P}^2+2\pi R_\mathrm{P}h_\mathrm{P}} \qquad (4-22-3)$$

　　若 $R<R_\mathrm{P}$，则

$$\frac{\mathrm{d}Q}{\mathrm{d}t}=-mc\frac{\mathrm{d}T}{\mathrm{d}t}\cdot\frac{2\pi R_\mathrm{P}^2-\pi R^2+2\pi R_\mathrm{P}h_\mathrm{P}}{2\pi R_\mathrm{P}^2+2\pi R_\mathrm{P}h_\mathrm{P}} \qquad (4-22-3')$$

根据前面的分析,这个量就是样品的传热速率。

将式(4-22-3)式(4-22-3′)代入热传导定律表达式,考虑到 $dS = \pi R^2$,可以得到导热系数

$$\lambda = mc\,\frac{2h_P + R_P}{2h_P + 2R_P} \cdot \frac{1}{\pi R^2} \cdot \frac{h}{T_1 - T_2} \cdot \frac{dT}{dt}\Big|_{T=T_2} \qquad (4-22-4)$$

或

$$\lambda = mc\,\frac{2R_P^2 - R^2 + 2R_P h_P}{2R_P^2 + 2R_P h_P} \cdot \frac{1}{\pi R^2} \cdot \frac{h}{T_1 - T_2} \cdot \frac{dT}{dt}\Big|_{T=T_2} \qquad (4-22-4')$$

式中的 R 为样品的半径,h 为样品的高度,m 为下铜板的质量,c 为铜的比热容,R_P 和 h_P 分别是下铜板的半径和厚度。各项均为常量或直接易测量。

本实验选用铜-康铜热电偶测温度,温差为 $100℃$ 时,其温差电动势约为 4.0 mV。由于热电偶冷端浸在冰水中,温度为 $0℃$,当温度变化范围不大时,热电偶的温差电动势 θ(mV)与待测温度 T(℃)的比值是一个常数。因此,在用式(4-22-4)或(4-22-4′)计算时,也可以直接用电动势 θ 代表温度 T。

【实验内容】

1. 手动测量

(1)用游标卡尺测量硬铝样品、下铜盘的几何尺寸,多次测量取平均值。

(2)先放置好待测硬铝样品及下铜盘(散热盘),调节下圆盘托架上的三个微调螺丝,使待测硬铝样品与上、下铜盘接触良好。安置圆筒、圆盘时须使放置热电偶的洞孔与杜瓦瓶在同一侧。热电偶插入铜盘上的小孔时,要抹些硅脂,并插到洞孔底部,使热电偶测温端与铜盘接触良好,热电偶冷端插在杜瓦瓶中的冰水混合物中。

(3)根据稳态法,必须得到稳定的温度分布,这就要等待较长时间,为了提高效率,可先将电源电压打到“高”挡,几分钟后 $\theta_1 = 4.00$ mV 即可将开关拨到“低”挡,通过调节电热板电压“高”、“低”及“断”电挡,使 θ_1 读数在 ±0.03 mV 范围内,同时每隔 30 s 读 θ_2 的数值,如果在 2 min 内样品下表面温度 θ_2 示值不变,即可认为已达到稳定状态。记录稳态时与 θ_1、θ_2 对应的 T_1、T_2 值。

需要强调的是,测样品的导热系数时,T_1、T_2 值为稳态时样品上下两个面的温度,此时散热盘 P 的温度为 T_3。因此测量 P 盘的冷却速率应为 $\dfrac{\Delta T}{\Delta t}\Big|_{T=T_3}$。测 T_3 值时要在 T_1、T_2 达到稳定时,将上面测 T_1 或 T_2 的热电偶移下来进行测量。

(4)移去样品,继续对下铜盘加热,当下铜盘温度比 T_2(对金属样品应为 T_3)高出 $10℃$ 左右时,移去圆筒,让下铜盘所有表面均暴露于空气中,使下铜盘自然冷却,每隔 30 s 读一次下铜盘的温度示值并记录,直到温度下降到 T_2(或 T_3)以下一定值。作铜盘的 $T-t$ 冷却速率曲线,选取邻近 T_2(或 T_3)的测量数据来求出冷却速率。

(5)根据式(4-22-4)或(4-22-4′)计算样品的导热系数 λ。

2. 自动测量(选做)

(1)参数测量与仪器安装,与手动测量中的(1)、(2)内容相同。

(2)将电压选择开关打在(O)位置,设定好上铜盘的加热温度,对上铜盘进行加热。

(3)将信号选通开关打在(I)位置,测量上铜盘的温度。当上铜盘加热到设定温度时,通过调节电热板电压“高”、“低”及“断”电挡,使 θ_1 读数在 ±0.03 mV 范围内,同时每隔 30 s

读 θ_2 的数值, 如果在 2 min 内样品下表面温度 θ_2 示值不变, 即可认为已达到稳定状态。记录稳态时与 θ_1, θ_2 对应的 T_1, T_2 值。若样品为金属, 还应测与 θ_3 对应 T_3。

(4) 移去样品, 继续对下铜盘加热, 当下铜盘温度比 T_2(或 T_3)高出 10℃ 左右时, 移去圆筒, 让下铜盘所有表面均暴露于空气中, 使下铜盘自然冷却。每隔 30 s 读一次下铜盘的温度示值并记录, 直至温度下降到 T_2(或 T_3)以下一定值。作铜盘的 $T-t$ 冷却速率曲线, 选取邻近 T_2(或 T_3)的测量数据来求出冷却速率。

(5) 根据式 (4-22-4) 或 (4-22-4′) 计算样品的导热系数 λ。

(6) 设定不同的加热温度, 测量出不同温度下样品的导热系数 λ。在设定加热温度时, 须高出室温 30℃。

【数据记录及处理】

自拟数据表格记录数据, 并按实验内容要求处理数据。

【注意事项】

(1) 使用前将加热盘与散热盘的表面擦干净, 样品两端面擦净, 可涂上少量硅油, 以保证接触良好。

(2) 加热盘侧面和散热盘侧面, 都有供安插热电偶的小孔, 安放加热盘和散热盘时此二小孔都应与杜瓦瓶在同一侧, 以免线路错乱, 热电偶插入小孔时, 要抹上些硅脂, 并插到洞孔底部, 以保证接触良好, 热电偶冷端浸于冰水混合物中。

(3) 实验过程中, 如若移开加热盘, 应先关闭电源, 移开热圆筒时, 手应拿住固定轴转动, 以免烫伤手。

(4) 不要使样品两端划伤, 以免影响实验的精度。

(5) 数字电压表出现不稳定或加热时数值不变化, 应先检查热电偶及各个环节的接触是否良好。

【思考题】

(1) 测导热系数 λ 要满足哪些条件? 在实验中如何保证?

(2) 测冷却速率时, 为什么要在稳态温度 T_2(或 T_3)附近选值? 如何计算冷却速率?

(3) 讨论本实验的误差因素, 并说明导热系数可能偏小的原因。

实验二十三　薄透镜成像规律的研究

透镜是最常用的一种光学元件, 是构成显微镜、望远镜等光学仪器的基础。反应透镜的主要参数是焦距, 它决定了透镜成像的位置和性质(大小、虚实、倒立)。对于薄透镜测焦距的准确度, 主要取决于透镜光心点(像点)定位的准确度。本实验在光具座上采用几种不同方法分别测定凸、凹 2 种薄透镜的焦距, 以便了解透镜成像规律, 掌握光路调节技术, 比较各种测量方法的优缺点, 为今后使用光学仪器打下良好的基础。

【实验目的】

(1) 了解薄透镜成像的原理及成像规律。

（2）学会光学系统共轴等高调节，了解视差原理的实际应用。

（3）掌握测量薄透镜焦距的几种基本方法，学会用左、右逼近法确定成像最清晰的位置，测量凸透镜和凹透镜的焦距。

（4）能对实验结果进行分析，比较各种测量方法的优缺点。

【实验仪器】

带标尺的光具座一台、光源（带可透光毛玻璃片的白炽灯）、有品字形透光箭头的铁皮屏（物屏）、毛玻璃屏（像屏）、薄凸透镜一块、薄凹透镜一块、平面反射镜一块、二维架或透镜架 5 个、光学元件通用底座和调节支架各 5 个。

【实验原理】

1. 薄透镜成像公式

透镜可分为凸透镜和凹透镜两类。它们对光线的作用分别是会聚和发散。当一束平行于透镜主光轴的光线通过凸透镜后，将会会聚于主光轴上，会聚点 F 称为该凸透镜的焦点，凸透镜光心 O 到焦点 F 的距离称为焦距 f，如图 4－23－1(a)所示。一束平行于主光轴的光线通过凹透镜后将发散。发散光的延长线与主光轴的交点 F 称为该凹透镜的焦点，凹透镜光心 O 到焦点 F 的距离称为凹透镜的焦距 f。如图 4－23－1(b)所示。

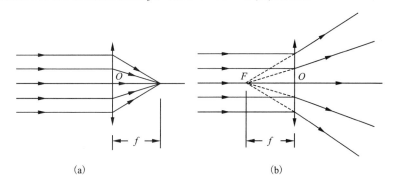

（a）　　　　　　　　　　　　　　（b）

图 4－23－1　透镜

（a）凸透镜；（b）凹透镜

当透镜厚度远远小于其焦距时，这种透镜称为薄透镜。在近轴光线的条件下，薄透镜成像的规律可表示为

$$\frac{1}{u} + \frac{1}{v} = \frac{1}{f} \tag{4-23-1}$$

式中 u 为物距，v 为像距，f 为透镜的焦距。u、v 和 f 均从透镜的光心 O 算起。物距 u 恒取正值，像距 v 的正负由像的实虚来确定。实像时，v 为正；虚像时，v 为负。凸透镜的焦距恒取正值。凹透镜的焦距恒取负值。

2. 凸透镜焦距的测量原理

测量凸透镜焦距可使用三种方法：

（1）自准法（平面镜法）

如图 4－23－2 所示，若物体 AB 处于凸透镜的前焦平面时，物体上各点发出的光线通过凸透镜将变为平行光。此时，物距 u 即等于透镜焦距 f。若用与主光轴垂直的平面镜将平行光反射回去，再经透镜会聚后将成为一个大小与物体相同的倒立实像 $A'B'$，$A'B'$ 也必定位于原物所处的前焦平面上。测出物体与透镜的距离，即为该透镜的焦距。

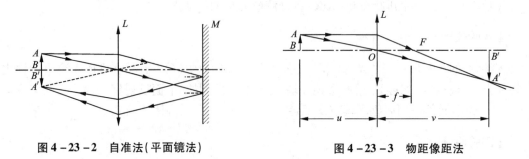

图 4-23-2　自准法(平面镜法)　　　　　　　图 4-23-3　物距像距法

（2）物距像距法

如图 4-23-3 所示，当物体 AB 在有限距离时，物体发出的光线经过凸透镜折射后，将成像在透镜的另一侧，测出物距 u 和像距 v 后，代入公式 $\dfrac{1}{u} + \dfrac{1}{v} = \dfrac{1}{f}$ 即可算出透镜的焦距

$$f = \frac{uv}{u+v} \tag{4-23-2}$$

（3）共轭法（二次成像法）

如图 4-23-4 所示，设物与像屏间距离为 S，且 $S > 4f$，并保持不变，移动透镜位置，当透镜在 O_1 处时，屏上可获得放大的清晰的实像 A_1B_1，当透镜在 O_2 处时，屏上又获得一个缩小的清晰的实像 A_2B_2。若 O_1 与 O_2 之间的距离为 d，由公式 $\dfrac{1}{u} + \dfrac{1}{v} = \dfrac{1}{f}$ 可以导出该透镜的焦距为

$$f = \frac{S^2 - d^2}{4S} \tag{4-23-3}$$

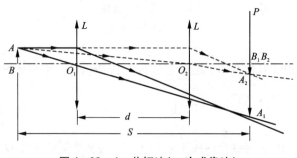

图 4-23-4　共轭法(二次成像法)

3. 凹透镜焦距的测量原理

（1）物距像距法

凹透镜是发散透镜，它形成的像是虚像，不能在像屏上成像，因此测量凹透镜的焦距时，需要借助凸透镜。

如图 4－23－5 所示，从物体 AB 发出的光线经凸透镜 L_1 折射后成像于 A_1B_1，若凸透镜和像 A_1B_1 之间插入一个焦距为 f 的凹透镜 L_2，且 O_2B_1 小于凹透镜的焦距 f，则凸透镜所成的像可看作是凹透镜的虚物。由凹透镜的光路图可知，在凹透镜焦距内的虚物将形成实像 A_2B_2。根据光路的可逆性，如果将物置于 A_2B_2，经凹透镜 L_2 折射后，必定在 A_1B_1 处成虚像，这时物距 $u = O_2B_2$，像距 $v = O_2B_1$，而凹透镜的焦距 f 为负值，由公式 $\dfrac{1}{u} + \dfrac{1}{v} = \dfrac{1}{f}$ 可以导出该透镜的焦距为

$$f = \frac{uv}{u - v} \qquad\qquad (4-23-4)$$

（2）自准法（平面镜法）

如图 4－23－6 所示，将物点 A 放在凸透镜 L_1 的主光轴上，成像于 A' 点。若在 L_1 和 A' 之间插入待测的凹透镜 L_2 和平面反射镜 M，使 L_2 的光心 O_2 与 L_1 的光心 O_1 在同一轴线上，调节 L_2，使由平面镜 M 反射回去的光线经 L_2、L_1 折射后，仍成像在 A 点，此时，从凹透镜射到平面镜上的光将是一束平行光，A' 点就成为由平面镜 M 反射回去的平行光束的虚焦点，即为凹透镜 L_2 的焦点。

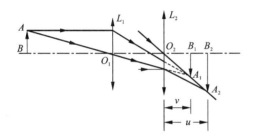

图 4－23－5 物距像距法

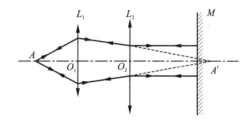

图 4－23－6 自准法（平面镜法）

【实验内容】

1. 光学系统的共轴等高调节

先利用水平尺将光具座导轨在实验桌上调节成水平，然后进行各光学元件同轴等高的粗调和细调，直到各光学元件的光轴共轴，并与光具座导轨平行为止。

（1）粗调

在光具座上按图 4－23－7 所示放置品字形箭矢物、凸透镜、凹透镜、平面镜、白屏等光学元件，使它们尽量靠拢，用眼睛观察，进行粗调（升降调节、水平位移调节），使各元件的中心大致在与导轨平行的同一直线上，并垂直于光具座导轨。

（2）细调

利用透镜二次成像法来判断是否共轴，并进一步调至共轴。当物屏与像屏距离大于 $4f$ 时，沿光轴移动凸透镜，将会成两次大小不同的实像。若两个像的中心重合，表示已经共轴；若不重合，以小像的中心位置为参考（可作一记号），调节透镜（或物，一般调透镜）的高低或水平位移，使大像中心与小像的中心完全重合，调节技巧为大像追小像，如图 4－23－8 所示。

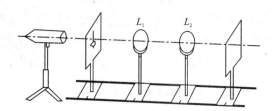

图 4 - 23 - 7　测量薄透镜焦距实验仪器组成图

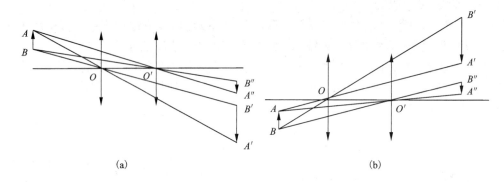

(a)　　　　　　　　　　　　　　　　　(b)

图 4 - 23 - 8　物与主光轴的关系

(a)物偏高于主光轴；(b)物低于主光轴

　　图 4 - 23 - 8(a)表明透镜位置偏低(或物偏高)，这时应将透镜升高(或把物降低)。而在图 4 - 23 - 8(b)情况，应将透镜降低(或将物升高)。水平调节类似于上述情形。

　　当有两个透镜需要调整(如测凹透镜焦距)时，必须逐个进行上述调整，即先将一个透镜(凸)调好，记住像中心在屏上的位置，然后加上另一透镜(凹)，再次观察成像的情况，对后一个透镜的位置上下、左右的调整，直至像中心仍旧保持在第一次成像时的中心位置上。注意，已调至同轴等高状态的透镜在后续的调整、测量中绝对不允许再变动。

　　2.凸透镜焦距的测量

　　(1)自准法

　　在调好的光学系统中，用平面镜替换像屏(如图 4 - 23 - 2 所示)，然后改变凸透镜至狭缝(像屏)的距离，直至在狭缝旁出现一明亮、清晰的狭缝像时停止。测出狭缝到透镜的距离，即为凸透镜的焦距，测量 5 次，求平均值。将数据填入表 4 - 23 - 1 中，并计算误差。

　　(2)物距像距法

　　取三种不同的物距：$u > 2f$，$2f > u > f$ 及 $u = 2f$(凸透镜的焦距已由自准法测出)，分别测出相应的像距 v，根据式(4 - 23 - 1)计算出透镜的焦距 f，并求出平均值。将数据记入表 4 - 23 - 2中并计算误差。测量时，应注意观察像的特点(大小、取向等)，分别画出光路图，并作出说明。

　　(3)共轭法

　　如图 4 - 23 - 4 所示，使狭缝与像屏间距 $S > 4f$。移动透镜 L，获得放大和缩小的两次清晰的像,记下两次成像时透镜的位置,测出 O_1、O_2 之间的距离 d,改变狭缝与像屏的距离 S,取三个不同的 S 值,得到相应的 d 值,分别由式(4-23-3)求出 f 值,并求其平均值。将数据填入表 4-23-3 中,并计算误差。注意:间距 S 不要取的太大,否则将使一个像缩小的很小,以致难以确定凸透镜在哪一个位置上成像最清晰。

3. 凹透镜焦距的测量

(1)物距像距法

①在光具座上按图 4-23-5 所示放置物屏、凸透镜 L_1、凹透镜 L_2 和像屏。照亮物屏并调整各器件至同轴等高。

②移去凹透镜,调节凸透镜和像屏的位置,使像屏上得到一个清晰的、缩小倒立的实像,固定 L_1,记下像屏的位置 B_1。

③在像屏和 L_1 之间插入凹透镜 L_2,移动像屏直至重新获得清晰的像,记下 L_2 的位置 O_2 和此时像屏的位置 B_2。

④用 $u=O_2B_2$,$v=O_2B_1$ 代入式(4-23-4),计算凹透镜的焦距 f。

⑤改变 L_1 的位置,重复②到④步骤,再测一次 f,求平均值。将数据填入表 4-23-4 中,并计算误差。

(2)自准法

①将物屏上的狭缝调整在透镜 L_1 的主光轴上,如图 4-23-6 所示。移动 L_1 使在像屏上获得清晰的像。固定 L_1 并记下像屏的位置 A'。

②用平面镜替换像屏,并在 L_1 和平面镜之间插入凹透镜 L_2。移动 L_2 和平面镜,直至物屏上得到清晰的像为止。记下 L_2 的位置 O_2,则凹透镜的焦距 $f=O_2A'$。

③改变 L_1 位置,再测一次 f,求平均值。数据填入表 4-23-5 中,并计算误差。

【注意事项】

(1)不能用手摸透镜的光学面。

(2)透镜不用时,应将其放在光具座的另一端,不能放在桌面上,避免摔坏。

(3)区分物光经凸透镜内表面和平面镜反射后所成的像,前者不随平面镜转动而后者移动。

(4)由于人眼对成像的清晰度分辨能力有限,所以观察到的像在一定范围内都清晰,加之球差的影响,清晰成像位置会偏离高斯像。为使两者接近,减小误差,记录数值时应使用左右逼近的方法。

(5)物距像距法测凹透镜焦距时不能找到像最清晰的位置,可能是:

①辅助凸透镜产生的像是放大的实像。

②辅助凸透镜与物的距离远大于凸透镜的二倍焦距。

(6)三种方法测量凸透镜的焦距,从理论上讲共轭法误差最小、物像法次之、自准法误差最大,但自准法测量最简单,常用做粗测。物像法测量时,物距和像距相等时,误差最小;共轭法则在 D、L 较大,$D-L$ 较小时,误差小,如 $D=5f$。

【数据记录及处理】

1. 用自准法测凸透镜的焦距

表 4 – 23 – 1　数据记录表一

次　　数	1	2	3	4	5	平均
物屏位置 I（cm）						—
透镜位置 II（cm）						—
$f = \mid I - II \mid$（cm）						
u_A（cm）						

误差计算：　$f = \bar{f} \pm u_{\bar{f}} =$ 　　　　　　　　（其中 $u_B = \dfrac{1}{\sqrt{3}}$ mm）

$$E_r = \frac{u_{\bar{f}}}{f} \times 100\% =$$

2. 物距像距法测凸透镜焦距

表 4 – 23 – 2　数据记录表二

次　　数	$f < u < 2f$	$u = 2f$	$u > 2f$	平　　均
物屏位置 x_1（cm）				—
像屏位置 x_2（cm）				—
透镜位置 x（cm）				—
$u = \mid x - x_1 \mid$（cm）				
$v = \mid x - x_2 \mid$（cm）				
$f = \dfrac{uv}{u + v}$（cm）				
u_A（cm）				

误差计算：　$f = \bar{f} \pm u_{\bar{f}} =$ 　　　　　　　　（其中 $u_B = \dfrac{1}{\sqrt{3}}$ mm）

$$E_r = \frac{u_{\bar{f}}}{f} \times 100\% =$$

3. 共轭法测凸透镜焦距

表 4 – 23 – 3 数据记录表三

次　　数	1	2	3	平　均
物屏位置 I（cm）				
第一次成像位置 II（cm）				
第二次成像位置 III（cm）				
像屏位置 IV（cm）				
$S = \mid IV - I \mid$（cm）				
$d = \mid III - II \mid$（cm）				
$f = \dfrac{S^2 - d^2}{4S}$（cm）				
u_A（cm）				

误差计算： $f = \overline{f} \pm u_{\overline{f}} =$ 　　　　　　（其中 $u_B = \dfrac{1}{\sqrt{3}}$ mm）

$$E_r = \frac{u_{\overline{f}}}{f} \times 100\% =$$

4. 用物距像距法测凹透镜焦距

表 4 – 23 – 4 数据记录表四

次　　数	1	2	3	平　均
虚物位置 x_1（cm）				
实像位置 x_2（cm）				
凹透镜位置 x（cm）				
$u = \mid x - x_1 \mid$（cm）				
$v = \mid x - x_2 \mid$（cm）				
$f = \dfrac{uv}{u - v}$（cm）				
u_A（cm）				

误差计算： $f = \overline{f} \pm u_{\overline{f}} =$ 　　　　　　（其中 $u_B = \dfrac{1}{\sqrt{3}}$ mm）

$$E_r = \frac{u_{\overline{f}}}{f} \times 100\% =$$

5. 用自准法测凹透镜焦距

表 4 - 23 - 5　数据记录表五

次　　数	1	2	3	平　均
虚物位置 x_1(cm)				
透镜位置 x_2(cm)				
$f = \|x_1 - x_2\|$(cm)				
u_A(cm)				

误差计算：　$f = \bar{f} \pm u_{\bar{f}} =$ 　　　　　　（其中 $u_B = \dfrac{1}{\sqrt{3}}$ mm）

$$E_r = \frac{u_{\bar{f}}}{f} \times 100\% =$$

【思考题】

(1)共轭法测凸透镜焦距时的成像条件是什么？此法有何优点？

(2)实验室用物距像距法测凹透镜焦距的成像条件是什么？

(3)(选做)如果凸透镜的焦距大于光具座长度，请设计一个实验方案能在光具座上测量该透镜的焦距(要求简述实验原理、器材、操作方法与步骤，计算公式及注意事项)

(4)分析凸透镜焦距的几种测量方法中哪种方法更为准确，如何减小实验中的系统误差？

(5)讨论凹透镜与凸透镜对虚物成像的各种情况。

实验二十四　杨氏双缝干涉实验

杨氏双缝干涉实验是在光学发展史上有重要的意义的实验之一。历史上，关于光的本性的认识不是一帆风顺的。最初，以牛顿为代表的一些科学家认为"光是粒子"，这个粒子是像乒乓球一样的实体颗粒，用这一模型可以很好解释光的反射和折射现象。然而，以惠更斯、菲涅耳等为代表的一些科学家则认为"光是波"不是粒子，惠更斯提出子波原理(子波原理——波阵面上的每一点都可以看作是新的子波源，每个子波源都可以独立发出球面波，新的波前是各子波的包络面。)。惠更斯原理也可以很好地解释光的反射和折射现象，可是，更重要的是要说明光是波，就需要观测到光的干涉和衍射现象，由于光的波长很短(与机械波相比)和光源发光的特殊机制使得要想获得光的干涉和衍射现象不那么容易。英国科学家托马斯·杨巧妙地设计了双缝实验，观察到了光的干涉现象，有力地支持了惠更斯等人的观点，从此，光的波动理论成为主流。在二十世纪初，光电效应的发现使得光的波动理论遇到极大的困难，以爱因斯坦为代表的科学家用光量子理论，成功解释光电效应。光量子理论认为光是一份份的能量子，每个光子的能量为 $E = h\nu$，至此，光又体现出了它的"粒子性"，只不过，这个粒子与牛顿所说的"粒子"有根本的不同。随着近代物理学的发展，人们对光的本性有了明晰的认识:光是波动性和粒子性的矛盾统一体，具有波粒二象性。

【实验目的】

（1）了解产生光的干涉的条件和杨氏实验的设计原理。

（2）使学生掌握在双缝干涉实验中产生亮条纹和暗条纹的条件，并了解其有关计算。

（3）观察杨氏双缝干涉图样，了解双缝间距变化引起衍射图样变化的规律。

（4）利用双缝干涉现象测量双缝间距，学习另外一种微小尺度的测量方法。

（5）了解激光的产生机理以及激光的几个重要特性。

【实验仪器】

半导体激光器、双缝、延伸架、测微目镜、二维平移底座 3 个、升降调节座 2 个、透镜 L_1、二维架、可调狭缝 S、透镜架、透镜 L_2、双棱镜调节架。光具座及附件示意图如图 4 - 24 - 1、图 4 - 24 - 2、图 4 - 24 - 3 所示。

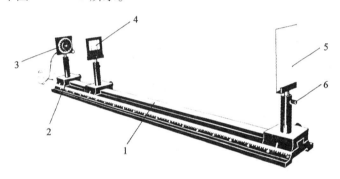

图 4 - 24 - 1　光具座及附件示意图

1—导轨；2—滑块；3—半导体激光器；4—双缝架；5—屏；6—锁紧螺钉

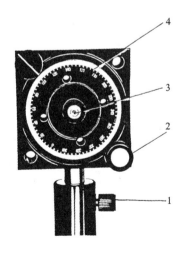

图 4 - 24 - 2　半导体激光器

1—锁紧螺钉；2—激光方向微调旋钮；
3—激光头；4—激光方向微调读数转盘

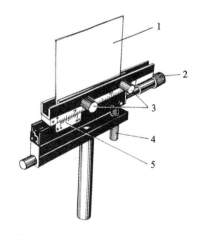

图 4 - 24 - 3　十分度游标读数屏支架

1—屏；2—游标移动旋钮；3—屏锁紧旋钮；
4—屏倾斜度调节旋钮；5—游标读数尺

【实验原理】

1. 双缝干涉原理

（1）相干条件

空间两列波在相遇处要发生干涉现象，这两列波必须满足以下三条相干条件：①振动方向相同；②频率相同；③相位差恒定。使用激光光源相干条件很容易满足。

（2）干涉原理

杨氏双缝干涉属分波阵面干涉，其相干光路图见图 4-22-4。激光器产生波长 λ 的激光入射双缝，双缝间距为 a，屏到双缝的距离为 D，由惠更斯原理 A、B 两狭缝可以看作是两个子波源，因 A、B 两个子波是从同一波阵面上分出的，故是相干波。A、B 两个子波分别经光程 r_1 和 r_2 在屏上 P 点相遇，a 很小，所以两列波的光程差近似为

$$\delta = (r_2 - r_1) = a\sin\theta \qquad (4-24-1)$$

由于时间相干性的要求，使得 θ 是一个小量，由图 4-24-4 中几何关系可以看出

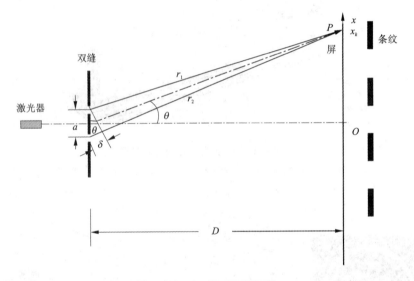

图 4-24-4　杨氏双缝干涉

$$\sin\theta \approx \theta \approx \tan\theta = \frac{x_k}{D} \qquad (4-24-2)$$

这样

$$\delta = a\sin\theta = a\frac{x_k}{D} \qquad (4-24-3)$$

所以，由干涉理论可知 P 点干涉结果为

$$\delta = a\sin\theta = a\frac{x_k}{D} = \begin{cases} \pm 2k\dfrac{\lambda}{2} & \text{干涉相长}(k=0,1,2,\cdots) \\[2mm] \pm(2k+1)\dfrac{\lambda}{2} & \text{干涉相消}(k=0,1,2,\cdots) \end{cases} \qquad (4-24-4)$$

故以屏上 0 级明纹中心为原点，第 k 级明（暗）条纹中心所在屏上的位置为

$$x_k = \begin{cases} \pm \dfrac{D}{a} k\lambda & \text{第 } k \text{ 级明条纹位置}(k = 0,1,2,\cdots) \\[2mm] \pm \dfrac{D}{a}(2k+1)\dfrac{\lambda}{2} & \text{第 } k \text{ 级暗条纹位置}(k = 0,1,2,\cdots) \end{cases} \qquad (4-24-5)$$

由(4-24-5)式可知,各级明暗条纹宽度为

$$l = \frac{D\lambda}{a} \qquad\qquad\qquad (4-24-6)$$

在屏上呈现出双缝的干涉花样,它是一组平行于双缝的明暗相间的等间隔的直条纹。

若用已知波长 λ 的单色光入射双缝,由(4-24-5)式可知,在屏上读出 0 级明纹中心的位置 x_0 和第 $k(k>1)$ 级明条纹中心所在屏上的位置 x_k,和双缝到屏之间的距离 D,就可测得双缝的间距 a。

$$a = \frac{D}{|x_k - x_0|} k\lambda \qquad (k = 1,2,\cdots) \qquad\qquad (4-24-7)$$

(4-24-7)式就是本实验的测量公式。

(3)缺级现象

如果双缝间距与双缝的缝宽(见图 4-24-5)成整数比,即 $a:b = n:m$,n,m 均为正数,此时,双缝干涉的第 n 级明条纹的位置恰好是单缝衍射的第 m 级暗条纹位置,这样,双缝干涉的第 n 级明条纹将缺失,这个位置变为暗条纹,这就是缺级现象。我们的实验中,由于每个双缝的缝间距 a 与缝宽 b 的比例不完全是整数比但很接近某一整数比,所

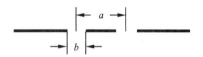

图 4-24-5 双缝间距与缝宽示意图

以,缺级的位置不是全暗而是有一定的亮度,但亮度很低。在实验时要注意观察。

缺级时双缝干涉的第 n 级明条纹的位置满足 $a\sin\theta = n\lambda$,单缝衍射的第 m 级暗条纹位置满足 $b\sin\theta = m\lambda$,若 $a:b = 2:1$,则第 2,4,6,$\cdots$级缺失;若 $a:b = 3:1$,则第 3,6,9,$\cdots$级缺失。

2.激光原理

激光是 20 世纪 60 年代初发展起来的一门新兴技术。

(1)自发辐射和受激辐射

自发辐射是原子在没有外界干预的情况下,电子会由处于激发态的高能级自动跃迁至低能级从而引起的光辐射,普通光源的发光均为自发辐射。

受激辐射是当原子中的电子处于高能级,若外来光子的频率恰好满足高低能级之差与普朗克常数之比时,处于高能级的电子将在外来光子的诱发下向低能级跃迁,并发出与外来光子一样特征的光子,这就是受激辐射。实验表明,受激辐射产生的光子与外来光子具有相同的频率、相位和偏振方向。在受激辐射中,通过一个光子的作用,可以产生两个特征完全相同的光子,如果这两个光子再引起其它原子产生受激辐射,就能得到更多的特征完全相同的光子,这个现象称为光放大。可见,在受激辐射中,各原子所发出的光同频率、同相位和同偏振态,所以,受激辐射得到的放大了的光是相干光,称为激光。

(2)激光原理

①粒子数反转。通常情况下,就热平衡的物质而言,处于低能级的电子数较处于高能级的电子数要多得多,这也是系统稳定性的要求。所以,统计地看,在通常情况下,光通过物

质时，光吸收的概率要远大于光受激辐射的概率，从宏观来看，物质表现出来的是光吸收。看来，要想实现受激辐射，首先要使物质中处于高能级的电子数大于处于低能级的电子数，即实现粒子数反转，然而，这是不容易做到的。因为处于高能态的系统是不稳定的。1951 年美国物理学家汤斯(C. H. Townes)和他的研究小组实现了氨分子的粒子数反转，而且研制出第一台激光器，1960 年 9 月，美国物理学家梅曼(T. H. Maiman)研制成世界上第一台红宝石固体激光器。

②光学谐振腔。仅仅使工作物质处于粒子数反转分布，产生光放大，虽可得到激光，但此时的激光寿命比较短、强度也很弱，没有实用价值。为了获得有一定寿命和强度的激光，还必须加上一个光学谐振腔。图 4 – 24 – 6 是一个光学谐振腔的示意图。这是一个最简单的光学谐振腔，它是由两个放置在工作物质两边的平面反射镜组成的，这两个反射镜严格平行，其中一个是全反射镜，另一个是部分透光的反射镜。光在粒子数反转的工作物质中传播时，得到光放大，当光到达反射镜时，又反射回来穿过工作物质，进一步得到光放大。这样往返地传播，使得谐振腔内的光子数目不断增加，从而获得很强的光。这种现象就是光振荡。当光放大与光损耗作用达到平衡时，就形成稳定的光振荡。此时，从部分透光的反射镜透射出来的光很强，这时就输出激光。此外，在谐振腔中，受激辐射的光可以向不同方向传播。但凡是不沿谐振腔轴线传播的光，都将从腔内逸出，只有沿谐振腔轴线传播的光才能从部分透光的反射镜射出。所以激光的方向性好。再则，光在谐振腔内传播时形成以反射镜为节点的驻波，由驻波条件可得，加强的光必须满足

$$l = k\frac{\lambda}{2}$$

式中：l 为谐振腔的长度，λ 为光的波长，k 是正整数。波长不满足上述条件的光会很快减弱而被淘汰。所以，谐振腔又起到选频的作用，使得输出的激光频率宽度很窄，即激光的单色性好。

(3)激光的特性

①方向性好；②单色性好；③能量集中；④相干性好。

(4)激光器的分类

按照工作物质来分，可分为气体激光器(如氦氖气体激光器)、固体激光器(如红宝石激光器)、半导体激光器(如本实验用到的就是半导体激光器，其输出激光波长为 650 nm(1nm $= 10^{-9}$ m)，工作直流电压为 3 V)、液体激光器等。按激光输出方式可分为连续输出激光器和脉冲输出激光器等。

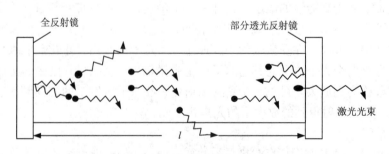

图 4 – 24 – 6　光学谐振腔示意图

【实验内容】

1. 观察杨氏双缝干涉

将半导体激光器电源接通，半导体激光器和双缝通过滑块和支架放置于光具座上，并且调节双缝高度使激光与双缝共轴，注意激光器与双缝间距不宜过大，应保持在 20 cm 以内。为使干涉条纹分得开，看到明显的干涉现象，屏与双缝的间距应尽量大些。旋转屏上游标移动旋钮，使屏上条纹关于屏中央对称分布。换用不同间距的双缝，观察屏上干涉图样的变化，试解释其变化的原因。

2. 测量最窄双缝间距 a

(1) 调节双缝架和激光器，使得屏上产生最窄双缝的干涉条纹，将双缝支架滑块和屏支架滑块锁死在光具座导轨上，读出屏与双缝的距离 D。

(2) 旋转屏上游标移动旋钮，使中央明条纹中心与屏上中央刻线重合。从游标上读取此时的 0 级明纹中心位置 x_0，记录在数据表 4 – 24 – 1 中。

(3) 移动游标，依次将中央刻线与中央明纹某一侧的 1、2、3、4、5 级明纹中心重合，分别读取相应的位置 x_1、x_2、x_3、x_4、x_5，记录在数据表 4 – 24 – 1 中。注意，过程中若有缺级现象，应将其跳过，而读下一级明纹中心位置坐标，级数 k 应与其对应。比如，第 3 级缺级，则应读 1，2，4，5，7 级明纹中心位置坐标。如因高级明纹亮度偏低而不能读数时，可适当减少测量条纹数。

【数据记录及处理】

表 4 – 24 – 1 0 级明纹中心及各级明纹中心位置数据记录表

$\lambda = 650.00\text{nm}$；$u(\lambda) = 0.50\text{nm}$；$D = $ _____ cm					
x_0/cm	x_1/cm	x_2/cm	x_3/cm	x_4/cm	x_5/cm
——	$\lvert x_1 - x_0 \rvert$	$\lvert x_2 - x_0 \rvert$	$\lvert x_3 - x_0 \rvert$	$\lvert x_4 - x_0 \rvert$	$\lvert x_5 - x_0 \rvert$
——					

由 (4 – 24 – 7) 式，双缝间距为

$$a_i = \frac{Di\lambda}{\lvert x_i - x_0 \rvert} \qquad (i = 1, 2, 3, 4, 5)$$

$$\bar{a} = \frac{1}{5} \sum_{i=1}^{5} a_i$$

因 x_i 与 x_0 的不确定度相同，所以 a_i 的相对不确定度传播率为

$$\frac{u(a_i)}{a_i} = \sqrt{\left(\frac{u(D)}{D} \right)^2 + \left(\frac{u(\lambda)}{\lambda} \right)^2 + 2\left(\frac{u(x_i)}{x_i - x_0} \right)^2}$$

$\bar{a}$ 的不确定度为

$$u(\bar{a}) = \frac{1}{5} \sqrt{\sum_{i=1}^{5} u^2(a_i)}$$

【注意事项】

（1）不要正对着激光束观察，以免损坏眼睛。

（2）半导体激光器工作电压为直流电压 3 V，应用专用 220 V/3V 直流电源工作（该电源可避免接通电源瞬间电感效应产生高电压的功能），以延长半导体激光器的工作寿命。

【思考题】

（1）如果实验中测量出某一条条纹的宽度，测量公式该如何改写？

（2）如果是白光入射单缝，将会看到怎样的条纹？

（3）如果将整个装置放入水中，测量公式如何变化？

实验二十五　偏振现象的观测与分析

光的波动形式在空间传播属于电磁波，它的电矢量 E 与磁矢量 H 相互垂直。E 和 H 均垂直于光的传播方向，故光波是横波。实验证明光效应主要由电场引起，所以电矢量 E 的方向定为光的振动方向。

偏振光的理论意义和价值就在于证明了光是横波。同时，偏振光在很多技术领域得到了广泛的应用。如偏振现象应用在摄影技术中可大大减小反射光的影响，利用电光效应制作电光开关等。

【实验目的】

（1）通过观察光的偏振现象，加深对光波传播规律的认识。

（2）掌握产生与检验偏振光的原理和方法。

（3）观察布儒斯特角及测定玻璃折射率。

（4）了解产生与检验偏振光的元件及仪器，观测圆偏振光和椭圆偏振光。

【实验仪器】

光具座、硅光电池、He－Ne 激光器、光点检流计、起偏器、检偏器、1/4 波片、1/2 波片、光电转换器、观测布儒斯特角装置、带小孔光屏、钠光灯。

【实验原理】

按照光的电磁理论，光波就是电磁波，电磁波是横波，所以光波也是横波。在大多数情况下，电磁辐射同物质相互作用时，起主要作用的是电场，因此常以电矢量作为光波的振动矢量。其振动方向相对于传播方向的一种空间取向称为偏振，光的这种偏振现象是横波的特征。

根据偏振的概念，如果若电矢量在某一确定的方向上最强，且各向的电振动无固定相位关系，则称为偏振光。

1. 偏振光的种类

光是电磁波，光的偏振现象表明光是一种横波，即电磁振动方向与光的传播方向垂直。

光作为电磁波,光波中含有电振动矢量 和磁振动矢量,就光与物质的相互作用而言,起主要作用的是电矢量,通常称电矢量 为光矢量。并将光矢量和光的传播方向所构成的平面称为光的振动面。根据光矢量的振动状态,可以把光分为五种偏振态,结合图4-25-1认识下面几种偏振态的概念:

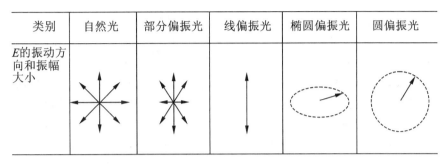

类别	自然光	部分偏振光	线偏振光	椭圆偏振光	圆偏振光
E的振动方向和振幅大小					

图4-25-1 光的五种偏振态

(1)自然光:如果在垂直于光的传播方向的平面内,光矢量的振动方向是无规则地变化着的,且发生在各个方向的概率均等,即各个方向的平均振幅相等,称此种光为自然光。

(2)部分偏振光:如果某些方向光矢量的平均振幅较大,某些方向光矢量的平均振幅较小,则称为部分偏振光。

(3)线偏振光:如果光矢量沿着一个固定方向振动,则称此种光为线偏振光或称平面偏振光。

(4)椭圆偏振光:光矢量的大小和方向都作规则的变化,在垂直于光的传播方向的平面内,光矢量的矢端运动轨迹是椭圆,称此种光为椭圆偏振光。

(5)圆偏振光:当椭圆偏振光中光矢量的大小不变,只是方向作规则的变化,光矢量的矢端运动轨迹是圆,称此种光为圆偏振光。

2.获得偏振光的方法

(1)非金属镜面的反射。当自然光从空气照射在折射率为n的非金属镜面(如玻璃、水等)上,反射光与折射光都将成为部分偏振光。当入射角增大到某一特定值ϕ_0时,镜面反射光成为完全偏振光,其振动面垂直于入射面,这时入射角ϕ_0称为布儒斯特角,也称起偏角,由布儒斯特定律得:

$$\tan\phi_0 = n \tag{4-25-1}$$

其中,n为折射率。

(2)多层玻璃片的折射。当自然光以布儒斯特角入射到叠在一起的多层平行玻璃片上时,经过多次反射后透过的光就近似于线偏振光,其振动在入射面内。

(3)晶体双折射产生的寻常光(o光)和非常光(e光),均为线偏振光。

(4)用偏振片可以得到一定程度的线偏振光。

3.偏振片、波片及其作用

(1)偏振片

偏振片是利用某些有机化合物晶体的二向色性,将其渗入透明塑料薄膜中,经定向拉制而成的。它能吸收某一方向振动的光,而透过与此垂直方向振动的光,由于在应用时起的作用不同而叫法不同,用来产生偏振光的偏振片叫做起偏器,用来检验偏振光的偏振片叫做检偏器。

　　按照马-吕斯定律,强度为 I_0 的线偏振光通过检偏器后,透射光的强度为:

$$I = I_0 \cos^2 \theta \qquad (4-25-2)$$

式中 θ 为入射偏振光的偏振方向与检偏器的偏振化方向之间的夹角,显然当以光线传播方向为轴转动检偏器时,透射光强度 I 发生周期性变化。当 $\theta = 0°$ 时,透射光强最大;当 $\theta = 90°$ 时,透射光强为极小值(消光状态);当 $0° < \theta < 90°$ 时,透射光强介于最大和最小之间。

　　自然光通过起偏器后可变为线偏振光,线偏振光振动方向与起偏器的透光轴方向一致。因此,如果检偏器的透光轴与起偏器的透光轴平行,则在检偏器后面可看到一定光强的光,如果二者垂直时,则无光透过,如图 4-25-2 所示。其中图(a)为起偏器透光轴 P_1 与检偏器透光轴 P_2 平行的情况;图(b)为起偏器透光轴 P_1 与检偏器透光轴 P_2 垂直的情况。此时透射光强为零,此种现象称为消光。在实验中要经常利用"消光"现象来判断光的偏振状态。

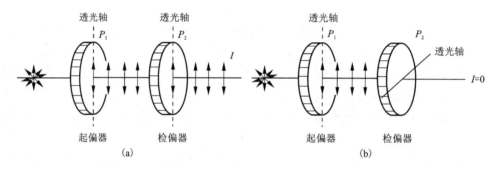

图 4-25-2　偏振光

(2)波片

　　波片也称相位延迟片,是由晶体制成的厚度均匀的薄片,其光轴与薄片表面平行,它能使晶片内的 o 光和 e 光通过晶片后产生附加相位差。根据薄片的厚度不同,可以分为 1/2 波长片,1/4 波长片等,所用的 1/2、1/4 波长片皆是对钠光而言的。

　　当线偏振光垂直射到厚度为 L,表面平行于自身光轴的单轴晶片时,则寻常光(o 光)和非常光(e 光)沿同一方向前进,但传播的速度不同。这两种偏振光通过晶片后,它们的相位差 ϕ 为

$$\phi = \frac{2\pi}{\lambda}(n_o - n_e)L \qquad (4-25-3)$$

其中,λ 为入射偏振光在真空中的波长,n_o 和 n_e 分别为晶片对 o 光、e 光的折射率,L 为晶片的厚度。

　　我们知道,两个互相垂直的,同频率且有固定相位差的简谐振动,可用下列方程表示(通过晶片后 o 光和 e 光的振动)

$$\begin{cases} X = A_e \sin\omega t \\ Y = A_o \sin(\omega t + \phi) \end{cases}$$

从两式中消去 ι，经三角运算后得到全振动的方程式为

$$\frac{X^2}{A_e^2} + \frac{Y^2}{A_o^2} + \frac{2XY}{A_e A_o}\cos\varphi = \sin^2\phi \qquad (4-25-4)$$

由此式可知：

①当 $\phi = K\pi (K = 0, 1, 2, \cdots)$ 时，为线偏振光。

②当 $\phi = (2K+1)\dfrac{\pi}{2}(K = 0, 1, 2, \cdots)$ 时，为正椭圆偏振光。在 $A_o = A_e$ 时，为圆偏振光。

③当 ϕ 为其他值时，为椭圆偏振光。

在某一波长的线偏振光垂直入射于晶片的情况下，能使 o 光和 e 光产生相位差 $\phi = (2K+1)\pi$（相当于光程差为 $\lambda/2$ 的奇数倍）的晶片，称为对应于该单色光的二分之一波片（$\lambda/2$ 波片），与此相似，能使 o 光和 e 光产生相位 $\phi = (2K+1)\dfrac{\pi}{2}$（相当于光程差为 $\lambda/4$ 的奇数倍）的晶片，称为四分之一波片（$\lambda/4$ 波片）。本实验中所用波片（$\lambda/4$）是对 6328A（He － Ne 激光）而言的。

如图 4 － 25 － 3 所示，当振幅为 A 的线偏振光垂直入射到 $\lambda/4$ 波片上，振动方向与波片光轴成 θ 角时，由于 o 光和 e 光的振幅分别为 $A\sin\theta$ 和 $A\cos\theta$，所以通过 $\lambda/4$ 波片后合成的偏振状态也随角度 θ 的变化而不同。

①当 $\theta = 0°$ 时，获得振动方向平行于光轴的线偏振光。

②当 $\theta = \lambda/2$ 时，获得振动方向垂直于光轴的线偏振光。

③当 $\theta = \lambda/4$ 时，$A_e = A_o$ 获得圆偏振光。

④当 θ 为其他值时，经过 $\lambda/4$ 波片后为椭圆偏振光。

4. 椭圆偏振光的测量

椭圆偏振光的测量包括长、短轴之比及长、短轴方位的测定。如图 4 － 25 － 4 所示，当检偏器方位与椭圆长轴的夹角为 ϕ 时，则透射光强为

$$I = A_1^2 \cos^2\phi + A_2^2 \sin^2\phi$$

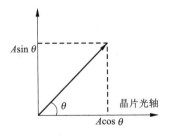

图 4 － 25 － 3　线偏振光通过 $\lambda/4$ 波片后偏振态与 θ 的关系

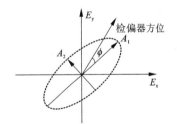

图 4 － 25 － 4　椭圆偏振光

当 $\phi = K\pi$ 时

$$I = I_{max} = A_1^2$$

当 $\phi = (2K+1)\dfrac{\pi}{2}$ 时

$$I = I_{min} = A_2^2$$

则椭圆长短轴之比为

$$\frac{A_1}{A_2} = \sqrt{\frac{I_{max}}{I_{min}}}$$ (4 – 25 – 5)

椭圆长轴的方位即为 I_{max} 的方位。

【实验内容】

1. 用起偏器与检偏器鉴别自然光与偏振光

(1)在光源至光屏的光路上插入起偏器 P_1，旋转 P_1，观察光屏上光斑强度的变化情况。

(2)在起偏器 P_1 后面再插入检偏器 P_2，固定 P_1 方位，旋转 P_2，旋转 360°，观察光屏上光斑强度的变化情况，有几个消光方位。

(3)以硅光电池代替光屏接收 P_2 出射的光束，旋转 P_2，每转过 10° 记录一次相应的光电流值，共转 180°，在坐标纸上作出 $I_P - \cos^2\theta$ 关系曲线。

2. 观察布儒斯特角及测定玻璃折射率

(1)在起偏器 P_1 后插入测布儒斯特角测量装置，再在 P_1 和装置之间插入一个带小孔的光屏。调节玻璃平板，使反射光束与入射光束重合，记下初始角 ϕ_1。

(2)一面转动玻璃平板，一面同时转动起偏器 P_1，使其透过方向在入射面内。反复调节直到反射光消失为止，此时记下玻璃平板的角度 ϕ_2，重复测量三次，求平均值，算出布儒斯特角 $\phi_0 = \phi_2 - \phi_1$。

(3)把玻璃平板固定在布儒斯特角的位置上，去掉起偏器 P_1，在反射光束中插入检偏器 P_2，旋转 P_2，观察反射光的偏振状态。

3. 观测椭圆偏振光和圆偏振光

(1)如图 4 – 25 – 5 所示，先使起偏器 P_1 和检偏器 P_2 偏振轴垂直(即检偏器 P_2 后的光屏上处于消光状态)，在起偏器 P_1 和检偏器 P_2 之间插入 $\lambda/4$ 波片，转动波片使 P_2 后的光屏上仍处于消光状态。用硅光电池(及光点检流计组成的光电转换器)取代光屏。

(2)将起偏器 P_1 转过 20°，调节硅光电池使透过 P_2 的光全部进入硅光电池的接收孔内。转动检偏器 P_2 找出最大电流的位置，并记下光电流的数值。重复测量 3 次，求平均值。

(3)转动 P_1，使 P_1 的光轴与 $\lambda/4$ 波片的光轴的夹角依次为 30°、45°、60°、75°、90° 值，在取上述每一个角度时，都将检偏器 P_2 转动一周，观察从 P_2 透出光的强度变化。

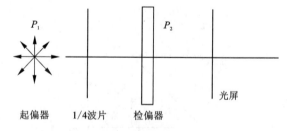

图 4 – 25 – 5　观测椭圆偏振光和圆偏振光

4. 观察线偏振光通过 1/2 波片时的现象(在前面实验的基础上进行)

(1)固定起偏器，转动检偏器至消光位置并固定不动。

(2)在起偏器与检偏器之间插入 1/2 波长片。

(3)转动 1/2 波长片一周，能看到几次消光?

(4)转 1/2 波长片，并在"出光"一侧观察直至出现消光现象。记下此时 1/2 波长片与检偏器的角度值。

（5）转动 1/2 波长片，其角度 $\alpha = 15°$，此时，消光被破坏，在转动检偏器至消光位置，再记下此时 1/2 波长片与检偏器的角度值。

（6）继续进行类似的调节，使得 1/2 波长片转过的角度依次为 $30°$，$45°$，$60°$，$75°$ 和 $90°$，相应地调节检偏器至消光位置，记下此时的角度值。

将以上所记角度值填入表 4 – 25 – 1 中。

表 4 – 25 – 1　线偏振光通过 1/2 波片的数据记录

1/2 波长片转动的 α 角度值	检偏器 P		
	起始位置角度值	转至消光位置角度值	检偏器转过的角度值
15°			
30°			
45°			
60°			
75°			
90°			

从上面实验结果可以得出什么规律？怎样解释这一规律。

【数据记录及处理】

（1）数据表格自拟。

（2）在坐标纸上描绘出 $I_P - \cos^2\theta$ 关系曲线。

（3）求出布儒斯特角 $\phi_0 = \phi_2 - \phi_1$，并由公式（4 – 25 – 1）求出平板玻璃的相对折射率。

（4）由公式（4 – 25 – 5）求出 20°时椭圆偏振光的长、短轴之比，并以理论值为准求出相对误差。

【思考题】

（1）如何应用光的偏振现象说明光的横波特性？怎样区别自然光和偏振光？

（2）玻璃平板在布儒斯特角的位置上时，反射光束是什么偏振光？它的振动是在平行于入射面内还是在垂直于入射面内？

（3）$\lambda/4$ 波片与 P_1 的夹角为何值时产生圆偏振光？为什么？

（4）两片偏振片用支架安置于光具座上，正交后消光，一片不动，另一片的 2 个表面旋转 $180°$，会有什么现象？如有出射光，是什么原因？

（5）2 片正交偏振片中间再插入一偏振片会有什么现象？怎样解释？

（6）波片的厚度与光源的波长有什么关系？

【参考资料】

光学实验中常用光源

能够发光的物体统称为光源。实验室中常用的是将电能转换为光能的光源——电光源。常见的有热辐射光源和气体放电光源及激光光源 3 类。

1. 热辐射光源

常用的热辐射光源是白炽灯。普通灯泡就是白炽灯，可作白色光源，应按仪器要求和灯泡上指定的电压使用，如光具座、分光计、读数显微镜等。

2. 气体放电光源

实验室常用的钠灯和汞灯（又称水银灯）可作为单色光源，它们的工作原理都是以金属 Na 或 Hg 蒸汽在强电场中发生的游离放电现象为基础的弧光放电灯。

在 220V 额定电压下，低压钠灯发出波长为 589.0 nm 和 589.6 nm 的两种单色黄光最强，可达 85%，而其他几种波长为 818.0 nm 和 819.1 nm 等的光仅有 15%。所以，在一般应用时取 589.0 nm 和 589.6 nm 的平均值 589.3 nm 作为钠光灯的波长值。

汞灯可按其气压的高低，分为低压汞灯、高压汞灯和超高压汞灯。低压汞灯最为常用，其电源电压与管端工作电压分别为 220V 和 20V，正常点燃时发出青紫色光，其中主要包括 7 种可见的单色光，它们的波长分别是 612.35 nm（红）、579.07 nm 和 576.96 nm（黄）、546.07 nm（绿）、491.60 nm（蓝绿）、435.84 nm（蓝紫）、404.66 nm（紫）。

使用钠灯和汞灯时，灯管必须与一定规格的镇流器（限流器）串联后才能接到电源上去，以稳定工作电流。钠灯和汞灯点燃后一般要预热 3~4 min 才能正常工作，熄灭后也需冷却 3~4 min 后，方可重新开启。

3. 激光光源

激光是 20 世纪 60 年代诞生的新光源。激光（Laser）是"受激辐射光放大"的简称。它具有发光强度大、方向性好、单色性强和相干性好等优点。激光器是产生激光的装置，它的种类很多，如氦氖激光器、氩离子激光器、二氧化碳激光器、红宝石激光器等。

实验室中常用的激光器是氦氖（He - Ne）激光器。它由激光工作的氦氖混合气体、激励装置和光学谐振腔 3 部分组成。氦氖激光器发出的光波波长为 632.8 nm，输出功率在几毫瓦到十几毫瓦之间，多数氦氖激光管的管长为 200~300 mm，两端所加高压是由倍压整流或开关电源产生，电压高达 1500~8000 V，操作时应严防触摸，以免造成触电事故。由于激光束输出的能量集中，强度较高，使用时应注意切勿迎着激光束直接用眼睛观看。

目前，气体放电灯的供电电源广泛采用电子整流器，这种整流器内部由开关电源电路组成，具有耗电小、使用方便等优点。

光学实验中，常把光束扩大或产生点光源以满足具体的实验要求，图 4 - 25 - 6 和图 4 - 25 - 7 表示两种扩束的方法，它们分别提供球面光波和平面光波。

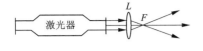

图 4 − 25 − 6　球面光波

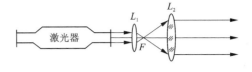

图 4 − 25 − 7　平面光波

实验二十六　等厚干涉现象的研究

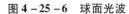

当频率相同、振动方向相同、相位差恒定的两束简谐光波相遇时，在光波重叠区域，某些点合成光强大于分光强之和，某些点合成光强小于分光强之和，合成光波的光强在空间形成强弱相间的稳定分布，这种现象称为光的干涉。光的干涉是光的波动性的一种重要表现。日常生活中能见到诸如肥皂泡呈现的五颜六色，雨后路面上油膜的多彩图样等，都是光的干涉现象，都可以用光的波动性来解释。要产生光的干涉，两束光必须满足：频率相同、振动方向相同、相位差恒定的相干条件。实验中获得相干光的方法一般有两种——分波阵面法和分振幅法。等厚干涉属于分振幅法产生的干涉现象。牛顿环和劈尖就属于典型的等厚干涉。在实际应用中我们利用光的干涉现象可以测量微小角度、很微小长度、微小直径及检测一些光学元件的球面度、平整度、光洁度等。

【实验目的】

（1）观察光的等厚干涉现象，加深对光的波动性的认识。
（2）掌握读数显微镜的基本调节和测量操作。
（3）掌握用牛顿环法测量平凸透镜曲率半径的实验方法。
（4）掌握用劈尖干涉法测量玻璃丝微小直径的实验方法。
（5）学习用图解法和逐差法处理实验数据。

【实验仪器】

读数显微镜、牛顿环、钠光灯、劈尖装置和待测细丝。

【实验原理】

当一束单色光入射到透明薄膜上时，通过薄膜上下表面依次反射而产生两束相干光。如果这两束反射光相遇时的光程差仅取决于薄膜厚度，则同一级干涉条纹对应的薄膜厚度相等，这就是所谓的等厚干涉。本实验研究牛顿环和劈尖所产生的等厚干涉。

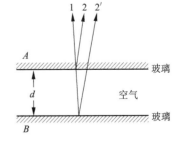

图 4 − 26 − 1　等厚干涉的形成

1. 等厚干涉

如图 4 − 26 − 1 所示，玻璃板 A 和玻璃板 B 二者叠放起来，中间加有一层空气（即形成了空气劈尖）。设光线 1 垂直入射到厚度为 d 的空气薄膜上。入射光线在 A 板下表面和 B 板上表面分别产生反射光线 2 和 2′，二者在 A 板上方相遇，由于两束光线都是由光线 1 分出来的(分振幅法)，故频率相同、相位差恒定(与该处空气厚度 d 有关)、振动方向相同，因而会产生干涉。我们现在考虑光线 2 和 2′的光程差与空气薄膜厚度的关系。显然光线 2′比光线 2 多传播了一段距离 $2d$。此外，由于反射光线 2′是由光密媒质(玻璃)向光疏媒质(空气)反射，会产生半波损失。故总的光程差还应加上半个波长 $\lambda/2$，即 $\Delta = 2d + \lambda/2$。

根据干涉条件，当光程差为波长的整数倍时相互加强，出现亮纹；为半波长的奇数倍时互相减弱，出现暗纹。因此有

$$\Delta = 2d + \frac{\lambda}{2} = \begin{cases} 2K + \dfrac{\lambda}{2} & K = 1, 2, 3, \cdots \text{出现亮纹} \\[2mm] (2K+1) \cdot \dfrac{\lambda}{2} & K = 0, 1, 2, \cdots \text{出现暗纹} \end{cases}$$

光程差 Δ 取决于产生反射光的薄膜厚度。同一条干涉条纹所对应的空气厚度相同，故称为等厚干涉。

2. 牛顿环

当一块曲率半径很大的平凸透镜的凸面放在一块光学平板玻璃上，在透镜的凸面和平板玻璃间形成一个上表面是球面，下表面是平面的空气薄层，其厚度从中心接触点到边缘逐渐增加。离接触点等距离的地方，厚度相同，等厚膜的轨迹是以接触点为中心的圆。

如图 4-26-2(a)、(b)所示，当透镜凸面的曲率半径 R 很大时，在 P 点处相遇的两反射光线的几何程差为该处空气间隙厚度 d 的两倍，即 $2d$。又因这两条相干光线中一条光线来自光密媒质面上的反射，另一条光线来自光疏媒质上的反射，它们之间有一附加的半波损失，所以在 P 点处得两相干光的总光程差为

$$\Delta = 2d + \frac{\lambda}{2} \qquad\qquad (4-26-1)$$

当光程差满足

$$\Delta = (2m+1) \cdot \frac{\lambda}{2} \qquad m = 0, 1, 2, \cdots \text{时，为暗条纹}$$

$$\Delta = 2m \cdot \frac{\lambda}{2} \qquad m = 1, 2, 3, \cdots \text{时，为明条纹}$$

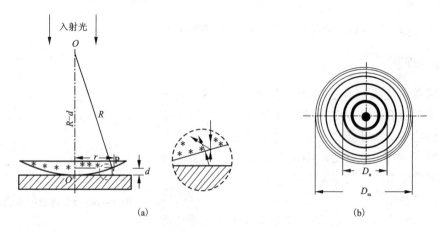

(a)　　　　　　　　　　　　　　　　(b)

图 4-26-2　牛顿环

(a)凸透镜干涉光路图；(b)牛顿环干涉图样

设透镜 L 的曲率半径为 R，r 为环形干涉条纹的半径，且半径为 r 的环形条纹下面的空气厚度为 d，则由图 4 – 26 – 2 中的几何关系可知

$$R^2 = (R-d)^2 + r^2 = R^2 - 2Rd + d^2 + r^2$$

因为 R 远大于 d，故可略去 d^2 项，则可得

$$d = \frac{r^2}{2R} \tag{4-26-2}$$

这一结果表明，离中心越远，光程差增加愈快，所看到的牛顿环也变得愈来愈密。将 (4 – 26 – 2) 式代入 (4 – 26 – 1) 式有：

$$\Delta = \frac{r^2}{R} + \frac{\lambda}{2}$$

则根据牛顿环的明暗纹条件

$$\Delta = \frac{r^2}{R} + \frac{\lambda}{2} = 2m \cdot \frac{\lambda}{2} \qquad m = 1, 2, 3, \cdots (\text{明纹})$$

$$\Delta = \frac{r^2}{R} + \frac{\lambda}{2} = (2m+1)\frac{\lambda}{2} \qquad m = 0, 1, 2, \cdots (\text{暗纹})$$

由此可得，牛顿环的明、暗纹半径分别为

$$r_m = \sqrt{mR\lambda} \qquad\qquad (\text{暗纹})$$

$$r'_m = \sqrt{(2m-1)R \cdot \frac{\lambda}{2}} \qquad (\text{明纹})$$

式中 m 为干涉条纹的级数，r_m 为第 m 级暗纹的半径，r'_m 为第 m 级亮纹的半径。

以上两式表明，当 λ 已知时，只要测出第 m 级亮环（或暗环）的半径，就可计算出透镜的曲率半径 R；相反，当 R 已知时，即可算出 λ。

观察牛顿环时将会发现，牛顿环中心不是一点，而是一个不甚清晰的暗或亮的圆斑。其原因是透镜和平玻璃板接触时，由于接触压力引起形变，使接触处为一圆面；又镜面上可能有微小灰尘等存在，从而引起附加的程差。这都会给测量带来较大的系统误差。

我们可以通过测量距中心较远的、比较清晰的两个暗环纹的半径的平方差来消除附加程差带来的误差。假定附加厚度为 a，则光程差为

$$\Delta = 2(d \pm a) + \frac{\lambda}{2} = (2m+1)\frac{\lambda}{2}$$

则 $d = m \cdot \frac{\lambda}{2} \pm a$。将 d 代入式 (4 – 26 – 2) 可得

$$r^2 = mR\lambda \pm 2Ra$$

取第 m、n 级暗条纹，则对应的暗环半径为

$$r_m^2 = mR\lambda \pm 2Ra$$

$$r_n^2 = nR\lambda \pm 2Ra$$

将两式相减，得 $r_m^2 - r_n^2 = (m-n)R\lambda$。由此可见 $r_m^2 - r_n^2$ 与附加厚度 a 无关。

由于暗环圆心不易确定，故取暗环的直径替换，因而，透镜的曲率半径为

$$R = \frac{D_m^2 - D_n^2}{4(m-n)\lambda} \tag{4-26-3}$$

由此式可以看出，半径 R 与附加厚度无关，且有以下特点：

（1）R 与环数差 $m - n$ 有关。

（2）对于 $(D_m^2 - D_n^2)$ 由几何关系可以证明，两同心圆直径平方差等于对应弦的平方差。因此，测量时无须确定环心位置，只要测出同心暗环对应的弦长即可。

本实验中，入射光波长已知（$\lambda = 589.3$ nm），只要测出 (D_m, D_n)，就可求出透镜的曲率半径。

3. 劈尖干涉

在劈尖架上的两个光学平玻璃板中间的一端插入一薄片（或细丝），则在两玻璃板间形成一空气劈尖。当一束平行单色光垂直照射时，则被劈尖薄膜上下两表面反射的两束光进行相干叠加，形成干涉条纹。其光程差为

$$\Delta = 2d + \frac{\lambda}{2} \qquad （d \text{ 为空气隙的厚度}）$$

产生的干涉条纹是一簇与两玻璃板交接线平行且间隔相等的平行条纹，如图 4 - 26 - 3（b）所示。

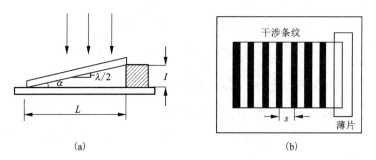

（a）　　　　　　　　　　　　（b）

图 4 - 26 - 3　劈尖干涉测厚度示意图
（a）侧视；（b）俯视

同样根据牛顿环的明暗纹条件有

$$\Delta = 2d + \frac{\lambda}{2} = (2m + 1)\frac{\lambda}{2} \qquad m = 0, 1, 2, 3, \cdots \text{时，为干涉暗纹}$$

$$\Delta = 2d + \frac{\lambda}{2} = 2m \cdot \frac{\lambda}{2} \qquad m = 1, 2, 3 \cdots \text{时，为干涉明纹}$$

显然，同一明纹或同一暗纹都对应相同厚度的空气层，因而是等厚干涉。同样易得，两相邻明条纹（或暗条纹）对应空气层厚度差都等于 $\frac{\lambda}{2}$；则第 m 级暗条纹对应的空气层厚度 $D_m = m\frac{\lambda}{2}$，假若夹薄片后劈尖正好呈现 N 级暗纹，则薄层厚度为

$$D = N\frac{\lambda}{2} \qquad\qquad (4 - 26 - 4)$$

用 α 表示劈尖形空气隙的夹角、s 表示相邻两暗纹间的距离、L 表示劈间的长度，则有

$$\alpha \approx \tan\alpha = \frac{\frac{\lambda}{2}}{s} = \frac{D}{L}$$

则薄片厚度为

$$D = \frac{L}{s} \cdot \frac{\lambda}{2} \tag{4-26-5}$$

由上式可见，如果求出空气劈尖上总的暗条纹数，或测出劈尖的 L 和相邻暗纹间的距离 s，都可以由已知光源的波长 λ 测定薄片厚度（或细丝直径）D。

【实验内容】

1. 用牛顿环测量透镜的曲率半径

图 4-26-4 为牛顿环实验装置。

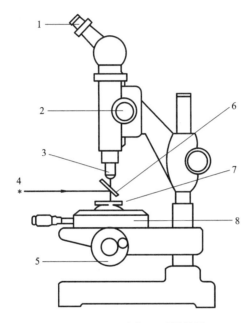

图 4-26-4 牛顿环测量装置

1—目镜；2—调焦手轮；3—物镜；4—钠灯；5—测微鼓轮；6—半反射镜；7—牛顿环；8—载物台

（1）调节读数显微镜

先调节目镜到清楚地看到叉丝且分别与 X、Y 轴大致平行，然后将目镜固定紧。调节显微镜的镜筒使其下降（注意，应该从显微镜外面看，而不是从目镜中看）靠近牛顿环时，再自下而上缓慢地再上升，直到看清楚干涉条纹，且与叉丝无视差。

（2）测量牛顿环的直径

转动测微鼓轮使载物台移动，使主尺读数准线居主尺中央。旋转读数显微镜控制丝杆的螺旋，使叉丝的交点由暗斑中心向右移动，同时数出移过去的暗环环数（中心圆斑环序为0），当数到21环时，再反方向转动鼓轮（注意：使用读数显微镜时，为了避免引起螺距差，移测时必须向同一方向旋转，中途不可倒退，至于自右向左，还是自左向右测量都可以）。使竖直叉丝依次对准牛顿环右半部各条暗环，分别记下相应要测暗环的位置：X_{20}、X_{19}、X_{18}、直到 X_{10}（下标为暗环环序）。当竖直叉丝移到环心另一侧后，继续测出左半部相应暗环的位置读数：X'_{10}、X'_{19}直到 X'_{20}。将数据填入表 4-26-1 中。

表 4 - 26 - 1 实验数据表

级数	读数/mm		D_m/mm	D_m^2/mm²	$D_{m+5}^2 - D_m^2$/mm²
	左	右			
20					
19					
18					
17					
16					
15					
14					
13					$D_{m+5}^2 - D_m^2$ 的平均值为:
12					
11					

计算出牛顿环的曲率半径 R。

测量结果:牛顿环曲率半径为 $R = \bar{R} \pm \Delta \bar{R}$ (m) = _____ ± _____ (m)

2. 用劈尖干涉干涉法测微小厚度(微小直径)

(1)将被测细丝(或薄片)夹在两块平玻璃板之间,然后置于显微镜载物台上。用显微镜观察、描绘劈尖干涉的图像。改变细丝在平玻璃板间的位置,观察干涉条纹的变化。

(2)由式(4 - 26 - 4)可见,当波长已知时,在显微镜中数出干涉条纹数 m,即可得相应的薄片厚度。一般说 m 值较大。为避免记数 m 出现差错,可先测出某长度 L_X 间的干涉条纹数 X,得出单位长度内的干涉条纹数 $n = X/L_X$。若细丝与劈尖棱边的距离为 L,则共出现的干涉条纹数 $m = n \cdot L$。代入式(4 - 26 - 4)可得到薄片的厚度 $D = n \cdot L\lambda/2$。

【数据记录及处理】

按实验内容要求记录数据并处理数据。

【思考题】

(1)理论上牛顿环中心是个暗点,实际看到的往往是个忽明忽暗的斑,造成的原因是什么?对透镜曲率半径 R 的测量有无影响?为什么?

(2)牛顿环的干涉条纹各环间的间距是否相等?为什么?

(3)在牛顿环实验中采用哪些措施,可以避免和减少误差?

(4)从牛顿环装置透射上来的光形成的干涉圆环与反射光所形成的干涉圆环有何不同?

(5)用白光照射时能否看到牛顿环和劈尖干涉条纹?此时的条纹有何特征?

【参考资料】

读数显微镜

1. 读数显微镜

读数显微镜是用来测量微小长度的仪器(如图 4 - 26 - 5 所示),显微镜通常起放大物体的作用，而读数显微镜除放大（但放大倍数略小）物体外，还能测量物体的大小。主要是用来精确测量那些微小的或不能用夹持仪器（游标尺、螺旋测微计等）测量的物体的大小。

转动读数显微镜测微鼓轮，显微镜筒可在水平方向左右移动，移动的位置由标尺上读出，目镜中装有一个十字叉丝，作为读数时对准待测物体的标线。测量前先调节目镜，使十字叉丝清晰，再调节调焦手轮对被测物体进行聚焦。

显微镜系统是与套在测微丝杆上的螺母套管相固定的，旋转读数鼓轮，即转动测微丝杆，就带动显

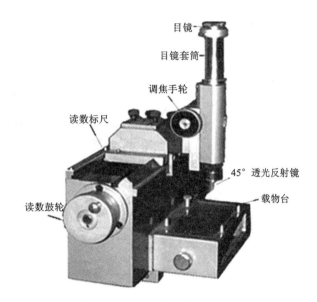

图 4 - 26 - 5　读数显微镜外形图

微镜左右移动。移动的距离可以从主尺（读毫米位）和读数鼓轮（相当于螺旋测微计的微分筒）上读出，本显微镜丝杆的螺距为 1 mm。读数鼓轮周界上刻有 100 分格，分度值为 0.01 mm。

使用方法：

①将待测物放置于显微镜载物台上。

②调节目镜，使目镜内分划平面上的十字叉丝清晰，并且转动目镜使十字叉丝中的一条线与刻度尺垂直。

③调节显微镜镜筒，使它与待测物有一个适当距离，然后再调节显微镜的焦距，能在视场中看到清晰物像，并消除视差，即眼睛左右移动时，叉丝与物像间无相对位移。

④转动读数鼓轮，使叉丝分别与待测物体的两个位置相切，记下两次读数值 x_1，x_2，其差值的绝对值即为待测物长度 L，表示为：$L = x_2 - x_1$。

在使用读数显微镜时应注意以下几点：

①调节显微镜的焦距时，应使目镜筒从待测物体移开，自下而上地调节。严禁将镜筒下移过程中碰伤和损坏物镜和待测物。

②在整个测量过程中，十字叉丝中的一条必须与主尺平行，十字叉丝的走向应与待测物的两个位置连线平行；同时不要将待测物移动。

③测量中的读数鼓轮只能向一个方向转动，以防止因螺纹中的空程引起误差。

2. JCD3 型读数显微镜

JCD3 型读数显微镜外形如图 4 - 26 - 6 所示。

①仪器结构

目镜（2）可用锁紧螺钉（3）固定于任一位置，棱镜室（19）可在 360°方向上旋转，物镜（15）用丝扣拧入镜筒内，镜筒（16）用调焦手轮（4）完成调焦。转动测微鼓轮（6），显微镜沿燕尾导轨作纵向移动，利用锁紧手轮 I（7），将方轴（9）固定于接头轴十字孔中。接头轴（8）可在底座（11）中旋转、升降，用锁紧手轮 II（10）紧固。根据使用要求不同方轴可插入接头轴

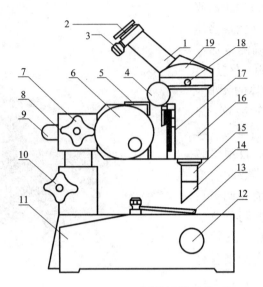

图 4 − 26 − 6　JCD3 型读数显微镜外形图

1—目镜接筒；2—目镜；3—锁紧螺钉；4—调焦手轮；5—标尺；6—测微鼓轮；7—锁紧手轮Ⅰ；8—接头轴；9—方轴；10—锁紧手轮Ⅱ；11—底座；12—反光镜旋轮；13—压片；14—半反镜组；15—物镜组；16—镜筒；17—刻尺；18—锁紧螺钉；19—棱镜室

另一十字孔中，使镜筒处水平位置。压片(13)用来固定被测件。旋转反光镜旋轮(12)调节反光镜方位。

②仪器使用

将被测件放在工作台面上，用压片固定。旋转棱镜室(19)至最舒适位置，用锁紧螺钉(18)止紧，调节目镜进行视度调整，使分划板清晰，转动调焦手轮，从目镜中观察，使被测件成像清晰为止。调整被测件，使其被测部分的横面和显微镜移动方向平行。转动测微鼓轮，使十字分划板的纵丝对准被测件的起点，记下此值 A(在标尺(5)上读取整数，在测微鼓轮上读取小数，此二数之和就是此点的读数 A)，沿同方向转动测微鼓轮，使十字分划板的纵丝恰好停止于被测件的终点，记下此值 A'，则所测之长度计算可得 $L = A' - A$，为提高测量精度，可采用多次测量，取其平均值。

实验二十七　分光计的调整和三棱镜折射率的测定

光线在传播过程中，遇到不同介质的分界面时，会发生反射和折射，光线将改变传播的方向，结果在入射光与反射光或折射光之间就存在一定的夹角。通过对某些角度的测量，可以测定折射率、光栅常数、光波波长、色散率等物理量。

分光计是一种能精确测量上述要求角度的典型光学仪器，经常用来测量材料的折射率、色散率、光波波长和进行光谱观测等。由于该装置比较精密，控制部件较多而且操作复杂，所以使用时必须严格按照一定的规则和程序进行调整，方能获得较高精度的测量结果。

分光计的调整思想、方法与技巧，在光学仪器中有一定的代表性，学会对它的调节和使用方法，有助于掌握操作更为复杂的光学仪器。

【实验目的】

(1)了解分光计的结构,掌握调节和使用分光计的方法。

(2)了解测定三棱镜顶角的方法。

(3)用最小偏向角法测定棱镜玻璃的折射率。

【实验仪器】

JJY 型分光计、钠灯或者汞灯、三棱镜、双面平面镜、读数小灯。

【实验原理】

分光计是一种常用的光学仪器,实际上就是一种精密的测角仪,在几何光学实验中,主要用来测定棱镜角、光束的偏向角等,而在物理光学实验中,加上分光元件(棱镜、光栅)即可作为分光仪器,用来观察、测量光谱线的波长等。下面以学生型分光计(JJY 型)为例,说明它的结构、工作原理和调节方法。

1. 分光计的结构

分光计主要由底座、望远镜、平行光管、载物平台和刻度圆盘等几部分组成,每部分均有特定的调节螺钉,图 4 - 27 - 1 为 JJY 型分光计的结构外形图。

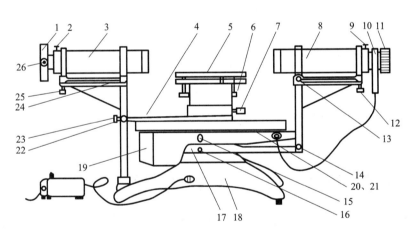

图 4 - 27 - 1 分光计

1—狭缝装置;2—狭缝装置锁紧螺钉;3—平行光管;4—制动架(一);5—载物台;6—载物台调节螺钉(3 只);7—载物台锁紧螺钉;8—望远镜;9—目镜锁紧螺钉;10—分划板;11—目镜调节手轮;12—望远镜仰角调节螺钉;13—望远镜水平调节螺钉;14—望远镜微调螺钉;15—转座与刻度盘制动螺钉;16—望远镜制动螺钉;17—制动架(二);18—底座;19—转座;20—刻度盘;21—游标盘;22—游标盘微调螺钉;23—游标盘制动螺钉;24—平行光管水平调节螺钉;25—平行光管仰角调节螺钉;26—狭缝宽度调节手轮

(1)分光计的底座要求平稳而坚实。在底座的中央固定着中心轴,望远镜、刻度盘和游标盘套在中心轴上,可以绕中心轴旋转。

(2)平行光管固定在底座的立柱上,它是用来产生平行光的。其一端装有消色差的汇聚透镜,另一端装有狭缝的圆筒,狭缝的宽度根据需要可在 0.02 ~ 2 mm 范围内调节。

（3）望远镜安装在支臂上，支臂与转座固定在一起，套在主刻度盘上，它是用来观察目标和确定光线的传播方向。望远镜由目镜系统和物镜组成，为了调节和测量，物镜和目镜之间还装有分划板，它们分别置于内管、外管和中管内，三个管彼此可以相对移动，也可以用螺钉固定，如图 4 - 27 - 2 所示，在中管的分划板下方紧贴一块 45°全反射小棱镜，棱镜与分划板的粘贴部分涂成黑色，仅留一个绿色的小十字窗口，照明小灯发出的光线从小棱镜的另一直角边入射，从 45°反射面反射到分划板上，透光部分在分划板上便形成一个明亮的十字窗，如图 4 - 27 - 3 所示。

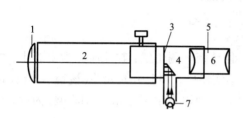

图 4 - 27 - 2　望远镜结构

1—物镜；2—外管；3—分划板；4—中管；5—目镜系统；6—内管；7—小灯

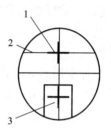

图 4 - 27 - 3　分划板

1—镜面反射像；2—上十字线；3—十字窗口

（4）分光计上控制望远镜和刻度盘转动的有三套机构，正确运用它们对于测量很重要，具体如下：

①望远镜制动和微动机构，图 4 - 27 - 1 中的 16、14；

②分光计游标盘制动和微动控制机构，图 4 - 27 - 1 中的 23、22；

③望远镜和刻度盘的离合控制机构，图 4 - 27 - 1 中的 15。

转动望远镜或移动游标位置时，都要先松开相应的制动螺钉；微调望远镜及游标位置时要先拧紧制动螺钉。

要改变刻度盘和望远镜的相对位置时，应先松开它们间的离合控制螺钉，调整后再拧紧。一般是将刻度盘的 0°线置于望远镜下，可以避免在测角度时，0°线通过游标引起的计算上的不方便。

（5）载物平台是一个用以放置平面镜、棱镜、光栅等光学元件的圆形平台，套在游标内盘上，可以绕通过平台中心的铅直轴转动和升降。当平台和游标盘（刻度内盘）一起转动时，控制其转动的方式与望远镜一样，也是粗调和微调两种。平台下有三个调节螺钉，可以改变平台台面与铅直轴的倾斜度。

（6）望远镜和载物平台的相对方位可由刻度盘上的读数确定。主刻度盘上有 0° ~ 360°的圆刻度，分度值为 30′。为了提高角度测量精密度，在内盘上相隔 180°设有两个游标，游标上有 30 个分格，它和主刻度盘上 29 个分格相当，因此分度值为 1′。读数方法与游标卡尺的游标原理相同（该处称为角游标）。记录测量数据时，为了消除刻度盘的刻度中心和仪器转动轴之间的偏心差，必须同时读取两个游标的读数。安置游标位置要考虑具体实验情况，主要注意读数方便，且尽可能在测量中刻度盘 0°线不通过游标。

记录与计算角度时，左右游标分别进行，防止混淆算错角度。

2. 分光计的调节

分光计是在平行光中观察有关现象和测量角度，因此应达到以下三个要求：平行光管发出平行光；望远镜能接受平行光；望远镜、平行光管的光轴垂直仪器公共轴。

用分光计进行观测时，其观测系统基本上应由以下三个平面构成，如图 4 - 27 - 4 所示。

读值平面：这是读取数据的平面，由主刻度盘和游标盘绕中心转轴旋转时形成的。对每一具体的分光计，读值平面都是固定的，且和中心主轴垂直。

观察平面：由望远镜光轴绕仪器中心转轴旋转时所形成的。只有当望远镜光轴与转轴垂直时，观察面才是一个平面，否则，将形成一个以望远镜光轴为母线的圆锥面。

待测光路平面：由平行光管的光轴和经过待测光学元件（棱镜、光栅等）作用后，所反射、折射和衍射的光线所共同确定的。调节载物平台下方的三个调节螺钉，可以将待测光路平面调节到所需方位。

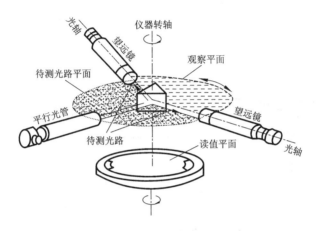

图 4 - 27 - 4　分光计的观测系统

按调节要求，应将此三个平面调节成相互平行，否则，测得角度将与实际角度有些差异，即引入系统误差。

（1）调节望远镜和载物平台

①目镜调焦。这是为了使眼睛通过目镜能清楚地看到图 4 - 27 - 3 所示分划板上的刻线。调节方法是把目镜调焦手轮轻轻旋出，或旋进，从目镜中观看，直到分划板刻线清晰为止。

②调节望远镜对平行光聚焦。

实质是将分划板调到物镜焦平面上，调整方法如下：

a. 把目镜照明，将双面平面镜放到载物台上，为了调节方便，平面镜与载物台下三个调节螺钉的相对位置如图 4 - 27 - 5 所示。

b. 粗调望远镜光轴与镜面垂直。目测将望远镜调成水平、载物台水平，使镜面大致与望远镜垂直。

c. 观察与调节镜面反射像。固定望远

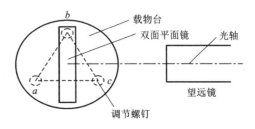

图 4 - 27 - 5　载物台上双面镜放置的俯视

镜，转动游标盘，于是载物台跟着一起转动。转动平面镜使其正好对着望远镜时，在目镜中应看到一个绿色十字随着镜面转动而动，这就是亮十字的反射像。如果像有些模糊，只要沿轴向移动目镜筒，直到像清晰、无视差，再旋紧螺钉，此时望远镜已聚焦平行光。

　　③调整望远镜光轴与仪器主轴垂直。当镜面与望远镜光轴垂直时，它的反射像应落在目镜分划板上与下方十字窗对称的十字线中心，如图4－27－3所示。平面镜绕轴转180°后，如果另一镜面的反射像也落在此处，这表明镜面平行仪器主轴。当然，此时与镜面垂直的望远镜光轴也与仪器主轴垂直。

　　在调整过程中出现的某些现象是何原因，调整什么，应如何调整，这是要分析清楚的。例如，是调载物台，还是调望远镜，调到什么程度。下面简述之。

　　a. 载物台倾角没调好的表现及调整。假设望远镜光轴已垂直仪器主轴，但载物台倾角没调好，如图4－27－6所示。平面镜A面反射光偏上，载物台转180°后，B面反射光偏下，在目镜中看到的现象是A面反射像在B面反射像的上方。显然，调整方法是把B面像(或A面像)向上(或向下)调到两像点距离的一半，这一步要反复进行，最后使镜面A和B的像落在分划板上同一高度。

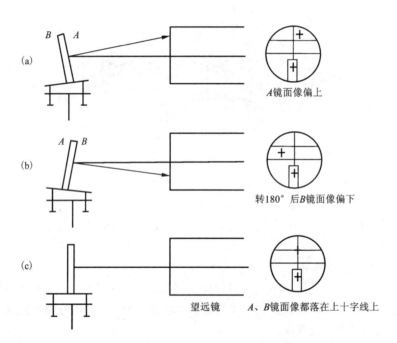

图4－27－6　载物台倾角没调好的表现及调整原理

　　b. 望远镜光轴没调好的表现及调整。假设载物台已调好，但望远镜光轴不垂直仪器主轴，如图4－27－7所示。在图(a)中，无论平面镜A面还是B面，反射光都偏上，反射像落在分划板上十字线的上方。在图(b)中，镜面反射光都偏下，反射像都落在分划板上十字线的下方。显然，调整方法是只要调整望远镜仰角调节螺钉(12)，把像调到上十字线上即可，如图(c)。

　　c. 载物台和望远镜光轴都没调好的表现及调整。表现是两镜面反射像一上一下。先调载物台螺钉，使两镜面反射像像点等高(但像点没落在上十字线上)，然后，调整望远镜仰角调

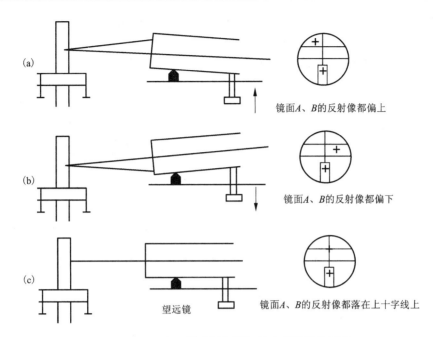

图 4 – 27 – 7　望远镜光轴没调好的表现及调整原理

节螺钉(12)，把像调到上十字线上。

（2）调整平行光管发出平行光并垂直仪器主轴

实质是将被照明的狭缝调到平行光管物镜焦平面上，物镜将出射平行光。

调整方法是：取下平面镜，关掉目镜照明光源，狭缝对准照明光源，使望远镜转向平行光管方向，在目镜中观察狭缝的像，沿轴向移动狭缝套筒，直到像清晰。这表明光管已发出平行光。

再将狭缝转向横向(水平)，调节螺钉(25)，将狭缝的像调到中心横线上，如图 4 – 27 – 8(a)所示。这表明平行光管光轴已与望远镜光轴共线，所以也垂直仪器主轴。螺钉(25)不能再动。

最后，将狭缝调成竖直，锁紧螺钉(2)。如图 4 – 27 – 8(b)所示。

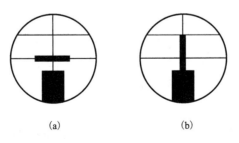

图 4 – 27 – 8　平行光管光轴与望远镜光轴共线

3. 用最小偏向角法测定三棱镜的折射率

如图 4 – 27 – 9，一束单色光以 i_1 角入射到 AB 面上，经棱镜两次折射后，从 AC 面折射出来，出射角为 i'_2。入射光和出射光的夹角 δ 称为偏向角。当棱镜顶角 A 一定时，偏向角 δ 的

大小随入射角 i_1 的变化而变化。而当 $i_1 = i'_2$ 时，δ 为最小(证明可参阅光学教材中的相关内容)。此时的偏向角称为最小偏向角，记为 δ_{min}。

由图 4-27-9 中可以看到，此时 $i'_1 = \dfrac{A}{2}$，有

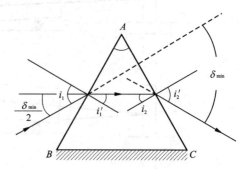

$$\frac{\delta_{min}}{2} = i_1 - i'_1 = i_1 - \frac{A}{2} \quad (4-27-1)$$

得

$$i_1 = \frac{1}{2}(\delta_{min} + A)$$

设棱镜折射率为 n，由折射定律得

$$\sin i_1 = n\sin i'_1 = n\sin\frac{A}{2}$$

图 4-27-9　三棱镜最小偏向角原理图

$$n = \frac{\sin i_1}{\sin\dfrac{A}{2}} = \frac{\sin\dfrac{\delta_{min} + A}{2}}{\sin\dfrac{A}{2}} \quad (4-27-2)$$

由此可知，要求得棱镜的折射率 n，必须测出其顶角 A 和最小偏向角 δ_{min}。

【实验内容】

1. 调整分光计

调整分光计，使其处于工作状态。调整方法见以上所述。

2. 使三棱镜的光学表面垂直望远镜光轴

(1)调节载物台的上下台面大致平行，将棱镜放到载物平台上，使棱镜三边与台下三个螺钉的连线所成三边互相垂直，如图 4-27-10 所示，这样，调节一个螺钉可以调节棱镜光学表面的倾斜度。

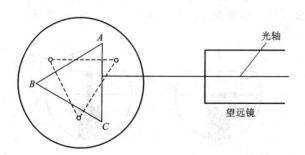

图 4-27-10　三棱镜在载物台上的正确方向

(2)接通目镜照明光源，遮住从平行光管射来的光。转动载物平台，在望远镜中观察从三棱镜的两个光学表面 AC 和 AB 反射回来的十字像，只调台下三个螺钉，使其反射像都落到上十字线处，如图 4-27-11 所示。调节时，切莫动螺钉(12)。

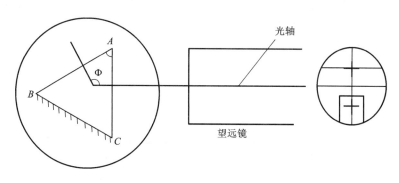

图 4 - 27 - 11　测棱镜顶角

注意:每个螺钉调节的动作要轻,并同时观察它对各侧面反射像的影响。棱镜调好后,其位置不能再动。

3. 自准直法测三棱镜的顶角 A

对两游标作一适当标记,分别称左游标和右游标,在记录数据时,切勿颠倒。扭紧刻度盘下螺钉(15)、(16),望远镜和刻度盘固定不动。转动游标盘,使棱镜 AC 面正对望远镜,如图 4 - 27 - 11 所示。分别记下左、右游标的读数 θ_1 和 θ_2。再转动游标盘,再使棱镜 AB 面正对望远镜,再分别记下左、右游标的读数 θ'_1 和 θ'_2。同一游标两次读数之差 $|\theta_1 - \theta'_1|$ 或 $|\theta_2 - \theta'_2|$,即是载物台转过的角度 Φ,所以 $\Phi = (|\theta_1 - \theta'_1| + |\theta_2 - \theta'_2|)/2$,而 Φ 是 A 角的补角,即:

$$A = \pi - \Phi$$

反复测量 3 次,将数据填入表 4 - 27 - 1 中。

4. 测三棱镜的最小偏向角 $\delta_{\min}$

(1)使平行光管狭缝对准钠光灯光源。

(2)松开望远镜制动螺钉(16)和游标盘制动螺钉(23),把载物台及望远镜转至如图 4 - 27 - 12 中所示的位置(1)处,再左右微微转动望远镜,找出棱镜折射出的光线。

(3)轻轻转动载物台(改变入射角 i_1),望远镜中将看到光线跟着移动。改变 i_1,使光线往 δ 减小的方向移动(即向顶角 A 方向

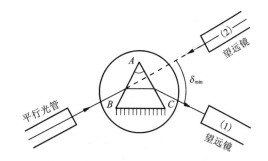

图 4 - 27 - 12　测量最小偏向角

移动)。望远镜跟着光线移动,直到棱镜继续转动,而光线开始反向移动(即偏向角反而变大)为止。这个反向移动的转折位置,就是光线以最小偏向角射出的方向。固定载物台(锁紧螺钉23),微动望远镜,使其分划板上的中心竖线对准光线。

(4)测量。记下此时两游标的读数 θ_1 和 θ_2。取下三棱镜(载物台保持不动),转动望远镜对准平行光管,即图 4 - 27 - 12 中(2)的位置,以确定入射光的位置,再记下两游标的读数 θ'_1 和 θ'_2。此时该光线的最小偏向角为

$$\delta_{\min} = \frac{|\theta_1 - \theta'_1| + |\theta_2 - \theta'_2|}{2}$$

反复进行三次,将数据填入表 4 - 27 - 2 中。将 $\delta_{\min}$ 值和测得的棱镜 A 角平均值代入式 (4 - 27 - 2) 计算 n。并计算出折射率的不确定度。

【数据记录及处理】

根据数据记录,计算出折射率 n,并求出折射率的不确定度。

表 4 - 27 - 1　自准直法测三棱镜顶角 A

次数	A 游标			B 游标			顶角 A
	θ_1	θ'_1	$\lvert\theta_1 - \theta'_1\rvert$	θ_2	θ'_2	$\lvert\theta_2 - \theta'_2\rvert$	
1							
2							
3							

表 4 - 27 - 2　最小偏向角法测定三棱镜的折射率 n

次数	A 游标		B 游标		$\delta_{\min}$	n
	θ_1	θ'_1	θ_2	θ'_2		
1						
2						
3						

【注意事项】

(1)分光计在调整好后,整个实验过程中望远镜和平行光管的水平调节螺钉不可再作调节。

(2)望远镜、平行光管及三棱镜的光学表面不可用手摸及用纸擦,手拿三棱镜应拿不透光面。

(3)在锁紧螺钉紧锁后不可硬性转动相关的部件,各锁紧螺钉不可用力过大。

(4)要注意三棱镜的安全,防止摔碎。

(5)调节平行光管狭缝时勿将两个刀片相碰,以防损坏。

(7)测量一个角度 θ 的过程中,如果游标跨越度盘的 $0°$,应按公式 $\theta = 360° - \left\lvert \dfrac{1}{2}[(\theta'_2 - \theta_2) + (\theta'_1 - \theta_1)] \right\rvert$ 计算。

【思考题】

(1)了解分光计各主要部件的功能,熟悉分光计上各调节螺丝的作用和调节方法,及分光计正确使用时需满足的条件。

(2)为什么当调到叉丝经过平面镜反射后所成的像仍在原叉丝平面内时,望远镜就可以观察平行光了？

（3）如果望远镜中看到叉丝像在叉丝的上面，而当平台转过180°后看到的叉丝像在叉丝的下面，试问这时应该调节望远镜的倾斜度，还是调节平台的倾斜度呢？反之，如果平台转过180°后，看到的叉丝像仍然在叉丝上面，这时应调节望远镜，还是调节平台呢？

（4）利用小反射镜调节望远镜和载物台时，为什么反射镜的放置要选择 ac（图4 - 27 - 8）的垂直平分线和平行于 ac 这二个位置？随便放行不行？为什么？

（5）如何调节平行光管？

【参考资料】

圆度盘的偏心差

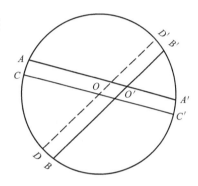

用圆度盘测量角度时，为了消除圆度盘的偏心差，必须由相差为180°的两个游标分别读数。我们知道，圆度盘是绕仪器主轴转动的，由于仪器制造时不容易做到圆度盘中心准确无误地与主轴重合，这就不可避免地会产生偏心差。圆度盘上的刻度均匀地刻在圆周上，当圆度盘中心与主轴重合时，由相差180°的两个游标读出的转角刻度数值相等。而当圆度盘偏心时，由两个游标读出的转角刻度数值就不相等了，所

图4 - 27 - 13 圆度盘偏心差计算

以如果只用一个游标读数就会出现系统误差。如图4 - 27 - 13所示，用 $\overset{\frown}{AB}$ 的刻度读数，则偏大，$\overset{\frown}{A'B'}$ 的刻度读数又偏小。由平面几何很容易证明：

$$\frac{1}{2}(\overset{\frown}{AB} + \overset{\frown}{A'B'}) = \overset{\frown}{CD} = \overset{\frown}{C'D'}$$

实验二十八　用分光计测光栅常数和光波的波长

光栅通常用于研究复色光谱的组成，进行光谱分析，还可以通过光栅获得特定波长的单色光。所以，光栅是一种重要的分光元件。了解光栅的结构和工作特性，对使用和开发光学器件有着重要的意义。

光栅是由一组数目很多的相互平行、等宽、等间距的狭缝（或刻痕）构成的，它能产生谱线间距较宽的均匀排列光谱。所产生的光谱线亮度比用棱镜分光更细更亮，光栅的分辨本领比棱镜大。光栅不仅适用于可见光，还能用于红外和紫外光波。它不仅用于光谱学，还广泛用于计量、光通信、信息处理等方面。

光栅按其结构分类，可分为平面光栅、阶梯光栅和凹面光栅等；按衍射条件分类，可分为透射光栅和反射光栅。过去制作光栅都是在精密的刻线机上用金刚钻在玻璃表面刻出许多平行等距刻痕做成原刻光栅。实验室中通常使用的光栅是由原刻光栅复制而成的。六十年代以来，随着激光技术的发展又制作了"全息光栅"。目前实验室中使用的两者均有。本实验中使用的是"透射式平面刻痕光栅或全息光栅"。

【实验目的】

(1)进一步熟悉分光计的调节和使用。

(2)观察光栅的衍射光谱,理解光栅衍射的基本规律。

(3)学会用透射光栅测定光栅常数、角色散率和未知光的波长。

【实验仪器】

分光计(JJY 型,其附件:变压器 6.3 V/220 V)、双面反射镜、平面全息透射光栅、三棱镜、光源(钠灯或汞灯)。

【实验原理】

光栅是根据多缝衍射原理制成的一种分光元件,它能产生谱线间距离较宽的均匀排列光谱。所得光谱线的亮度比棱镜分光时要小一些,但光栅的分辨本领比棱镜大。

本实验选用透射式平面刻痕光栅或全息光栅,它在光栅上每毫米刻有 n 条刻痕,其光栅常数 $d = 1/n$。现代光栅技术可使 n 多达一千条以上。

透射式平面刻痕光栅(见图 4 - 28 - 1)是在光学玻璃片上刻划大量互相平行,宽度和间距相等的刻痕制成的。当光照射在光栅面上时,刻痕处由于散射不易透光,光线只能在刻痕间的狭缝中通过。因此,光栅实际上是一排密集均匀而又平行的狭缝。若以单色平行光垂直照射在光栅面上,则透过各狭缝的光线因衍射将向各个方向传播,经透镜会聚后相互干涉,并在透镜焦平面上形成一系列被相当宽的暗区隔开的间距不同的明条纹。

1. 光栅衍射及光波波长的测定

根据夫琅和费衍射理论,当波长为 λ 的平行光束投射到光栅平面时,光波将在各个狭缝处发生衍射,经过所有狭缝衍射的光波又彼此发生干涉,这种由衍射光形成的干涉条纹是定域于无穷远处的。若在光栅后面放置一个会聚透镜,则在各个方向上的衍射光经过会聚透镜后都汇聚在它的焦平面上,得到衍射光的干涉条纹(见图 4 - 28 - 2)。根据光栅衍射理论,衍射光谱中明条纹的位置由下式决定:

$$(a + b)\sin\phi_k = \pm k\lambda$$

或

$$d\sin\phi_k = \pm k\lambda \quad (k = 0, 1, 2, 3, \cdots) \qquad (4 - 28 - 1)$$

式中:$d = a + b$ 称为光栅常数,a 为透光的狭缝宽度,b 为不透光的狭缝宽度,λ 为入射光的波长,k 为明条纹的级数,ϕ_k 是 k 级明条纹的衍射角。

如果入射光不是单色光,则由式(4 - 28 - 1)可以看出,在中央明条纹处($k = 0$、$\phi_k = 0$),各单色光的中央明条纹重叠在一起。除零级条纹外,对于其他的同级谱线,因各单色光的波长 λ 不同,其衍射角 ϕ_k 也各不相同,于是入射的复色光将被分解为单色光。因此,在透镜焦平面上将出现按波长次序排列的单色谱线,称为光栅的衍射光谱。相同 k 值谱线组成的光谱称为 k 级光谱(见图 4 - 28 - 3)。

如果已知光栅常数 d,用分光计测出 k 级光谱中某一条纹的衍射角 ϕ_k,按(4 - 28 - 1)式即可算出该条纹所对应的单色光的波长 λ;如果已知某单色光的波长为 λ,用分光计测出 k 级光谱中该色条纹的衍射角 ϕ_k,即可算出光栅常数 d。

2. 光栅的角色散率

光栅在 ϕ_k 方向的角色散率为

$$D = \frac{\mathrm{d}\phi_k}{\mathrm{d}\lambda} = \frac{k}{d\cos\phi_k} \qquad (4-28-2)$$

测出 d 及 ϕ_k，可求出该方向的角色散率 D。

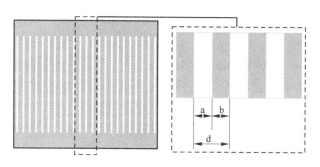

图 4 - 28 - 1　透射式平面刻痕光栅片示意图

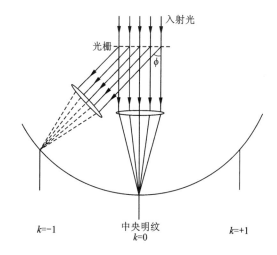

图 4 - 28 - 2　单色光光栅衍射光谱示意图

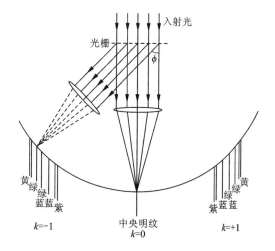

图 4 - 28 - 3　复合光光栅衍射光谱示意图

【实验内容】

1. 调节分光计

分光计调节可参考第三章中"测角计的调节"。

2. 光栅位置的调节

将光栅按照图 4 - 28 - 4 与平面镜放法一样的位置放置，并与准直管尽量垂直。一般情况下，因为光栅片与载物小平台并不垂直，因此，光栅放在已经调好的分光计上后，还要对分光计进行调节，但此时不能调节分光计的望远镜系统，只能调节载物小平台。其要求是：亮十字反射回来的像（绿十字）及狭缝像与调整叉丝的竖直线重合，亮十字反射回的像的水平线同时与调整叉丝的水平线重合。因为光栅的两面并不严格平行，因此，此时调节光栅时不必将光栅转动180°。

　　用钠灯照亮狭缝，转动望远镜观察光谱，如果左右两侧的光谱线相对于目镜中的叉丝的水平线高低不等，说明光栅的衍射面和观察面不一致，这时可调节平台上的螺钉 c，使它们一致（调整 a，b 可否？为什么？）。

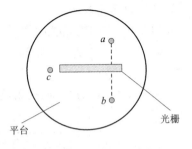

图 4 – 28 – 4　光栅安放方式

　　3. 测定光栅常数 d

　　根据(4 – 28 – 1)式，只要测出第 k 级光谱中波长为 λ 的已知谱线的衍射角 ϕ_k，就可以求出 d 值。测量钠光谱中双黄线中的 $\lambda_{D_2} = 588.995\ \text{nm}$ 的第 1 级或第 2 级的衍射角。方法：转动望远镜使叉丝对准谱线的中心，记录两游标的读数 θ_1，θ_2；将望远镜转到另一侧，使叉丝对准谱线的中心，记录两游标的读数 θ'_1，θ'_2，衍射角 ϕ_k 为

$$\phi_k = \frac{1}{2}\left[\left(\theta'_1 - \theta_1\right) + \left(\theta'_2 - \theta_2\right)\right]$$

重复测量三次，将数据填入表 4 – 28 – 1 中，并计算光栅常数 d 及其标准不确定度。

　　4. 测量汞灯光谱中紫光的波长或者钠灯光谱中黄光的波长

　　用已测出的光栅常数，再测量此谱线的衍射角就可以用衍射公式求出谱线的波长。衍射角的测量，测量三次，将数据填入表 4 – 28 – 2 中。

　　5. 测量光栅的角色散率 D

　　对钠光灯而言，光谱中的双黄线 $\lambda_{D_1} = 589.592\ \text{nm}$，$\lambda_{D_2} = 588.995\ \text{nm}$，两黄线的波长差为 $\Delta\lambda = 0.597\ \text{nm}$，测出其第 1 级、第 2 级光谱中的两黄线的衍射角 ϕ_{k_1}、ϕ_{k_2}，衍射角的测量见"实验内容3"，测量三次，将数据填入表 4 – 28 – 3 中。根据公式(4 – 28 – 2)计算角色散率 D。

【数据记录及处理】

　　1. 测定光栅常数

　　由式(4 – 28 – 1)得 $d = \dfrac{\pm k\lambda}{\sin\phi_k}$。测定光栅常数数据表如表 4 – 28 – 1 所示。

表 4 – 28 – 1　光栅常数 d 测量数据记录表

已知光波波长 $\lambda = 588.995\ \text{nm}$

光谱级数 k	测量次数 n	左边条纹（$+k$ 级次）		右边条纹（$-k$ 级次）		衍射角		光栅常数 $\bar{d}/\text{nm}$
		θ_1（A 游标）	θ_2（B 游标）	θ'_1（A 游标）	θ'_2（B 游标）	ϕ_k	$\overline{\phi_k}$	
1	1							
	2							
	3							
2	1							
	2							
	3							

按下式计算误差：

$\Delta d = d \cdot \cot \overline{\phi_k} \Delta \phi_k$（$\Delta \phi_k$ 为衍射角的平均误差）。

结果：$d = \overline{d} \pm \Delta d =$ _____ nm。

2. 测量汞灯光谱中紫光(未知光)或者钠灯光谱中黄光(未知光)的波长

数据如表 4-28-2 所示。按下式计算误差：

$\Delta \lambda = \lambda (\Delta d / d + \cos \overline{\phi_k} \Delta \phi_k) =$ _____ ，

结果：$\lambda = \overline{\lambda} \pm \Delta \lambda =$ _____ nm。

表 4-28-2　测量汞灯光谱中紫光(未知光)或者钠灯光谱中黄光(未知光)的波长

光谱级数 k	测量次数 n	左边条纹(+k级次)		右边条纹(-k级次)		衍射角		光栅常数 d_k/nm	λ/nm	$\overline{\lambda}$/nm
		θ_1 (A游标)	θ_2 (B游标)	θ'_1 (A游标)	θ'_2 (B游标)	ϕ_k	$\overline{\phi_k}$			
1	1									
	2									
	3									
2	1									
	2									
	3									

3. 测量光栅的角色散率 D

数据如表 4-28-3 所示。

表 4-28-3　测量光栅的角色散率 D

光谱线	测量次数 n	左边条纹(+k级次)		右边条纹(-k级次)		衍射角		D/ (rad/nm)	$\overline{D}$/ (rad/nm)
		θ_1 (A游标)	θ_2 (B游标)	θ'_1 (A游标)	θ'_2 (B游标)	ϕ_k	$\overline{\phi_k}$		
黄1 (λ_{D_1})	1								
	2								
	3								
黄2 (λ_{D_2})	1								
	2								
	3								

按下式计算误差：

$\Delta D = D \cdot \tan \overline{\phi_k} \Delta \phi_k$（$\Delta \phi_k$ 为衍射角的平均误差）。

结果：$D = \overline{D} \pm \Delta D =$ _____ rad/nm。

【注意事项】

(1)光栅是精密光学元件,严禁用手触摸光表面,以免弄脏或损坏。

(2)零级谱线很强,长时间观察会伤害眼睛,观察时必须在狭缝前加一两层白纸以减弱光强。

(3)汞灯的紫外线很强,不可直视。

(4)汞灯在使用时不要频繁启闭,否则会降低其寿命。

【思考题】

(1)如何调节分光计,使望远镜对平行光会聚?

(2)如何调节分光计,使平行光管出射的光为平行光?

(3)用光栅方程 $d\sin\phi_k = \pm k\lambda$ 进行测量的条件是什么?

(4)复色光经过光栅衍射后形成的光谱有什么特点?

(5)测量衍射角为什么要测量衍射光 ±1 级光线间的夹角?

(6)刻度盘上为什么设置两个游标?

(7)本实验对分光计的调整有何特殊要求? 如何调节才能满足测量要求?

(8)调节光栅过程中,如发现光谱线倾斜,说明什么问题? 应如何调整?

(9)当狭缝太宽,太窄时将会出现什么现象? 为什么?

实验二十九 光电效应及普朗克常数的测定

1887 年德国物理学家 H. R. 赫兹发现电火花间隙受到紫外线照射时会产生更强的电火花。赫兹的论文《紫外光对放电的影响》发表在 1887 年《物理学年鉴》上。论文详细描述了他的发现。赫兹的论文发表后,立即引起了广泛的反响,许多物理学家纷纷对此现象进行了研究,用紫外光或波长更短的 X 光照射一些金属,都观察到金属表面有电子逸出的现象,称之为光电效应。

对光电效应现象的研究,使人们进一步认识到光的波粒二象性的本质,促进了光量子理论的建立和近代物理学的发展,现在光电效应以及根据光电效应制成的各种光电器件已被广泛地应用于工农业生产、科研和国防等各领域。

【实验目的】

(1)通过实验加深对光的量子性的认识和理解,并测量光电管的伏安特性曲线。

(2)学习验证爱因斯坦光电效应方程的实验方法,并测量普朗克常数以及阴极材料的"红限"频率。

(3)测量光电管的弱电流特性,找出不同频率下的截止电压。

(4)学习作图法处理数据。

【实验仪器】

ZKY－GD－4型光电效应(普朗克常数)实验仪。仪器由汞灯及电源、滤色片、光阑、光电管、智能测试仪构成,仪器组件放置示意如图4－29－1所示。

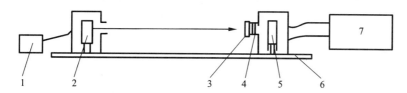

图4－29－1 仪器组件放置示意图

1—汞灯电源;2—汞灯;3—滤色片;4—光阑;5—光电管;6—基座;7—测试仪

1.仪器组件

● 高压汞灯:在其发光的光谱范围内较强的谱线有365.0 nm、404.7 nm、435.8 nm、546.1 nm、577.0 nm。

● 滤色片:仪器配有五种带通型滤光片,其透射波长为365.0 nm、404.7 nm、435.8 nm、546.1 nm、577.0 nm。使用时,将滤光片安装在接收暗盒的进光窗口上,以获得所需要的单色光。

● 光阑:仪器配有孔径分别为2 mm、4 mm、8 mm的光阑供实验选择。

● 光电管:阳极为镍圈,阴极为银－氧－钾(Ag－O－K),光谱响应范围:320~700 nm,暗电流:$I \leqslant 2 \times 10^{-12}$A($-2V \leqslant U_{AK} \leqslant 0V$)。

● 测试仪:它包括光电管工作电源和微电流放大器两部分。

光电管工作电源:2挡,$-2 \sim 0V$,$-2 \sim +30V$,三位半数显,稳定度$\leqslant 0.1\%$;

微电流放大器:6挡,$10^{-8} \sim 10^{-13}$A,分辨率10^{-13}A,三位半数显,稳定度$\leqslant 0.2\%$。

2.调节面板

实验仪的调节面板如图4－29－2所示。实验仪有手动和自动两种工作模式,具有数据自动采集,存储,实时显示采集数据,动态显示采集曲线(连接普通示波器,可同时显示5个存储区中存储的曲线),及采集完成后查询数据的功能。

● 区(1)是电流量程调节旋钮及其指示。

● 区(2)是复用区,用于电流指示和自动扫描起始电压设置指示复用:

当实验仪处于测试状态或查询状态时,区(2)是电流指示区;

当实验仪处于设置自动扫描电压时,区(2)是自动扫描起始电压设置指示区;

四位七段数码管指示电流或电压值。

● 区(3)是复用区,用于电压指示、自动扫描终止电压设置指示和调零状态指示复用:

当实验仪处于测试状态或查询状态时,区(3)是电压指示区;

当实验仪处于设置自动扫描电压时,区(3)是自动扫描终止电压设置指示区;

当实验仪处于调零状态时,区(3)是调零状态指示区,显示"－－－－";

四位七段数码管指示电压值。

● 区(4)是实验类型选择区:

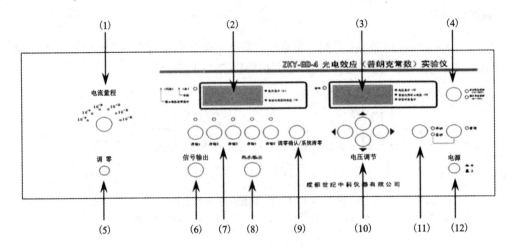

图 4 - 29 - 2　实验仪面板图

当绿灯亮时，实验仪选择伏安特性测试实验；

当红灯亮时，实验仪选择截止电压测试实验。

* 区(5)是调零状态区，用于系统调零。

* 区(6)、(8)是示波器连接区：

区(6)、区(8)可将信号送示波器显示。

* 区(7)是存贮区选择区：

通过按键选择存贮区。

* 区(9)是复用区，用于调零确认和系统清零：

当实验仪处于调零状态时，按下此键则跳出调零状态；

当实验仪处于测试状态或查询状态时，按下此键则系统清零，重新启动，并进入调零状态。

* 区(10)是电压调节区：

通过按键调节电压(←　→调节位，↑↓调节大小)。

* 区(11)是工作状态指示选择区：

用于选择及指示实验仪工作状态，详细说明见相关操作说明；

通信指示灯指示实验仪与计算机的通信状态。

* 区(12)是电源开关。

【实验原理】

1. 光电效应及其实验规律

当一定频率的光照射到某些金属表面上时，可以使电子从金属表面逸出，这种现象称为光电效应，所产生的电子称为光电子。

研究光电效应的实验装置如图 4 - 29 - 3 所示，入射光照射到阴极 K 时，由光电效应产生的光电子以某一初动能飞出，光电子受电场力的作用向阳极 A 迁移而构成光电流。一定频率的光照射阴极 K 所得到的光电流 I 和两极间的电压 U 的实验曲线如图 4 - 29 - 4 所示。随着光电管两端电压的增大，光电流趋于一个饱和值 I_m，当 $U \leqslant U_\mathrm{S}$ 时，光电流为零，U_S 称为反向遏止电压。

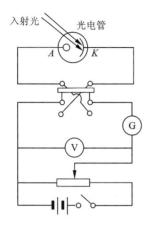

图 4 – 29 – 3 光电效应实验装置示意图

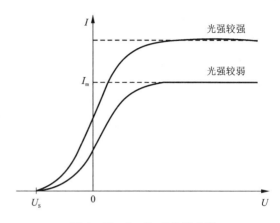

图 4 – 29 – 4 U – I 特性曲线

总结所有的实验结果，光电效应的实验规律可归纳为：

（1）对于一种阴极材料，当照射光的频率确定时，饱和光电流 I_m 的大小与入射光的强度成正比。

（2）反向遏止电压 U_S 的物理含义是：当在光电管两端所加的反向电压为 U_S 时，则逸出金属电极 K 后具有最大动能的电子也不能到达阳极 A，此时：

$$eU_\mathrm{S} = \frac{1}{2}mv_{\max}^2 \qquad (4 - 29 - 1)$$

实验得出光电子的初动能与入射光的强度无关，而只与入射光的频率有关。

（3）光电效应存在一个阈频率 ν_0，当入射光的频率 $\nu < \nu_0$ 时，不论光的强度如何都没有光电子产生。

（4）光电效应是瞬时效应，只要照射光的频率大于 ν_0，一经光线照射，立刻产生光电子，响应时间为 $10^{-9}\mathrm{s}$。

对于这些实验事实，经典的波动理论无法给出圆满的解释。按照电磁波理论，电子从波阵面连续地获得能量。获得能量的大小应当与照射光的强度有关，与照射的时间长短有关，而与照射光的频率无关。因此对于任何频率的光，只要有足够的光强度或足够的照射时间，总会发生光电效应。这些结论是与实验结果直接矛盾的。

2. 爱因斯坦方程和密立根实验

1905 年爱因斯坦受普朗克量子假设的启发，提出了光量子假说，即：一束光是一粒一粒以光速 c 运动的粒子流，这些粒子称为光子，光子的能量为 $E = h\nu$（h 为普朗克常数，ν 为光的频率）。当光子照射金属时，金属中的电子全部吸收光子的能量 $h\nu$，电子把光子能量的一部分变成它逸出金属表面所需的功 W，另一部分转化为光电子的动能，即：

$$h\nu = \frac{1}{2}mv_{\max}^2 + W \qquad (4 - 29 - 2)$$

式中：h——普朗克常数，公认值为 $6.62916 \times 10^{-34}\mathrm{J} \cdot \mathrm{s}$

这就是著名的爱因斯坦光电效应方程。

根据这一理论，光电子的能量只决定于照射光的频率，并与之成线性关系。由(4 - 29 - 2)式可见，只有当 $h\nu \geqslant W$ 时，才会有光电子发射，我们把 W/h 记作 ν_0，即：

$$\nu_0 = \frac{W}{h} \qquad\qquad (4 - 29 - 3)$$

这就是说 ν_0 是能发生光电效应的入射光的最小频率，显然它的值随金属种类不同而不同，又称"红限"频率。

爱因斯坦光量子理论圆满地解释了光电效应的各条实验规律。

爱因斯坦的光子理论由于与经典电磁理论抵触，一开始受到怀疑和冷遇。一方面是因为人们受传统观念的束缚，另一方面是因为当时光电效应的实验精度不高，无法验证光电效应方程。密立根从 1904 年开始光电效应实验，1912—1915 年间，密立根对一些金属进行测量，得出了光电子的最大动能 $\frac{1}{2}mv_{\max}^2$ 和入射光频率 ν 之间的严格线性关系(图 4 - 29 - 5)，直线在横轴上的交点 ν_0，说明照射光的频率小于 ν_0 时不会有光电子发射。不同的金属其 ν_0 值不同，但所有的金属直线的斜率却是不变的。密立根于 1916 年发表论文证实了爱因斯坦方程的正确性，并直接运用光电方法对普朗克常数 h 作了首次测量。

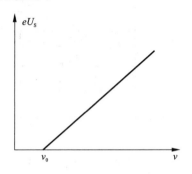

图 4 - 29 - 5　光电子最大动能 eU_S 与入射光频率 ν 的关系

历经十年，密立根用实验证实了爱因斯坦的光量子理论。两位物理大师因在光电效应等方面的杰出贡献，分别于 1921 和 1923 年获得诺贝尔物理学奖。

光量子理论创立后，在固体比热、辐射理论、原子光谱等方面都获得成功，人们逐步认识到光具有波动和粒子二象属性。光子的能量 $E = h\nu$ 与频率有关，当光传播时，显示出光的波动性，产生干涉、衍射、偏振等现象；当光和物体发生作用时，它的粒子性又突显了出来。后来科学家发现波粒二象性是一切微观物体的固有属性，并发展了量子力学来描述和解释微观物体的运动规律，使人们对客观世界的认识前进了一大步。

3. 普朗克常数的测量原理

根据爱因斯坦光电效应方程(4 - 29 - 2)式、反向截止电压 U_S 与光电子的最大初动能的关系(4 - 29 - 1)式以及"红限"频率 ν_0 与逸出金属表面所需的功 W 之间的关系(4 - 29 - 3)式，可得到

$$e\,|\,U_S\,| = h(\nu - \nu_0) \qquad\qquad (4 - 29 - 4)$$

此式表明截止电压 U_S 是频率 ν 的线性函数，相应的曲线如图 4 - 29 - 6 所示，可知 $U_S - \nu$ 直线的斜率为

$$k = \frac{h}{e} \qquad\qquad (4 - 29 - 5)$$

$U_S - \nu$ 直线的延长线对纵轴的截距为

$$U_0 = \frac{W}{e} \qquad\qquad (4 - 29 - 6)$$

U_s-ν 直线与横轴的交点为阴极材料的"红限"频率 ν_0。

综上所述，通过用不同频率的光照射阴极，测得相应的截止电压，得出 U_s-ν 关系，即可求得 h、ν_0、W。

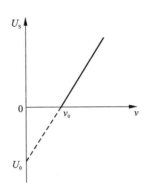

图 4-29-6　照射光频率与截止电压的关系

4. 影响准确测量截止电压的因素

测量普朗克参数 h 的关键是正确地测出截止电压 U_S，但实际上由于光电管制作工艺等原因，给准确测定截止电压带来了一定的困难。实际测量的光电管伏安特性曲线与理论曲线有明显的偏差，引起这种偏差的主要原因有：

（1）在无光照时，也会产生电流，称之为暗电流。它是由阴极在常温下的热电子发射形成的热电流和封闭在暗盒里的光电管在外加电压下因管子阴极和阳极间绝缘电阻漏电而产生的漏电流两部分组成的。

（2）受环境杂散光影响形成的本底电流。

（3）由于制作光电管时阳极上往往溅有阴极材料，所以当光照射到阳极上和杂散光漫射到阳极上时，阳极上往往有光电子发射。形成阳极反向电流。

其中以漏电流和阳极反向电流影响最大。

由于上述原因，实际测量的光电管伏安特性曲线如图 4-29-7 所

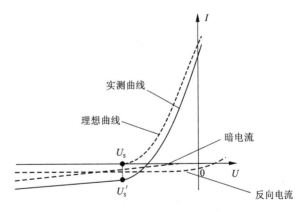

图 4-29-7　U-I 实验曲线

示。实验曲线在负电压区下沉，截止电压并不对应光电流为零，而对应反向电流开始趋于常量的点（拐点）U'_s。

【实验内容】

1. 测试前准备

（1）把汞灯及光电管暗盒遮光盖盖上，将汞灯暗盒光输出口对准光电管暗盒光输入口，

调整光电管与汞灯距离约 40 cm 并保持不变。用专用连接线将光电管暗箱电压输入端与实验仪电压输出端(后面板上)连接起来(红－红,蓝－蓝),再预热 20 分钟。(汞灯一旦开启,不要随意关闭!)

(2)测试仪调零:将"电流量程"选择开关置于所选挡位(如:10^{-12} A 挡位),仪器在充分预热后,进行测试前调零。实验仪在开机或改变电流量程后,都会自动进入调零状态。调零时应将光电管暗盒电流输出端 K 与实验仪微电流输入端(后面板上)断开,旋转"调零"旋钮使电流指示为 000.0。调节好后,用高频匹配电缆将电流输入连接起来,按"调零确认/系统清零"键,系统进入测试状态。

若要动态显示采集曲线,需将实验仪的"信号输出"端口接至示波器的"Y"输入端,"同步输出"端口接至示波器的"外触发"输入端。示波器"触发源"开关拨至"外","Y 衰减"旋钮拨至约"1V/格","扫描时间"旋钮拨至约"20 μs/格"。此时示波器将用轮流扫描的方式显示 5 个存储区中存储的曲线,横轴代表电压 U_{AK},纵轴代表电流 I。

注意:在进行每一组实验前,必须按照上面的调零方法进行调零,否则会影响实验精度。

2.测普朗克常数 h

(1)问题讨论及测量方法

理论上,测出各频率的光照射下阴极电流为零时对应的 U_{AK},其绝对值即该频率的截止电压,然而实际上由于光电管的阳极反向电流、暗电流、本底电流及极间接触电位差的影响,实测电流并非阴极电流,实测电流为零时对应的 U_{AK} 也并非截止电压。

光电管制作过程中阳极往往被污染,沾上少许阴极材料,入射光照射阳极或入射光从阴极反射到阳极之后都会造成阳极光电子发射,U_{AK} 为负值时,阳极发射的电子向阴极迁移构成了阳极反向电流。

暗电流和本底电流是热激发产生的光电流与杂散光照射光电管产生的光电流,可以在光电管制作,或测量过程中采取适当措施以减小它们的影响。

极间接触电位差与入射光频率无关,只影响 U_S 的准确性,不影响 $U_S-\nu$ 直线斜率,对测定 h 无大影响。

由于本实验仪器的电流放大器灵敏度高,稳定性好;光电管阳极反向电流,暗电流水平也较低。在测量各谱线的截止电压 U_S 时,可采用零电流法,即直接将各谱线照射下测得的电流为零时对应的电压 U_{AK} 的绝对值作为截止电压 U_S。此法的前提是阳极反向电流、暗电流和本底电流都很小,用零电流法测得的截止电压与真实值相差较小。且各谱线的截止电压都相差 ΔU 对 $U_S-\nu$ 曲线的斜率无大的影响,因此对 h 的测量不会产生大的影响。

(2)测量截止电压

测量截止电压时,"伏安特性测试/截止电压测试"状态键应为截止电压测试状态。"电流量程"开关应处于 10^{-13} A 挡。

①手动测量

使"手动/自动"模式键处于手动模式。

将直径 4 mm 的光阑及 365.0 nm 的滤色片装在光电管暗盒光输入口上,打开汞灯遮光盖。

此时电压表显示 U_{AK} 的值,单位为伏;电流表显示与 U_{AK} 对应的电流值 I,单位为所选择的"电流量程"。用电压调节键←、→、↑、↓可调节 U_{AK} 的值,←、→键用于选择调节位,↑、

↓键用于调节值的大小。

从低到高调节电压(绝对值减小),观察电流值的变化,寻找电流为零时对应的 U_{AK},以其绝对值作为该波长对应的 U_s 的值,并将数据记于表 4-29-1 中。为尽快找到 U_s 的值,调节时应从高位到低位,先确定高位的值,再顺次往低位调节。

依次换上 404.7 nm,435.8 nm,546.1 nm,577.0 nm 的滤色片,重复以上测量步骤。

②自动测量

按"手动/自动"模式键切换到自动模式。

此时电流表左边的指示灯闪烁,表示系统处于自动测量扫描范围设置状态,用电压调节键可设置扫描起始和终止电压。

对各条谱线,我们建议扫描范围大致设置为:365.0 nm,-1.90 ~ -1.55 V;404.7 nm,-1.60 ~ -1.20 V;435.8 nm ~ 436 nm,-1.35 ~ -0.95 V;546.1 nm,-0.80 ~ -0.40 V;577.0 nm,-0.65 ~ -0.25 V。

实验仪设有 5 个数据存储区,每个存储区可存储 500 组数据,并有指示灯表示其状态。灯亮表示该存储区已存有数据,灯不亮为空存储区,灯闪烁表示系统预选的或正在存储数据的存储区。

设置好扫描起始和终止电压后,按动相应的存储区按键,仪器将先清除存储区原有数据,等待约 30 s,然后按 4 mV 的步长自动扫描,并显示、存储相应的电压、电流值。

扫描完成后,仪器自动进入数据查询状态,此时查询指示灯亮,显示区显示扫描起始电压和相应的电流值。用电压调节键改变电压值,就可查阅到在测试过程中,扫描电压为当前显示值时相应的电流值。读取电流为零时对应的 U_{AK},以其绝对值作为该波长对应的 U_s 的值,并将数据记于表 4-29-1 中。

按"查询"键,查询指示灯灭,系统回复到扫描范围设置状态,可进行下一次测量。

在自动测量过程中或测量完成后,按"手动/自动"键,系统回复到手动测量模式,模式转换前工作的存储区内的数据将被清除。

若仪器与示波器连接,则可观察到 U_{AK} 为负值时各谱线在选定的扫描范围内的伏安特性曲线。

3.测光电管的伏安特性曲线

此时,"伏安特性测试/截止电压测试"状态键应为伏安特性测试状态。"电流量程"开关应拨至 10^{-10}A 挡,并重新调零。

将直径 4 mm 的光阑及所选谱线的滤色片装在光电管暗盒光输入口上。

测伏安特性曲线可选用"手动/自动"两种模式之一,测量的最大范围为 -1 ~ 50 V,自动测量时步长为 1V,仪器功能及使用方法如前所述。

仪器与示波器连接:

(1)可同时观察 5 条谱线在同一光阑、同一距离下伏安饱和特性曲线。

(2)可同时观察某条谱线在不同距离(即不同光强)、同一光阑下的伏安饱和特性曲线。

(3)可同时观察某条谱线在不同光阑(即不同光通量)、同一距离下的伏安饱和特性曲线。

由此可验证光电管饱和光电流与入射光成正比。

记录所测 U_{AK} 及 I 的数据到表 4-29-2 中,在坐标纸上作对应于以上波长及光强的伏安特性曲线。

在 U_{AK} 为 50V 时, 将仪器设置为手动模式, 测量并记录对同一谱线、同一入射距离, 光阑分别为 2 mm、4 mm、8 mm 时对应的电流值于表 4 – 29 – 3 中, 验证光电管的饱和光电流与入射光强成正比。

也可在 U_{AK} 为 50V 时, 将仪器设置为手动模式, 测量并记录对同一谱线、同一光阑时, 光电管与入射光在不同距离, 如 300 mm、400 mm 等对应的电流值于表 4 – 29 – 4 中, 同样验证光电管的饱和电流与入射光强成正比。

【数据记录】

表 4 – 29 – 1　$U_S - \nu$ 关系　　　　　　　　　　　光阑孔 $\Phi =$　　mm

波长 λ_i/nm		365.0	404.7	435.8	546.1	577.0
频率 ν_i/ $\times 10^{14}$ Hz		8.214	7.408	6.879	5.490	5.196
截止电压 U_{Si}/V	手动					
	自动					

表 4 – 29 – 2　$I - U_{AK}$ 关系

U_{AK}/V						
I/ $\times 10^{-10}$ A						
U_{AK}/V						
I/ $\times 10^{-10}$ A						

表 4 – 29 – 3　$I_m - P$ 关系

$U_{AK} =$ ＿＿＿ V, $\lambda =$ ＿＿＿ nm, $L =$ ＿＿＿ mm

光阑孔 Φ			
I/ $\times 10^{-10}$ A			

表 4 – 29 – 4　$I_m - P$ 关系

$U_{AK} =$ ＿＿＿ V, $\lambda =$ ＿＿＿ nm, $\Phi =$ ＿＿＿ mm

入射距离 L			
I/ $\times 10^{-10}$ A			

【数据处理】

（1）根据表 4 - 29 - 1 中测量数据，分别用作图法和最小二乘法求 h 和 ν_0，并与公认值 h_0 进行比较求出相对误差 $E = \dfrac{h - h_0}{h_0}$，计算相对不确定度，写出 h 的结果表达式。用到的常量 $e = 1.602 \times 10^{-19}\,\mathrm{C}$，$h_0 = 6.626 \times 10^{-34}\,\mathrm{J \cdot s}$。

（2）根据表 4 - 29 - 2 中测量数据，作对应于表 4 - 29 - 1 中及光强的伏安特性曲线。

（3）根据表 4 - 29 - 3、表 4 - 29 - 4 中测量数据，作对应于光阑孔 Φ 口径不同和入射光在不同距离 L 时的 $I_m - P$ 关系曲线，并给出结论。

【注意事项】

（1）本实验可不必要求在暗室环境，但应尽量避免背景光强的剧烈变化。

（2）实验过程中注意随时盖上汞灯的遮光盖，严禁让汞灯不经过滤光片直接入射光电管窗口。

（3）实验结束时应盖上光电管暗盒遮光盖和汞灯遮光盖！

【思考题】

（1）经典的波动理论是如何解释光电效应的各条实验规律？

（2）光电流是否随光源的强度变化？请解释。

（3）照射光的非单色性如何影响 $U - I$ 特性曲线？

（4）暗电流是如何形成的？测量它有何意义？

（5）金属的截止频率是什么？如何解释它的存在？

实验三十　迈克尔逊干涉仪的调整与使用

迈克尔逊干涉仪是 1881 年由美国物理学家迈克尔逊和莫雷为研究"以太"漂移而设计制造的精密光学仪器。历史上，迈克尔逊－莫雷实验结果否定了"以太"的存在，为爱因斯坦建立狭义相对论奠定了基础。迈克尔逊和莫雷因在这方面的杰出成就获得了 1883 年诺贝尔物理学奖。在近代物理学和近代计量科学中，迈克尔逊干涉仪具有重大的影响，得到了广泛应用，特别是 20 世纪 60 年代激光出现以后，各种应用就更为广泛。它不仅可以观察光的等厚、等倾干涉现象，精密地测定光波波长、微小长度、光源的相干长度等，还可以测量气体、液体的折射率等。

迈克尔逊干涉仪是历史上最著名的经典干涉仪，其基本原理已经被推广到许多方面，研制成各种形式的精密仪器，广泛地应用于生产和科学研究领域。

【实验目的】

（1）了解迈克尔逊干涉仪的结构及工作原理，掌握其调试方法。

（2）学会观察非定域干涉、等倾干涉、等厚干涉及白光干涉条纹。

（3）学会用迈克尔逊干涉仪测量激光波长及钠黄光双线的波长差和相干时间。

【实验仪器】

WSM－100 型迈克尔逊干涉仪（详见图 4－30－1）、钠灯、毛玻璃屏、扩束镜、孔屏、HNL－55700 型 He－Ne 激光器、低压汞灯、叉丝、干涉滤光片、小孔光阑。

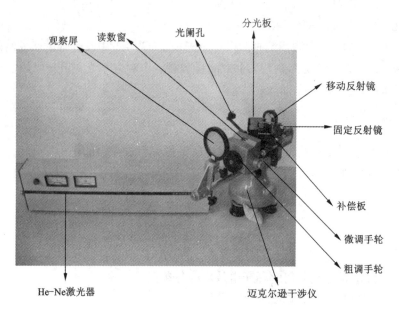

图 4－30－1　WSM－100 型迈克尔逊干涉仪结构图

【实验原理】

1. 迈克尔逊干涉仪的结构及工作原理

迈克尔逊干涉仪由分光镜 G_1、补偿板 G_2、两反射镜 M_1、M_2 和观察屏 E 组成，分光镜的后表面镀有半透半反射膜，将入射光分成两束，一束透射光 1，一束反射光 2，这两束光分别被 M_1、M_2 反射后，经半透半反射膜的反射和透射在观察屏上相遇，由于这两束光是相干光，在屏上干涉产生干涉条纹，其光路如图 4－30－3 所示。M_2' 是 M_2 被分光镜反射所成的像，光束 1 和光束 2 之间的干涉等效于 M_1、M_2' 之间空气膜产生的干涉。补偿板是一个与分光镜平行放置且材料、厚度完全相同的玻璃板，其作用是补偿两束光使得两束光在玻璃中的光程相等。由于玻璃的色散，不同波长的光在干涉仪中具有不同的光程差，

图 4－30－2　WSM－100 型迈克尔逊干涉仪实物图

无法观测白光干涉条纹，在分光镜 G_1 和反射镜 M_2 之间加入补偿板，这两束光在相同的玻璃中都穿过三次，不同波长的光在干涉仪中具有相同的光程差，这对观察白光干涉很有必要。反射镜 M_1、M_2 分别装在相互垂直的两个臂上，反射镜 M_2 位置固定(称为定镜)；M_1 位置固定在滑块上，可通过转动粗调手轮、微调手轮沿臂长方向移动(称为动镜)，在该方向上附有主尺，其位置可通过主尺、粗调手轮上方读数窗口及微调手轮示数读出，其读数原理与千分尺读数原理相同。粗调手轮转动一周，动镜 M_2 沿臂长方向上移动 1 mm，手轮上刻有 100 个刻度，因此粗调手轮每转动一个小刻度相当于动镜沿臂长方向移动 0.01 mm，微调手轮转动一周，相当于粗调手轮转动一个小刻度，手轮上也刻有 100 个刻度，因此微调手轮转动一个小刻度，相当于动镜移动了 0.0001 mm，加上一位估读位，可读到 0.00001 mm 位。反射镜 M_1、M_2 的方位可通过其后面的三个螺钉来调节，在反射镜 M_2 的下方还有两个互相垂直的拉簧螺丝用以微调 M_2 的方位。

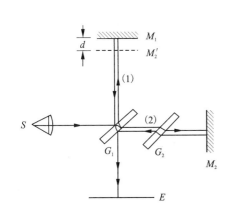

图 4 - 30 - 3　迈克尔逊干涉仪简化光路图　　　**图 4 - 30 - 4　点光源非定域干涉光路图**

2. 点光源产生的非定域干涉条纹及激光波长的测量

激光经透镜会聚后成为一点光源，水平入射到分光板上，经 M_1、M_2 反射后产生的干涉现象等效于两个虚光源 S_1、S_2' 发出的光产生的干涉，如图 4 - 30 - 4 所示。S_1、S_2' 分别是点光源经 G 被 M_1、M_2 反射所成的像，虚光源 S_1、S_2' 发出的光由于是同一束光分出的两束光，具有相干性，在其相遇的空间处处相干，因此是非定域干涉。用观察屏观察干涉条纹时，在不同的位置可以观察到不同的干涉条纹(如圆、椭圆、双曲线、直线)，在迈克尔逊干涉仪的实际情况下，放置屏的空间是有限的，一般能观察到圆和椭圆形状。当把观察屏放在垂直于 S_1、S_2' 的连线上时，观察到的条纹是一组同心圆。

由 S_1、S_2' 到达观察屏上任一点 P 两束光的光程差为 $\Delta L = \overline{S'_2 P} - \overline{S_1 P}$。当 $r \ll Z$ 时，有

$$\Delta L = 2d\cos\theta \approx 2d\left(1 - \frac{r^2}{2Z^2}\right) \tag{4-30-1}$$

出现亮条纹的位置为

$$2d\left(1 - \frac{r_k^2}{2Z^2}\right) = k\lambda \tag{4-30-2}$$

由上式可知：

①r_k越小，k越大，即靠近中心的干涉条纹干涉级次高，靠近边缘的干涉条纹干涉级次低。

② 改变动镜的位置，两束光的光程差发生变化，因此干涉条纹也发生变化。当M_1、M'_2之间的距离d增大时，对于同一级干涉，r_k也增大，条纹向外扩展，圆心处有条纹"涌出"，当其间的距离减小时，条纹向中心"涌入"，中心条纹消失。涌入或涌出一条干涉条纹动镜位置的变化为$\lambda/2$，设涌入或涌出N个干涉圆环动镜位置的变化为Δd，则有

$$\Delta d = N \cdot \frac{\lambda}{2} \qquad (4-30-3)$$

由上式可知：改变动镜的位置，测出涌入或涌出N个干涉圆环对应动镜位置的变化Δd，就可以算出激光的波长。

③相邻两条干涉条纹之间的距离为

$$\Delta r = r_{k-1} - r_k \approx \frac{\lambda Z^2}{2r_k d} \qquad (4-30-4)$$

越靠近中心（r_k越小），Δr越大，即干涉条纹中间稀边缘密；d越小，Δr越大，即减小M_1、M'_2之间的距离，条纹变疏，增大M_1、M'_2之间的距离，条纹变密；Z越大，Δr越大，即点光源、观察屏距分光镜越远，条纹越疏。

3. 扩展光源产生的等倾干涉条纹

用扩展光源照射，当M_1、M'_2平行时，被M_1、M'_2反射的两束光互相平行，若用透镜接收这两束光，则这两束光在透镜的焦平面上相遇发生干涉，如图4-30-5所示。

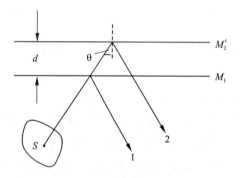

图4-30-5　扩展光源等倾干涉光路图

两束光光程差为

$$\Delta L = 2d\cos\theta \qquad (4-30-5)$$

出现亮条纹的位置为

$$2d\cos\theta = k\lambda \qquad (4-30-6)$$

由上式可知：

①在d一定时，倾角相同的入射光束，对应同一级干涉条纹，因此称为等倾干涉，倾角相同的光在透镜的焦平面上对应同一干涉圆环，因此其干涉条纹为一组同心圆。用聚焦于无穷远的眼睛直接观察或放置一会聚透镜，在其后焦平面上用观察屏可观察到等倾干涉条纹。

②中心干涉圆环干涉级次高,当 d 增加时,条纹从中心涌出向外扩展,d 减小时,条纹向中心涌入,每涌出或涌入一条干涉条纹 d 增加或减小了 $\lambda/2$。

③相邻两条干涉圆环之间的距离为

$$\Delta\theta_k \approx \frac{\lambda}{2d\theta_k} \qquad (4-30-7)$$

越靠近中心的干涉圆环,$\Delta\theta_k$ 越大,条纹越疏,即干涉条纹中间疏边缘密;d 越小,$\Delta\theta_k$ 越大,即条纹随着 d 的变化而变化,当 d 增大时,条纹变密,当 d 减小时,条纹变疏。

4. 扩展光源产生的等厚干涉条纹

用扩展光源照射,当 M_1、M_2' 之间有一小的夹角时,被 M_1、M_2' 反射的两束光在镜面附近相遇发生干涉,如图 4-30-6 所示。

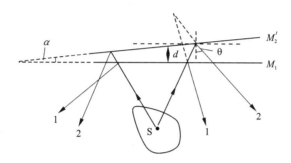

图 4-30-6 扩展光源等厚干涉光路图

在入射角不大的情况下,其光程差为

$$\Delta L = 2d\cos\theta$$

出现亮条纹位置为

$$2d\cos\theta = k\lambda \qquad (4-30-8)$$

在两镜面交线附近,$\cos\theta$ 可以忽略,光程差主要决定空气膜的厚度,厚度相同的地方对应同一级干涉条纹,因此称为等厚干涉,其干涉条纹为平行于两镜面交线的等间隔的直条纹。远离两镜面交线处,$\cos\theta$ 不能忽略,其干涉条纹发生弯曲,并凸向两镜面交线的方向。

用眼睛向镜面附近观察就可以观察到等厚干涉条纹。

5. 条纹视见度及钠光双线波长差的测量

通常用视见度来描述干涉条纹的清晰程度,其定义为

$$V = \frac{I_{max} - I_{min}}{I_{max} + I_{min}} \qquad (4-30-9)$$

式中 I_{max}、I_{min} 分别为明、暗条纹的光强。$V=1$ 时视见度最大,条纹最清楚;$V=0$ 时视见度最小,条纹最模糊。

用钠光灯作光源,由于钠光含有波长非常相近的两条谱线,每组谱线都各自产生一套干涉条纹,改变动镜的位置,这两套干涉条纹交叉重叠,条纹的视见度随之发生周期性变化,当

$$2d = k_1\lambda_1 = \left(k_2 + \frac{1}{2}\right)\lambda_2 \qquad (4-30-10)$$

时，条纹视见度为零。设相邻两次视见度为零时 M_1 移动的距离为 Δd，则钠光两条谱线的波长差为

$$\Delta\lambda = \frac{\lambda_1\lambda_2}{2\Delta d} \approx \frac{\overline{\lambda}^2}{2\Delta d} \tag{4-30-11}$$

由上式可知:测出相邻两次视见度为零时 M_1 移动的距离 Δd，可求出钠光双线的波长差。

【实验内容】

1. 迈克尔逊干涉仪的基本调节

移动 M_1 使 M_1、M_2 距分光镜 G 的距离大致相等。调节 He – Ne 激光器水平并垂直导轨方向入射到分光镜的中央部位，然后在激光器和分光镜之间放一小孔光阑，使光通过小孔照射到分光镜上，被 M_1、M_2 反射在小孔光阑上各有一排亮点，调节 M_2 后的三个方位螺钉，使得被 M_2 反射的一排亮点中的最亮点与小孔重合，再调节 M_1 后的三个方位螺钉，使得被 M_1 反射的一排亮点中的最亮点与小孔重合，这时 M_1、M_2' 基本互相平行，光照射到迈克尔逊干涉仪就可以观察到干涉条纹。

2. 测激光的波长

用激光作光源，调出非定域干涉圆条纹，观察条纹特征。改变动镜的位置，观察条纹的变化，并连续记录 12 次干涉条纹变化 100 条对应的 d 值，填入表 4 – 30 – 1 中，用逐差法求 $\overline{\Delta d}$，计算激光的波长及其不确定度，正确表示测量结果。

移去小孔光阑，放上扩束镜，使光均匀照亮分光镜，这时在观察屏上就可以观察到干涉条纹，再调节 M_2 的两个微动拉簧螺丝，就可以观察到非定域干涉圆条纹。改变动镜位置，观察条纹的变化，记录并分析观察结果。

转动微调手轮，使动镜位置缓慢变化，记录干涉圆环"涌入"或"涌出"100 条干涉圆环对应动镜的位置，用逐差法计算"涌入"或"涌出"100 条干涉圆环动镜位置的变化，求激光的波长及不确定度，正确表示测量结果(注意:消除空程差)。

3. 观察等倾干涉条纹的特征(选做)

调出等倾干涉条纹，观察干涉条纹特征，改变动镜位置，观察条纹的变化。在观察到非定域干涉圆条纹的基础上，扩束镜和分光镜之间置一毛玻璃屏，使入射光成为扩展光源入射到迈克尔逊干涉仪上，用聚焦到无穷远的眼睛代替观察屏，即可看到圆条纹。进一步调节 M_2 的微动拉簧螺丝，使眼睛上下左右移动时，干涉圆环没有"涌入"或"涌出"现象，而仅仅是圆心随眼睛的移动而移动，这时我们看到的就是等倾干涉条纹。改变动镜的位置，观察条纹的变化规律，记录并分析观察结果。

4. 测钠光双线波长差

用钠光作光源，调出等厚干涉条纹，观察条纹特征。改变动镜位置，观察条纹视见度的变化，并连续记录 6 次视见度为零时的 d 值，填入表 4 – 30 – 2 中，用逐差法求 $\overline{\Delta d}$，计算钠光双线波长差。

改变动镜的位置，在干涉条纹变粗变疏时，用钠光灯作光源直接照射在分光镜上，调节 M_2 微动拉簧螺丝使 M_1、M_2' 之间有一很小夹角，即可在观察屏上观察到等厚干涉条纹。改变动镜的位置，观察条纹的变化，记录并分析观察结果。

调节粗调手轮和微调手轮，改变动镜的位置，观察条纹视见度的变化，记录条纹视见度

为零时动镜的位置 d，用逐差法计算相邻两次视见度为零时动镜位置的变化，求钠光双线波长差。

5. 用白光作光源，观察白光干涉条纹

改变动镜位置，在钠光等厚干涉条纹变成直线时，用白炽灯直接照射在分光镜上，非常缓慢移动 M_1，即可观测到白光彩色条纹。注意：由于白光干涉条纹数很少，所以必须耐心细致调节才能观测到，如果 M_1 移动太快，干涉条纹会一晃而过不易找到。

【数据记录及处理】

1. 测激光的波长

表 4－30－1　数据记录表一　　　　　　　　　　$N = 600$ 条

涌出或涌入条纹数 i	100	200	300	400	500	600
d_i/mm						
d_{i+600}/mm						
$\Delta d_i = (d_{i+600} - d_i)/mm$						

数据处理：求 $\overline{\lambda} = \dfrac{2\,\overline{\Delta d}}{\Delta N} = ?$

2. 测钠光双线波长差

表 4－30－2　数据记录表二　　　　　　　　$\overline{\lambda}_{钠光} = 589.3nm$

次数 i	1	2	3
d_i/mm			
d_{i+3}/mm			
$\Delta d_i = \dfrac{d_{i+3} - d_i}{3}/mm$			

数据处理：求 $\Delta\lambda = ?$

$$S_{\Delta d} = \sqrt{\frac{\sum_{i=1}^{3}(\overline{\Delta d} - \Delta d_i)^2}{3 - 1}}$$

$$\Delta_{(\Delta d)} = \sqrt{S_{(\Delta d)}^2 + \Delta_{仪}^2}$$

$$\Delta_\lambda = \sqrt{\Delta_{(\Delta d)}^2 + \Delta_{(\Delta N)}^2}$$

$$E_\lambda = \frac{\Delta_\lambda}{\overline{\lambda}} \times 100\%$$

结果表达式：$\lambda = \overline{\lambda} \pm \Delta\lambda = ?$

【注意事项】

(1)迈克尔逊干涉仪系精密仪器，学生在旋转调整螺丝和手轮时手要轻，动作要稳。切勿用手触摸镜片。

（2）调测微尺零点方法如下：先将微调手轮沿某一方向（指读数的增或减）旋转至零线，然后以同方向转动粗调手轮对齐读数窗口中某一刻度，以后测量时使用微调手轮须以同一方向旋转。

（3）微调手轮有反向空程，实验中如果中途反向转动，则须重新调整零点。

（4）测波长时应避开干涉条纹不清晰的位置。

（5）M_1 与导轨不严格垂直对测量结果有一定影响，干涉条纹较粗对判断位置的准确性有影响。

（6）测读 M_1 的位置时先读导轨侧面主尺之整数，如 32 mm（估计数位不读）。从窗口中读出分数，如 0.25 mm（估计数位也不读）。再由微调手轮读出两位数如 78，并估计一位如 3，则该处位置读数应记为：32.25783 mm。

【思考题】

（1）在观察等倾干涉条纹时，条纹从中心"冒出"说明 M_1 和 M'_2 的间距是变大了还是减小了？条纹"缩进"中心又如何？调节等倾干涉条纹时，若眼睛由左向右平移看条纹"冒出"，由右向左平移看条纹"缩进"去，此时 M_1 和 M'_2 位置成什么关系？

（2）如果实验者是较高度近视眼，不戴眼镜能看到等倾干涉条纹或等厚干涉条纹吗？为什么？

实验三十一　用阿贝折射仪测液体的折射率

折射率是透明材料的一个重要光学常数。测定透明材料折射率的方法很多，如全反射法和最小偏向角法，最小偏向角法具有测量精度高、被测折射率的大小不受限制、不需要已知折射率的标准试件而能直接测出被测材料的折射率等优点。但是，被测材料要制成棱镜，而且对棱镜的技术条件要求高，不便快速测量。全反射法具有测量方便快捷，对环境要求不高，不需要单色光源等特点。然而，因全反射法属于比较测量，故其测量准确度不高（大约 $\Delta n = 3 \times 10^{-4}$），被测材料的折射率的大小受到限制（为 $1.3 \sim 1.7$），且对固体材料还需制成试件。尽管如此，在一些精度要求不高的测量中，全反射法仍被广泛使用。

阿贝折射仪就是根据全反射原理制成的一种专门用于测量透明或半透明液体和固体折射率及色散率的仪器，它还可用来测量糖溶液的含糖浓度。它是石油、化工、光学仪器、食品工业等有关工厂、科研机构及学校的常用仪器。

【实验目的】

（1）加深对全反射原理的理解，掌握应用方法。
（2）了解阿贝折射仪的结构和测量原理，熟悉其使用方法。
（3）通过对糖溶液折射率的测定确定其锤度。

【实验仪器】

WAY 阿贝折射仪、待测液（蒸馏水，无水乙醇，糖溶液）、滴管、脱脂棉。

【实验原理】

1. 仪器描述

阿贝折射仪是测量物质折射率的专用仪器，它能快速而准确地测出透明、半透明液体或固体材料的折射率（测量范围一般为 1.4～1.7），它还可以与恒温、测温装置连用，测定折射率与温度的变化关系。

阿贝折射仪的光学系统由望远系统和读数系统组成，如图 4-31-1 所示。

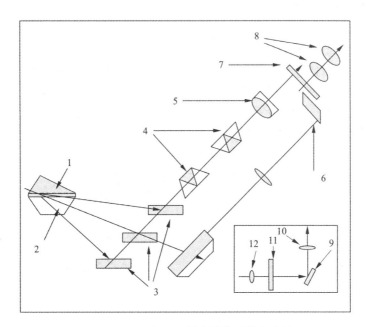

图 4-31-1　望远系统和读数系统光路图

1—进光棱镜；2—折射棱镜；3—摆动反光镜；4—消色散棱镜组；5—望远物镜组；6—平行棱镜；7—分划板；8—目镜；9—读数物镜；10—反光镜；11—刻度盘；12—聚光镜

（1）望远系统

进光棱镜 1 与折射棱镜 2 之间有一微小均匀的间隙，被测液体就放在此空隙内。当光线（太阳光或日光灯）射入进光棱镜 1 时便在磨砂面上产生漫反射，使被测液层内有各种不同角度的入射光，经折射棱镜 2 产生一束折射角均大于出射角度 i 的光线。由摆动反射镜 3 将此束光线射入消色散棱镜组 4，此消色散棱镜组是由一对等色散阿米西棱镜组成，其作用是可获得一可变色散来抵消由于折射棱镜对不同被测物体所产生的色散。再由望

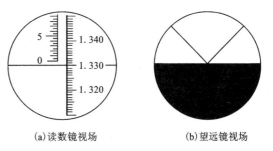

（a）读数镜视场　　　　（b）望远镜视场

图 4-31-2　读数系统

远镜 5 将此明暗分界线成像于分划板 7 上，分划板上有十字分划线，通过目镜 8 能看到如图

4 – 31 – 2 上部分所示的像。

（2）读数系统

光线经聚光镜 12、照明刻度板 11（刻度板与摆动反射镜 3 连成一体同时绕刻度中心作回转运动），通过反射镜 10，读数物镜 9，平行棱镜 6 将刻度板上不同部位折射率示值成像于分划板 7 上（见图 4 – 31 – 2）。

读数镜视场中右边为液体折射率刻度，左边为蔗糖溶液质量分数（锤度 Brix）。

2. 实验原理

阿贝折射仪是根据全反射原理设计的，有透射光（掠入射）与反射光（全反射）两种使用方法。

（1）测定液体的折射率

若待测物为透明液体，一般用透射光即掠入射方法来测量其折射率 n_x。

阿贝折射仪中的阿贝棱镜组由两个直角棱镜（折射率为 n）组成：一个是进光棱镜，它的弦面是磨砂的，其作用是形成均匀的扩展面光源；另一个是折射棱镜。待测液体（$n_x < n$）夹在两棱镜的弦面之间，形成薄膜，如图 4 – 31 – 3 所示。

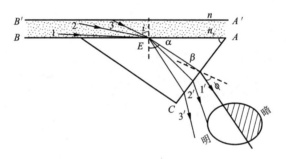

图 4 – 31 – 3 阿贝棱镜组

光先射入进光棱镜，由其磨砂弦面 $A'B'$ 产生漫射光穿过液层进入折射棱镜（图中 ABC）。因此到达液体和折射棱镜的接触面（AB 面）上任意一点 E 的诸光线（如 1，2，3 等）具有各种不同的入射角，最大的入射角是 90°，这种方向的入射称为掠入射。对不同方向入射光中的某条光线，设它以入射角 i 射向 AB 面，经棱镜两次折射后，从 AC 面以 ϕ' 角出射，若 $n_x < n$，则由折射定律得

$$n_x \sin i = n \sin \alpha \qquad (4 - 31 - 1)$$
$$n \sin \beta = \sin \phi' \qquad (4 - 31 - 2)$$

其中 α 为 AB 面上的折射角，β 为 AC 面上的入射角。由图 4 – 31 – 4 得棱镜顶角 A 与 α 角及 β 角的关系为

$$A = \alpha + \beta$$

则 $\alpha = A - \beta$ 代入（4 – 31 – 1）式得

$$n_x \sin i = n \sin(A - \beta) = n(\sin A \cos \beta - \cos A \sin \beta) \qquad (4 - 31 - 3)$$

由（4 – 31 – 2）式得

$$n^2 \sin^2 \beta = \sin^2 \phi'$$

即

$$n^2(1 - \cos^2\beta) = \sin^2\phi'$$
$$n^2 - n^2\cos^2\beta = \sin^2\phi'$$

则

$$\cos\beta = \sqrt{(n^2 - \sin^2\phi')/n^2}$$

代入(4 - 31 - 3)式得

$$n_x\sin i = \sin A\sqrt{n^2 - \sin^2\phi'} - \cos A\sin\phi'。$$

从图 4 - 31 - 3 可以看出，对于光线"1"，有 $i \to 90°$，$\sin i \to 1$，$\sin\phi' \to \sin\phi$，则上式变为

$$n_x = \sin A\sqrt{n^2 - \sin^2\phi} - \cos A\sin\phi$$

因此，若折射棱镜的折射率 n、折射顶角 A 已知，只要测出出射角 ϕ 即可求出待测液体的折射率 n_x。

若 $A = \alpha - \beta$，这时出射光线与顶角 A 在 AC 面法线的同侧，上式变为

$$n_x = \sin A\sqrt{n^2 - \sin^2\phi} + \cos A\sin\phi$$

阿贝折射仪是如何测量与光线"1"相对应的出射角 ϕ 呢？由图 4 - 31 - 3 可知，除光线"1"外，其他光线"2"、"3"等在 AB 面上的入射角皆小于 90°。因此当扩展光源的光线从各个方向射向 AB 面时，凡入射角小于 90°的光线，经棱镜折射后的出射角必大于 ϕ 角而偏折于"1′"的左侧形成亮视场。而"1′"的另一侧因无光线而形成暗场。显然，明暗视场的分界线就是掠入射光束"1"的出射方向（"1′"）。

阿贝折射镜标出了与 ϕ 角对应的折射率值，测量时只要使明暗分界线与望远镜叉丝交点对准，就可从视场中折射率刻度读出 n_x 值。

（2）测定固体的折射率

若待测固体有两个互成 90°的抛光面，则可用透射光测定其折射率。如图 4 - 31 - 4 所示，在待测固体和折射棱镜 AB 面上滴一滴接触液（其折射率为 n_2，要求 $n_2 > n_x$），一般用折射率较高的溴代苯，扩展光源发出的光直接进入待测固体（不用进入进光棱镜），经过接触液进入折射棱镜，其中一部分光线在通过待测固体时，传播方向平行于固体与接触液的交界面。当 $n_x < n_2$、$n_x < n$ 时，同理，由折射定律和几何关系可得待测固体折射率为

$$n_x = \sin A\sqrt{n^2 - \sin^2\phi} \pm \cos A\sin\phi$$

当出射光线与顶角 A 分居于 AC 面法线两侧时，公式取"－"号，反之，若在同侧时，公式取"＋"号。

由于折射棱镜的 n 和 A 均已知，只要测出光线掠入射经过待测固体时，由棱镜 AC 面上出射极限角 ϕ，由上式即可算出待测固体的折射率。用阿贝折射仪测量时，只要明暗分界线与望远镜叉丝交点对准，就可直接读出 n_x 值。

接触液的存在并不影响 n_x 的测量，但只要求折射率 $n_2 > n_x$。接触液的作用是使得待测样品面和折射棱镜面形成良好的光学接触，没有空隙且有粘附性。此外，用反射光测定折射率的原理如图 4 - 31 - 5 所示，光由折射棱镜的磨砂面 BC 进入，此时 BC 面就成为一个扩展面光源，到达 AB 面（与待测物质的接触面）上任意一点的诸光线具有不同的入射角，凡入射角大于临界角 i_c（$= \arcsin\dfrac{n_x}{n}$）者，皆全反射，再经 AC 面射出，用望远镜对准 ϕ 角方向，同样观察到明暗视场，但明暗差别不如透射光，而且明暗相对透射法测量颠倒。用反射光测量固体

的折射率时，只需一个抛光面。

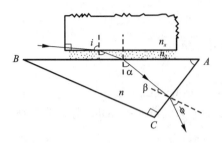

图 4 - 31 - 4 用透射光测固体折射率

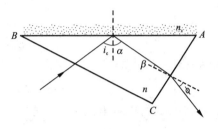

图 4 - 31 - 5 用反射光测固体折射率

任何物质的折射率都与测量时使用的光波的波长有关。阿贝折射仪因此有光补偿装置（阿米西棱镜组），所以测量时可用白光光源，且测量结果相当于对钠黄光（$\lambda = 589.3$ nm）的折射率（即 n_D）。另外，液体的折射率还与温度有关，因此若仪器接上恒温器，则可测定温度为 $0 \sim 50℃$ 内的折射率即 n_D。

【实验内容】

测定液体的折射率：

（1）用脱脂棉沾酒精将进光棱镜和折射棱镜擦拭干净，干燥后使用。避免因残留有其他物质，而影响测量结果。

（2）用滴管将少许待测液滴在折射棱镜的表面上，并将进光棱镜盖上，旋紧棱镜锁紧手轮 10 锁紧，待测液在中间形成一层均匀无气泡的液膜。

（3）打开进光棱镜上的遮光板，关闭折射棱镜上遮光板用透射光测量，旋转折射率刻度调节手轮 15 找到明暗分界线使之大致对准十字叉丝的交点。然后旋转阿米西棱镜手轮 6，消除视场中出现的色彩，使视场中只有黑白分界线。

（4）再次微调手轮 15，使明暗分界线正对十字线中心。此时，目镜视场中折射率刻度示值即为被测液体的折射率。读取数据时首先沿正方向旋转棱镜转动手轮（如向前），调节到位后，记录一个数据。然后继续沿正方向旋转一小段后，再沿反方向（向后）旋转棱镜转动手轮，调节到位后，又记录一个数据。取两个数据的平均值为一次测量值。

（5）分别测定蒸馏水、无水乙醇和糖溶液的折射率各 6 次。关闭进光棱镜遮光板，打开折射棱镜遮光板用反射光法测量三种溶液折射率各 6 次。测量糖溶液时，还要同时测出其锤度。

（6）对透射光法和反射光法测定两组数据各求平均值和不确定度。

【注意事项】

（1）使用仪器前应先检查进光棱镜的磨砂面、折射棱镜及标准玻璃块的光学面是否干净，如有污迹用酒精棉擦拭干净。

（2）用标准块校准仪器读数时，所用折射率液不宜太多，使折射率液均匀布满接触面即可。过多的折射率液易堆积于标准块的棱尖处，既影响明暗分界线的清晰度，又容易造成标准块从折射棱镜上掉落而损坏。

（3）在加入的折射率液或待测液中，应防止留有气泡，以免影响测量结果。

（4）读取数据时，首先沿正方向旋转棱镜转动手轮（如向前），调节到位后，记录一个数据。然后继续沿正方向旋转一小段后，再沿反方向（向后）旋转棱镜转动手轮，调节到位后，又记录一个数据。取两个数据的平均值为一次测量值。

（5）实验过程中要注意爱护光学器件，不允许用手触摸光学器件的光学面，避免剧烈振动和碰撞。

（6）仪器使用完毕后，要将棱镜表面及标准块擦拭干净，目镜套上镜头保护纸，放入盒内。

【数据记录及处理】

测定液体的折射率数据记录表如表4－31－1、表4－31－2所示，环境温度 $t=$ 　　℃。

表4－31－1　透射光法

折射率 次数	蒸馏水			无水乙醇			糖溶液	
	前	后	平均	前	后	平均	折射率	锤度（%）
1								
2								
3								
4								
5								
6								

平均值 $\bar{n}=$ ＿＿＿＿＿＿＿＿。

$u_{An}=S_n=\sqrt{\dfrac{1}{6}\Big[\sum_{i=1}^{6}(\bar{n_i}-\bar{n})^2\Big]}=$ ＿＿＿＿＿＿＿＿。

$u_{Bn}=\dfrac{\Delta n}{\sqrt{3}}=$ ＿＿＿＿＿＿＿＿。

合成不确定度 $u_n=\sqrt{u_{An}^2+u_{Bn}^2}=$ ＿＿＿＿＿＿＿＿。

测量结果：$n=\bar{n}\pm u_n=$ ＿＿＿＿＿＿＿＿ ± ＿＿＿＿＿＿＿＿。

表 4 – 31 – 2　反射光法

次数 \ 折射率	蒸馏水			无水乙醇			糖溶液	
	前	后	平均	前	后	平均	折射率	锤度(%)
1								
2								
3								
4								
5								
6								

平均值 $\bar{n}$ = ＿＿＿＿＿＿＿＿。

$u_{An} = S_n = \sqrt{\dfrac{1}{6}\left[\sum\limits_{i=1}^{6}(\bar{n_i} - \bar{n})^2\right]}$ = ＿＿＿＿＿＿＿＿。

$u_{Bn} = \dfrac{\Delta n}{\sqrt{3}}$ = ＿＿＿＿＿＿＿＿。

合成不确定度 $u_n = \sqrt{u_{An}^2 + u_{Bn}^2}$ = ＿＿＿＿＿＿＿＿。

测量结果 $n = \bar{n} \pm u_n$ = ＿＿＿＿＿＿＿ ± ＿＿＿＿＿＿＿。

【思考题】

(1)阿贝折射仪使用什么光源？所测得的折射率是对哪条谱线的折射率？

(2)进光棱镜的工作面为什么要磨砂？

(3)溴代苯溶液起何作用？对其折射率有何要求？

(4)阿贝折射仪测定折射率的原理是什么？若待测物质折射率大于折射棱镜的折射率，能否测量？为什么？并写出本实验测定折射率的范围。

(5)如果待测液体折射率 n_x 大于折射棱镜的折射率 n，能否用阿贝折射仪来测量？为什么？

实验三十二　平行光管和透镜性能测试

平行光管是用来产生平行光束的光学仪器，是装校调整光学仪器的重要工具，也是光学量度仪器中的重要组成部分，配用不同的分划板，连同测微目镜头，或显微镜系统，则可以测定透镜组的焦距、分辨率及其他成像质量。将附配的调整式平面反光镜固定于被检运动直线的工件上，用附配于光管的高斯自准目镜头，通过光管上的高斯目镜观察，可以进行运动工件的直线性检验。

【实验目的】

(1)了解平行光管的构造及工作原理。

(2)掌握平行光管的调节方法。

(3)学会使用平行光管测量薄透镜的焦距及分辨率的方法。

【实验仪器】

CPG-550型平行光管、可调式平面反射镜、平行光管分划板一套(包括十字分划板、玻罗板、分辨率板和星点板)、测微目镜及待测透镜。

【实验原理】

1. 平行光管的结构

平行光管主要是用来产生平行光束的,它是校验和调整光学仪器的重要工具,也是重要的光学量度仪器。若配用不同的分划板及测微目镜或读数显微镜,可测定和检验透镜或透镜组的焦距、分辨率及其成像质量。

实验室中常用的CPG-550型平行光管,附有高斯目镜和可调式平面反射镜,其光路图如图4-32-1所示。

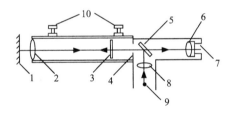

图4-32-1　CPG-550型平行光管结构图

1—可调式反射镜;2—物镜;3—分划板;4—光阑;5—分光镜;6—目镜;7—出射光瞳;8—聚光镜;9—光源;10—十字螺钉

由光源发出的光,经分光板后照亮分划板,而分划板被调节在物镜的焦平面上。因此,分划板的像将成于无穷远,即平行光管发出的是平行光束,可用高斯目镜根据自准直原理来检验。

2. 平行光管的规格及附件

(1)平行光管:焦距f为550 mm(名义值),使用时按实测值。口径$D=55$ mm,相对孔径$D:f'=1:10$。

(2)高斯目镜:焦距为44 mm,放大倍率5.7。

(3)分划板:CPG-550型平行光管有5种分划板,如图4-32-2所示。

①十字分划板:调节平行光管的物距并将十字分划板的十字心调到平行光管的主光轴上,若拿掉十字分划板换上其他分划板,此分划板的中心也在平行光管的主光轴上。

②鉴别率板:可以用来检验透镜和透镜组的鉴别率,板上有25个图案单元,每个图案单元中平行条纹宽度不同,对2号鉴别率板,第1单元到第25单元的条纹宽度由20 μm递减至

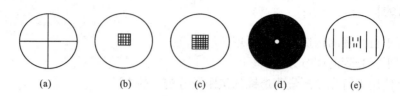

图 4 – 32 – 2　分划板

(a)十字分划板；(b)2 号鉴别率板；(c)3 号鉴别率板；(d)星点板；(e)玻罗板

5 μm；而对 3 号鉴别率板 25 单元，则由 40 μm 递减至 10 μm。

　　③星点板：星点直径为 $\phi 0.05$ mm，通过被检系统后有一衍射像，根据像的形状作光学零件或组件成像质量定性检查。

　　④玻罗板：它与测微目镜(或读数显微镜)组合在一起使用，用来测量透镜组的焦距。玻罗板上每两条等长线之间的间距有不同的尺寸，其名义尺寸为：1mm、2mm、4mm、10mm、20mm，使用时应依据出厂时的实测值。

【实验内容】

　　1. 平行光管的调节

　　为了正确使用平行光管和确保平行光管的出射光线严格平行，必须在使用前对平行光管进行调节。

　　(1)调节要求

　　①使十字分划板严格处于物镜的焦平面上。

　　②使十字分划板十字线中心同平行光管的光轴相重合。

　　(2)调节步骤

　　①将仪器按图 4 – 32 – 1 所示放置。

　　②调节目镜，使在目镜中能清楚地观察到十字分划板的十字线。

　　③调节平面反射镜，使平行光管射出的光束返回平行光管，即在目镜视场中能见到十字叉丝的反射像且与物像重合。

　　④细心调节分划板座的前后位置，使在目镜中不仅能同时清楚地看到十字线并且与反射回来的像无视差。这时分划板已基本调整在物镜的焦平面上了。(为什么?)

　　⑤松开平行光管的十字螺钉，将平行光管绕光轴转过 180°，若分划板十字线的物与像不重合，这说明十字线中心同光轴不重合。

　　⑥分别调节平面反射镜及分划板座中心调节螺钉，两者各调一半，使分划板十字线的物与像重合。

　　⑦重复步骤⑤和⑥，反复调节直到转动平行光管时，十字线的物与像始终重合。至此，平行光管已调节完毕。

　　2. 测定透镜的焦距

　　(1)原理

　　如果平行光管已调节好，并使玻罗板位于物镜 L 的焦平面上，那么，从玻罗板出射的光，经物镜 L 后变成平行光，平行光通过待测透镜 L_x 后，将在 L_x 的第二焦平面 F' 上会聚成像，其光路如图 4-32-3 所示，因而玻罗板上的线对必然成像于 F' 面上。由图 4-32-3 可以得到待测透镜的焦距为

$$f'_x = -f' \frac{y'}{y} \tag{4-32-1}$$

式中：y 是玻罗板上所选用线对间距的实测值，y' 是玻罗板上对应像的间距的实测值，f' 是平行光管物镜第二焦距的实测值。

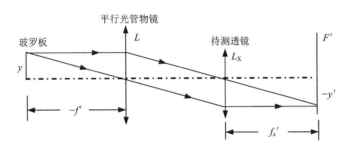

图 4-32-3 平行光管法测透镜焦距光路图

（2）步骤

①将平行光管中的分划板换成玻罗板，并调节使之位于平行光管物镜的焦平面上。按图 4-32-4 放置好平行光管、待测透镜及测微目镜，并使之共轴，测微目镜放在待测透镜第二焦平面附近，方便实验人员观察。

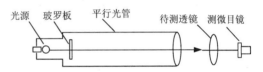

图 4-32-4 平行光管法测透镜焦距结构图

②将玻罗板放入平行光管中，罩上直筒形光源。

③转动测微目镜的调节螺丝，直到从测微目镜里面能看到清晰的叉丝或标尺为止。

④前后移动凸透镜，使在平行光管中的玻罗板成像于测微目镜的标尺和叉丝上，表明凸透镜的焦平面与测微目镜的焦平面重合。

⑤用测微目镜测出玻罗板像中 20 mm、10 mm、4 mm 两刻线的位置，并计算线对间距的测量值，重复六次，将各数据填入自拟表中。

⑥读出平行光管的焦距实测值和玻罗板两刻线的实测值（出厂时仪器说明书中给定）。

3. 测透镜的分辨率

（1）原理

光学系统的分辨率是该系统成像质量的综合性指标，按照几何光学的观点，任何靠近的两个微小物点，经光学系统后成像在像平面上，仍然应是两个"点"像。事实上，这是不可能的。即使光学系统无像差，通过光学系统后，波面不受破坏，而根据光的衍射理论，一个物点的像不再是"点"，而是一个衍射花样。光学系统能够把这种靠得很近的两个衍射花样分辨出来的能力，称为光学系统的分辨率。

瑞利提出了一个判据（如图 4-32-5 所示）：如果一个物点的衍射图样中央主极大与另一个物点的衍射中央主极大旁的第一极小相重合时，这两个物点是恰可分辨的。

根据衍射理论和瑞利准则，一个透镜的分辨率用它能够分辨两组衍射花样的最小角距离

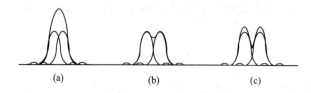

图 4 – 32 – 5　分辨率与瑞利判据

θ 表示。若 D 为透镜孔径，λ 为光波波长，则仪器的最小分辨角 θ 为

$$\theta = \frac{1.22\lambda}{D}(\text{弧度}) = \frac{140}{D}(\text{秒}) \tag{4-32-2}$$

　　如图 4 – 32 – 4 所示，若将分辨率板置于平行光管的物镜焦平面上，那么，在待测透镜的第二焦平面附近，将得到分辨率板的像。用测微目镜观察此像，待测透镜的质量越高，观察到的能分辨的单元号码就越高，找出分辨率板上刚能分辨的单元号码，然后按下式计算透镜分辨率角值 θ'

$$\theta' = \frac{2a}{f'}206265(\text{秒}) \tag{4-32-3}$$

式中 $2a$ 为相邻两条刻线的间距，a 为条纹宽度值（单位毫米，单元号码相对应的条纹宽度见"参考资料"），f' 为平行光管焦距的实测值。

　　（2）测量分辨率的方法

　　①如图 4 – 32 – 4 所示，安排好仪器，取下玻罗板，换上 3 号分辨率板，装上光源。

　　②调节各光学元件，使之共轴，并将测微目镜放置在待测物镜的第二焦平面附近。

　　③移动被测透镜的位置，使 3 号分辨率板成像于测微目镜的焦平面上。用眼睛认真地从分辨率板 1 号单元上开始往下数，数出哪一个号数单元的线条能被刚好分辨清楚，记下此号码，如图 4 – 32 – 6。查出此单元条纹宽度值，将条纹宽度值 a 和平行光管焦距实测值 f' 代入公式（4 – 32 – 3），求出分辨率角值 θ'。

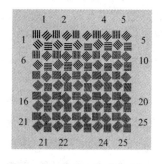

图 4 – 32 – 6　3 号分辨率板

　　④测出透镜的孔径 D，由（4 – 32 – 2）式计算 θ 与由（4 – 32 – 3）式测得的 θ' 进行比较（取 $\overline{\lambda} = 550.0$ nm）。

【注意事项】

　　（1）测微目镜注意事项
　　①测量时，鼓轮应沿同一方向旋转，不得中途反向，以避免空程误差。
　　②被测量物的线度方向必须与基准线方向平行，否则会引入系统误差。
　　③被测量物的像与基准线重合，不能存在视差。
　　④虽然测微目镜测量范围为 0 ~ 10 mm，但一般测量应尽量控制在 1 ~ 9 mm 范围内进行，以保护测微装置的准确度，切忌读出负值。
　　⑤零点修正值的存在，注意整数位的读法。
　　（2）实验注意事项

①不得用手触摸仪器的光学元件及其测量附件的表面。

②调节螺丝时，不得用力硬拧以免造成滑丝和仪器变形。

③必须记录使用的平行管的焦距及玻罗板线距值。

④测量时单向测量。

⑤分划板放到位，4 小格算一个单元格。

【思考题】

(1)测凸透镜焦距和分辨率时，透镜与平行光管间的距离对结果有无影响？

(2)如何用一元线性回归方法来计算透镜焦距，特别是有多个但不完整的玻罗板线对的数据时，还能获得焦距的测量值吗？

(3)导出分辨率的测量公式，式中 206265′ 是怎么来的？

(4)讨论人眼在明视距离和远处(例如 10 m 处)能分辨的最小距离(眼瞳直径的调节范围约为 2 ~ 8 mm)。

(5)测量透镜分辨率时，若将鉴别率板的成像再进行一级放大，是否能提高透镜的分辨率(设放大系统的分辨率高于透镜)？

(6)玻罗板放不到位，对测量的焦距值有什么影响？

(7)使用光学仪器测量时，首先要调节目镜看清叉丝。设目镜焦距为 f，问此时叉丝在目镜的什么位置？

a.距目镜正好为 f。

b.距目镜小于 f。

c.距目镜正好为 $2f$。

d.距目镜大于 $2f$。

(8)用焦距仪测凸透镜焦距时，透过目镜看到叉丝和玻罗板线对的像之间有视差，观察者向左晃动眼睛时，发现叉丝相对于玻罗板线对的像有一个向左的移动，要消除视差，应如何调节？

a.增大测微目镜和透镜之间的距离。

b.减小测微目镜和透镜之间的距离。

c.增大透镜和平行光管之间的距离。

【参考资料】

表 4 - 32 - 1　分辨率板条纹宽度及最小分辨率角(3 号分辨率板)

单元号	单元中每一组的条纹数	条纹宽度/μm	当平行光管 f' =550 mm 时最小分辨率角 θ′/(′)
1	4	40.0	30.00
2	4	37.8	28.35
3	4	35.6	26.70
4	5	33.6	25.20
5	5	31.7	23.78

续表 4 – 32 – 1

单元号	单元中每一组的条纹数	条纹宽度/μm	当平行光管 f' =550 mm 时最小分辨率角 $\theta'/(\,')$
6	5	30.0	22.50
7	6	28.3	21.23
8	6	26.7	20.03
9	6	25.2	18.90
10	7	23.8	17.85
11	7	22.5	16.88
12	8	21.2	15.90
13	8	20.0	15.00
14	9	18.9	14.18
15	9	17.8	13.35
16	10	16.8	12.60
17	11	15.9	11.93
18	11	15.0	11.25
19	12	14.1	10.58
20	13	13.3	9.98
21	14	12.6	9.45
22	14	11.9	8.93
23	15	11.2	8.40
24	16	10.6	7.95
25	17	10.0	7.50

实验三十三　伏安法测电阻

【实验目的】

（1）了解电表的接入误差，学习减小伏安法系统误差的方法。

（2）掌握用伏安法测量电阻的基本方法。

（3）学会正确使用电学基本测量仪器。

【实验仪器】

电压表、电流表、滑线变阻器、直流电源、待测电阻、开关和导线等，

【实验原理】

用伏安法测量电阻是电学的基本测量之一，它的工作原理是欧姆定律：

$$R = \frac{U}{I} \qquad (4-33-1)$$

若用电压表测得电阻 R 两端的电压 U，同时用电流表测得流过该电阻 R 的电流 I，则可由式（4-33-1）求得电阻 R，这种测量方法称为伏安法。伏安法原理简单，测量方便，但由于电表的接入，产生接入误差即系统误差，影响测量结果，这是我们应该考虑的问题。

1. 两种接线方法及系统误差

（1）电流表内接法。如图4-33-1所示，电压表跨接在电流表即待测电阻 R_x 两端，此时电流表的读数 I 为流过 R_x 电流 I_x，而电压表的读数 U 是 R_x 两端的电压 U_x 和 R_A（电流表内阻）两端的电压 U_A 之和，即 $U = U_x + U_A$，由此可得

$$R_x = \frac{U_x}{I_x} = \frac{U - U_A}{I} = \frac{U}{I} - \frac{U_A}{I} = \frac{U}{I} - R_A \qquad (4-33-2)$$

可见，如直接应用公式（4-33-1）来计算待测电阻 R_x，要产生正的系统误差，即结果要偏大一个 R_A 的数值。其系统误差

$$\frac{\Delta R_x}{R_x} = \frac{R_A}{R_x} \qquad (4-33-3)$$

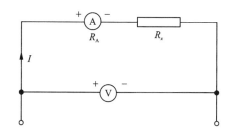

图4-33-1 电流表内接法电路图

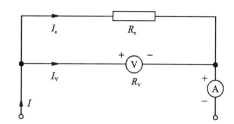

图4-33-2 电流表外接法电路图

只有当 $R_x \gg R_A$ 时，才可能直接应用式（4-33-1）而忽略系统误差。

（2）电流表外接法。如图4-33-2所示，电压表跨接在电阻 R_x 两端，此时电压表的读数 U 等于 R_x 两端的电压 U_x，而电流表的读数 I 为流过电阻 R_x 的电流 I_x 和流过电压表的电流 I_V 之和，即 $I = I_x + I_V$，由此可得

$$R_x = \frac{U_x}{I_x} = \frac{U}{I - I_V} = \frac{U}{I - \dfrac{U}{R_V}} \qquad (4-33-4)$$

或

$$\frac{1}{R_x} = \frac{I}{U} - \frac{I_V}{U} = \frac{I}{U} - \frac{I}{R_V} \qquad (4-33-5)$$

式中 R_V 为电压表内阻，由此可见，如直接应用式（4-33-1）来计算 R_x，要产生负的系统误差，即结果要比 R_x 的实际值偏小，其值为

$$\Delta R_x = \frac{U}{I} - \frac{U_x}{I_x} = \frac{U}{I_x + I_V} - \frac{U}{I_x} = \frac{1}{\frac{1}{R_x} + \frac{1}{R_V}} - R_x = R_x\left(\frac{1}{1 + \frac{R_x}{R_V}} - 1\right) \qquad (4-33-6)$$

其系统误差

$$\frac{\Delta R_x}{R_x} = \left(\frac{1}{1 + \frac{R_x}{R_V}} - 1\right) \qquad (4-33-7)$$

可见，只有当 $R_V \gg R_x$ 时，才可直接应用式(4-33-1)而忽略系统误差。

用伏安法测电阻时，由于电表接入误差，测得的电阻值总是偏大或偏小，即存在一定的系统误差。究竟采用哪种接法误差较小呢？若采用图 4-33-1 的内接法，则电压表测得的电压等于电阻 R_x 和电流表两者电压之和，R_x 上的压降为

$$U_x = U - U_A = U - IR_A$$

如果以电压表的读数 U 作为 U_x，则带来的系统误差

$$\Delta U_x = U - U_x = IR_A = \frac{U_x}{R_x}R_A$$

$$\frac{\Delta U_x}{U_x} = \frac{R_A}{R_x} \qquad (4-33-8)$$

若采用图 4-33-2 所示的外接法，则电流表指示的是流过电阻 R_x 和电压表两个支路电流之和，通过电阻的电流为

$$I_x = I - I_V = I - U/R_V$$

如果把电流表读数 I 作为 I_x，则带来的误差为

$$\Delta I_x = I - I_x = \frac{U}{R_V} = \frac{I_x R_x}{R_V}$$

$$\frac{\Delta I_x}{I_x} = \frac{R_x}{R_V} \qquad (4-33-9)$$

由此可见，如果直接用式(4-33-1)来计算 R_x 时，当 $\frac{\Delta I_x}{I_x} > \frac{\Delta U_x}{U_x}$，即 $R_x^2 > R_A R_V$ 时，采用内接法优于外接法；当 $\frac{\Delta I_x}{I_x} < \frac{\Delta U_x}{U_x}$，即 $R_x^2 < R_A R_V$ 时，采用外接法优于内接法；当 $\frac{\Delta I_x}{I_x} = \frac{\Delta U_x}{U_x}$，即 $R_x^2 = R_A R_V$ 时，两种接法都一样。

因此，应用伏安法测量电阻时，为了减少系统误差需考虑采用哪种电路。如果电流表和电压表的内阻已知，可根据式(4-33-2)或式(4-33-4)进行修正，以消除电表接入引起的系统误差。

2. 指针式电表的读数及误差限

(1)电表读数。指针式电表的读数可由下式得到：

$$读数 = 指针偏转格数/刻度总格数 \times 电表量程$$

在读取指针偏转格数时，根据电表刻度的最小分度情况，以及电表的准确度等级估读到 0.1 格或 0.2 格，有时也可估读到 0.5 格。

(2)电表的误差限。电表的误差限也就是最大引用误差，由电表的准确度等级 a 和电表量程决定，即

$$\Delta = a\% \times 电表量程$$

设电表的量程为 I_n，则有

$$\Delta I = a\% \times I_n \qquad (4-33-10)$$

若电表的读数为 I，则相对误差限为

$$\frac{\Delta I}{I} = a\% \times \frac{I_n}{I} \qquad (4-33-11)$$

同理，设电压表的量程为 U_n，则有

$$\Delta U = a\% \times U_n \qquad (4-33-12)$$

若电压表读数为 U，则相对误差限为

$$\frac{\Delta U}{U} = a\% \times \frac{U_n}{U} \qquad (4-33-13)$$

从式(4-33-11)和式(4-33-13)可见，相对误差限除了与电表的准确度等级和量程有关外，还与电表读数有很大的关系，读数越接近满量程，相对误差越小。所以为减小误差，通常在测量时要使电表指针偏转在三分之二刻度以上。

3. 测量不确定度

由于实验是一次性测量，因此只考虑不确定度的 B 类分量。如果考虑仪器误差的概率密度函数遵循均匀分布，则有

$$u(I) = \frac{\Delta I}{\sqrt{3}}$$

$$u(U) = \frac{\Delta U}{\sqrt{3}}$$

由式(4-33-1)可得待测电阻 R_x 的合成不确定度

$$\frac{u(R_x)}{R_x} = \sqrt{\left(\frac{u(U)}{U}\right)^2 + \left(\frac{u(I)}{I}\right)^2} \qquad (4-33-14)$$

【实验内容】

(1)按图4-33-3接线，图中 R_1 和 R_2 为两个滑线变阻器，将它们串联组成分压器，电阻较大者作粗调，电阻较小者作微调。实验时，分压器输出应先为零。

(2)选择电表接法。合上 S_1，接通线路，把 S_2 合向 1 为电流表内接法，合向 2 则为电流表外接法。测量时，调节分压器输出，使电表读数接近满度，电压表选用 0~1500 mV 量程，电流表则根据待测电流大小选择适当量程。分别观察并记下电流表和电压表读数。比较两种接法，电流表和电压表读数的变化，如果电流表读数变化大，则选择内接法，反之则选择外接法。

(3)用所选的接法进行测量，并记录好数据。

(4)换上另一个待测电阻，重复步骤(2)和(3)进行测量。注意此时电压表仍用 0~1500 mV 量程，电流表要选用适当量程。

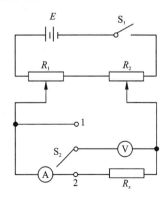

图4-33-3

【数据记录及处理】

(1)自拟表格记录实验数据。

(2)分别根据式(4 - 33 - 2)和式(4 - 33 - 4),求出测量值 R_x 的修正值。

(3)分别求出各自测量的 I 和 U 的不确定度,并根据式(4 - 33 - 16)求出测量值 R_x 的不确定度,写出测量结果。

【思考题】

(1)什么叫内接法和外接法?其特征是什么?画图表示之。

(2)本实验中的分压器为什么要用两个滑线变阻器?

(3)如果电表内阻未知,应用式(4 - 33 - 1)求未知电阻时,如何判断用哪种接法系统误差较小?

实验三十四   用箱式电位差计校准电表

【实验目的】

(1)了解箱式电位差计的结构和工作原理。

(2)学会正确使用箱式电位差计。

(3)应用箱式电位差计校准电压表(或电流表)。

【实验仪器】

箱式直流电位差计、待校准电压表(或电流表)、100 Ω 和 1000 Ω 的滑动变阻器、10 Ω 标准电阻、电阻箱、直流稳压电源、导线若干。

【实验原理】

电表经长期使用,各元件参数就会发生变化(如电阻老化,磁性减弱,金属部分锈蚀),转动部分(主要是轴尖和轴承)会发生磨损。如果保存条件不善(如受潮),使用不当(如过负荷,运输受震)都会损坏电表特性。电表的准确度将降低,特别是在刻度读数产生相当大偏差的情况下,就不符合使用要求,因此,对电表必须进行定期检查,对误差大者要及时检修,对误差小者可以校准后使用。在实验室通常用箱式电位差计来校准电表,并做出校准曲线,以消除误差。

1. 箱式电位差计的工作原理

箱式电位差计是用来精确测量电动势或电压的专门仪器。它是采用电势比较法依据补偿原理制成的。箱式电位差计的工作原理电路如图 4 - 34 - 1 所示,与滑线式电位差计的工作原理电路图略有不同。

(1)校准:闭合开关 K_1,将开关 K 扳向右边,仔细调节变阻器 R_P,使工作电流 I_0 在标准电阻 R_S 上产生的电压降精确等于标准电动势 E_S,$E_S = I_0 R_S$,检流计 G 指针便指向零。电路获得准确的工作电流 I_0 后,变阻器 R_P 保持不动。

（2）测量 E_x：将开关 K 扳向左边，调节变阻器 R，使工作电流 I_0 在电阻 R_{MN} 产生的电压降 U_{MN} 等于被测电压值 E_x，这时 $E_x = I_0 R_{MN}$。检流计 G 指针指零。

实验中，E_S、I_0、R_S 三个数据为已知，而 R_{MN} 的大小也可由变阻器中读出，所以

$$E_x = I_0 R_{MN} = \frac{R_{MN}}{R_S} E_S$$

2. UJ33a 型箱式电位差计

UJ33a 型电位差计是一种携带式直流电位差计，它所需工作电源和标准电池均装在箱内，无须外接，其面板配置如图 4-34-2 所示。其中①为待测电压 E_x 接线柱；②为倍率开关 K_1；③为检流计调零旋钮；④为测量—输出开关 K_3；⑤为扳键开关 K_2；⑥为工作电流调节变阻器 R_P（由粗调和细调两个变阻器串联组成）；⑦为 ×10mV 和 ×1 mV 两个步进测量盘（Ⅰ盘和Ⅱ盘）；⑧为 ×0.1 mV 滑线测量盘（Ⅲ盘）；⑨为晶体管放大检流计。其使用方法如下：

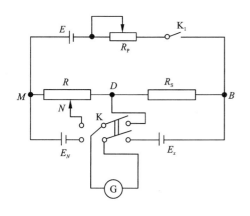

图 3-34-1 箱式电位差计的工作原理图

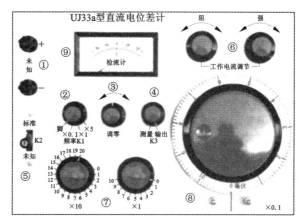

图 3-34-2 UJ33a 箱式电位差计面板图

（1）倍率开关从"断"旋到所需倍率，电源接通，2 min 后调节调零旋钮，使检流计指针指零。被测电压（电动势）按极性接入"未知"接线柱，测量-输出开关置于测量位置，扳键开关扳向标准，调节粗、微旋钮，直到检流计指零。

（2）扳键开关扳向未知，然后由大到小、由粗到细地调节 ×10 mV、×1 mV 和 ×0.1 mV 3 个测量盘，使检流计指零，此时，被测电压（电动势）值 U_x（或 E_x）就等于 3 个测量盘的测量读数之和与倍率乘积。即

$$U = （Ⅰ盘读数 \times 10 + Ⅱ盘读数 \times 1 + Ⅲ盘读数 \times 0.1） \times 倍率（mV）$$

测量过程中，随着电池消耗、工作电流变化，在连续使用时要经常校对标准，以提高测量精确度。使用完毕，开关旋回到"断"位置，以免内附干电池无谓放电。

UJ31 型直流电位差计也是实验室常用的电位差计，它们的工作原理相同。

【实验内容】

1. 校准电压表

（1）取一个有 1 V 量程的电压差，从大到小选 10 个刻度值点进行电压校准。

（2）测量电路图如图 4 – 34 – 3 所示，R_p 及 R_0 分别为 100 Ω、1000 Ω 的滑动变阻器，V 为待校准的电压表，调节变阻器 R_p，由分压输出，使被校表由大到小分别指示在所选定的校准点。同时记录电压表值 U 和电位差计的示值 U_x，则 $\Delta U = U - U_x$，并找出 ΔU 的最大电流值，以便确定电压表的等级。设仪表的等级为 a，仪表的最大绝对误差为 ΔX_{max}，仪表上的限值为 X_n，则

$$a = (\Delta X_{max}/X_n) \times 100\%$$

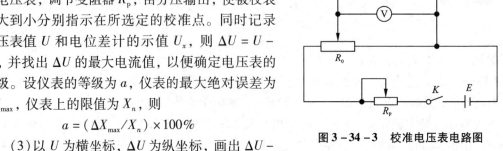

图 3 – 34 – 3　校准电压表电路图

（3）以 U 为横坐标，ΔU 为纵坐标，画出 ΔU – U 曲线即为电压表校准曲线，也称为误差曲线。注意误差曲线应是一条由各数据点连接成的拆线。考虑到校准工作，在计算 ΔU 时应多取一位有效数字，即保留到小数点后三位，否则无法体现校准本身的准确性。

2. 校准电流表

（1）取一个有 1000 mA 量程的电流表，从大到小选 10 个刻度值点进行校准。

（2）测量电路图如图 4 – 34 – 4 所示，为了能精确调节电流，R_p 用电阻箱代替，并将待校电流表 A 与 10 Ω 标准电阻 R_S 串联，当电流表示值为 I 时，用电位差计测出 R_S 两端电压 U_x，则流过 R_p 的电流为 $I_S = U_S/R_S$。由于电位差计对电路无分流作用。所以 I_S 为实际流过电流表的电流，则 $\Delta I = I - I_S$。找出 ΔI 的最大绝对值，以便确定电流表的等级。

（3）以 I 为横坐标，ΔI 为纵坐标，画出 ΔI – I 曲线，即为电流表校准曲线。

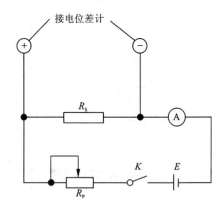

图 3 – 34 – 4　校准电流表电路图

【数据记录及处理】

自拟表格记录测量数据。画出电压表和电流表的校准曲线，并确定等级，分析实验误差。

【思考题】

（1）电位差计为什么要进行工作电流标准化调节？
（2）为什么电位差计能测量待测电池的电动势？
（3）请设计一个简单的电路，用电位差计来测量未知电阻的阻值。

实验三十五　示波器的使用

【实验目的】

（1）了解示波器的结构和原理。

（2）掌握示波器各旋钮、按键的作用和使用方法。

（3）学会用示波器观察电信号波形以及测量电压、频率和相位等。

【实验仪器】

示波器、低频信号发生器、导线。

【实验原理】

1. 示波器的构造和工作原理

通用示波器一般由示波管、扫描信号发生器、信号输入和放大系统、同步系统以及电源五个部分组成（如图 4 - 35 - 1 所示）。

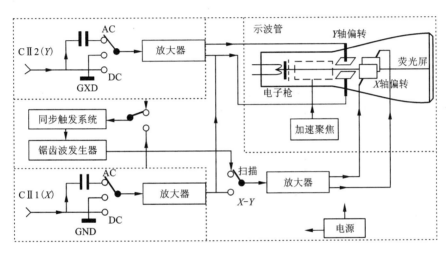

图 4 - 35 - 1　示波器的结构方框图

（1）示波管。左端为一电子枪，右端为荧光屏。电子枪加热后发射电子束，电子在阳极电压的作用下经加速、聚焦后打在荧光屏上，屏上的荧光物即发光形成一亮点，在电子枪与荧光屏之间有两对相互垂直的平行极板，称为偏转板。横向一对称为 X 轴偏转板（又称水平偏转板或横偏）。纵向一对称为 Y 轴偏转板（又称垂直偏转板或纵偏）。如果给偏转板加上电压，则平行板间建立起电场。当电子束通过偏转板间时，将受电场力的作用而发生偏转，从而使电子束在荧光屏上的亮点位置也随着改变。

（2）扫描信号发生器和示波器显示原理。扫描信号发生器就是锯齿波电压发生器。它能输出一个锯齿形的电压，如图 4 - 35 - 2 所示。此电压在（ - E ， + E ）范围内变化。电压从 - E 开始随时间线性地变化到 + E ，然后迅速返回到 - E ，再从 - E 开始随时间线性地变化，周而复始。从 - E 到 + E 的过程叫正程，从 + E 到 - E 的过程叫逆程，一个正程和一个逆程称为一个周期，锯齿波电压的周期（频率）可以通过调节示波器面板上与扫描速度有关的旋钮来改变。

通过示波器面板上相应的开关（旋钮）把锯齿波电压加在水平偏转板两端，则平行板间产生一个随锯齿波电压变化而变化的电场。此变化电场使电子束在荧光屏上的光点在水平方向移动，锯齿波的正程电压使光点从左向右匀速地移动（这个过程叫做扫描），而逆程电压则使光点迅速从右端返回左端（这个过程叫做回扫）。而在扫描的过程中，当扫描速度足够快，亮点移动的速度超过人眼视觉惰性时，由于荧光的余辉和视觉暂留作用，我们在荧光屏上看到的是一条水平亮线叫做扫描线，如图 4-35-3 所示。

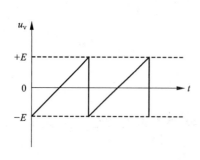

图 4-35-2 锯齿波电压

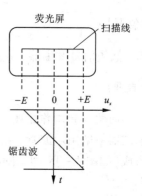

图 4-35-3 扫描过程

如果在 Y 轴偏转板上加上正弦电压，而 X 轴偏转板上不加任何电压，则在纵向偏转板间产生一个随正弦电压变化而变化的电场，电子束在此电场的作用下在竖直方向上下偏转，于是荧光屏上的亮点在竖直方向随时间做正弦振荡，如果正弦电压的频率足够高，我们在屏上看到的是一条竖直亮线。如果在纵向偏转板上加上正弦电压，同时在横向偏转板上加上锯齿波电压，则电子束同时参与水平和竖直两个方向的运动，故屏上亮点的位移将是方向相互垂直的两种位移的合成位移。

如果正弦波与锯齿波的周期相同（即频率相同），则屏上出现一个周期的完整稳定波形（如图 4-35-4 所示）。当正弦波的频率为锯齿波的 n 倍时（n 为整数），屏上将出现 n 个周期的完整波形。如果两信号频率的比值不是整数，则屏上的图形将复杂、零乱而不稳定。

可见，当水平偏转板加上扫描（锯齿波）电压，竖直偏转板加上待观测的信号电压（不管是什么波形），且信号电压的频率为扫描电压频率的适当整数倍时，示波器显示的就是信号电压的波形。

（3）同步（触发）系统。要在屏上得到稳定的图形，必须保证被观测信号频率是锯齿波频率的适当整数倍，同时每次扫描的起始点必须对应于被观测信号重复周期的同一点，而实现这一点即为同步。光靠人工调节

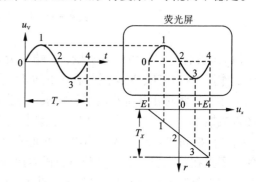

图 4-35-4 显示波形原理图

扫描信号的频率往往不能准确地实现同步，同步系统（也叫整步系统）就是为解决这个问题而设置的。同步系统包括"同步选择"和"同步放大"两部分。同步选择是一个选择开关，通过它可选择不同的同步信号，通常选择来自被观测信号的一部分作为同步信号。同步放大则是将同步信号放大后（可调节同步电压的幅度）加到扫描发生器去。同步系统把原本互不关联的被观测信号与扫描信号关联起来，让扫描信号自动跟踪被观测信号，实现两者同步。当示波器处于触发扫描工作状态时，同步信号还起到触发扫描信号发生器工作的作用。

（4）信号输入和放大系统。被观测信号通过耦合方式开关输入示波器。耦合方式开关有

直流耦合（DC）、交流耦合（AC）和接地（GND）。直流电压信号和低于 10Hz 的交流信号应通过直流耦合输入。单踪示波器有 Y 输入和 X 输入通道，双踪示波器有 CH1 和 CH2 两个信号输入通道，通过电子开关转换可单独把 CH1 或 CH2 通道的输入信号加在竖直偏转板上，此时示波器显示的是单个信号的波形，也可把两个通道输入的信号交替加在竖直偏转板上，此时示波器同时显示两个输入信号的波形。如果示波器处于 $X-Y$ 工作状态，则 CH1 的输入信号通过开关切换加到水平偏转板上（扫描锯齿波信号同时被切断），CH2 的输入信号加到竖直偏转板上。

　　放大系统包括水平轴放大和垂直轴放大两部分。为了观察电压幅度不同的信号波形，示波器内设有衰减器和放大器，对大信号衰减，对小信号放大，从而使荧光屏上显示出适中的图形。放大（衰减）系数可通过示波器面板上相应的旋钮（电压灵敏度旋钮）来调节。

　　（5）电源部分。电源部分供给以上各部分工作所需的各种电压，以保证示波器能正常工作。

　　2. 输入信号的观察和测量

　　（1）观察输入信号的波形。将观测信号通过输入系统加在竖直偏转板上，扫描信号锯齿波电压加在水平偏转板上，正确选择同步信号，通过调节电压灵敏度旋钮和扫描时间旋钮，示波器便显示出与被观测信号相同的波形。

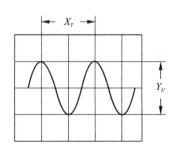

　　（2）测量被观测信号的电压。示波器显示的电压波形竖直方向的幅度即是电压的幅度。所以在屏幕上测出波形的幅度，即可推算出被测信号电压的值。测量时，把电压灵敏度的微调旋钮调至标准位置（右旋到底），这时读出电压灵敏度（V/div）旋钮的指示值和被测信号波形在竖直方向的幅度。如图 4 - 35 - 5 中的 Y_U，即可直接计算被测电压值。如果被测信号是正弦波电压，通常测量其峰 - 峰值（U_{PP}）。若电压灵敏度指示值用 M 表示，其单位为

图 4 - 35 - 5　测量信号的电压和周期

伏/格（V/div），波形在竖直方向的幅度用 Y_U 表示，单位为格（即 div）。则有

$$U_{PP} = 电压灵敏度（V/div） \times 波形幅度（div） = M \times Y_U \qquad (4 - 35 - 1)$$

其电压有效值

$$U = \frac{U_{PP}}{2\sqrt{2}} \qquad (4 - 35 - 2)$$

　　（3）测量被观测信号的频率（周期）。示波器的扫描信号电压能产生与时间呈线性关系的扫描线，所以荧光屏的水平刻度即表示时间，由此可测量波形的时间参数。将示波器的扫描时间旋钮（Time/div）的微调旋钮转至校准位置（右旋到底），读出扫描时间旋钮（Time/div）的指示值和被测信号一个周期波形在水平方向的幅度，如图 4 - 35 - 5 中的 X_T，即可直接计算出被测信号的周期 T。若扫描时间的指示值用 N 表示，其单位为秒/格（即 s/div），一个周期信号波形在水平方向的幅度用 X_T 表示，其单位为格（即 div），则有

$$T = 扫描时间（s/格） \times 周期幅度（格） = N \times X_T \qquad (4 - 35 - 3)$$

其频率

$$f = \frac{1}{T} \qquad (4 - 35 - 4)$$

3. 观察李萨如图形，测量正弦波的频率

使示波器工作在 X – Y 状态，将两个正弦波信号电压分别输入到 X 偏转板和 Y 偏转板（双踪示波器通过电子开关切换，CH1 信号加在 X 偏转板，CH2 信号加在 Y 偏转板），当两个正弦电压信号的频率相等或成简单整数比时，荧光屏上出现的合成轨迹为一稳定的闭合曲线，称为李萨如图形。设加在 X 偏转板的信号频率为 f_x，加在 Y 偏转板的信号频率为 f_y，f_x 和 f_y 几个简单比值的李萨如图形如图 4 – 35 – 6 所示，其中 φ 为两正弦波信号的相位差，由于通常情况下两信号的相位差总是周期性变化的，所以通常李

$\varphi_x - \varphi_y$ $n_y:n_x$	0	$\dfrac{\pi}{4n_x}$	$\dfrac{\pi}{2n_x}$	$\dfrac{3\pi}{4n_x}$	$\dfrac{\pi}{n_x}$
1:1					
2:1					
2:3					

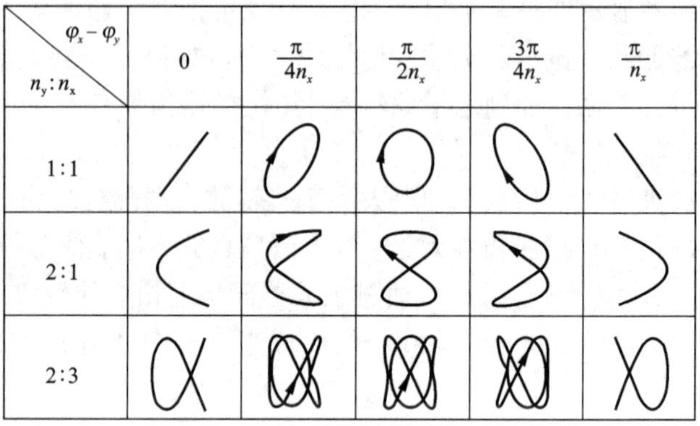

图 4 – 35 – 6　几种李萨如图形

萨如图形也是如图中从左到右周期性变化。如果通过移相的方法使两信号的相位差稳定在某一固定值，则李萨如图形就会稳定为对应的形状。

用 n_x 表示李萨如图形与一假想水平直线的最多切点数，n_y 表示李萨如图形与一假想竖直直线的最多切点数，则有

$$\frac{f_y}{f_x} = \frac{n_x}{n_y} \qquad (4-35-5)$$

利用李萨如图形可测量待测正弦波信号的频率。将待测信号 f_y 输入到 Y 偏转板，将已知的标准可调信号 f_x 输入到 X 偏转板，调节 f_x 使示波器出现李萨如图形，读出 f_x、n_x 和 n_y，即可求出待测信号的频率 f_y。

4. 测量两个正弦波电压的相位差

对于频率相同的两个信号的相位差的测量有以下两种方法：

（1）李萨如图形法。使示波器工作在 X – Y 方式，分别把两个信号输入到 X 偏转板和 Y 偏转板，并通过移相的方法使两信号的相位差稳定在某一固定值，得到如图 4 – 34 – 7 所示的稳定的李萨如图形。从示波器屏幕上读出 A 和 B 的值（格数），则信号的相位差

$$\varphi = \arcsin\left(\frac{B}{A}\right) \qquad (4-35-6)$$

如果图形长轴在二、四象限，则

$$\varphi = \pi - \arcsin\left(\frac{B}{A}\right) \qquad (4-35-7)$$

（2）双踪法。双踪法是用双踪示波器在荧光屏上直接比较两个被测电压的波形来测量其相位关系。使示波器工作在扫描工作方式，选择交替显示，调节两条扫描线重合。把两待测信号通过示波器的两个输入通道输入，得到如图 4 – 34 – 8 所示的图形。图中 Δt 即是以时间表示的两信号的相位差。参照图 4 – 34 – 8 读出一个信号周期 T 所占的格数 $n(T)$ 及 Δt 的对应格数 $n(\Delta t)$，则相位差 φ（以弧度为单位）

$$\varphi = 2\pi n(\Delta t)/n(T) \qquad (4-35-8)$$

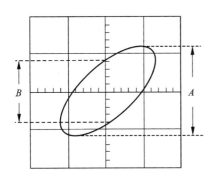

图 4 - 35 - 7　用李萨如图形测相位差

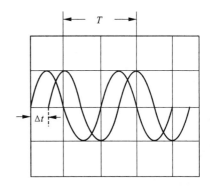

图 4 - 35 - 8　双踪法测量相位差

【实验内容】

1. 熟悉示波器面板

对照示波器，熟悉示波器面板上各旋钮的功能和用法。

2. 观察正弦电压波形

（1）调节好示波器，使之处于工作状态。

（2）用信号发生器作为信号源，调节输出电压峰 - 峰值为 2 V(U_{PP} = 2 V)，频率为 1000 Hz(具体数值由实验室给出)，其输出信号接在示波器的 CH1 信号输入端上。

（3）调节扫描时间旋钮(Time/div)和 CH1 的信号输入衰减值即电压灵敏度旋钮(V/div)，正确选择同步信号及调节同步(触发)电平等旋钮得到清晰、稳定的正弦波形。记录下相应的波形及有关旋钮的位置。

（4）改变信号频率及扫描时间，重复步骤(2)、(3)。

3. 测量正弦电压的幅度

从信号发生器输出一个正弦信号电压到示波器，调节示波器得到波形幅度适当、周期数适当的稳定波形，使电压灵敏度微调旋钮置于标准位置(右旋到底)，读出电压灵敏度旋钮的指示值(V/div)和波形峰 - 峰值(垂直方向)的幅度(格)，求出电压峰 - 峰值 U_{PP} 及其有效值。

4. 测量正弦电压信号的频率

调节信号发生器输出电压峰 - 峰值 U_{PP} 为 1 ~ 2 V、频率为 1000 Hz 左右的正弦信号，并输入示波器。调节示波器得到波形幅度适当、周期数适当的稳定波形，调节扫描时间微调旋钮于标准位置(右旋到底)，读出扫描时间旋钮的指示值(s/格)和一个周期波形在水平方向的幅度(格)，求出信号电压的周期，并由此求出信号的频率。

5. 利用李萨如图形测量频率

（1）调节示波器使其处于 X - Y 工作方式。

（2）将待测正弦波信号 f_y(从信号发生器输出 - 设定频率的信号)输入示波器 Y 偏转板，从信号发生器输出一可调频率的正弦波电压信号输入到示波器 X 偏转板作为 f_x。

（3）调节示波器，使出现的李萨如图形大小适当。

（4）调节标准信号频率 f_x 使出现 n_x : n_y 分别为 1 : 1、1 : 2 和 3 : 2 的李萨如图形，并分别根据式(4 - 35 - 5)求出待测信号的频率 f_y。

6. 测量两正弦波电压的相位差

从信号发生器输出两个相同频率的正弦波电压，应用移相功能使两信号的相位差稳定在某一固定值，分别用双踪法和李萨如图形法测量其相位差。

【数据记录及处理】

自拟表格记录数据，并进行数据处理。

【思考题】

(1)示波器由哪几个主要部分组成？它们的作用是什么？

(2)用示波器观察正弦波，在荧光屏上出现下列现象，如何解释？

①屏幕上出现一个亮点；

②屏幕上呈现一条缓慢向右移动的竖直亮线；

③屏幕上呈现一条不动的竖直亮线；

④屏幕上呈现一条水平的亮线；

⑤图形不稳定，需要调节哪些旋钮？

(3)如果示波器是完好的，但开机后荧屏上不见亮点或图形，应如何调节？

(4)如何用示波器测量直流电压的幅度？

实验三十六　磁场的描绘

在工业生产和科学研究的许多领域都要涉及到磁场测量问题，如磁探矿、地质勘探、磁性材料研制、磁导航、同位素分离、电子束和离子束加工装置、受控热核反应以及人造地球卫星等。近三十多年来，磁场测量技术发展很快，目前常用的测量磁场的方法有十多种，较常用的有电磁感应法、核磁共振法、霍尔效应法、磁通门法、光泵法、磁光效应法、磁膜测磁法以及超导量子干涉器法等。每种方法都是利用磁场的不同特性进行测量的，它们的精度也各不相同，在实际工作中将根据待测磁场的类型和强弱来确定采用何种方法。

本实验仪采用电磁感应法测量通有交流电的螺线管产生的交变磁场，通过这个实验掌握低频交变磁场的测量方法，加深对法拉第电磁感应定律和毕奥—萨伐尔定律的理解及对交变磁场的认识。

【实验目的】

(1)学习交变磁场的测量原理和方法。

(2)学习用探测线圈测量交变磁场中各点的磁感应强度。

(3)掌握载流直螺线管轴线上各点磁场的分布情况。

(4)了解螺线管周围磁场的分布及其描绘方法。

(5)加深理解磁场和电流的相互关系。

【实验仪器】

(1)亥姆霍兹实验平台：台面上有等距离 1.0 cm 间隔的网格线。

（2）探测线圈：匝数为 1000T（2 mm × 2 mm）。

（3）交流信号源：频率为 1000 Hz，交流输出 0 ~ 15 mA（单线圈）。

（4）亥姆霍兹线圈：平均半径 $R = 100$ mm，匝数 500T/个，在平台上可调。

（5）交流毫伏表或数字万用表：万用表四位半显示，有交流 200 mV 或 2V 挡位。

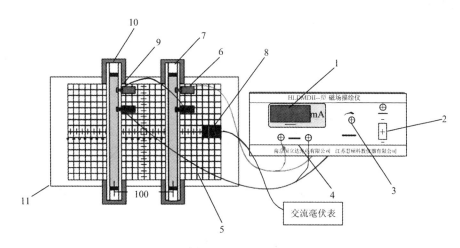

图 4 - 36 - 1 HLD - MD - Ⅱ型磁场描绘仪示意图

1—交流电流指示；2—电源开关；3—电流调节；4—电流输出（接入线圈）；5—坐标板；6—线圈1接线柱；7—圆线圈1；8—探测线圈（接入毫伏表）；9—线圈2接线柱；10—圆线圈2；11—实验平台

【实验原理】

1. 载流线圈磁感应强度的计算

（1）根据毕奥 - 萨伐尔定律，载流线圈在轴线（通过圆心并与线圈平面垂直的直线）上某点的磁感应强度为（图 4 - 36 - 2）

$$B = \frac{\mu_0 \cdot \overline{R}^2}{2\,(\overline{R}^2 + x^2)^{3/2}} N \cdot I \qquad (4 - 36 - 1)$$

式中：μ_0 为真空磁导率，$\overline{R}$ 为线圈的平均半径，x 为圆心到该点的距离，N 为线圈匝数，I 为通过线圈的电流大小。因此，圆心处的磁感应强度 B_0 为

$$B_0 = \frac{\mu_0}{2\,\overline{R}} N \cdot I \qquad (4 - 36 - 2)$$

（2）轴线外的磁场分布计算公式较为复杂，这里简略。

（3）如图 4 - 36 - 3(a)所示，亥姆霍兹线圈是一对彼此平行且连通的共轴圆形线圈，两线圈内的电流方向一致，大小相同，线圈之间的距离 d 正好等于圆形线圈的半径 R。这种线圈的特点是能在其公共轴线中点附近产生较广的均匀磁场区，所以在生

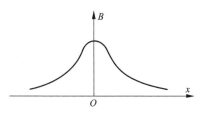

图 4 - 36 - 2 载流线圈轴线上磁场

产和科研中有较大的使用价值，也常用于弱磁场的计量标准。

设 x 为亥姆霍兹线圈中轴线上某点离中心点 O 处的距离,则亥姆霍兹线圈轴线上任意一点的磁感应强度为(如图 4 – 36 – 3(b))

$$B_x = \frac{1}{2}\mu_0 \cdot N \cdot I \cdot R^2 \left\{ \left[R^2 + \left(\frac{R}{2} + x \right)^2 \right]^{-3/2} + \left[R^2 + \left(\frac{R}{2} - x \right)^2 \right]^{-\frac{3}{2}} \right\} \quad (4 – 36 – 3)$$

而在亥姆霍兹线圈上中心 O 处的磁感应强度 B'_0 为

$$B'_0 = \frac{8}{5^{3/2}} \frac{\mu_0 \cdot N \cdot I}{R} \quad (4 – 36 – 4)$$

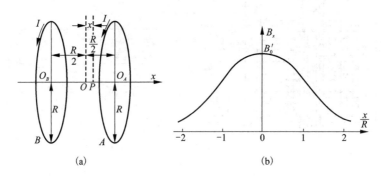

图 4 – 36 – 3　亥姆霍兹线圈轴线上磁场

2. 用电磁感应法测磁场的原理

设均匀交变磁场(由通以交变电流的线圈产生)为

$$B = B_0 \sin\omega t$$

磁场中探测线圈的磁通量为

$$\phi = NSB_m \cos\theta \sin\omega t \quad (4 – 36 – 5)$$

上式中,N 为探测线圈的匝数,(注意:此处的 N 和公式(4 – 36 – 1)、(4 – 36 – 2)中的 N 分别表示的是不同线圈上的匝数,虽然为同一个符号,但所指的不是同一个对象。)S 为探测线圈的等效截面积,θ 为线圈法线与磁场 B 的夹角。根据法拉第定律,闭合线圈置于交变磁场中时,产生的感应电动势为

$$\varepsilon = -\frac{d\phi}{dt} = -NS\omega B_m \cos\theta \cos\omega t = -\varepsilon_m \cos\omega t \quad (4 – 36 – 6)$$

上式中,$\varepsilon_m = NS\omega B_m \cos\theta$ 是线圈法线和磁场成 θ 角时,感应电动势的幅值。当 $\theta = 0$ 时,$\varepsilon_m = NS\omega B_m$,感应电动势最大。如果用数字式交流毫伏表测量此时线圈的电动势,则交流毫伏表的示值(有效值)应为 $U = \frac{\varepsilon_m}{\sqrt{2}}$。因此,交变磁场的有效值

$$B_{有效} = \frac{\varepsilon_m}{NS\omega} = \frac{\sqrt{2} \cdot U}{NS\omega} \quad (4 – 36 – 7)$$

由(4 – 36 – 7)式可以算出交变磁场的有效值 $B_{有效}$ 来。

在亥姆霍兹线圈计算磁场的公式(4 – 36 – 2)中,电流 I 若为交流电流的有效值,则公式中的 B 即为交变磁场的有效值 $B_{有效}$。

【实验内容】

1. 安装实验装置

将两个线圈和固定架按照图 4 - 36 - 1 所示简图安装。实验平台台面应该处于线圈组的轴线位置。调节和移动四个固定架，改变两线圈之间的距离，用尺测量两线圈间距；将两线圈间距 d 调整至 $d = 10.00$ cm 组成一个亥姆霍兹线圈。开机后应预热 10 min，再进行测量。

2. 研究探测线圈的感应电动势与电流的关系

(1)将线圈与主机相连，探测线圈与交流毫伏表相连。

(2)观察探测线圈测得的电动势的有效值是否与电流成正比。

记录数据于表 4 - 36 - 1 中，画出 $U - I$ 的曲线。

表 4 - 36 - 1 感应电动势与电流的关系表

电流/mA	感应电压/mV	电流/mA	感应电压/mV

3. 测量单个载流圆线圈轴线上磁场的变化规律

(1)将主机与线圈 1 相连(红 - 红、黑 - 黑)。

(2)探测线圈与交流毫伏表相连。

(3)仪器主机信号源频率为 1000 Hz、调节电流为 5 mA，记录数据于表 4 - 36 - 2 中，作 $U - x$ 的曲线。

表 4 - 36 - 2 励磁线圈 1 中轴线上感应电压的变化

距离/cm	感应电压/mV	距离/cm	感应电压/mV	距离/cm	感应电压/mV	距离/cm	感应电压/mV

(4)将交变磁场测定仪的主机与亥姆霍兹线圈测量装置中励磁线圈 2 相连(红 - 红、黑 - 黑)。

(5)仪器主机信号源频率为 1000 Hz、调节电流为 5 mA，记录数据于表 4 - 36 - 3 中，作 $U - x$ 的曲线。

表 4 - 36 - 3　励磁线圈 2 中轴线上感应电压的变化

距离 /cm	感应电压 /mV	距离 /cm	感应电压 /mV	距离 /cm	感应电压 /mV	距离 /cm	感应电压 /mV

4. 测量亥姆霍兹线圈轴线上磁场的变化规律

(1) 亥姆霍兹线圈装置与主机相连(串联)。

(2) 探测线圈与交流毫伏表相连。

(3) 仪器主机信号源频率为 1000 Hz、调节电流为 5 mA，记录数据于表 4 - 36 - 4 中，作 $U - x$ 的曲线。

表 4 - 36 - 4　亥姆霍兹线圈轴线上感应电压的变化

距离 /cm	感应电压 /mV	距离 /cm	感应电压 /mV	距离 /cm	感应电压 /mV	距离 /cm	感应电压 /mV

5. 推算探测线圈的等效截面积 S

按实验内容记录的数据，由测出的探测线圈有效值 U、线圈匝数 N、交变磁场的频率 $f = \frac{\omega}{2\pi}$ (或 $\omega = 2\pi f$)以及根据公式(4 - 36 - 1)算出的磁场 B，代入公式(4 - 32 - 7)，计算探测线圈的等效截面积 S。(注：由于实验中磁场的不均性，探测线圈面积不可能做得很小，每台仪器有一定的偏差，如果计算磁场强度，学校可以对探测线圈面积标定。

【扩展实验】

改变两线圈间距 d，使两线圈间距分别为 $d = R$ 和 $d = 2R$，测量轴线上不同位置的磁感应强度。

【注意事项】

(1) 在测量中，通电大线圈周围不能有金属体，尤其不能有较大的金属体。否则交变磁场会在此金属体中产生感应涡流对测量值造成较大的影响。

(2) 探测线圈的导线易折断，使用时要特别当心，避免只朝一个方向转动。

（3）实验结束后，将万用表拨至交流电压最高挡并关掉电源。

实验三十七　锑化铟磁电阻传感器的测量及应用

磁阻器件由于其灵敏度高、抗干扰能力强等优点在工业、交通、仪器仪表、医疗器械、探矿等领域应用十分广泛，如数字式罗盘、交通车辆检测、导航系统等。磁阻器件品种较多，可分为正常磁电阻、各向异性磁电阻、特大磁电阻、巨磁电阻和隧道磁电阻等。其中正常磁电阻的应用十分普遍。锑化铟（InSb）传感器是一种价格低廉、灵敏度高的正常磁电阻，有着十分重要的应用价值。它可用于制造在磁场微小变化时测量多种物理量的传感器。本实验装置结构简单、实验内容丰富，使用两种材料的传感器：利用砷化镓（GaAs）霍尔传感器测量磁感应强度，研究锑化铟（InSb）磁阻传感器在不同的磁感应强度下的电阻大小，融合霍尔效应和磁阻效应两种物料现象。

【实验目的】

（1）了解磁阻现象与霍尔效应的关系与区别。

（2）测量锑化铟传感器的电阻与磁感应强度的关系。

（3）作出锑化铟传感器的电阻变化与磁感应强度的关系曲线。对此关系曲线的非线性区域和线性区域分别进行拟合。

【实验仪器】

（1）实验采用 FD－MR－Ⅱ型磁阻效应实验仪、数字存储示波器、CA1640－02 函数信号发生器等仪器，其中 FD－MR－Ⅱ型磁阻效应实验仪包括直流双路恒流电源、0～2V 直流数字电压表、电磁铁、数字式毫特斯拉仪（GaAs 作探测器）、锑化铟（InSb）磁阻传感器、电阻箱、双向单刀开关及导线等组成。图 4－37－1（a）为该仪器示意图，仪器连接如图 4－37－1（b）所示。

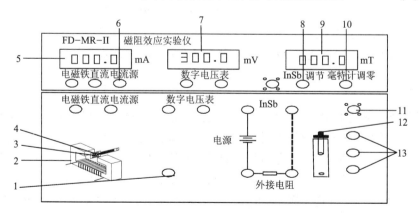

图 4－37－1（a）　FD－MR－Ⅱ磁阻效应实验仪示意图

1—固定及引线铜管；2—U 形矽钢片；3—锑化铟（InSb）磁阻传感器；4—砷化镓（GaAs）霍尔传感器；5—电磁铁直流电流源显示；6—电磁铁直流电流源调节；7—数字电压显示；8—锑化铟磁阻传感器电流调节；9—电磁铁磁场强度大小显示；10—电磁铁磁场强度大小调零；11—1 和 2 是给锑化铟传感器提供小于 3 mA 直流恒流电流源，3 和 4 是给砷化镓传感器提供电压源，5 和 6 是砷化镓传感器测量电磁铁间隙磁感应强度大小，7 为悬空；12—单刀双向开关；13—单刀双向开关接线柱

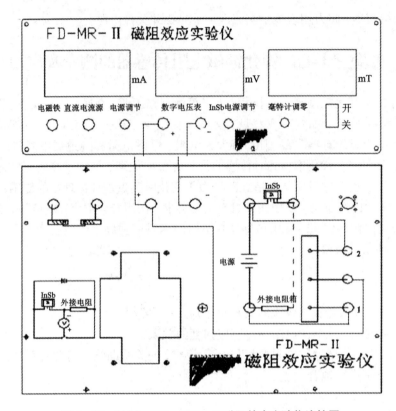

图 4 -37 -1(b)　　FD -MR -Ⅱ磁阻效应实验仪连接图

（2）技术指标

①双路直流电源：

直流电源Ⅰ：电流 0 ~ 500 mA 连续可调，数字电流表显示输出电流大小。

直流电源Ⅱ：输出电流 0 ~ 3 mA 连续可调，供锑化铟传感器的工作电流。电流与所选取的外接电阻的乘积小于 2 V。

②数字式毫特仪：测量范围 0 ~ 0.5T，分辨率 0.0001T，准确度为 1%。

【实验原理】

一定条件下，导电材料的电阻值 R 随磁感应强度 B 的变化规律称为磁阻效应。如图 4 -33 -2所示，当半导体处于磁场中时，导体或半导体的载流子将受洛伦兹力的作用，发生偏转，在两端产生积聚电荷并产生霍尔场。如果霍尔电场作用和某一速度载流子的洛伦兹力作用刚好抵消，那么小于或大于该速度的载流子将发生偏转，因而沿外加电场方向运动的载流子数量将减少，电阻增大，表现出横向磁阻效应。若将图 4 -37 -2 中 a 端和 b 端短路，则磁阻效应更明显。通常以电阻率的相对改变量来表示磁阻的大小，即用 $\Delta\rho/\rho(0)$ 表示。其中 $\rho(0)$ 为零磁场时的电阻率，设磁阻在磁感应强度为 B 的磁场中电阻率为 $\rho(B)$，则 $\Delta\rho = \rho(B) - \rho(0)$。由于磁阻传感器电阻的相对变化率 $\Delta R/R(0)$ 正比于 $\Delta\rho/\rho(0)$，这里 $\Delta R = R(B) - R(0)$，因此也可以用磁阻传感器电阻的相对改变量 $\Delta R/R(0)$ 来表示磁阻效应的大小。

如图 4 -37 -3 所示实验装置，用于测量磁电阻的电阻值 R 与磁感应强度 B 之间的关系。

实验证明，当金属或半导体处于较弱磁场中时，一般磁阻传感器电阻相对变化率 $\Delta R/R(0)$ 正比于磁感应强度 B 的平方，而在强磁场中 $\Delta R/R(0)$ 与磁感应强度 B 呈线性关系。磁阻传感器的上述特性在物理学和电子学方面有着重要应用。

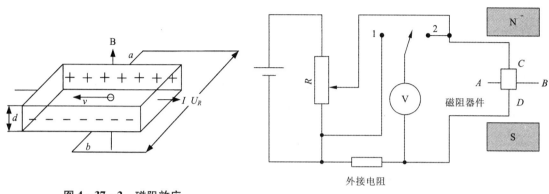

图 4 - 37 - 2　磁阻效应

图 4 - 37 - 3　测量磁电阻实验装置

如果半导体材料磁阻传感器处于角频率为 ω 的弱正弦波交流磁场中，由于磁电阻相对变化量 $\Delta R/R(0)$ 正比于 B^2，那么磁阻传感器的电阻 R 将随角频率 2ω 作周期性变化。

即在弱正弦波交流磁场中，磁阻传感器具有交流电倍频性能。设外界交流磁场的磁感应强度 B 为

$$B = B_0 \cos\omega t \tag{4-37-1}$$

式(4 - 37 - 1)中，B_0 为磁感应强度的振幅，ω 为角频率，t 为时间。

设在弱磁场中

$$\Delta R/R(0) = KB^2 \tag{4-37-2}$$

上式中，K 为常量。由(4 - 37 - 1)式和(4 - 37 - 2)式可得

$$R(B) = R(0) + \Delta R = R(0) + R(0) \times [\Delta R/R(0)]$$
$$= R(0) + R(0)KB_0^2\cos^2\omega t$$
$$= R(0) + \frac{1}{2}R(0)KB_0^2 + \frac{1}{2}R(0)KB_0^2\cos2\omega t \tag{4-37-3}$$

上式中，$R(0) + \frac{1}{2}R(0)KB_0^2$ 为不随时间变化的电阻值，而 $\frac{1}{2}R(0)KB_0^2\cos2\omega t$ 为以角频率 2ω 作余弦变化的电阻值。因此，磁阻传感器的电阻值在弱正弦波交流磁场中，将产生倍频交流电阻阻值变化。

【实验内容】

(1)直流励磁恒流源与电磁铁输入端相连，调节输入电磁铁的电流大小，改变电磁铁间隙中磁感应强度的大小；

(2)按图 4 - 37 - 3 所示将锑化铟(InSb)磁阻传感器与电阻箱串联，并与可调直流电源相接，数字电压表的一端连接磁阻传感器电阻箱公共接点，另一端与单刀双向开关的刀口处相连。

(3)调节通过电磁铁的电流 I_M，测量通过锑化铟磁阻传感器的电流值及磁阻器件两端的

电压值,求磁阻传感器的电阻值 R,求出 $\dfrac{\Delta R}{R(0)}$ 与 B 的关系。

(4)在锑化铟磁阻传感器电流或电压保持不变的条件下,测量锑化铟磁阻传感器的电阻与磁感应强度的关系。作 $\dfrac{\Delta R}{R(0)}$ 与 B 的关系曲线,并进行曲线拟合,求出经验公式。(实验时注意 GaAs 和 InSb 传感器工作电流应小于 3 mA)。

(5)如图 4 – 37 – 4 所示,将电磁铁的线圈引线与正弦交流低频信号发生器输出端相接;锑化铟磁阻传感器通以 2.5 mA 直流电,用示波器观察磁阻传感器两端电压与电磁铁两端电压形成的李萨如图形,如图 4 – 37 – 5 所示,证明在弱正弦交流磁场情况下,磁阻传感器具有交流正弦倍频特性。

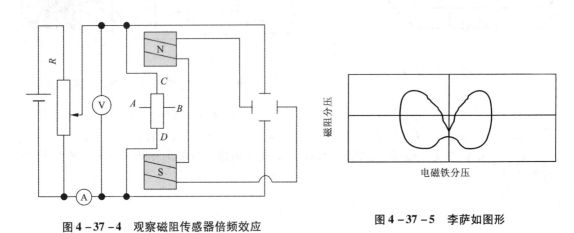

图 4 – 37 – 4   观察磁阻传感器倍频效应   图 4 – 37 – 5   李萨如图形

【数据记录及处理】

(1)自拟表格记录实验数据,并处理数据。

(2)表 4 – 33 – 1 中数据仅供实验时参考,$\Delta R/R$ 与 B 关系曲线如图 4 – 37 – 6 所示。测得取样电阻 $R = 298.9\,\Omega$,令电压 $U = 298.9$ mV,则电流 $I_{取} = \dfrac{U}{R} = \dfrac{298.9}{298.9}$ mA = 1.00 mA。

表 4 – 37 – 1   实验参考数据

电磁铁	InSb	B – ΔR/R(0)对应关系		
I_M/mA	U_R/mV	B/mT	R/Ω	$\Delta R/R(0)$
395.1	0.0	395.1	0.0	
9.9	396.1	10.0	396.1	0.003
19	400.5	20.0	400.5	0.014
29	406.8	30.0	406.8	0.030
38	415.0	40.0	415.0	0.050

续表 4 - 37 - 1

电磁铁	InSb	B - ΔR/R(0)对应关系		
I_M/mA	U_R/mV	B/mT	R/Ω	ΔR/R(0)
47	425.1	50.0	425.1	0.076
56	436.3	60.0	436.3	0.104
66	449.0	70.0	449.0	0.134
94	491.5	100.0	491.5	0.244
141	552.1	150.0	552.1	0.397
188	590.3	200.0	590.3	0.494
236	623.9	250.0	623.9	0.580
284	655.6	300.0	655.6	0.659
332	688.3	350.0	688.3	0.742
381	722.5	400.0	722.5	0.829
430	758.0	450.0	758.0	0.919
479	793.5	500.0	793.5	1.008

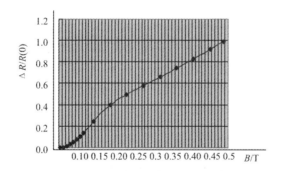

图 4 - 37 - 6　ΔR/R 与 B 关系曲线图

【注意事项】

(1)需将传感器固定在磁铁间隙中,不可弯折。

(2)不要在实验仪附近放置具有磁性的物品。

(3)不得外接传感器电源,外接电阻应大于200Ω。

(4)开机后需预热 10 min,再进行实验。

(5)实验时注意 GaAs 和 InSb 传感器工作电流应小于 3 mA。

(6)实验时确保锑化铟(InSb)磁阻传感器电流或电压保持不变的条件。

(7)由于巨磁阻传感器具有磁滞现象,因此,在实验中,恒流源只能单方向调节,不可回调,否则测得的实验数据将不准确。

【思考题】

(1)什么叫做磁阻效应？如何理解霍尔传感器的磁阻效应？

(2)锑化铟磁阻传感器在弱磁场中电阻值与磁感应强度的关系和在强磁场中时有何不同？这两种特性有什么应用？

(3)当励磁电流 $I_M = 0$ 时，$B \neq 0$，请分析产生的原因，其大小跟什么有关？

(4)进一步了解巨磁阻、庞磁阻、穿隧磁阻、直冲磁阻和异常磁阻的特性。

实验三十八　电表的扩程和校准

电学实验中经常要用电表(电压表和电流表)进行测量，常用的直流电流表和直流电压表都有一个共同的部分，常称为表头。表头通常是一只磁电式微安表，它只允许通过微安级的电流，一般只能测量很小的电流和电压。如果要用它来测量较大的电流或电压，就必须进行改装，以扩大其量程。经过改装后的微安表具有测量较大电流、电压和电阻等多种用途。若在表中配以整流电路将交流变为直流，则它还可以测量交流电的有关参量。我们日常接触到的各种电表(如：万用表)几乎都是经过改装的，因此学习改装和校准电表在电学实验部分是非常重要的。

【实验目的】

(1)测量表头内阻 R_g 及满度电流 I_g。

(2)掌握将 100 μA 表头改成较大量程的电流表和电压表的方法。

(3)设计一个 $R_中 = 10k\Omega$ 的欧姆表，要求 E 在 1.35 ～ 1.6 V 范围内使用能调零。

(4)用电阻器校准欧姆表，画校准曲线，并根据校准曲线用组装好的欧姆表测未知电阻。

(5)学会校准电流表和电压表的方法。

【实验仪器】

FB308 型电表改装与校准实验仪 1 台，附专用连接线等。

【实验原理】

常见的磁电式电流计主要由放在永久磁场中的由细漆包线绕制的可以转动的线圈、用来产生机械反力矩的游丝、指示用的指针和永久磁铁所组成。当电流通过线圈时，载流线圈在磁场中就产生一磁力矩 $M_磁$，使线圈转动并带动指针偏转。线圈偏转角度的大小与线圈通过的电流大小成正比，所以可由指针的偏转角度直接指示出电流值。

1. 测量值程 I_g、内阻 R_g

电流计允许通过的最大电流(或称满度电流)称为电流计的量程，用 I_g 表示，电流计的线圈有一定内阻，用 R_g 表示，I_g 与 R_g 是两个表示电流计特性的重要参数。

测量内阻 R_g 常用方法有：

(1)半电流法也称中值法

测量原理图如图 4 - 38 - 1 所示。当被测电流计接在电路中时，使电流计满偏，再用十进位电阻箱与电流计并联作为分流电阻改变电阻值即改变分流程度，当电流计指针指示到中间值，且总电流仍保持不变，显然这时分流电阻值就等于电流计的内阻。

（2）替代法

测量原理图如图4-38-2所示。当被测电流计接在电路中时，用十进位电阻箱替代它，且改变电阻值，当电路中的电压不变时，且电路中的电流亦保持不变，则电阻箱的电阻值即为被测电流计内阻。

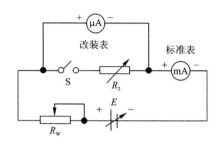

图4-38-1　中值法测量原理图

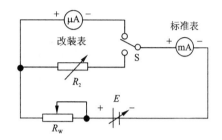

图4-38-2　替代法测量原理图

替代法是一种运用很广的测量方法，具有较高的测量准确度。

2.改装为大量程电流表

根据电阻并联规律可知，如果在表头两端并联上一个阻值适当的电阻R_2，如图4-38-3所示，可使表头不能承受的那部分电流从R_2上分流通过。这种由表头和并联电阻R_2组成的整体（图中虚线框住的部分）就是改装后的电流表。如需将量程扩大n倍，则不难得出

$$R_2 = R_g/n \tag{4-38-1}$$

图4-38-3为扩流后的电流表原理图。用电流表测量电流时，电流表应串联在被测电路中，所以要求电流表应有较小的内阻。另外，在表头上并联阻值不同的分流电阻，便可制成多量程的电流表。

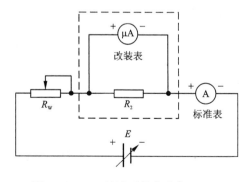

图4-38-3　扩流后的电流表原理图

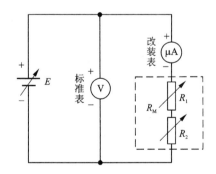

图4-38-4　扩压后的电压表原理图

3.改装为电压表

一般表头能承受的电压很小，不能用来测量较大的电压。为了测量较大的电压，可以给表头串联一个阻值适当的电阻R_M，如图4-38-4所示，使表头上不能承受的那部分电压降

落在电阻 R_M 上。这种由表头和串联电阻 R_M 组成的整体就是电压表，串联的电阻 R_M 叫做扩程电阻。选取不同大小的 R_M，就可以得到不同量程的电压表。由图 4-38-4 可求得扩程电阻值为：

$$R_M = \frac{U}{I_g} - R_g \qquad (4-38-2)$$

实际的扩展量程后的电压表原理见图 4-38-4，用电压表测电压时，电压表总是并联在被测电路上。为了不致因为并联了电压表而改变电路中的工作状态，要求电压表应有较高的内阻。

4. 改装微安表为欧姆表

用来测量电阻大小的电表称为欧姆表。根据调零方式的不同，可分为串联分压式和并联分流式两种。其原理电路如图 4-38-5 所示。

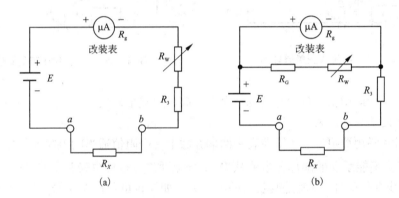

图 4-38-5　欧姆表原理图
(a)串联分压式；(b)并联分流式

图中 E 为电源，R_3 为限流电阻，R_W 为调"零"电位器，R_X 为被测电阻，R_g 为等效表头内阻。图 4-38-5(b)中，R_G 与 R_W 一起组成分流电阻。

欧姆表使用前先要调"零"点，即 a、b 两点短路（相当于 $R_X=0$），调节 R_W 的阻值，使表头指针正好偏转到满度。可见，欧姆表的零点就是在表头标度尺的满刻度（即量限）处，与电流表和电压表的零点正好相反。

在图 4-38-5(a)中，当 a、b 端接入被测电阻 R_X 后，电路中的电流为

$$I = \frac{E}{R_g + R_W + R_3 + R_X} \qquad (4-38-3)$$

对于给定的表头和线路来说，R_g、R_W、R_3 都是常量。由此可见，当电源端电压 E 保持不变时，被测电阻和电流值有一一对应的关系。即接入不同的电阻，表头就会有不同的偏转读数，R_X 越大，电流 I 越小。短路 a、b 两端，即 $R_X=0$ 时

$$I = \frac{E}{R_g + R_W + R_3} = I_g \qquad (4-38-4)$$

这时指针满偏。

当 $R_X = R_g + R_W + R_3$ 时

$$I = \frac{E}{R_g + R_W + R_3 + R_X} = \frac{1}{2} \cdot I_g \qquad (4-38-5)$$

这时指针在表头的中间位置，对应的阻值为中值电阻，显然 $R_{中} = R_g + R_W + R_3$。

当 $R_X = \infty$（相当于 a、b 开路）时，$I = 0$，即指针在表头的机械零位。

所以欧姆表的标度尺为反向刻度，且刻度是不均匀的，电阻 R_X 越大，刻度间隔愈密。如果表头的标度尺预先按已知电阻值刻度，就可以用电流表来直接测量电阻了。

并联分流式欧姆表利用对表头分流来进行调零的，具体参数可自行设计。

欧姆表在使用过程中电池的端电压会有所改变，而表头的内阻 R_g 及限流电阻 R_3 为常量，故要求 R_W 要跟着 E 的变化而改变，以满足调"零"的要求，设计时用可调电源模拟电池电压的变化，范围取 $1.35 \sim 1.6$ V 即可。

5. 电表的定标与校准

电表由于不可避免地存在制造的缺陷，电表的指示值同电流（电压）的真值之间总是存在误差。而且在整个量程的不同指示值处绝对误差不同。其中最大的一个绝对误差与电表量程比值的百分数称为该电表的标称误差（或称基本误差），即：

$$标称误差 = \frac{最大绝对误差}{量程} \times 100\% \qquad (4-38-6)$$

通常在电表的等级中表明了这一特性

$$电表的准确度等级 K = 标称误差 \times 100 \qquad (4-38-7)$$

我国国家标准规定电表准确度为 0.1，0.2，0.5，1.0，1.5，2.5 和 5.0 共七个等级。准确度为 K 级的电表称为 K 级表。根据标称误差的大小，即可定出被校电表的准确度等级。如标称误差在 0.2% 至 0.5% 之间，则该表就定为 0.5 级。因此，在规定条件下使用电表，由准确度等级可知其测量值的最大可能误差。

新改装的电表，必须进行校准后才能交付使用。使用和存放久了的电表，由于元件的磨损、老化、氧化、腐蚀等原因，它的准确度等级会下降，也需要进行校准。

为达到校准的目的：一是要评定该表在改装后是否仍符合原表头准确度的等级；二是要绘制校准曲线，以便对改装后的电表能准确读数。校准的方法有很多，最简单的方法就是：将待校电表与一块量程合适的准确度等级较高的电表（视为标准表）同时去测量同一个电流（或电压），在不同电流值（或电压值）下，读取改装表的读数 I_x（或 V_x）以及标准电表的读数 I_{xS}（或 V_{xS}），从而确定改装电表的误差。

【实验内容】

1. 用中值法或替代法测出表头的内阻

中值法测量可参考图 4-38-6 所示接线。先将 E 调至 0V，接通 E、R_W、被改装表和标准电流表后，先不接入电阻箱 R，调节 E 或 R_W 使改装表头满偏，记住标准表的读数，此电流即为改装表头的满度电流，$I_g =$ _____ μA。再接入电阻箱 R（图中虚线所示）。改变 R 数值，使被测表头指针从满度 100μA 降低到 50μA 处。注意调节 E 或 R_W，使标准电流表的读数保持不变。$R_g =$ _____ Ω。

替代法测量可参考图 4-38-7 所示接线。先将 E 调至 0V，接通 E、R_W、被改装表和标准电流表后，调节 E 或 R_W 使改装表头满偏，记录标准表的读数，此值即为被改装表头的满

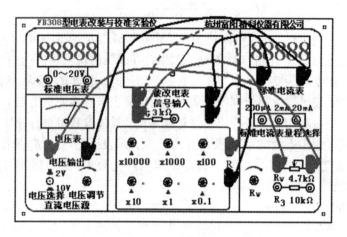

图 4 - 38 - 6　　中值法测量表头内阻

度电流，$I_g = $ _____ μA；再断开接到改装表头的接线，转接到电阻箱 R (图中虚线所示)，调节 R 使标准电流表的电流保持刚才记录的数值。这时电阻箱 R 的数值即为被测表头内阻，$R_g = $ _____ Ω。

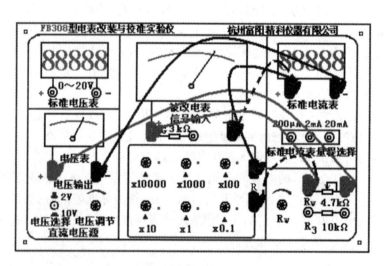

图 4 - 38 - 7　　替代法测量表头内阻

2. 将一个量程为 100μA 的表头改装成 1mA (或自选) 量程的电流表

(1) 根据电路参数，估计 E 值大小，并根据式 (4 - 38 - 1) 计算出分流电阻值。

(2) 参考图 4 - 38 - 8 所示接线，先将 E 调至 0V，检查接线正确后，调节 E 和滑动变阻器 R_w，使改装表指到满量程，这时记录标准表读数。注意：R_w 作为限流电阻，阻值不要调至最小值。然后每隔 0.02 mA 逐步减小读数直至零点，再按原间隔逐步增大到满量程，每次记下标准表相应的读数于表 4 - 38 - 1。

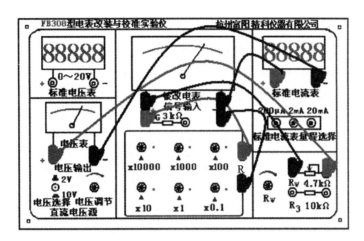

图 4 – 38 – 8　改装电流表

表 4 – 38 – 1　数据记录表一

改装表读数/μA	标准表读数/mA			误差 ΔI/mA
	减小时	增大时	平均值	
20				
40				
60				
80				
100				

（3）以改装表读数为横坐标，标准表由大到小及由小到大调节时两次读数的平均值为纵坐标，在坐标纸上作出电流表的校正曲线，并根据两表最大误差的数值定出改装表的准确度等级。

（4）重复以上步骤，将 100 μA 表头改成 10 mA 表头，可按每隔 2 mA 测量一次（可选做）。

（5）将 R_G 和表头串联，作为一个新的表头，重新测量一组数据，并比较扩流电阻有何异同（可选做）。

3　将一个量程为 100 μA 的表头改装成 1.5 V（或自选）量程的电压表

（1）根据电路参数估计 E 的大小，根据式（4 – 38 – 2）计算扩程电阻 R_M 的阻值，可用电阻箱 R 进行实验。按图 4 – 38 – 9 所示进行连线，先调节 R 值至最大值，再调节 E；用标准电压表监测到 1.5 V 时，再调节 R 值，使改装表指示为满度。于是 1.5 V 电压表就改装好了。

（2）用数显电压表作为标准表来校准改装的电压表。调节电源电压，使改装表指针指到满量程（1.5 V），记下标准表读数。然后每隔 0.3 V 逐步减小改装表读数直至零点，再按原间隔逐步增大到满量程，每次记下标准表相应的读数于表 4 – 38 – 2。

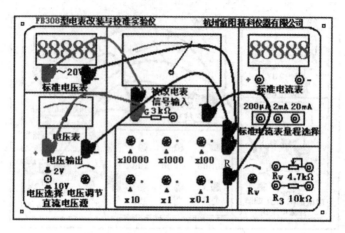

图 4 - 38 - 9　改装电压表

表 4 - 38 - 2　数据记录表二

改装表读数/V	标准表读数/V			示值误差 $\Delta U/V$
	减小时	增大时	平均值	
0.3				
0.6				
0.9				
1.2				
1.5				

（3）以改装表读数为横坐标，标准表由大到小及由小到大调节时两次读数的平均值为纵坐标，在坐标纸上作出电压表的校正曲线，并根据两表最大误差的数值定出改装表的准确度等级。

（4）重复以上步骤，将 100 μA 表头改成 10 V 表头，可按每隔 2 V 测量一次（可选做）。

（5）将 R_G 和表头串联，作为一个新的表头，重新测量一组数据，并比较扩程电阻有何异同（可选做）。

4. 改装欧姆表及标定表面刻度

（1）根据表头参数 I_g 和 R_g 以及电源电压 E，选择 R_W 为 4.7 kΩ，R_3 为 10 kΩ。

（2）按图 4 - 38 - 10 所示进行连线。调节电源 E = 1.5 V，短路 a、b 两接点，调 R_W 使表头指示为零。如此，欧姆表的调零工作即告完成。

（3）测量改装成的欧姆表的中值电阻。如图 4 - 38 - 10 中虚线所示，将电阻箱 R（即 R_X）接于欧姆表的 a、b 测量端，调节 R，使表头指示到正中，这时电阻箱 R 的数值即为中值电阻，$R_{中} = \underline{\hspace{2cm}}$ Ω。

（4）取电阻箱的电阻为一组特定的数值 R_{Xi}，读出相应的偏转格数 div。利用所得读数 R_{Xi}、偏转格数 div 绘制出改装欧姆表的标度盘。

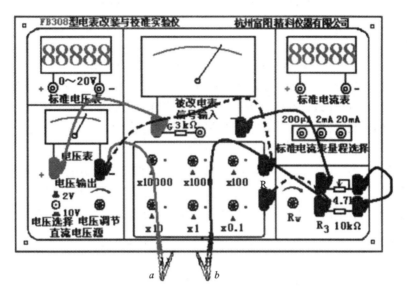

图 4 - 38 - 10　改装串联分压式欧姆表

表 4 - 38 - 3　数据记录表三

$E =$ _____ V，$R_{中} =$ _____ Ω

R_{Xi}/Ω	$\frac{1}{5}R_{中}$	$\frac{1}{4}R_{中}$	$\frac{1}{3}R_{中}$	$\frac{1}{2}R_{中}$	$R_{中}$	$2R_{中}$	$3R_{中}$	$4R_{中}$	$5R_{中}$
偏转格数 div									

（5）确定改装欧姆表的电源使用范围。短接 a、b 两测量端，将工作电源放在 0 ~ 2 V 一挡，调节 $E = 1$ V 左右，先将 R_W 逆时针调到低，调节 E 直至表头满偏，记录 E_1 值；接着将 R_W 顺时针调到低，再调节 E 直至表头满偏，记录 E_2 值，E_1 ~ E_2 值就是欧姆表的电源使用范围。

（6）按图 4 - 38 - 5(b)所示进行连线，设计一个并联分流式欧姆表，并进行连线、测量。试与串联分压式欧姆表比较，有何异同(可选做)。

【思考题】

（1）测量表头内阻应注意什么？是否还有别的办法来测定表头内阻？能否用欧姆定律来进行测定？能否用电桥来进行测定而又保证通过表头的电流不超过 I_g？

（2）为什么校准电表时需要把电流(或电压)从小到大做一遍又从大到小做一遍？

（3）校正电流表时，如果发现改装表的读数偏高，应如何调整？

（4）一量程为 500 μA，内阻为 1 kΩ 的微安表，它可以测量的最大电压是多少？如果将它的量程扩大为原来的 N 倍，应如何选择扩程电阻？

（5）设计 $R_{中} = 10$ kΩ 的欧姆表。现有两块量程为 100 μA 的电流表，其内阻分别为 2500 Ω 和 1000 Ω，你认为选哪块较好？

(6)若要求制作一个线性量程的欧姆表,有什么方法可以实现?

【参考资料】

FB308 型电表改装与校准实验仪说明书

仪器采用组合式设计,包括工作电源、标准电表、被改装表、调零电路和电阻箱等电路和元件。通过学生自己连线,可以将指针式微安表改装成不同量程的电流表、电压表和欧姆表。该仪器具有使用和管理方便,又能培养学生实际动手能力。

1.仪器主要参数

(1)电压源:该仪器电压源设计有 0~2 V、0~10 V 两挡,输出电压连续可调,用按钮开关转换,输出电压值用指针式电压表监测,电压表的满度值与量程开关同步。

(2)被改装电表:采用宽表面表头,量程 100 μA,内阻约 1.6 kΩ,精度 1.5 级。

(3)标准电压表:量程 20V,$4\frac{1}{2}$ 位数字式电压表,精度 0.1%。

(4)标准电流表:分为三个量程:200 μA,2 mA,20 mA,$4\frac{1}{2}$ 位数字式电流表,精度 0.1%,用按钮开关转换量程。

(5)电阻箱 R:0~111111Ω,分辨率 0.1Ω。

2.使用注意事项

(1)仪器内部有限流保护措施,但工作时尽可能避免工作电源短路(或近似短路),以免造成仪器元器件等不必要的损失。

(2)实验时应注意电压源的输出量程选择是否正确,0~10 V 量程一般只用于电压表改装,电流表及欧姆表改装建议选用 0~2 V 量程。

(3)仪器采用开放式设计,在连接插线时要注意:被改装表头只允许通过 100 μA 的小电流,过载时会损坏表头!要仔细检查线路和电路参数无误后才能将改装表头接入使用。

(4)仪器采用高可靠性能的专用连接线,但使用时注意不要用力过猛,插线时要对准插孔,避免使插头的塑料护套变形。

3.保管及保用期限

仪器应存放在周围环境温度 5~35℃,相对湿度低于 80%,空气中不含腐蚀性气体的室内。如果用户遵守厂方规定的使用、运输和保管条件,从交货之日起 18 个月内,产品因质量不良而发生损坏或不能正常工作,厂方负责免费为用户修理。

实验三十九　灵敏电流计特性研究

灵敏电流计也叫直流检计或检流计,是一种精确的磁电式仪表。它和其他磁电式仪表一样,都是根据载流线圈在磁场中受力矩作用而偏转的原理制成的,只是在结构上有些不同。普通电表中的线圈安装在轴承上,用弹簧游丝来维持平衡,用指针来指示偏转。而灵敏电流计则是用极细的金属悬丝代替轴承,且将线圈悬挂在磁场中,由于悬丝细而长,反抗力矩很小,所以当有极弱的电流流过线圈时,就会使它明显地偏转。因而它比一般的电流表要灵敏得多,可以测量 10^{-6}~10^{-11} A 范围的微弱电流和 10^{-3}~10^{-6} V 范围的微小电压,如光电流、物理电流、温差电动势等；电流计的另一种用途是平衡指零，即根据流过电流计的电流是否为零来判断电路是否平衡。

【实验目的】

（1）学习正确使用灵敏电流计。
（2）了解灵敏电流计的结构特点与三种运动状态。
（3）掌握测定灵敏电流计内阻、灵敏度和临界外阻的方法。

【实验仪器】

AC15/16 型直流复射式检流计、滑线变阻器、标准电阻、双刀开关、单刀开关、直流电压表、直流电源。

【实验原理】

灵敏电流计是一种高灵敏度的电表，分为指针式和光点反射式两种。指针式电流计的电流灵敏度一般在 $10^6 \sim 10^7$ 分度·安$^{-1}$（div·A^{-1}），光点反射式可达

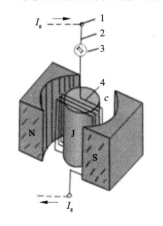
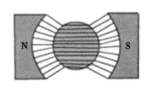

图 4 - 39 - 1　磁场系统图
1—电流输入引线；2—悬丝；3—小镜；4—线圈

$10^8 \sim 10^{11}$ div·A^{-1}。常用于精密电磁测量中指零仪器，因此灵敏电流计也叫检流计，它也可用来测定弱电流（$10^{-6} \sim 10^{-11}$ A），或微小电压（$10^{-3} \sim 10^{-6}$ V）。

1. 灵敏电流计的构造

灵敏电流计的结构主要分为三部分：

（1）磁场部分：有永久磁铁和圆柱形软铁芯。永久磁铁产生磁场，圆柱形软铁芯使磁铁极隙间磁场呈均匀径向分布，并增加磁极和软铁芯之间空隙中的磁场。如图 4 - 39 - 1 所示。

（2）偏转部分：可在磁场中转动的线圈，它的上下用金属张丝张紧，张丝同时作为线圈两端的电流引线。由于用张丝代替了普通电表的转轴和轴承，避免了机械摩擦，电流计的灵敏度得以提高。

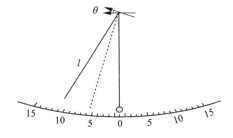

图 4 - 39 - 2　读数原理示意

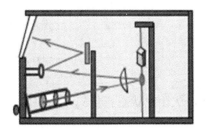

图 4 - 39 - 3　多次反射式灵敏电流计光路图

（3）读数部分：有光源、小镜和标尺。小镜固定在线圈上，随线圈一起转动。它把从光源射来的光反射到标尺上形成一个光点，此部分相当于指针式电表中很长的指针。但是指针太长，线圈的转动惯量增大，灵敏度将下降。为了克服这样的缺点，采用光点偏转法，可使灵敏度进一步大幅度地提高。如图4-39-2所示。

有的灵敏电流计常采用多次反射式，如图4-39-3所示，使标尺远离电流计的小镜，AC15/16型检流计就是此种灵敏电流计。

2. 灵敏电流计的读数

当有电流通过灵敏电流计的线圈时，线圈受到电磁力矩作用而偏转。当电磁力矩与张丝的扭转反力矩相等时，线圈就停止在某一位置上，随之标尺上的光标将固定在一定的位置（例如在标尺的刻度d上），起一条"光线指针"的作用。而且，电流I_g与光标的位移d成正比，即

$$I_g = K_i \cdot d \tag{4-39-1}$$

式中比例常数K_i称为电流计常数；单位是A/mm，在数值上等于光点移动一个毫米所对应的电流。

3. 线圈运动的阻尼特性

当外加电流通过灵敏电流计或断去外电流使线圈发生转动时，由于线圈具有转动惯量和转动动能，它不可能一下子就停止在平衡位置上，而是要越过平衡位置在其附近摆动一段时间才能稳定，摆动时间的长短直接影响测量的速度。为此有必要了解影响线圈运动状态的各种因素。灵敏电流计工作时，总是由它的内阻R_g与外电路电阻$R_外$构成闭合回路（电流计回路除R_g外的总电阻），控制$R_外$的大小，就可控制电磁阻尼力矩M的大小，从而控制线圈的运动状态。线圈运动的阻尼特性如图4-39-4所示。

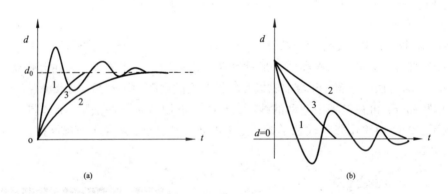

图4-39-4　线圈运动的阻尼特性

(a)接通电流时；(b)断开电流时

1—欠阻尼状态；2—过阻尼状态；3—临界阻尼状态

（1）欠阻尼状态：当$R_外$较大时，感应电流较小，电磁阻力矩M较小，线圈偏离平衡位置后就会在平衡位置附近来回振动，振幅逐渐衰减，经过较长时间才能停在平衡位置。$R_外$越大，M越小，线圈振动次数越多，回到平衡位置所需的时间就越长。

（2）过阻尼状态：当$R_外$较小时，感应电流较大，电磁阻力矩M较大，线圈偏离平衡位置后会缓慢地回到平衡位置，但不会越过平衡位置。

利用此特性，将一个电键与电流计并联，当电流计光标运动到平衡位置附近时，将电键按下，电流计光标即可迅速停在平衡位置，这样方便了我们的调节。这个电键叫阻尼电键。灵敏电流计面板上的"短路"挡，就是这样的阻尼电键装置。

（3）临界阻尼状态：当 $R_{外}$ 适当时，线圈偏离平衡位置后能快速地正好回到平衡位置而又不发生振动，临界阻尼状态的外电阻称为电流计的临界阻尼电阻 R_c。

显然，电流计工作在临界状态时，最有利于观察和读数。

4.灵敏电流计的使用方法和注意事项

灵敏电流计面板图如图4-39-5所示，其使用方法和注意事项分述如下：

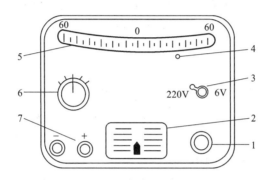

图4-39-5　灵敏电流计面板图

1—零点调节器；2—灯泡盖板；3—电源标志及开关；4—活动调零器；5—标盘；6—分流器；7—接线柱

（1）待测电流由面板左下角标有"＋"和"－"的两个接线柱接入，一般可以不考虑正负。

（2）实验时，先接通 AC220V 电源，看到光标后将分流器旋钮从"短路"挡转到"×1"挡，看光标是否指"0"，若光标不指"0"，应使用零点调节器和标尺活动调零器把光标调到"0"点。若找不到光标，先检查仪器的小灯泡是否发光，若小灯泡是亮的，轻拍检流计，观察光标偏在哪边，若偏在左边，逆时针旋转零点调节器；若偏在右边，则顺时针旋转零点调节器，使光标露出并调整到零。

（3）×0.1，×0.01挡：检流计分流器的主要作用是改变测量的灵敏度，它通过分流电阻改变可测电流的范围，即改变了灵敏度。

（4）当实验结束时必须将分流器置于"短路"挡，以防止线圈或悬丝受到机械振动而损坏。

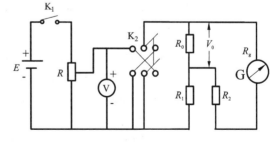

图4-39-6　实验电路图

5.实验装置介绍

实验电路图如图4-39-6所示。

电源 E 经两次分压后，在一个小电阻 R_0 上得到微弱电压 V_0。通过电流计的电流为 I_g，其中 R_g 为电流计的内阻。当 $R_2 \approx R_0$ 时，可得 I_g 的表达式为（V 为电压表读数）

$$I_g = \frac{VR_0}{(R_2 + R_g)(R_1 + R_0)} \qquad (4-39-2)$$

【实验内容】

1. 观察欠阻尼运动

（1）开关 K_1、K_2 预先断开，按图 4 – 39 – 6 连接电路，电路中的小电阻 $R_0 = 0.1\ \Omega$，R_2 的值先取为外临界电阻 R_c（由仪器铭牌上读取）的 4 ~ 5 倍。$R_1 = 99999.9\ \Omega$，$E = 1.5\ V$。并调节 R 使电压表读数为零。

（2）电流计应水平放置，使电流计内悬丝垂直，以保证转动时不会与旁边的磁极和柱形软铁发生摩擦和相碰。调整光标与标尺的零点重合。

（3）接通开关 K_1，再接通开关 K_2。调节 R 以缓慢增大电压表读数，同时观察光标的移动，直至大约偏到 40 mm，断开 K_2；观察光标的运动，记录 R_2 及光标振动的最大振幅。反向接通 K_2，重复前述观察。改变 R_2，重复前述观察。

2. 测定外临界电阻 R_c

将电压表读数调到零，调小 R_2，同时每次都调节 R，使光标约位于 40 mm 刻度处，断开 K_2，观察振动情况（限于标尺的一边），直至 R_2 减小到刚能使光标不发生振动，即光标很快地回到零点又恰好不能超过零点时的临界阻尼状态。记录此时的 R_2，得外临界阻尼电阻 $R_c = R_2 + R_0$。将数据记入表 4 – 39 – 1 中。

由测得的 R_c 及后面测出的 R_g 计算电流计的全临界电阻 $R_W = R_c + R_g$。（使用电流计时，如果情况许可，调节外电路的电阻使全临界电阻提高到 $1.1R_c$）。

3. 用半值法测定电流计的内阻 R_g

（1）调节电压表读数至零值，R_2 调到零，断开 K_2，静等约 3 min 后，记录电流计的零点读数 d_0；闭合 K_2，再缓慢增大电压表指示值，使电流计的光标偏转 40 mm 左右，静等约 3 min 后，记录电流计的读数 d；$\Delta d = d - d_0$ 即表示 $R_2 = 0$ 时通过电流计的电流。

（2）保持其他不变，只增大 R_2，直至增大到能使电流减小到原电流的一半，即 $\Delta d/2$。记录此时的 R_2 的值，即电流计的内阻 R_g。将数据填入表 4 – 39 – 2 中。

必须指出，只有在 $(R_2 + R_g) \approx R_0$ 以及通过电流计的电流变化（由 $d_0 \to d_0/2$）对 V_0 的恒定值影响甚小时，所测得的 R_g 才足够正确（这样，R_1 是大点还是小点好？）。

4. 测定电流计的电流常数 K_i

（1）将 R_1 调到外临界电阻 R_c 的数值。调大电压表的读数，使电流计的光标偏到满刻度的 2/3（或附近一个整数）。记下此时的电压表读数 V 以及 R_1、R_0 和光标的偏转 d_1 于表 4 – 39 – 3 中（对于零点在标尺中央的电流计，为消除悬丝左、右扭转时的不对称，需要将双向转换开关 K_2 反向，再读出光标在零点另一侧的偏转 d_2，然后求偏转的平均值）。

（2）由式（4 – 39 – 2）算出 I_g，再由式（4 – 39 – 1）计算 K_i（式中 d 可用 d_1 或 d_2 的平均值），其中 I_g 及 d 的单位分别用安及毫米。

【数据记录及处理】

实验数据记入下表，并按实验内容要求进行处理。

表 4 – 39 – 1　测量外临界电阻 R_c

R_c/Ω							
运动状态							

$$R_c = R_2 + R_0 = \underline{\hspace{3cm}} \ \Omega$$

表 4 – 39 – 2　测定电流计的内阻 R_g

$R_2 = 0$ 时 $d_0 = \underline{\hspace{2cm}}$ mm, $d = \underline{\hspace{2cm}}$ mm, $\Delta d = d - d_0 = \underline{\hspace{2cm}}$ mm

R_2/Ω					
d'_0/mm					
d'/mm					
$\Delta d' = d' - d'_0/\text{mm}$					

表 4 – 39 – 3　测定电流计的电流常数 K_i

V/V	R_1/Ω	R_0/Ω	d_1/mm	d_2/mm

【注意事项】

(1)电流表的线圈及悬丝很精细，应注意保护，不容许过重的振动和过分的扭转。不要随意搬动电表，非搬不可时，必须使电流计短路，轻拿轻放。发现光标不动或偏离正常零点过大时，应请教师指导解决。

(2)实验过程中，电路调节应仔细进行，不要使光标偏转超过标尺。

(3)搁置不用时，应将电流计短路。

【思考题】

(1)提高灵敏电流计灵敏度的两种主要方法是什么？它和普通电表的结构有何区别？

(2)如何改变灵敏电流计的阻尼状态？灵敏电流计在什么阻尼状态下工作最方便？

(3)为什么测量电路要采用二级分压，用一级分压可以吗？试说明。

(4)在使用灵敏电流计时，若发现其工作状态处于欠阻尼振荡状态、过阻尼运动状态，采取何种措施使其工作在临界阻尼状态？灵敏度发生变化否？并解释之。

(5)使用灵敏电流计，为什么要使外电路电阻值接近于外临界电阻值？

实验四十　霍尔效应及其应用

测量磁场有许多方法，如霍尔效应法、感应法、冲击法和核磁共振法等。选用什么方法取决于被测磁场的类型和强弱。本实验主要介绍霍尔效应法。它具有测量原理和方法简单、探头体积小、测量敏捷，并能直接连续读数等优点。利用霍尔效应还可制成测量磁场的特斯拉计（又称高斯计），可测量半导体材料参数等。

【实验目的】

(1) 了解利用霍尔效应法测量磁场的原理以及有关霍尔元件对材料要求的知识。

(2) 学习用"对称测量法"消除副效应的影响，测绘霍尔元件试样的 $V_H - I_S$ 和 $V_H - I_M$ 曲线。

(3) 测绘螺线管内部的 $B - X$（水平磁场分布）曲线。

(4) 确定霍尔元件试样的导电类型、载流子浓度以及迁移率。

(5) 学习用最小二乘法和作图法处理数据。

【实验仪器】

(1) QS-H 型霍尔效应实验仪，主要由电磁铁（2500GS/A）、霍尔元件试样及调节架、I_S 和 I_M 换向开关、V_H 和 V_σ（即 V_{AC}）测量选择开关组成。

(2) QS-H 型霍尔效应测试仪，主要由样品工作恒流源、励磁恒流源、数字毫伏表和数字电流表组成。

【实验原理】

霍尔效应从本质上讲是运动的带电粒子在磁场中受洛伦兹力作用而引起的偏转。当带电粒子（电子或空穴）被约束在固体材料中，这种偏转就导致在垂直电流和磁场的方向上产生正负电荷的聚积，从而形成附加的横向电场，即霍尔电场。对于图 4-40-1(a) 所示的 N 型半导体试样，若在 X 方向的电极 D、E 上通以电流 I_S，在 Z 方向加磁场 B，试样中载流子（电子）将受洛伦兹力：

$$F_g = e \bar{v} B \tag{4-40-1}$$

其中 e 为载流子（电子）电量，$\bar{v}$ 为载流子在电流方向上的平均定向漂移速率，B 为磁感应强度。

无论载流子是正电荷还是负电荷，F_g 的方向均沿 Y 方向，在此力的作用下，载流子发生了迁移，则在 Y 方向即试样 A、A' 电极两侧就开始聚积异号电荷而在试样 A、A' 两侧产生一个电位差 V_H，形成相应的附加电场 E——霍尔电场，相应的电压 V_H 称为霍尔电压，电极 A、A' 称为霍尔电极。电场的指向取决于试样的导电类型。N 型半导体的多数载流子为电子，P 型半导体的多数载流子为空穴。对 N 型试样，霍尔电场逆 Y 方向，P 型试样则沿 Y 方向，有：$I_S(X)$、$B(Z)$、$E_x(Y) < 0$（N 型）、$E_x(Y) > 0$（P 型）。显然，该电场是阻止载流子继续向侧面偏移，试样中载流子将受一个与 F_g 方向相反的横向电场力

$$F_E = eE_H \tag{4-40-2}$$

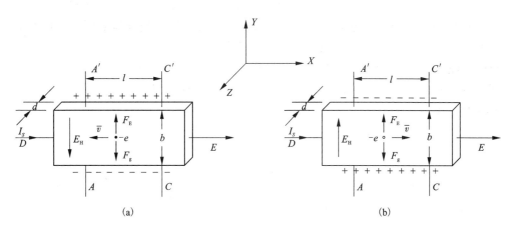

图 4-40-1 样品示意图

其中 E_H 为霍尔电场强度。

F_E 随电荷积累增多而增大,当达到稳恒状态时,两个力平衡,即载流子所受的横向电场力 eE_H 与洛伦兹力 $e\bar{v}B$ 相等,样品两侧电荷的积累就达到平衡,故有

$$eE_H = e\bar{v}B \qquad (4-40-3)$$

设试样的宽度为 b,厚度为 d,载流子浓度为 n,则电流大小 I_S 与 $\bar{v}$ 关系为

$$I_S = ne\bar{v}bd \qquad (4-40-4)$$

由 $(4-40-3)$、$(4-40-4)$ 两式可得

$$V_H = E_H b = \frac{1}{ne} \cdot \frac{I_S B}{d} = R_H \frac{I_S B}{d} \qquad (4-40-5)$$

即霍尔电压 V_H(A、A' 电极之间的电压)与 $I_S B$ 乘积成正比与试样厚度 d 成反比。比例系数 $R_H = \frac{1}{ne}$ 称为霍尔系数,它是反映材料霍尔效应强弱的重要参数。根据霍尔效应制作的元件称为霍尔元件。由式 $(4-40-5)$ 可见,只要测出 $V_H(\text{V})$ 以及知道 $I_S(\text{A})$、$B(\text{Gs})$ 和 $d(\text{cm})$ 可按下式计算 $R_H(\text{cm}^2/\text{C})$:

$$R_H = \frac{V_H d}{I_S B} \times 10^2 \qquad (4-40-6)$$

上式中的 10^2 是由于磁感应强度 B 用电磁单位(Gs)而其他各量均采用 C、G、S 实用单位而引入。(磁感应强度 B 的大小与励磁电流 I_M 的关系由制造厂家给定并标明在实验仪上。)

霍尔元件就是利用上述霍尔效应制成的电磁转换元件,对于成品的霍尔元件,其 R_H 和 d 已知,因此在实际应用中式 $(4-40-5)$ 常以如下形式出现

$$V_H = K_H I_S B \qquad (4-40-7)$$

其中比例系数 $K_H = \frac{R_H}{d} = \frac{1}{ned}$ 称为霍尔元件灵敏度(其值由制造厂家给出),它表示该器件在单位工作电流和单位磁感应强度下输出的霍尔电压。I_S 称为控制电流。$(4-40-7)$ 式中的单位取 I_S 为 mA、B 为 kGs、V_H 为 mV,则 K_H 的单位为 $\text{mV}/(\text{mA} \cdot \text{kGs})$。

K_H 越大,霍尔电压 V_H 越大,霍尔效应越明显。从应用上讲,K_H 愈大愈好。K_H 与载流子浓

度 n 成反比，半导体的载流子浓度远比金属的载流子浓度小，因此用半导体材料制成的霍尔元件，霍尔效应明显，灵敏度较高，这也是一般霍尔元件不用金属导体而用半导体制成的原因。另外，K_H 还与 d 成反比，因此霍尔元件一般都很薄。

虽然从理论上霍尔元件在无磁场作用时（$B=0$ 时），$V_H=0$，但是实际情况用数字电压表测并不为零，这是半导体材料结晶不均匀，副效应及各电极不对称等引起的电势差，该电势差 V_0 称为剩余电压。

实验用国产霍尔元件如图 4-40-2 所示，进口霍尔元件如图 4-40-3 所示。

图 4-40-2   国产霍尔元件   图 4-40-3   进口霍尔元件

其中国产霍尔元件为硅，N 型半导体材料，晶片尺寸：长、宽、厚为 3.6 cm × 1.8 cm × 0.22 cm，实验时霍尔额定工作电流为 10 mA，不宜长时间超过额定电流工作。1、3 端为电流输入，2、4 端为电压输出。在探头印板上霍尔元件 4 个脚分别串接 470Ω 的限流保护电阻，在测量霍尔片的电导率，确定材料的载流子浓度和迁移率等实验数据处理时予以考虑。

进口霍尔元件为砷化嫁（GaAs），N 型半导体材料，实验时霍尔额定工作电流为 2.5 mA，不宜长时间超过额定电流工作。1、3 端为电流输入，2、4 端为电压输出。在探头印板上霍尔元件 4 个脚分别串接 1 kΩ 的限流保护电阻。因砷化嫁的制造工艺复杂，实际尺寸难以测量。

本实验所用的霍尔元件就是用 N 型半导体单晶硅切薄片制成的国产元件。由于霍尔效应的建立所需时间很短（为 $10^{-12} \sim 10^{-14}$ s），因此使用霍尔元件时用直流电或交流电均可。只是使用交流电时，所得的霍尔电压也是交变的，此时，式（4-40-7）中的 I_S 和 V_H 应理解为有效值。

根据 R_H 可进一步确定以下参数：

（1）由 R_H 的符号（或霍尔电压的正、负）判断试样的导电类型

判断的方法是按图 4-40-1 所示的 I_S 和 B 的方向，若测得的 $V_H=V_{AA'}<0$（即点 A 的电位低于点 A' 的电位），则 R_H 为负，样品属 N 型，反之则为 P 型。

（2）由 R_H 求载流子浓度 n

由比例系数 $R_H=\dfrac{1}{ne}$ 得 $n=\dfrac{1}{|R_H|e}$。

应该指出，这个关系式是假定所有的载流子都具有相同的漂移速率得到的，严格一点，考虑载流子的漂移速率服从统计分布规律，需引入 $3\pi/8$ 的修正因子（可参阅黄昆、谢希德著半导体物理学）。但影响不大，本实验中可以忽略此因素。

（3）结合电导率的测量，求载流子的迁移率 μ

电导率 σ 与载流子浓度 n 以及迁移率 μ 之间有如下关系：

$$\sigma = ne\mu \qquad\qquad (4-40-8)$$

由比例系数 $R_H=\dfrac{1}{ne}$ 得，$\mu=|R_H|\sigma$，通过实验测出 σ 值即可求出 μ。

根据上述可知，要得到大的霍尔电压，关键是要选择霍尔系数大（即迁移率 μ 高、电阻率 ρ 亦较高）的材料。因 $|R_H| = \mu\rho$，就金属导体而言，μ 和 ρ 均很低，而不良导体 ρ 虽高，但 μ 极小，因而上述两种材料的霍尔系数都很小，不能用来制造霍尔器件。半导体 μ 高，ρ 适中，是制造霍尔器件较理想的材料，由于电子的迁移率比空穴的迁移率大，所以霍尔器件都采用 N 型材料。其次霍尔电压的大小与材料的厚度成反比，因此薄膜型的霍尔器件的输出电压较片状要高得多。就霍尔元件而言，其厚度是一定的，所以实用上采用 K_H 来表示霍尔元件的灵敏度，K_H 称为霍尔元件灵敏度，单位为 mV/（mA · T）或 mV/（mA · kGs）。

$$K_H = \frac{1}{ned} \tag{4-40-9}$$

【实验方法】

1. 霍尔电压 V_H 的测量

应该说明，在产生霍尔效应的同时，因伴随着多种副效应，以致实验测得的 A、A' 两电极之间的电压并不等于真实的 V_H 值，而是包含着各种副效应引起的附加电压，因此必须设法消除。根据副效应产生的机理（参阅相关资料）可知，采用电流和磁场换向的对称测量法，基本上能够把副效应的影响从测量的结果中消除，具体的做法是 I_S 和 B（即 I_M）的大小不变，并在设定电流和磁场的正、反方向后，依次测量由下列四组不同方向的 I_S 和 B 组合的 A、A' 两点之间的电压 V_1、V_2、V_3 和 V_4，即

$+I_S$	$+B$	V_1
$+I_S$	$-B$	V_2
$-I_S$	$-B$	V_3
$-I_S$	$+B$	V_4

然后求上述四组数据 V_1、V_2、V_3 和 V_4 的代数平均值，可得

$$V_H = \frac{V_1 - V_2 + V_3 - V_4}{4}$$

通过对称测量法求得的 V_H，虽然还存在个别无法消除的副效应，但其引入的误差甚小，可以略而不计。

2. 电导率 σ 的测量

σ 可以通过图 4-40-1 所示的 A、C（或 A'、C'）电极进行测量，设 A、C 间的距离为 l，样品的横截面积为 $S = bd$，流经样品的电流为 I_S，在零磁场下，测得 A、C（A'、C'）间的电位差为 $V_\sigma(V_{AC})$，可由下式求得 σ

$$\sigma = \frac{I_S l}{V_\sigma S} \tag{4-40-10}$$

3. 载流子迁移率 μ 的测量

电导率 σ 与载流子浓度 n 以及迁移率 μ 之间有如下关系

$$\sigma = ne\mu$$

由比例系数 $R_H = \frac{1}{ne}$ 得，$\mu = |R_H|\sigma$。

【实验内容】

1. 开机前的准备工作

仔细阅读本实验仪使用说明书后，按图 4 – 40 – 4 所示连接测试仪和实验仪之间相应的 I_S、V_H 和 I_M 各组连线，I_S 及 I_M 换向开关投向上方，表明 I_S 及 I_M 均为正值（即 I_S 沿 X 方向，B 沿 Z 方向），反之为负值。V_H、V_σ 切换开关投向上方测 V_H，投向下方测 V_σ。经教师检查后方可开启测试仪的电源。

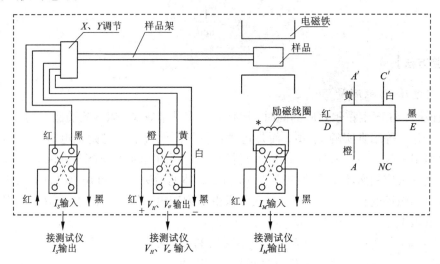

图 4 – 40 – 4　霍尔效应实验仪示意图

（注意：图 4 – 40 – 4 中虚线所示的部分线路即样品各电极及漆包引线与对应的双刀开关之间连线已由制造厂家连接好）。

必须强调指出：严禁将测试仪的励磁电流"I_M 输出"误接到实验仪的"I_S 输入"或"V_H、V_σ输出"处，否则一旦通电，霍尔元件即遭损坏！

为了准确测量，应先对测试仪进行调零，即将测试仪的"I_S 调节"和"I_M 调节"旋钮均置零位，待开机数分钟后若 V_H 显示不为零，可通过面板左下方小孔的"调零"电位器实现调零，即"0.00"。转动霍尔元件探杆支架的旋钮 X、Y，慢慢将霍尔元件移到螺线管的中心位置。

在具体操作的过程中请注意：

①仔细检查测试仪面板上的"I_S 输出"、"I_M 输出"、"V_H、V_σ 输入"三对接线柱分别与实验仪的三对相应接线柱是否正确连接。

②将 QS – H 型霍尔效应测试仪面板右下方的励磁电流 I_M 的直流恒流源输出端（0 ~ 0.5A），接 QS – H 型霍尔效应实验架上的 I_M 磁场励磁电流的输入端（将红接线柱与红接线柱对应相连，黑接线柱与黑接线柱对应相连）。

③将"测试仪"左下方供给霍尔元件工作电流 I_S 的直流恒流源（0 ~ 3 mA）输出端，接"实验架"上 I_S 霍尔片工作电流输入端。（注意：将红接线柱与红接线柱对应相连，黑接线柱与黑接线柱对应相连）。

④"测试仪"V_H、V_σ 测量端，接"实验架"中部的 V_H 输出端。（注意：以上三组线千万不

能接错,以免烧坏元件)

⑤将 I_S 和 I_M 的调节旋钮逆时针旋至最小,然后检查霍尔片样品是否在线圈的中心位置,最后接通电源,预热数分钟即可开始实验。

2. 测绘 $V_H - I_S$ 曲线

将实验仪的"V_H、V_σ"切换开关投向 V_H 侧,测试仪的"功能切换"置 V_H。

保持 I_M 值不变(取 $I_M = 0.6$ A),测绘 $V_H - I_S$ 曲线,记入表 4 - 40 - 1 中,并求斜率,代入 (4 - 40 - 6)式求霍尔系数 R_H,代入(4 - 40 - 7)式求霍尔元件灵敏度 K_H。

表 4 - 40 - 1　测绘 $V_H - I_S$ 曲线数据记录表

$I_M = 0.6$A　I_S 取值:1.00 ~ 4.00 mA

I_S/mA	V_1/mV	V_2/mV	V_3/mV	V_4/mV	$V_H = \dfrac{V_1 - V_2 + V_3 - V_4}{4}$/mV
	$+I_S$、$+B$	$+I_S$、$-B$	$-I_S$、$-B$	$-I_S$、$+B$	
1.00					
1.50					
2.00					
2.50					
3.00					
4.00					

3. 测绘 $V_H - I_M$ 曲线

实验仪及测试仪各开关位置同上。

保持 I_S 值不变(取 $I_S = 3.00$ mA),测绘 $V_H - I_M$ 曲线,记入表 4 - 40 - 2 中。

表 4 - 40 - 2　测绘 $V_H - I_M$ 曲线数据记录表

$I_S = 3.00$ mA　I_M 取值:0.300 ~ 0.800 mA

I_M/mA	V_1/mV	V_2/mV	V_3/mV	V_4/mV	$V_H = \dfrac{V_1 - V_2 + V_3 - V_4}{4}$/mV
	$+I_S$、$+B$	$+I_S$、$-B$	$-I_S$、$-B$	$-I_S$、$+B$	
0.300					
0.400					
0.500					
0.600					
0.700					
0.800					

4. 测量 V_σ 值

将"V_H、V_σ"切换开关投向 V_σ 侧,测试仪的"功能切换"置 V_σ。

在零磁场下,取 $I_S = 2.00$ mA,测量 V_σ。

注意:I_S 取值不要过大,以免 V_σ 太大,毫伏表超量程(此时首位数码显示为 1,后三位数码熄灭)。

5.确定样品的导电类型

将实验仪三组双刀开关均投向上方,即 I_S 沿 X 方向,B 沿 Z 方向,毫伏表测量电压为 $V_{AA'}$。

取 $I_S = 2$ mA,$I_M = 0.6$ mA,测量 V_H 大小及极性,判断样品导电类型。

【数据记录及处理】

自拟数据表格记录数据,并求样品的 R_H、n、σ 和 μ 值。

【注意事项】

(1)霍尔片样品各电极引线与对应的双刀换向开关之间的连线已由制造厂连接好,请勿再动!

(2)严禁将测试仪的励磁电流"I_M 输出"误接到实验仪的工作电流"I_S 输入"处,也不可错接到霍尔电压"V_H、V_σ 输出"处。否则,一旦通电,霍尔片样品立即烧毁!霍尔片元件质脆,引线的接头细小,容易损坏,严防撞击,或用手去摸,否则,即遭损坏!霍尔片放置在电磁铁空隙中间,在需要调节霍尔片位置时,必须谨慎,操作动作要轻缓,切勿随意调 Y 轴的高度,以免霍尔片与磁极面摩擦而受损。(霍尔片允许通过电流 I_S 很小,切勿与励磁电流 I_M 接错!)

(3)电磁铁通电时间不要过长,以防电磁铁线圈过热影响测量结果。

(4)V_1、V_2、V_3、V_4 本身还含有"+"、"–"号,测量记录时不要忘记。

(5)仪器开机前应将两个电流调节旋钮逆时针旋到底,使其输出电流趋于最小状态,然后开机。

(6)关机前,应将两个电流调节旋钮逆时针旋到底,使其输出电流趋于最小状态,然后关机。

【思考题】

(1)在什么样的条件下会产生霍尔电压,它的方向与哪些因素有关?

(2)如已知霍尔片的工作电流 I_S 及磁感应强度 B 的方向,如何判断样品的导电类型?

(3)实验中在产生霍尔效应的同时,还会产生哪些副效应,它们与磁感应强度 B 和电流 I_S 有什么关系,如何消除副效应的影响?

(4)在什么材料中霍尔效应明显,为什么?为什么霍尔片要做成薄片状?

(5)若磁场不恰好与霍尔片底法线一致,对测量结果有何影响?如果用实验方法判断 B 与元件是否一致?

(6)换向开关的作用原理是什么?测量霍尔电压时为什么要接换向开关?

(7)能否用霍尔片测量交变磁场?

实验四十一　静电场的描绘

【实验目的】

(1)加深对电场强度和电位概念的理解。

（2）学习用模拟法测绘静电场的原理和方法。

（3）描绘长同轴圆形电缆、两平行长直圆柱体等几种静电场的等位线分布情况。

【实验仪器】

EQC - 3 型导电玻璃静电场描绘仪、静电场描绘电源、同轴电极、平行板电极、坐标纸（实验报告纸中附带）。

【实验原理】

1. 静电场的测量及其困难

静电场可以用电场强度 E 和电位 U 的空间分布来描述，由于标量在计算和测量上比矢量要简单得多，所以常用电位 U 的分布来描写电场。

直接测量静电场的分布往往很困难的。首先由于静电场不能提供电流，无法用普通的伏特计进行测量；其次，仪表本身总是导体或电介质，将它放入静电场中总会引起静电场的严重畸变，因此我们采用模拟法来测量静电场的分布。

2. 用模拟法测量静电场的条件

如果两种场遵守的物理规律形式上相似，就可以用便于测量的场代替不易测量的场。用电流场模拟静电场是研究静电场的一种最简单的方法。

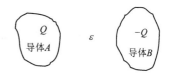

图 4 - 41 - 1 静电场

在如图 4 - 41 - 1 所示的均匀介质中，静电场的电位分布满足拉普拉斯方程

$$\frac{\partial^2 U}{\partial X^2} + \frac{\partial^2 U}{\partial Y^2} + \frac{\partial^2 U}{\partial Z^2} = 0 \tag{4 - 41 - 1}$$

电场强度满足高斯定理

$$\oiint_A \boldsymbol{D} \cdot \mathrm{d}\boldsymbol{S} = \oiint_A \varepsilon \boldsymbol{E} \cdot \mathrm{d}\boldsymbol{S} = Q \tag{4 - 41 - 2}$$

$$\oiint_B \boldsymbol{D} \cdot \mathrm{d}\boldsymbol{S} = \oiint_B \varepsilon \boldsymbol{E} \cdot \mathrm{d}\boldsymbol{S} = -Q$$

在如图 4 - 41 - 2 所示的均匀导电介质中稳恒电流场的电位分布也满足拉普拉斯方程

$$\frac{\partial^2 U}{\partial X^2} + \frac{\partial^2 U}{\partial Y^2} + \frac{\partial^2 U}{\partial Z^2} = 0 \tag{4 - 41 - 3}$$

电流密度 j 也满足高斯定理

$$\oiint_A \boldsymbol{j} \cdot \mathrm{d}\boldsymbol{S} = \oiint_A \sigma \boldsymbol{E} \cdot \mathrm{d}\boldsymbol{S} = I \tag{4 - 41 - 4}$$

$$\oiint_B \boldsymbol{j} \cdot \mathrm{d}\boldsymbol{S} = \oiint_B \sigma \boldsymbol{E} \cdot \mathrm{d}\boldsymbol{S} = -I$$

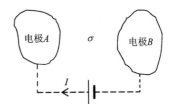

图 4 - 41 - 2 稳恒电流场

通过比较两场，它们满足相同的数学规律，可以用稳恒电流场来模拟静电场，也就是说静电场的电力线和电位线与稳恒电流场的电流线和等位线具有相似的分布，所以测定出稳恒电流场的电位分布也就求得了与它相似的静电场的电位分布。

为了在实验中实现模拟，必须满足以下实验条件：

①静电场中的带电体与电流场中的电极形状必须相同或相似，位置一致。

②电流场中的电极的电导率远大于导电介质的电导率，以保证电极表面是等位面，电流线与电极表面垂直。

③导电介质应当均匀分布。

2. 长直同轴圆柱面电极间（即同轴电缆）的电场分布

对于均匀带电的长直同轴柱面的静电场（见图 4 - 41 - 3）可以用圆片形金属电极 A 和圆环金属电极 B 所形成的电流场（见图 4 - 41 - 4）来描绘。

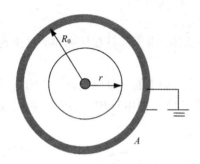
图 4 - 41 - 3　同轴电缆的静电场

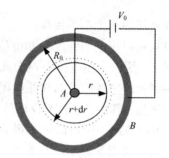
图 4 - 41 - 4　同轴电缆的电流场

下面比较两种场半径为 r 处的电势的表达式：

（1）静电场

$$E = \frac{\tau}{2\pi\varepsilon_0 r}$$

$$V = \int \boldsymbol{E} \cdot \mathrm{d}\boldsymbol{l} = \int_r^{R_0} \frac{\tau}{2\pi\varepsilon_0 r} \cdot \mathrm{d}r = \frac{\tau}{2\pi\varepsilon_0} \ln \frac{R_0}{r}$$

设内圆柱与同轴柱面间的电势为 V_0，则：

$$V_0 = \int_{r_0}^{R_0} \frac{\tau}{2\pi\varepsilon_0 r} \cdot \mathrm{d}r = \frac{\tau}{2\pi\varepsilon_0} \ln \frac{R_0}{r_0}$$

$$V = \frac{V_0}{\ln \frac{R_0}{r_0}} \cdot \ln \frac{R_0}{r} \tag{4 - 41 - 5}$$

（2）稳恒电流场

设任意处的电流密度为 j，电阻率为 ρ，则该处场强

$$E = \rho j = \rho \frac{I}{2\pi r t} （其中\ t\ 为电纸厚度）$$

$$V' = \int \boldsymbol{E} \cdot \mathrm{d}\boldsymbol{l} = \frac{I\rho}{2\pi t} \int_r^{R_0} \frac{\mathrm{d}r}{r} = \frac{I\rho}{2\pi t} \ln \frac{R_0}{r}$$

设加在 A、B 两极间的电势差为 V'_0，则

$$V'_0 = \frac{I\rho}{2\pi t} \int_{r_0}^{R_0} \frac{\mathrm{d}r}{r} = \frac{I\rho}{2\pi t} \ln \frac{R_0}{r_0}$$

则

$$V = \frac{V'_0}{\ln \dfrac{R_0}{r_0}} \cdot \ln \frac{R_0}{r} \qquad\qquad (4-41-6)$$

比较 $(4-41-5)$、$(4-41-6)$ 两式可知，在离开圆心 r 处两场电势有完全相同的表达式，故可用稳恒电流场模拟静电场。

为什么这两种场的分布相同呢？我们可以从电荷产生场的观点加以分析。在导电介质中没有电流通过时，其中任一体积元(宏观小，微观大，其内仍包含大量原子)内正负电荷数量相等，没有净电荷，呈电中性。当有电流通过时，单位时间内流入和流出该体积元内的正或负电荷数量相等，净电荷为零，仍然呈电中性。因而，整个导电介质内有电流通过时也不存在净电荷。这就是说，真空中的静电场和有稳恒电流通过时导电介质中的场都是由电极上的电荷产生的。事实上，真空中电极上的电荷是不移动的，在有电流通过的导电介质中，电极上的电荷一边流失，一边由电源补充，在动态平衡下保持电荷的数量不变。所以这两种情况下电场分布是相同的。

当电极接上交流电时，产生交流电场的瞬时值是随时间变化的，但交流电压的有效值与直流电压是等效的，所以在交流电场中用交流毫伏表测量有效值的等位线与在直流电场中测量同值的等位线，其效果和位置完全相同。

【实验内容】

1. 描绘长直同轴圆柱面电极间(即同轴电缆)的电场分布

(1)先按图 $4-41-5$ 所示连接静电场模拟仪线路，开启电源开关，使仪器正常工作。再选择左右开关，测左按左，测右按右。

(2)将直接检另开关按到直接，测量校正开关按到校正，调节电压调节旋钮到所需的工作电压 10 V。

(3)测量。将测量校正开关按到测量，把坐标纸放在适当位置夹好，在坐标纸上描出 10.00 V、8.00 V、6.00 V、4.00 V 和 2.00 V 等五条等位线，每条等位线至少对称地打上 15 个，以每条等位线上

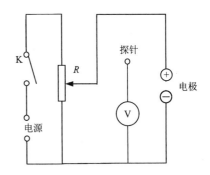

图 $4-41-5$　静电场模拟测量电路图示

各点到原点的平均距离 r 为半径画出等位线的同心圆簇。然后根据电场线与等位线正交原理，再画出电场线，并指出电场强度方向，得到一张完整的电场分布图。并将测量值与电场分布理论值比较，做出误差分析。注意：将误差控制在 0.05 V 之内。

2. 描绘两平行长直圆柱体电极间的电场分布

操作方法同上，描出 3.00 V、5.00 V、7.00 V 三条等位线。

3. 描绘聚焦电极间的电场分布(选做)

阴极射线示波管的聚焦电场是由第一聚焦电极 A_1 和第二加速电极 A_2 组成。A_2 的电位比 A_1 的电位高。电子经过此电场时，由于受到电场力的作用，使电子聚焦和加速。图 $4-41-6$ 所示的就是其电场分布。通过此实验，可了解静电透镜的聚焦作用，加深对阴极射线示波管的理解。参照"长直同轴圆柱面电极间(即同轴电缆)的电场分布"的测量要求测出若干条等位线。

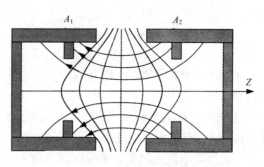

图 4 − 41 − 6　聚焦电极间的电场分布

【数据记录及处理】

（1）在坐标纸上把各等位点连接成光滑的等位线。根据电场线和等位线的正交关系，从一个电极出发描绘出电场线的分布图，在图中注明每一条等位线的电位值。

（2）对同轴圆柱形电极模拟图，根据一组等位线找出圆心，依次画出各等位线，标出电位值，并画出电场线。测量出各等位线的直径，根据式（4 − 41 − 6）计算出各等位线半径的理论值，与测量值进行比较，计算误差。将数据记入表 4 − 41 − 1 中。

表 4 − 41 − 1　数据记录表

等势线/V		10.00	8.00	6.00	4.00	2.00	0.00
半径 r /mm	实验值						
	理论值						
百分误差							

（3）测量出"实验内容1"长直同轴圆柱面电极间的电场分布图中每条等位线的直径，按（4 − 41 − 6）式计算出每条等位线的电位值，然后与测量电位值比较，计算相对误差并列出表格。

【注意事项】

（1）模拟方法的使用有一定的条件和范围，不能随意推广，否则将会得到荒谬的结论。用稳恒电流场模拟静电场的条件可以归纳为下列三点：

①稳恒电流场中的电极形状应与被模拟的静电场中的带电体几何形状相同。

②稳恒电流场中的导电介质是不良导体且电导率分布均匀，并满足 $\sigma_{电极} \gg \sigma_{导电介质}$ 才能保证电流场中的电极（良导体）的表面也近似是一个等位面。

③模拟所用电极系统与被模拟电极系统的边界条件相同。

（2）测绘方法

场强 E 在数值上等于电位梯度，方向指向电位降落的方向。考虑到 E 是矢量，而电位 U 是标量，从实验测量来讲，测定电位比测定场强容易实现，所以可先测绘等位线，然后根据电场线与等位线正交的原理，画出电场线。这样就可由等位线的间距确定电场线的疏密和指向，将抽象的电场形象地反映出来。由于导电微晶边缘处电流只能沿边缘流动，因此等位线必然与边缘垂直，使该处的等位线和电力线严重畸变，这就是用有限大的模拟模型去模拟无限大的空间电场时必然会受到的"边缘效应"的影响。如要减小这种影响，则要使用"无限大"的导电微晶进行实验，或者人为地将导电微晶的边缘切割成电力线的形状。

【思考题】

（1）为什么能用稳恒电流场模拟静电场？

（2）如果实验时电源的输出电压不够稳定，那么是否会改变电力线和等位线的分布？为什么？

（3）试从你测绘的等位线和电力线分布图，分析何处的电场强度较强？何处的电场强度较弱？

（4）试从长直同轴圆柱面电极间导电介质的电阻分布规律和从欧姆定律出发，证明它的电位分布有与（4 - 41 - 6）式相同的形式。

（5）如果电源电压增加一倍，等位线和电力线的形状是否发生变化？电场强度和电位分布是否发生变化？为什么？

实验四十二　电子束的偏转与聚焦

示波器中用来显示电信号波形的示波管和电视机、摄像机里显示图像的显像管、摄像管都属于电子束线管，虽然它们的型号和结构不完全相同，但都有产生电子束的系统和电子加速系统，为了使电子束在荧光屏上清晰地成像，还要设聚焦、偏转和强度控制系统。对电子束的聚焦和偏转，可以利用电极形成的静电场实现，也可以用电流形成的恒磁场实现。前者称为电聚焦或电偏转。随着科技的发展，利用静电场或恒磁场使电子束偏转、聚焦的原理和方法还被广泛地用于扫描电子显微镜、回旋加速器、质谱仪等许多仪器设备的研制之中。本实验在了解电子束线管的结构基础上，讨论电子束的偏转、聚焦特性及其测量方法。

【实验目的】

（1）了解示波管的构造和工作原理。
（2）研究带电粒子在电场和磁场中的偏转规律。
（3）研究带电粒子在电场和磁场中的聚焦规律。
（4）掌握测量电子荷质比的一种方法。

【实验仪器】

LB - EB4 型电子束实验仪、可调直流稳压电源、数字万用表。

其中，LB - EB4 型电子束实验仪控制面板如图 4 - 42 - 1 所示。

利用电压指示选择挡，可以实时通过示波管电压显示窗口观察记录相应的电压值并可通过三个电压调节旋钮随时调节相应的电压值。

电压输出用于给螺线管供电，其连接极性为：红 - 红，黑 - 黑。同时通过电压调节旋钮对其电压进行调节。

交直流开关用于直流和交流的切换，X、Y 换向开关用于换挡显示 X、Y 偏转电压。

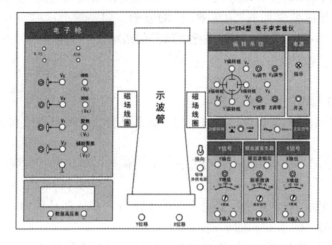

图 4 − 42 − 1　　LB − EB4 型电子束实验仪控制面板

【实验原理】

测量物理学方面的一些常数(例如光在真空中的速度 c，阿伏加德罗常数 N，电子电荷 e，电子的静止质量 m)是物理学实验的重要任务之一，而且测量的精确度往往会影响物理学的进一步发展和一些重要的新发现。本实验将通过较为简单的方法，对电子 e/m 进行测量。

1. 电子束实验仪的结构原理

电子束实验仪的工作原理与示波管相同，它包括抽成真空的玻璃外壳、电子枪、偏转系统与荧光屏四个部分。

(1)电子枪

电子枪的详细结构如图 4 − 42 − 2 所示。电子源是阴极，它是一只金属圆柱筒，里面装有一根加热用的钨丝，两者之间用陶瓷套管绝缘。当灯丝通电(6.3 V 交流)被加热到一定温度时，将会在阴极材料表面空间逸出自由电子(热电子)。与阴极同轴布置有四个圆筒的电极，它们是各自带有小圆孔的隔板。电极 G 称为栅极，它的工作电位相对于阴极大约是 5 ~ 20 V 的负电位，它产

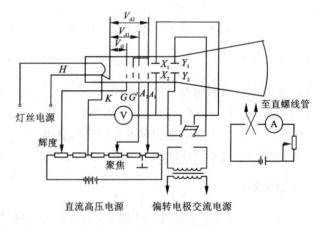

图 4 − 42 − 2　　电子枪

生一个电场是要把从阴极发射出的电子推回到阴极去，只有那些能量足以克服这一阻止电场作用的电子才能穿过控制栅极。因此，改变这个电位，便可以限制通过 G 小孔的电子的数量，也就是控制电子束的强度。电极 G' 在管内与 A_2 相连，工作电位 V_2 相对于 K 一般是正几

百伏到正几千伏。这个电位产生的电场是使电子沿电极的轴向加速。电极 A_1 相对于 K 具有电位 V_1，这个电位介于 K 和 G' 的电位之间。G' 与 A_1 之间的电场和 A_1 与 A_2 之间的电场为聚焦电场(静电透镜)，可使从 G 发射出来的不同方向的电子会聚成一细小的平行电子束。这个电子束的直径主要取决于 A_1 的小孔直径。适当选取 V_1 和 V_2，可获得良好的聚焦。

(2)偏转系统

电偏转系统是由一对竖直偏转板和一对水平偏转板组成，每对偏转板是由两块平行板组成，每对偏转板之间都可以加电势差，使电子束向侧面偏转。磁偏转系统是由两个螺线管形成的。

(3)荧光屏

荧光屏是内表面涂有荧光粉的玻璃屏，受到电子束的轰击会发出可见光，显示出一个小光点。

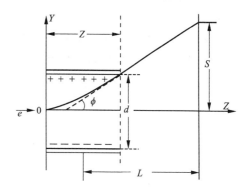

图 4 - 42 - 3 电偏转

2. 电偏转：电子束 + 横向电场

电偏转原理如图 4 - 42 - 3 所示。通常在示波管(又称电子束线管)的偏转板上加上偏转电压 V_d，当加速后的电子以速度 v_0 沿 Z 方向进入偏转板后，受到偏转电场 E(Y 轴方向)的作用，使电子的运动轨道发生偏移。假定偏转电场在偏转板 l 范围内是均匀的，电子作抛物线运动，在偏转板外，场为零，电子不受力，做匀速直线运动。在偏转板之内

$$Y = \frac{1}{2}at^2 = \frac{1}{2}\frac{eE}{m}(\frac{Z}{v_0})^2 \qquad (4-42-1)$$

式中：v_0 为电子初速度，Y 为电子束在 Y 方向的偏转。电子在加速电压 V_2 的作用下，加速电压对电子所做的功全部转为电子动能，则 $\frac{1}{2}mv_0^2 = eV_2$。将 $E = V_d/d$ 和 v_0 代入(4 - 42 - 1)式，得

$$Y = \frac{V_d Z^2}{4V_2 d}$$

电子离开偏转系统时，电子运动的轨道与 Z 轴所成的偏转角 ϕ 的正切为

$$\tan\phi = \frac{\mathrm{d}Y}{\mathrm{d}Z}\Big|_{Z=l} = \frac{V_d l}{2V_2 d} \qquad (4-42-2)$$

设偏转板的中心至荧光屏的距离为 L，电子在荧光屏上的偏离的距离为 S，则

$$\tan\phi = \frac{S}{L}$$

代入(4 - 42 - 2)式，得

$$S = \frac{V_d l L}{2V_2 d} \qquad (4-42-3)$$

由上式可知，荧光屏上电子束的偏转距离 S 与偏转电压 V_d 成正比，与加速电压 V_2 成反比，由于上式中的其他量是与示波管结构有关的常数，故可写成

$$S = k_e \frac{V_d}{V_2} \qquad (4-42-4)$$

k_e 为电偏常数。可见,当加速电压 V_2 一定时,偏转距离与偏转电压呈线性关系。为了反映电偏转的灵敏程度,定义

$$\delta_{电} = \frac{S}{V_d} = k_e \left(\frac{1}{V_2}\right) \qquad (4-42-5)$$

$\delta_{电}$ 称为电偏转灵敏度,单位为 mm/V。$\delta_{电}$ 越大,表示电偏转系统的灵敏度越高。

3. 电聚焦:电子束 + 纵向电场

了解静电透镜工作原理,测量电子透镜焦距。

加速电极 G' 的电位比阴极电位高几百伏至上千伏。由于示波管中电子枪的结构也是轴对称的,如图 4-42-2 所示。从阴极 K 发射出来的电子首先受到控制栅极 G 和加速极 G' 之间电场的作用而被会聚在 a 点,这就是电子束的第一交叉点。

第一阳极 A_1 的电位比阴极高几百伏,第二阳极 A_2 的电位与加速极 G' 的电位相同,由 G',A_1,A_2 组成了电聚焦系统,如图 4-42-4 所示。

当 $V_{A_2} = V_{G'} > V_{A_1}$ 时,在由 G',A_1,A_2 构成的空间电场中,电场线的指向如图 4-42-5 中虚线所示,电子受到与电场线方向相反的力 F,F 可以分解成平行于轴向的力 $F_\parallel$ 与垂直于轴的力 $F_\perp$。当入射电子处于①时,所受到的力使电子减速、发散;当电子处于②时,受到的力使电子减速、会聚;当电子处于③时,所受到的力使电子加速、会聚;而处于④时,电子则被加速、发散,但此时因为电子被不断地加速,所以这种发散的趋势要比会聚的作用小。电子走出了一条如图 4-42-5(a)所示的轨迹。

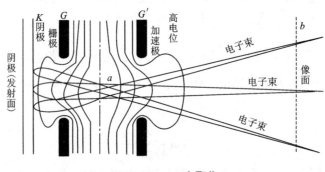

图 4-42-4 电聚焦

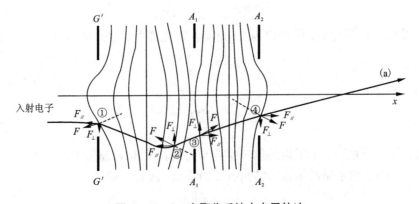

图 4-42-5 电聚焦系统中电子轨迹

如果将这一过程与几何光学作类比，由于 A_1 两侧有相同的电位，好比有相同的折射率，因此可将 G，A_1，A_2 组成的电聚焦系统看作为一个电子透镜。如果把第一交叉点 a 作为该电子透镜的物，那么调节 A_1' 与 A_2，G' 之间的电位差，则相当于改变电子透镜的焦距，选择合适的 V_{A_1}，V_{A_2}，可使物点 a 正好成像在荧光屏上，这就是电聚焦。

用几何光学中的高斯成像公式 $\dfrac{1}{f} = \dfrac{1}{u_{物距}} + \dfrac{1}{v_{像距}}$，也可以求出上述电子透镜的焦距 f。图 4-42-6 为示波管的 $f-V_{A_1}/V_{A_2}$ 曲线。从图中可见，当 $V_{A_1} = V_{A_2}$ 时，由于在 G'，A_1，A_2 中间不存在电场，因此不存在聚焦作用，焦距 f 为无穷大。

4. 磁偏转：电子束 + 横向磁场

（1）横向磁场对电子束的偏转

运动的电子在磁场中要受到洛伦兹力的作用，所受力为

$$F = qv \times B \qquad (4-42-6)$$

可见洛伦兹力的方向始终与电子运动的方向垂直，所以洛伦兹力对运动的电子不做功，但它要改变电子的运动方向。本实验将要观察和研究电子束在与之垂直的磁场作用下的偏转情况。为简单起见，设

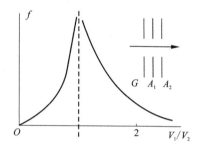

图 4-42-6 示波管的 $f-V_1/V_2$ 曲线

磁场是均匀的，磁感应强度为 B，在均匀磁场中电子的速度 v 与磁场 B 垂直，电子在洛伦兹力的做用下作圆周运动。洛伦兹力就是电子做圆周运动的向心力。电子离开磁场区域后，因为磁场为零，电子不再受任何力的作用，应做直线运动。由图 4-42-7 可知

$$\tan \frac{\phi}{2} = \frac{l}{R} = \frac{leB}{mv} \qquad (4-42-7)$$

$$S = L \cdot \tan \frac{\phi}{2} = \frac{leB}{mv}L \qquad (4-42-8)$$

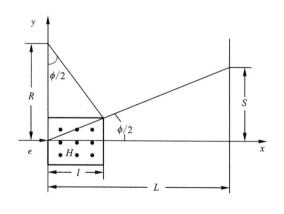

图 4-42-7 横向磁场中电子束的偏转

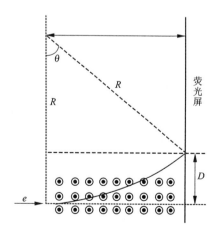

图 4-42-8 地磁场中电子束的偏转

设电子进入磁场前加速电压为 V_2，则加速电场对电子做的功全部转变成电子的动能有

$$\frac{1}{2}mv^2 = eV_2 \tag{4-42-9}$$

$$S = lBL\sqrt{\frac{e}{2mV_2}} \tag{4-42-10}$$

如果磁场是由螺线管产生的,因为螺线管内的 $B = \mu_0 nI$,其中 n 是单位长度线圈的圈数,I 是通过线圈的电流,所以

$$S = \mu_0 nIlL\sqrt{\frac{e}{2mV_2}} \Rightarrow \frac{S}{I} = \mu_0 nlL\sqrt{\frac{e}{2mV_2}} \tag{4-42-11}$$

可见位移 S 与磁场电流 I 成正比,而与加速电压的平方根成反比,这与静电场的情况不同。而磁偏转灵敏度为位移与磁场电流之比,则磁偏转灵敏度与加速电压的平方根成反比。

(2)利用电子束在地磁场中的偏转测量地球磁场(即地磁水平分量的测量)

在做"电子束的加速和电偏转"实验中,在偏转电压 V_d 为零的情况下将光点调整到坐标原点再改变加速电压 V_2 时,虽然没有外加偏转电压,但光点的位置已经偏离了原点。研究发现,光点的偏移位置与实验仪摆放的位置有关,是否是地磁场的存在导致了这种现象呢?借助罗盘与指南针,找到示波管与地磁场水平分量相平行的方位,再次改变加速电压,发现光点保持在原点位置不变,看来地磁场是造成光点位置改变的重要原因之一。下面介绍用电子束实验仪来测地磁场的水平分量。

电子从电子枪发射出来时,其速度 v 由式(4-42-9)关系式决定

$$\frac{1}{2}mv^2 = eV_2$$

由于电子束所受重力远远小于洛伦兹力,忽略重力因素,电子在磁场力影响下做圆弧运动,如图4-42-8所示,圆弧的半径只可由向心力求出

$$R = \frac{mv}{eB}$$

电子在磁场中沿弧线打到荧光屏上一点,这一点相对于没有偏转的电子束的位置移动了距离 D:

$$D = R - R\cos\theta = R(1 - \cos\theta) = \frac{mv}{eB}(1 - \cos\theta) \tag{4-42-12}$$

因为偏转角 θ 很小,近似可写为

$$\sin\theta = \theta, \ \cos\theta = 1 - \frac{\theta^2}{2} \tag{4-42-13}$$

代入式(4-42-12)得

$$D = \frac{mv}{eB} \cdot \frac{\theta^2}{2} = \frac{mv}{eB} \cdot \frac{\sin^2\theta}{2} \tag{4-42-14}$$

如图4-42-8所示有

$$\sin\theta = \frac{l}{R} = \frac{leB}{mv} \tag{4-42-15}$$

所以

$$D = \frac{l^2 eB}{2\sqrt{2meV_2}} \tag{4-42-16}$$

由于示波管中的电极都是镍制成的,是铁磁体,对电子束有磁屏蔽作用,电子束在离开加速极前没有明显的偏转,所以 l 是由加速极到屏的全长。

调节加速电压 V_2 和聚焦电压,在屏上得到一清晰光点,将 X、Y 偏转电压调为零,将光点调到水平轴上,保持 V_2 不变,原地转动实验仪,当地磁场的水平分量与电子束垂直时,光点的偏转量最大,记录光点偏转最高和最低的两个偏移量 D_1,D_2(可以借助罗盘和指南针来确定方位),取 $D = \dfrac{D_1 + D_2}{2}$ 作为加速电压为 V_2 时的偏转量,代入公式(4-42-16)求得 B(地磁场的水平分量)。

5. 磁聚焦,螺旋运动:电子束 + 纵向磁场

研究电子束在纵向磁场作用下的螺旋运动,测量电子荷质比。观察磁聚焦现象,验证电子螺旋运动的极坐标方程。

(1)研究电子束在纵向磁场作用下的螺旋运动,测量电子荷质比。

本实验采用的是磁聚焦法(亦称螺旋聚焦法)测量电子荷质比。具有速度 v 的电子进入磁场中要受到磁力的作用,此力为

$$f_R = ev \times B$$

若速度 v 与磁感应强度 B 的夹角不是 $\pi/2$,则可把电子的速度分为两部分考虑。设与 B 平行的分速度为 $v_{/\!/}$,与 B 垂直的分速度为 $v_\perp$,则受磁场作用力的大小取决于 $v_\perp$。此时力的数值为 $f_R = ev_\perp B$,力的方向既垂直于 $v_\perp$,也垂直于 B。在此力的作用下,电子在垂直于 B 的面上的运动投影为一圆运动,由牛顿定律有

$$ev_\perp B = \frac{m}{R} v_\perp^2$$

电子绕一圈的周期

$$T = \frac{2\pi R}{v_\perp} = 2\pi \frac{m}{eB}$$

由上式可知,只要 B 一定,则电子绕行周期一定,而与 $v_\perp$ 和 R 无关。绕行角速度为:

$$\omega = \frac{v_\perp}{R} = \frac{eB}{m}$$

另外,电子与 B 平行的分速度 $v_{/\!/}$ 则不受磁场的影响。在一周期内粒子应沿磁场 B 的方向(或其反向)做匀速直线运动。当两个分量同时存在时,粒子的轨迹将成为一条螺旋线,如图 4-42-9 所示,其螺距 d(即电子每回转一周时前进的距离)为:$d = v_{/\!/} T = \dfrac{2\pi m v_{/\!/}}{eB}$,螺距 d 与垂直速度 $v_\perp$ 无关。

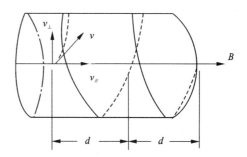

图 4-42-9 磁聚焦系统中,粒子做螺旋运动

从螺距公式得到 $\dfrac{e}{m} = \dfrac{2\pi v_{/\!/}}{Bd}$,可知只要测得 $v_{/\!/}$、d 和 B,就可计算出 e/m 的值。

(2)平行速度 $v_{/\!/}$ 的确定

如果我们采用图 4-42-2 所示的静电型电子射线示波管,则可由电子枪得到水平方向的电子束射线,电子射线的水平速度可由公式

$$\frac{1}{2}mv^2 = e(V_{A2} - V_K) = eV_2$$

求得

$$v = \sqrt{\frac{2e(V_{A2} - V_K)}{m}} = \sqrt{\frac{2eV_2}{m}}$$

（3）螺距 d 的确定

如果我们使 X 偏转板 X_1、X_2 和 Y 偏转板 Y_1、Y_2 的电位都与 A_2 相同，则电子射线通过 A_2 后将不受电场力作用而做匀速直线运动，直射于荧光屏中心一点。此时即使加上沿示波管轴线方向的磁场（将示波管放于载流螺线管中即可），由于磁场和电子速度平行，射线亦不受磁力，故仍射于屏中心一点。

当在 Y_1、Y_2 板上加一个偏转电压时，由于 Y_1、Y_2 两板有了电位差，则必产生垂直于电子射线方向的电场，此电场将使电子得到附加的分速度 $v_\perp$（原有电子枪射出的电子的 $v_\parallel$ 不变）。此分速度将使电子作傍切于中心轴线的螺旋线运动。

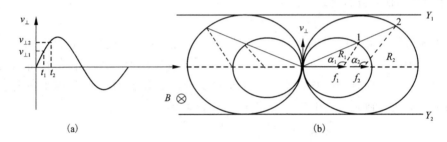

图 4 - 42 - 10　粒子作傍切于中心轴线的螺旋线运动

当 B 一定时电子绕行角速度恒定，因而分速度愈大者绕行螺旋线半径愈大，但绕行一个螺距的时间（即周期 T）是相同的。如果在偏转板 Y_1、Y_2 上加交变电压，则在正半周期内（Y_1 正 Y_2 负）先后通过此两极间的电子，将分别得到大小相同的向上的分速度，如图 4 - 42 - 10（b）右半部所示，分别在轴线右侧作傍切于轴的不同半径的螺旋运动，荧光屏上出现的仍是一条直线，理由如图 4 - 42 - 10（a）所示。

假设正半周 Y_1 为正，Y_2 为负。在 t_0 时刻，$v = 0$，$v_\perp = 0$，电子不受洛伦兹力作用。t_1 时刻，$v_\perp = v_{\perp 1}$，电子受的洛伦兹力为 f_1，在轴线右侧做半径为 R_1 的螺旋运动：$R_1 = \dfrac{mv_{\perp 1}}{eB}$。在 t_2 时刻，$v_\perp = v_{\perp 2}$，电子受的洛伦兹力为 f_2，在轴线右侧做半径为 R_2 的螺旋运动，$R_2 = \dfrac{mv_{\perp 2}}{eB}$。所以整个正半周期不同时刻发出的电子将在轴线右侧做不同半径的螺旋运动，而在负半周电子将在轴线左侧做不同半径的螺旋运动。但由于 $\omega = \dfrac{v_\perp}{R} = \dfrac{eB}{m}$，角速度 ω 与 $v_\perp$ 无关，只要保持 B 不变，不同时刻从 O 点发出的电子做螺旋运动的角速度均相同。

设从 Y 偏转板（记为 O 点）到荧光屏的距离为 L'，由于 $v_\parallel$ 不变，所以不同时刻从 O 点发出的电子到达屏所用的时间均为 $T_0 = \dfrac{L'}{v_\parallel}$。故不同时刻从 O 点发出的电子，从射出到打在荧光屏上，从螺旋运动的分运动来说，绕过的圆心角均相同，即图 4 – 42 – 10 中的 $\alpha_1 = \alpha_2 = \omega T_0$，所以在图 4 – 42 – 10(b)中，亮点"1"与亮点"2"都在过轴线的直线上，只是亮点"1"比亮点"2"早到$(t_2 - t_1)$这么一段时间。由于余辉时间，在"2"点到来之前，"1"点并未消失。同理，其他时刻从 O 点发出的电子，打到荧光屏上的亮点也都与"1"、"2"点打在同一直线上。这样，在一个交变电压周期时间内，使电子打在荧光屏上的轨迹成为一条亮线，下一个周期重复，仍为一条亮线。各周期形成的亮线重叠成为一条不灭的亮线。

增加 B 时，由 $R = \dfrac{mv_\perp}{eB}$，$\omega = \dfrac{v_\perp}{R} = \dfrac{eB}{m}$，在交变电压振幅不变的情况下，螺旋运动的半径减小，所以亮线缩短，同时由于 ω 增加，在从 O 点发出的电子到达荧光屏这段时间内，绕过的圆周角增大，所以亮线在缩短的同时还旋转，如图 4 – 42 – 11 所示。我们总可以改变 B 的大小，即改变 ω，使得在 T_0 这段时间内，绕过的圆周角刚好为 2π，即圆周运动刚好绕一周。这样，电子从 O 发出，做了一周的螺旋运动，又回到轴线上，只是向前了一个螺距 d。这时荧光屏上将显示一个亮点，这就是所谓的一次聚焦。一次聚焦时，螺距 d 在数值上等于示波管内偏转电极到荧光屏的距离 L'，这就是螺距 d 的测量方法。

如果继续增大磁场，可以获得第二次聚焦，第三次聚焦等，这时螺距 $d = L'/2$，$L'/3$，…。

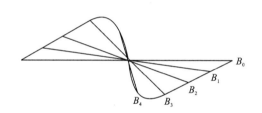

图 4 – 42 – 11　增加 B，亮线缩短

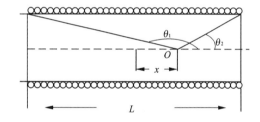

图 4 – 42 – 12　螺线管内轴线上磁感应强度 B 的计算

（4）磁感应强度 B 的确定

螺线管内轴线上某点磁感应强度 B 的计算公式为

$$B = \frac{\mu_0}{2} nI (\cos\theta_2 - \cos\theta_1)$$

式中，μ_0 为真空中磁导率；n 为螺线管单位长度的匝数；I 为励磁电流；θ_1、θ_2 是从该点到线圈两端的连线与轴的夹角。

若螺线管的长为 L，直径为 D，则距轴线中点 O 为 x 的某点（如图 4 – 42 – 12 所示）的 B 可表示为

$$B = \frac{\mu_0}{2} nI \left[\frac{\dfrac{L}{2} - x}{\sqrt{\left(\dfrac{D}{2}\right)^2 + \left(\dfrac{L}{2} - x\right)^2}} + \frac{\dfrac{L}{2} + x}{\sqrt{\left(\dfrac{D}{2}\right)^2 + \left(\dfrac{L}{2} + x\right)^2}} \right]$$

显见 B 是 x 的非线性函数，若 L 足够大，且使用中间一端时，则可近似认为均匀磁场，于是 $B = \mu_0 nI$；若 L 不是足够大，且实验中仅使用中间一段，则可以引入一修正系数 K。

$$K = \frac{1}{2x_0}\left[\sqrt{\left(\frac{D}{2}\right)^2 + \left(\frac{L}{2}+x_0\right)^2} - \sqrt{\left(\frac{D}{2}\right)^2 + \left(\frac{L}{2}-x_0\right)^2}\right]$$

$$\overline{B} = K\mu_0 nI$$

式中，x_0 为所用中间段的端点距螺线管中点 O 的距离。

（5）验证电子螺旋运动的极坐标方程

当电子沿轴方向运动了距离 L，那么它旋转的总角度 ϕ 为

$$\phi = \omega \cdot \left(\frac{L}{v_{/\!/}}\right) = \frac{eBL}{mv_{/\!/}}$$

在 d 与 ϕ 之间存在的简单关系为

$$\phi = \frac{2\pi L}{d}$$

这一关系也可直接从几何关系得到，在本实验中，ϕ 和 L 都是可以直接测量的，所以上面的关系式就可以用来计算 d，而 d 在实验中是不能直接测量的，因为管中的电子束是看不见的。

图 4 – 42 – 13 画出了在荧光屏上向电子枪方向看去的情况。A 点是打在荧光屏上的光斑位置，原点 O 是当 $v_\perp = 0$ 时光斑的位置，以 R 为半径的圆周表示螺线的正视图，假如 $v_\perp$ 固定不变，改变 B 的大小，光斑怎样运动呢？为了确定荧光屏上 A 点位置，选取像图 4 – 42 – 13 那样的极坐标 r 和 θ 是较为方便的，我们特地把螺线的起点取作 $\theta = 0$，$\phi = 0$，当光斑在 A 点的位置，对应的坐标为

$$r = 2R\sin(\phi/2)$$
$$\theta = \phi/2$$

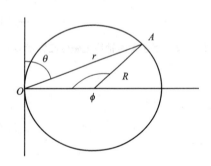

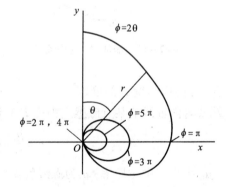

图 4 – 42 – 13　电子螺旋运动图（朝电子枪方向看）　　　　图 4 – 42 – 14　荧光屏上光点的运动轨迹

注意，图中 ϕ 角，当电子回旋不止一圈时还要加上 2π 的整数倍（取决于螺线转过的周数）。

R 和 ϕ 都与 B 有关，则 r 和 e 也都是 B 的函数。为了得到当 B 改变时光点运动的轨迹，就要找出 r 与 e 满足的方程式，联立消去，就可得到轨迹方程 $r = f(\theta)$。先由上述公式得

$$r = 2R\sin\theta$$

$$\phi R = \frac{v_\perp L}{v_{//}}$$

$$R = \frac{v_\perp L}{2\theta v_{//}}$$

则有

$$r = \frac{v_\perp L}{v_{//}} \cdot \frac{\sin\theta}{\theta}$$

这是一个蜗线方程，图 4 – 42 – 14 是相应的曲线，图中标明了几点的 ϕ 值。

注意，每当 θ 取 π 的整数倍时，相应的 ϕ 取 2π 的整数倍，即螺线绕了整数圈，r 则变为零，电子束回到未偏转的位置，光斑位置与 O 点重合。当 B 增加，ϕ 相应增加，电子束偏离这一位置的幅度也越来越小。当 ϕ 为 π 的奇数倍时，光斑位置都在 x 轴上。

【实验内容】

1. 电子束 + 横向电场，测量电偏转系统的偏转灵敏度

(1) 安装好示波管和刻度板后，接通电源。

(2) 调节 V_G、V_{A_1}、V_{A_2} 调节旋钮，使光点聚成一亮点，辉度适中，光点不要太亮以免烧坏荧光物质。

(3) 通过 X、Y 换向开关显示偏转电压，调节 X、Y 偏转调节旋钮使得偏转电压分别指示为 0。

(4) 调节 X、Y 调零旋钮使得光点处在中心原点上。

(5) 调节 V_{A_1}、V_{A_2} 调节旋钮，在几个不同的加速电压下，分别测量电子束在横向电场作用下，偏转量随偏转电压大小之间的变化关系。

2. 电子束 + 纵向电场，观察电聚焦现象，测量电子透镜的焦距(选做)

(1) 观察电聚焦现象。调节 V_G 旋钮，观察栅极 G 相对于阴极 K 的电压变化，对光点亮度的影响，并说明原因，记录当光点亮度适中时 V_G 为多少。调节聚焦旋钮就是改变第一阳极 A_1 的电压，改变电子透镜的焦距，达到聚焦的目的；调节辅助聚焦 A_2，就是同时改变加速电极 G' 和第二阳极 A_2 的电压。实验中必须注意，光点切勿过亮，以免烧坏荧光屏。

(2) 测量电子透镜的焦距。调节聚焦与辅助聚焦旋钮，使屏上亮点聚焦达到最佳状态并记录数据。

3. 地磁水平分量测量

(1) 安装好示波管和刻度盘，不加任何偏转线圈。借助指南针将仪器大致东西方向放置。

(2) 开启电源，置直流挡。借助指南针使示波管与南北方向平行放置，调节 X、Y 偏转(或调零)，使光点打在刻度盘中心，旋转仪器，当光点偏离中心位置最大处(即示波管与东西方向平行放置)。

(3) 转动仪器，当仪器转动 90°时(即示波管与东西方向平行)读出偏移值 D_1，270°时读出偏移值 D_2；(本实验中使用的刻度盘每格为 2 mm 长，测偏移量时最好应使用精度更好的直尺)

(4) 取 $D = \dfrac{D_1 + D_2}{2}$ 作为加速电压 V_2 的偏移值，代入式(4 – 42 – 16)求出地磁场水平分量 B。

4.电子束＋横向磁场，测量磁偏转灵敏度（选做）

（1）按照"实验内容3"，将仪器调整为示波管南北方向放置。

（2）先断开电源，安装好横向磁感线圈。

（3）打开电源，调节 V_G、V_{A_1}、V_{A_2} 旋钮，X 调零（偏转），Y 调零（偏转），使光点亮度适中，并打在荧光屏中心。

（4）对一定的加速电压 V_2，调节电压调节旋钮改变磁场电流 I 的大小，测量电子束的偏转量 S 与磁场电流 I。

（5）保持磁场电流 I 不变，通过调节 V_{A_2} 电压大小来改变加速电压 V_2 的大小，测量偏转量 S 与加速电压 V_2。

5.电子束＋纵向磁场，利用磁聚焦法测量电子荷质比

为了能观察到电子在外磁场中的回旋现象，可以采用下述实验方法：首先通过静电聚焦（调节示波管的第一阳极和第二阳极的电位值，可达到这一目的）作用，使从阴极 K 发射出的电子束聚焦在示波管屏上；然后在 Y（垂直）偏转极上加一适当的交变电压，使电子束在示波管屏幕的 Y 方向上扫描成一段线光迹，最后加上轴向磁场，使电子在示波管所在空间内作螺线运动。因此，当轴向外磁场从零逐渐增强时，荧光屏上的直线光迹将一边旋转一边缩短，直到使得电子的螺旋形运动轨迹的螺距正好等于从偏转极中心到荧光屏的距离 L' 时，电子束将被轴向外磁场再次聚焦成一光点。这样，根据这时的 V_{A_2}，B 和 L' 值，求得 e/m 值。

（1）先断开电源，安装好纵向磁感线圈，接线柱向外放置，注意接线极性；

（2）打开电源，调节 V_G、V_{A_1}、V_{A_2} 旋钮，X 调零（偏转），Y 调零（偏转），使荧光屏中心出现一点，且亮度适中；

（3）拨交流挡，调整偏转（调零）旋钮，使荧光屏中心出现一条亮线，使其长度、亮度适中；

（4）调节电压调节旋钮，使得线圈励磁电流由零逐渐增大，观察荧光屏亮线的变化（屏上的直线段将边旋转边缩短，直到收缩成一点）。当聚成点时，记录励磁电流 I_1。继续增大电流，当第二次聚成一点时，记录励磁电流 I_2，当第三次聚成一点时，记录励磁电流 I_3 及加速电压 V_{A_2}。

（5）为消除地磁场的影响，可将螺线管东西方向放置，或改变励磁电流方向测两次取平均值；为消除某些随机因素的影响，也可改变 V_{A_2} 重复测量几次，取平均值。

（6）注意：实验中不要将磁感线圈长时间停留在大电流工作，以免烧坏线圈。切勿擅自打开机箱，机箱内有高压，防止触电。

【数据记录及处理】

（1）根据实验中的测量值分别绘制出偏转量 D_x，D_y 和偏转电压 V_x，V_y 之间的关系曲线，直线的斜率表示电偏转灵敏度的大小。从横向电压图上可以得出电子束的偏转量随横向电场大小成线形变化关系，直线的斜率随加速电压的大小而变说明偏转灵敏度与电子的速度有关，在横向偏转关系曲线图的基础上进一步整理出加速电压 V_2 与直线斜率 $\tan\theta$（或偏转量 D）的乘积随横向偏转电压的变化关系图。结果表明所有实验电子都归拢到一根直线附近。从而证实了关系式 $DV_2 = \frac{lL}{2d}V_d$。式中：D—偏转量，l—偏转板有效长度，V_2—加速电压，d—

偏转板有效长度内板间距，V_d—偏转电压，L—偏转板中点到屏间距；根据实验参数及上述实验值计算出电偏转灵敏度$\delta_{电}$。

（2）用几何光学中高斯公式求焦距f。用高斯公式求f时，像距、物距可参照图 4 – 42 –15 所示 8SJ31J 型示波管的内部结构图中的数据来确定（本实验中第一聚焦点GG'的$\dfrac{1}{2}$处到荧光屏的距离为 198 mm）。

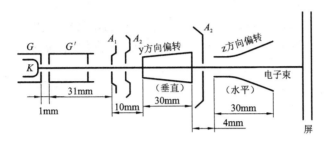

图 4 – 42 – 15 **8SJ31J 型示波管的内部结构示意图**

（3）计算偏转量的平均值：

$$D = \frac{D_1 + D_2}{2}$$

并根据公式求出B。

$$D = \frac{l^2 eB}{2\sqrt{2meV_2}}$$

其中，V_2为面板上电压指示选择V_{A_2}挡上的读数（即加速电压），l为加速极至荧光屏的距离（本实验中$l = 0.148$ m），m为电子质量。

（4）根据电子束的偏转量S与磁场电流I，绘制S–I图；根据偏转量S与加速电压V_2，绘制S–$\dfrac{1}{\sqrt{V_2}}$图线；并计算出磁偏转灵敏度$\delta_{磁}$。

（5）求相当于一次聚焦时励磁电流

$$I = \frac{I_1 + I_2 + I_3}{1 + 2 + 3};$$

根据原理部分的推导求B，导出计算e/m的公式

$$B = K\mu_0 nI \,(n = N/L)$$

$$\frac{e}{m} = \frac{8\pi^2 V_{A2}}{B^2 d^2} \,(d = L')$$

并计算其值（$L' = 0.148$ m，$K = 0.87$，$N = 1160$，$L = 0.23$ m）。

【注意事项】

（1）操作时谨防触电，示波管的阴极和栅极电位约为 1000 多伏的高电压。

（2）高压表用于测量加速电压等高电压，其量程为 1500 V。低压表用于测偏转电压，实验中宜选用 50 V 量程，用低压表测高电压会损坏电表。

(3)仪器面板中部的"高压保护指示灯"为高压保护指示。如果灯泡亮，则表明仪器内部电源高压部分出现故障，请立即关闭仪器电源，检查电源高压部分并进行维修。

(4)实验过程中有时会出现找不到光点(光斑)的情况，可能的原因和解决的办法如下：

①亮度不够。解决的办法是适当增加亮度；

②已经加有较大的电偏电压(X 方向或 Y 方向)，使光点偏出示波器的屏幕。此时应通过调节电偏转旋钮，使偏转电压降为零。

(5)示波管的亮度不要长时间打得太亮，否则，荧光屏易老化，影响显示效果。

(6)做磁聚焦和磁偏转实验时，采集完数据后，应将励磁恒流源的电流调节电位器逆时针旋到底，尽量不要让线圈长时间地通大电流(因为线圈随着电流的增大，其热量也随之增大，其阻值也增加，所以相应的电流会逐渐减小)。

(7)在高压接线柱接线时，必须先关闭电源，并单手操作，以防触电。

(8)实验完毕后，关掉电源，不要立即拆除线路，要等电容器放电完毕后再拆除线路。

【思考题】

(1)地磁场对于电子束都有哪些方向上的影响？

(2)偏转量大小改变时，光电的聚焦是否改变？

(3)如果偏转板上加一个交流电压，会出现什么现象？

(4)如果电子不是带负电而是带正电，电子束在磁场中应如何偏转？

(5)从本实验所得的测量数据中，作电偏转时在 X 方向和 Y 方向哪一个的偏转灵敏度大？根据示波管的构造分析这是什么原因造成的？

(6)当螺线管电流 I 逐渐增加，电子束线从一次聚焦到二次、三次聚焦，荧光屏上的亮斑怎样运动？并解释之。

第五章 设计性、研究性实验项目

实验一 弹簧振子的研究

【实验目的】

(1)研究弹簧本身质量对振动的影响;

(2)研究不同形式的弹簧,其质量对振动的影响是否相同。

【实验仪器】

弹簧(锥形的、柱形的),停表(或数字毫秒计及光电门),砝码,托盘。

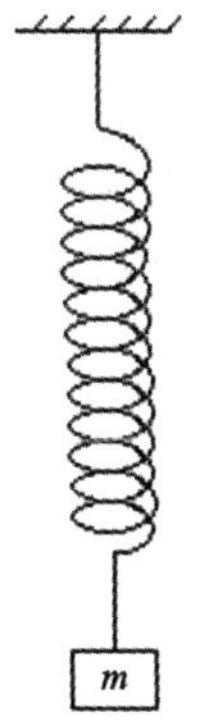

【实验原理】

设弹簧的劲度系数为 k,悬挂的负载质量为 m(图 5 - 1 - 1),则弹簧振动周期 T 的公式为

$$T = 2\pi \sqrt{\frac{m}{k}} \qquad (5-1-1)$$

图 5 - 1 - 1 弹簧振子

测量加各种不同负载 m 的周期 T 的值,作 $T - \sqrt{m}$ 图线,如图 5 - 1 - 2(a),可以看出 T 与 $\sqrt{m}$ 不是线性关系,但是作 $T^2 - m$ 图线,则显然是一条直线(图 5 - 1 - 2(b)),不过此直线不通过零点,即 $m = 0$ 时 $T^2 \neq 0$。从上述实验结果可以看出在弹簧周期公式中的质量,除去负载 m 还应包括弹簧自身质量 m_0 的一部分,即:

$$T = 2\pi \sqrt{\frac{m + Cm_0}{k}} \qquad (5-1-2)$$

式中 C 为未知系数。在此实验中就是研究 C 值。

【实验内容】

1. 研究锥形弹簧的 C 值

(1)先测弹簧的质量 m_0。其次测量弹簧下端悬挂不同负载 m 时的周期 T(砝码托盘的质量应计入负载中),共测 n 次。

(2)用停表测量周期时,要测量连续振动 50 次的时间 t。握停表的手最好和负载同步振动。

为了显示 m_0 的影响,负载 m 的起始值应尽可能取小些(比如 m_0 的三分之一左右或更

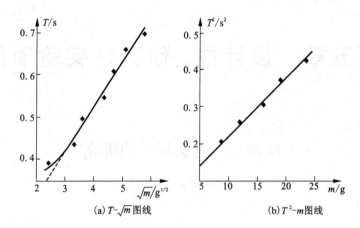

(a) T-$\sqrt{m}$图线　　　　(b) T^2-m图线

图 5 - 1 - 2　周期 T 与负载 m 关系

（a）$T-\sqrt{m}$图线；（b）T^2-m图像

小），变化范围适当大些。n 也应大些。

2. 数据处理

将式(5 - 1 - 2)改为

$$T^2 = \frac{4\pi^2}{k}Cm_0 + \frac{4\pi^2}{k}m \qquad (5-1-3)$$

令 $y = T^2$，$x = m$，$a = \dfrac{4\pi^2}{k}Cm_0$，$b = \dfrac{4\pi^2}{k}$，则得

$$y = a + bx$$

从 n 组(x_i, y_i)值，可以求得 a、b 值，从而求出 C 值

$$C = \frac{a}{bm_0} \qquad (5-1-4)$$

并且 C 的不确定度 $u(C)$ 为

$$u(C) = C\sqrt{\left(\frac{u(a)}{a}\right)^2 + \left(\frac{u(b)}{b}\right)^2 + \left(\frac{u(m_0)}{m_0}\right)^2} \qquad (5-1-5)$$

3. 研究柱形弹簧的 C 值

步骤同上。

4. 比较两 C 值

比较两 C 值是否一致。

注意：有的弹簧，当所加负载增到某值 m 附近时，在上下振动的同时有明显地左右摆动，这对测量周期很不方便，这时可在弹簧上端加一长些的吊线即可解决。

【思考题】

(1)你对如何测准周期有何体会？

(2)请你对此实验的结果作些说明，你还能做些什么探索？

【测量举例】

1. 锥形弹簧(No. 15)

表 5 - 1 - 1 锥形弹簧数据记录表

$m_0 = 12.651$ g, m'(托盘) $= 1.8242$ g

n	m	$50T/s$		T/s
1	$m' + 2$g	17.87	17.89	0.357 6
2	$+ 5$g	20.92	20.91	0.418 3
3	$+ 8$g	23.61	23.64	0.472 3
4	$+ 14$g	28.30	28.32	0.566 2
5	$+ 17$g	30.37	30.42	0.607 9
6	$+ 20$g	32.33	32.31	0.646 4
7	$+ 23$g	34.16	34.12	0.682 8
8	$+ 29$g	37.54	37.57	0.751 1

取 $x = m$, $y = T^2$, 按 $y = a + bx$ 用最小二乘法求 a、b 值。求得

$a = 0.06490(s^2)$, $\delta_a = 0.00049(s^2)$

$b = 0.016178(s^2/g)$, $\delta_b = 0.000026(s^2/g)$

$r = 0.999992$, $C = \dfrac{a}{bm_0} = 0.3172$

a、b 不确定度的 B 类不确定度均较小, m_0 是在分析天平上测出的, 其不确定度也较小。在此取 A 类不确定度, 则

$$u(C) = C\sqrt{\left(\frac{u(a)}{a}\right)^2 + \left(\frac{u(b)}{b}\right)^2 + \left(\frac{u(m_0)}{m_0}\right)^2}$$

$$= 0.3172 \times \sqrt{\left(\frac{0.00049}{0.06490}\right)^2 + \left(\frac{0.000026}{0.016178}\right)^2} = 0.0008$$

结果 $C = 0.3172 \pm 0.0008$

2. 柱形弹簧(No. 20)

表 5 - 1 - 2 柱形弹簧数据记录表

$m_0 = 45.394$ g, m'(托盘) $= 1.8242$ g

n	m	$50T/s$		T/s
1	$m' + 5$g	29.76	29.69	0.5945
2	$+ 10$g	32.32	32.35	0.646 7
3	$+ 15$g	34.80	34.75	0.695 5
4	$+ 20$g	37.10	37.15	0.724 5
5	$+ 25$g	39.26	39.35	0.786 1
6	$+ 30$g	41.38	41.49	0.828 7
7	$+ 35$g	43.48	43.49	0.869 7
8	$+ 40$g	45.42	45.35	0.907 7

计算得

$a = 0.2587(s^2)$，$\delta_a = 0.0016(s^2)$

$b = 0.01347(s^2/g)$，$\delta_b = 0.00006(s^2/g)$

$r = 0.999\,992$，$C = \dfrac{a}{bm_0} = 0.4228$

$$u(C) = C\sqrt{\left(\frac{u(a)}{a}\right)^2 + \left(\frac{u(b)}{b}\right)^2 + \left(\frac{u(m_0)}{m_0}\right)^2}$$

$$= 0.4228 \times \sqrt{\left(\frac{0.0016}{0.2587}\right)^2 + \left(\frac{0.00006}{0.01347}\right)^2} = 0.003$$

结果 $C = 0.423 \pm 0.003$

上述两实验结果的 C 值显著不同，说明修正系数 C 不是普遍使用的常数，它和弹簧的形状有关系。

【参考资料】

关于弹簧的制作

对此实验，如选取适当弹簧，在加较小负载时也会有较大的周期。测准加小负载时的周期十分重要。

较好的弹簧是劲度系数不很大而质量较大的弹簧。在上述测量举例中的两弹簧，劲度系数 k 值应在 $2.5 \sim 3.0$ N/m 左右，后者质量远大于前者，所以测量就比较容易。要注意，在此实验中 m 较小时，周期小不好测，但对结果的影响又较大。

如无合适的弹簧可以自制，制作很简单，简述如下：

材料：钢丝（直径大约 $0.6 \sim 1$ mm），铁管（外径大于 2 cm），锥形铁棒（圆锥角为 $3.5°$）。

将钢丝尽量用力拉紧，一环挨一环绕在铁管上（拉紧、均匀很重要），钢丝两端固定在铁管上，将钢丝均匀烧红后自然冷却即可（自然冷却 k 值小，对实验有利）。

以上是绕制柱形的弹簧，对锥形的也一样。

实验二　电位差计的应用研究

电位差计是利用补偿原理和比较法精确测量直流电位差或电源电动势的常用仪器，它准确度高、使用方便，测量结果稳定可靠，还常被用来精确地间接测量电流、电阻和校正各种精密电表。在现代工程技术中电子电位差计还广泛用于各种自动检测和自动控制系统。1988年我国物理学名词审定委员会把电位差计审定为电势差计（Potentiometer），由于我国企业界长期使用电位差计这一名称，故仍沿用这一名称。线式电位差计是一种教学型板式电位差计，通过它的解剖式结构，可以更好地学习和掌握电位差计的基本工作原理和操作方法，有利于进一步使用箱式电位差计。

【实验目的】

(1) 了解电位差计的结构，正确使用电位差计。

(2) 理解电位差计的工作原理——补偿原理。

（3）掌握用板式电位差计测量电池电动势的方法。

（4）熟悉指针式检流计的使用方法。

【实验仪器】

板式电位差计（即 11 线电位差计）、直流稳压电源、指针式检流计、标准电阻、滑线变阻器、标准电池、待测干电池、精密电阻箱、待校准电表、单刀开关、单刀（双刀）双掷开关。

图 5－2－1　板式电位差计实物图

【实验原理】

电源的电动势在数值上等于电源内部没有净电流通过时两极间的电压。如果直接用电压表测量电源电动势，其实测量结果是端电压，不是电动势。因为将电压表并联到电源两端，就有电流 I 通过电源的内部。由于电源有内阻 r_0，在电源内部不可避免地存在电位降 Ir_0，因而电压表的指示值只是电源的端电压（$U = E - Ir_0$）的大小，它小于电动势。显然，为了能够准确地测量电源的电动势，必须使通过电源的电流 I 为零。此时，电源的端电压 U 才等于其电动势 E。怎样才能使电源内部没有电流通过而又能测定电源的电动势呢？

1. 补偿原理

如图 5－2－2 所示，把电动势 E_S、E_x 和检流计 G 联成闭合回路。当 $E_S < E_x$ 时，电流方向如图所示，检流计指针偏向一边。当 $E_S > E_x$ 时，电流方向与图示方向相反，检流计指针偏向另一边。只有当 $E_S = E_x$ 时，回路中才没有电流，此时 $i = 0$，检流计指针不偏转，我们称这两个电动势处于补偿状态。反过来说，若 $i = 0$，则 $E_S = E_x$。

2. 电位差计的工作原理

如图 5－2－3 所示，AB 为一根粗细均匀的电阻丝，它与滑线变阻器 R_P 及工作电源 E、电源开关 K_1 组成的回路称作工作回路，由它提供稳定的工作电流 I_0；由待测电源 E_x、检流计 G、电阻丝 CD 构成的回路 $C \rightarrow G \rightarrow E_x \rightarrow K_2 \rightarrow D$ 称为测量回路；由标准电源 E_S、检流计 G、电阻丝 CD 构成的回路 $C \rightarrow G \rightarrow E_S \rightarrow K_2 \rightarrow D$ 称为定标（或校准）回路。滑线

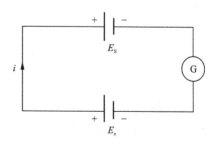

图 5－2－2　补偿电路

变阻器 R_P 用来调节工作电流 I_0 的大小，电流 I_0 的变化可以改变电阻丝 AB 单位长度上电位差 U_0 的大小。C、D 为 AB 上的两个活动接触点，可以在电阻丝上移动，以便从 AB 上取适当的电位差来与测量支路上的电位差（或电动势）补偿。

当电键 K_1 接通，K_2 既不与 E_x 接通、又不与 E_S 接通时，流过 AB 的电流 I_0 和 CD 两端的

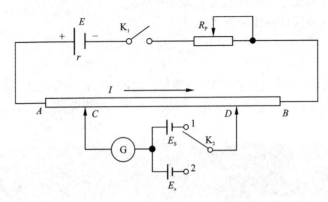

图 5 - 2 - 3　电位差计原理图

电压分别为：

$$I_0 = \frac{E}{R_p + R_{AB} + r} \qquad (5 - 2 - 1)$$

$$U_{CD} = U_C - U_D = \frac{E}{R_p + R_{AB} + r} R_{CD} \qquad (5 - 2 - 2)$$

式中 r 为电源 E 的内阻。当电键 K_2 倒向 1 时，则 AB 两点间接有标准电源 E_S 和检流计 G。若 $U_{CD} > E_S$ 时，标准电池充电，检流计的指针发生偏转；若 $U_{CD} < E_S$ 时，标准电池放电，检流计的指针反向偏转；若 $U_{CD} = E_S$ 时，检流计的指针指零，标准电池无电流流过，则 U_{CD} 就是标准电池的电动势，此时称电位差计达到了平衡。令 C、D 间长度为 l_s，因为电阻丝各处粗细均匀、电阻率都相等，则电阻丝单位长度上的电压降为 E_S/l_s。

（1）电位差计的定标

我们把调整工作电流 I_0 使单位长度电阻丝上电位差为 U_0 的过程称为电位差计定标。为了能相当精确地测量出未知的电动势或电压，一般采用标准电池定标法。

图 5 - 2 - 3 中电键 K_2 倒向 1 时接通 $C \to G \to E_S \to K_2 \to D$ 回路，称之为定标（或校准）回路。实验室常用的标准电池的电动势为 $E_S = 1.0186$ V，U_0 可先选定，例如，若选定每单位长度（m）电阻丝上的电位差为 $U_0 = 0.2000$ V，则应使 C、D 两点之间的电阻丝长度为

$$l_s = \frac{E_S}{U_0} = \frac{1.0186}{0.2000} = 5.0930(\text{m}) \qquad (5 - 2 - 3)$$

然后调节滑线变阻器 R_P，用以调整工作电流 I_0，使 C、D 上的电位差 U_{CD} 和 E_S 相互补偿，使电位差计达到平衡。经过这样调节后，每单位长度电阻丝上的电位差就确定为 0.2000 V，即 $U_0 = 0.2000$ V。此时电位差计的定标工作就算完成。经过定标的电位差计可以用来测量不超过 U_{AB} 的电动势（或电压）。

（2）测量

在保证工作电流 I_0 不变的条件下，将 K_2 拨向 2，则 CD 两点间的 E_S 换接了待测电源 E_x，由于一般情况下 $E_S \neq E_x$，因此检流计的指针将左偏或右偏，电位差计失去了平衡。此时如果合理移动 C 和 D 点的位置以改变 U_{CD}，当 $U_{CD} = E_x$ 时，电位差计又重新达到平衡，使检流计 G 的指针再次指零。令 C、D 两点之间的距离为 l_x，则待测电池的电动势为

$$E_x = (E_s/l_s) \cdot l_x \tag{5-2-4}$$

而电位差计定标后每单位长度上电位差为 $U_0 = E_s/l_s$（U_0 可在实验前先选定），则有

$$E_x = U_0 l_x$$

所以，调节电位差计平衡后，只要准确量取 l_x 值就很容易得到待测电源的电动势。这就是用补偿法测电源电动势的原理。

（3）"电压灵敏度"

由于检流计灵敏度的限制，当观察不出指针偏转时，并不说明完全没有电流通过。为了描述检流计所带来的系统误差，引入"电压灵敏度"概念，即当检流计指零后，改变测量回路（即 $C \to G \to E_x \to K_2 \to D$ 回路）中 R_x，使 R_x 两端的电压 U 产生一个改变量 ΔU，这时检流计指针偏转 Δn 格，电位差计灵敏度 S 定义为

$$S = \frac{\Delta n}{\Delta U}(\mathrm{div/V}) \tag{5-2-5}$$

（4）对标准电池的说明

标准电池的特点是其电动势稳定性非常好，一级标准电池在一年时间内电动势的变化不超过几微伏，因此常用来作为电压测量的比较标准。最常用的是 Weston 标准电池，正极为汞，上面放置硫酸铜和硫酸汞糊剂，负极为镉汞齐，上面放置硫酸镉晶体，最后在"H"形玻璃管内注入硫酸镉溶液，就构成了标准电池。它的电动势随温度变化也是很小的，在 20℃ 时，它的标准电动势为 1.0186 V。

标准电池只能用作电动势测量的比较标准，绝不能作电能能源使用，故只能和电位差计配合使用，并且在使用时严格遵守下列三项要求：

①绝对不能倒置，不能振动。

②电池在使用中的电流绝对不应大于微安数量级。

③绝对不允许用伏特计或万用电表测量其电动势。

3. 实验仪器介绍

板式电位差计如图 5-2-4 所示，AB 为粗细均匀的电阻线，全长为 11 m，往复绕在木板 0，1，2，…，10 的 11 个接线插孔上，每两个插孔间电阻线长 1 m，剩余的 1 m 电阻线 OB 下面固定一根标有毫米刻度的米尺。利用插头 C 选插在 0～10 号插孔中任意一个位置，接头 D 在 OB 上滑动，接头 C，D 间电阻线长度在 0～11 m 范围内连续可调。例如：要取接头 C，D 间电阻线长度为 5.0930 m，可将 C 插在插孔"5"中，滑键 D 的触头按在米尺 0.0930 m 处。这时接头 C，D 之间的电阻线长即为所求。

【实验内容】

1. 测量前的准备

观察、熟悉仪器装置后，按图 5-2-4 所示连接好电路，各开关 K_1、K_2 处于断开位置。工作电源 E 用直流稳压电源，R_h 为保护电阻，用以保护标准电池和检流计，R_P 为滑线变阻器，E_s 为标准电源，E_x 为待测电源，G 为检流计。注意工作电源 E 的正负极应与标准电池 E_s 和待测电池 E_x 的正负极相对应，不能接错。保护电阻 R_h、滑线变阻器 R_P 均置于阻值最大的位置。

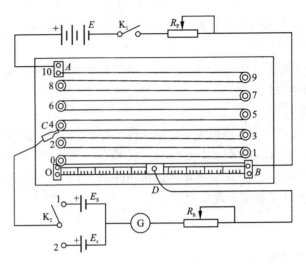

图 5 – 2 – 4　板式电位差计原理图

2. 给电位差计定标

选定电阻丝单位长度上的压降 U_0 值，计算出 l_s。将 K_2 倒向"1"，"C"插入适当的插孔，调节"D"，使 CD 间电阻丝长度等于 l_s。然后接通 K_1，改变滑线变阻器 R_P 使工作电流 I_0 慢慢增大，同时断续按下滑动触头"D"，直到 G 的指针不偏转。然后将 R_h 滑动端移动到阻值为零位置，再次细调 R_P，并断续按下触头"D"，使 G 的指针不偏转，此时电阻丝每单位长度上的电位差为 U_0，电位差计定标完毕。这时，断开 K_1，将保护电阻 R_h 的滑动端恢复到阻值最大位置。

3. 测量电源电动势

粗调：K_2 倒向"2"，估算 l_x 大约应取的长度，将"C"插入适当的插孔。

细调：接通 K_1，移动滑动键并断续按下滑动触头，到 G 的指针基本不偏转为止。

该步骤采用先找到 G 的指针向相反方向偏转的两个状态，然后用逐渐逼近的方法可以迅速找到平衡点。

微调：使保护电阻 R_h 的取值为零，微调触点 D 的位置，调至完全平衡，记录 l_x 的长度。

求 $\overline{E}_x$ 平均值，并计算系统误差。重复步骤 2、3 进行 5 次测量，测量数据计入表 5 – 2 – 1。测量定标时可将 U_0 改为其他值。

4. 数据处理

计算 E_x 的值，公式如下：

$$E_x = U_0 l_x$$

【数据记录及处理】

(1)记下实验所用标准电池的电动势 E_S 和定标后的 U_0：

$$E_S = \underline{\hspace{3cm}} \qquad\qquad U_0 = \underline{\hspace{3cm}}$$

(2)记录表格

表 5 – 2 – 1　数据记录表

测量次数	电阻丝长度 l_x	待测电动势 E_x	$\overline{E_x}$
1			
2			
3			
4			
5			

(3)分析指出用板式电位差计测未知电动势存在的系统误差。

根据式 $E_x = (E_S/l_S) \cdot l_x$，不确定度的相对形式为

$$u_{E_x} = E_x \sqrt{\left(\frac{u_{E_S}}{E_S}\right)^2 + \left(\frac{u_{l_x}}{l_x}\right)^2 + \left(\frac{u_{l_s}}{l_s}\right)^2}$$

$$u_{E_S} = E_S \times 精度等级/100$$

测量结果表达式：$E_x = \overline{E_x} \pm u_{E_x}(\mathrm{V})$

【注意事项】

(1)检流计不能通过较大电流，因此，在 C、D 接入时，电键 D 按下的时间应尽量短。

(2)接线时，所有电池的正、负极不能接错，否则补偿回路不可能调到补偿状态。

(3)标准电池应防止震动、倾斜等，通过的电流不允许大于 $5\ \mu\mathrm{A}$，严禁用电压表直接测量它的端电压，实验时接通时间不宜过长；更不能短路。

(4)每次测量，开始应将 R_h 调整到最大值，然后逐步减小，以免损坏检流计。

(5)测量结束，应先断开补偿电路，再断开辅助回路。

(6)每测一组数据后，断开电源，测数据要尽可能快。

【思考题】

(1)调节电位差计平衡的必要条件是什么？

(2)本实验中为什么要用十一根电阻丝，而不是简单地只用一根？

(3)电位差计能否测量高于工作电源的待测电源电动势？

(4)实验中，若发现无论怎样调节检流计指针始终偏向一边，无法调平衡，试分析可能的原因。

(5)如果任你选择一个阻值已知的标准电阻，能否用电位差计测量一个未知电阻？试写出测量原理，绘出测量电路图。

实验三　电桥法测电阻的研究

电阻是一切电学元件的重要参数之一。电阻的测量，是关于材料的特性和电器装置性能研究的最基本工作。测量电阻的主要方法有伏安法、电表法和电桥法等。用伏安法测电阻，受所

用电表内阻的影响,在测量中往往引入方法误差;用欧姆表测量电阻虽较方便,但测量精度不高。在精确测量电阻时,常使用电桥法进行测量。其测量方法同电位差计一样同属于比较测量法。由于电阻的制造可以达到很高的精度,所以电桥法可获得很高的测量精度。本实验介绍电桥法,电桥分为直流和交流两大类。直流电桥又分为单臂和双臂。本实验介绍的惠斯登电桥即为直流单臂电桥,用于测中值电阻($10 \sim 10^6 \Omega$)。直流双臂电桥又称为开尔文电桥,适用于测低值电阻($10^{-6} \sim 10\Omega$)。而对于高值电阻($10^6 \sim 10^{12}\Omega$)的测量则用专门的高阻电桥或冲击法等方法。尽管各电桥测量的对象不同,构造各异,但基本原理和思想方法大致相同,因此掌握惠斯登电桥的原理和方法也可为分析其他电桥的原理和使用方法奠定基础。

【实验目的】

(1)掌握直流单臂电桥(惠斯登电桥)测量中值电阻的基本原理和方法。
(2)学习并掌握直流双臂电桥(开尔文电桥)测低值电阻的方法。
(3)学会用自组电桥和箱式电桥测量电阻,了解测量中的系统误差及其消除方法。
(4)了解电桥灵敏度概念以及提高电桥灵敏度的几种途径。

【实验仪器】

QJ – 36 型单双臂电桥、QJ – 23 型箱式惠斯登电桥、直流稳压电源、AC5 型直流指针式检流计、滑线变阻器、待测电阻、ZX21 型电阻箱、ZX25a 型电阻箱、双刀双掷开关、单刀开关、导线、万用表。

【实验原理】

用伏安法测电阻时,由于电表精度的制约和电表内阻的影响,测量结果准确度较低。于是人们设计了电桥,它是通过平衡比较的测量方法,而表征电桥是否平衡,用的是检流计示零法。只要检流计的灵敏度足够高,其示零误差即可忽略。

用电桥测电阻的误差主要来自于比较,而比较是在待测电阻和标准电阻间进行的,标准电阻越准确,电桥法测电阻的精度就越高。

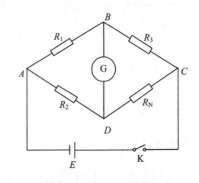

图 5 – 3 – 1   单臂电桥原理

1.单臂(惠斯登)电桥的工作原理

单臂电桥线路如图 5 – 3 – 1 所示,被测电阻 R_X(即图中 R_3)与三个已知电阻 R_1、R_2、R_N 连成电桥的四个臂。四边形的一条对角线接有检流计,称为"桥",另一个对角线上接电源 E,称为电桥的电源对角线。电源接通,电桥线路中各支路均有电流通过。

当 B、D 两点之间的电位相等时,"桥"路中的电流 $I_g = 0$,检流计指针指零,这时电桥处于平衡状态。此时 $V_B = V_D$。

于是

$$\frac{R_X}{R_N} = \frac{R_1}{R_2}$$

根据电桥的平衡条件,若已知其中三个臂的电阻,就可以计算出另一个桥臂的电阻,因

此，电桥测电阻的计算式为

$$R_X = \frac{R_1}{R_2}R_N \qquad (5-3-1)$$

电阻$\frac{R_1}{R_2}$为电桥的比率臂(或比例臂)，称为倍率k，R_N为比较臂。以 QJ-23 型箱式电桥为例，它构造精细，测量范围大($1 \sim 10^6\ \Omega$)，精确度高(在 $10 \sim 10^5\ \Omega$ 范围内精确度为 ± 0.2%)，QJ-23 型惠斯登电桥面板外形如图 5-3-2 所示。

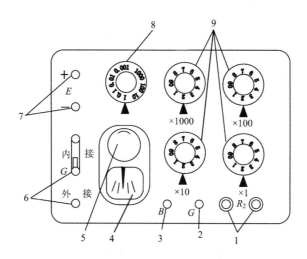

图 5-3-2　QJ-23 型电桥面板图

1—待测电阻 R_X 接线柱；2—检流计按钮开关 G；3—电源按钮开关 B；4- 检流计；5—检流计调零旋钮；6—左侧 3 个接线柱是检流计连接端，当连接片接通"外接"时，内附检流计被接入桥路，当连接片连通"内接"时，检流计被短路；7—外接电源接线柱，箱内为 3 节 2 号干电池，约 4.5 V，使用时应注意外接电源接线柱是否应短路；8—比率臂，即上述电桥电路中 R_1/R_2 的比值，直接刻在转盘上；9—比较臂，即上述电桥电路中电阻箱 R_N(本处为四个转盘)

2. 双臂(开尔文)电桥测低值电阻的原理

用图 5-3-1 所示的单臂电桥测电阻时，其中比例臂电阻 R_1、R_3 可用较高的电阻，因此，与 R_1、R_3 相连的导线电阻和接触电阻可以忽略不计。如果待测电阻 R_X 是低值电阻，R_N 也应该用低值电阻。因此与 R_X、R_N 相连的四根导线和几个接点电阻对测量结果的影响就不能忽略。为减少它们的影响，在单臂电桥中作了两处明显的改进，就发展成双臂电桥。

(1)被测电阻 R_X 和标准电阻 R_N 均采用四端接法。四端接法示意图见图 5-3-3，图中 C_1、C_2 是电流端，通常接电源回路，从而将这两端的引线电阻和接触电阻折合到电源回路的其他串联电阻中；P_1、P_2 是电压端，通常接测量电压用的高电阻回路或电流为零的补偿回路，从而使这两端的引线电阻和接触电阻对测量的影响大为减少。采用这种接法的电阻称为四端电阻。

(2)把低电阻的四端接法用于电桥电路，如图 5-3-4 所示。其中增设了电阻 R_2、R_4，构成另一臂，其阻值较高。这样，电阻 R_X 和 R_N 的电压端附加电阻由于和高阻值桥臂串联，其影响就大大减少了；两个靠外侧的电流端附加电阻串联在电源回路中，对电桥没有影响；两个内侧的电流端的附加电阻和连线电阻总和为 r，只要适当调节 R_1、R_2、R_3、R_4 的阻值，就

可以消除 r 对测量结果的影响。调节 R_1、R_2、R_3、R_4，使流过检流计 G 的电流为零，电桥达到平衡，于是得到以下三个回路方程

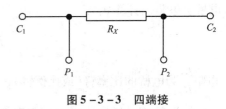

图 5 - 3 - 3   四端接

$$\begin{cases} I_1 R_3 = I_3 R_X + I_2 R_4 \\ I_1 R_1 = I_2 R_2 + I_3 R_N \\ I_2 (R_2 + R_4) = (I_3 - I_2) r \end{cases}$$

上式中各量见图 5 - 3 - 4 所示，上列方程可得

$$R_X = \frac{R_3}{R_1} R_N + \frac{r R_2}{R_3 + R_2 + r}\left(\frac{R_3}{R_1} - \frac{R_4}{R_2}\right) \qquad (5-3-2)$$

从(5 - 3 - 2)式可以看出，双臂电桥的平衡条件与单臂电桥平衡条件(5 - 3 - 1)式的差别在于多出了第二项，如果满足以下辅助条件

$$\frac{R_3}{R_1} = \frac{R_4}{R_2} \qquad (5-3-3)$$

则公式(5 - 3 - 2)中第二项为零，于是得到双臂电桥的平衡条件为

$$R_X = \frac{R_3}{R_1} R_N \qquad (5-3-4)$$

可见，根据电桥平衡原理测电阻时，双臂电桥与单臂电桥具有完全相似的表达式。

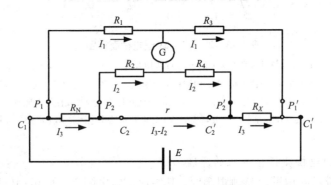

图 5 - 3 - 4   双臂电桥原理

为了保证 $\frac{R_3}{R_1} = \frac{R_4}{R_2}$，在电桥使用过程中始终成立，通常将电桥做成一种特殊结构，即 R_3、R_4 采用同轴调节的十进制六位电阻箱。其中每位的调节转盘下都有两组相同的十进电阻，因此无论各个转盘位置如何，都能保持 R_3 和 R_4 相等。R_1 和 R_2 采用依次能改变一个数量级的四挡电阻箱($10\ \Omega$、$10^2\ \Omega$、$10^3\ \Omega$、$10^4\ \Omega$)，只要调节到 $R_1 = R_2$，则(5 - 3 - 3)式要求的条件得到满足。

在这里必须指出，在实际的双臂电桥中，很难做到 $\frac{R_3}{R_1}$ 与 $\frac{R_4}{R_2}$ 完全相等，所以电阻 r 越小越好，因此 C_2 和 C'_2 间必须用短粗导线连接。

3. QJ - 36 型单、双臂电桥

本实验使用的 QJ - 36 型电桥的实际电路图如图 5 - 3 - 5 所示，图 5 - 3 - 6 是作为双臂

电桥使用时的面板接线图。R_3、R_4 由 6 个十进制转盘同轴调节。对应于面板图上 I ~ VI6 个旋钮，R_1、R_2 为依次改变一个数量级的($10\ \Omega$、$10^2\ \Omega$、$10^3\ \Omega$、$10^4\ \Omega$)四挡电阻箱，作为双臂电桥使用时，要始终保持 $R_1 = R_2$，电路图中各部分与面板图一一对应。K_1 闭合，检流计支路串有高阻值的保护电阻，以便在电桥未平衡时限制通过检流计的电流，检流计的灵敏度人为降低，有利于把电桥粗调到平衡状态；随后闭合 K_2，保护电阻被短路，检流计的灵敏度恢复，此时可精确调节使电桥平衡；闭合 K_S 时，检流计两端被短路，它是个阻尼开关，可使检流计指针迅速停止摆动。K_4 是作为单桥使用时的电源开关。

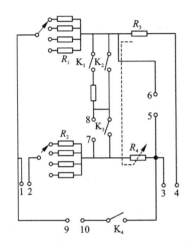

图 5 - 3 - 5　QJ - 36 型电桥实际电路图

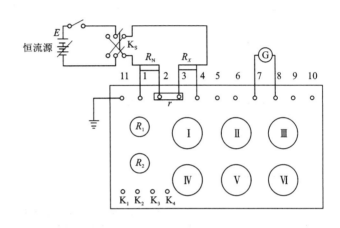

图 5 - 3 - 6　双臂电桥面板接线图

QJ - 36 型电桥作为单臂电桥使用时，要将 1、2 端短路，把被测电阻接到 5、6 端，电源接 9、10 端，其面板接线图为图 5 - 3 - 7 所示。此时 R_1、R_2 为比率臂电阻，I ~ VI 为比较臂的读数盘。电桥平衡时 $R_X = \dfrac{R_1}{R_2} R_4$。$R_1$、$R_2$、$R_4$(或 R_3)均能从面板上读出。

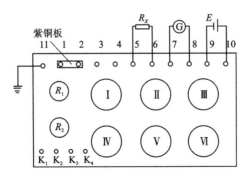

图 5 - 3 - 7　QJ - 36 型电桥单桥面板接线图

QJ - 36 型单双臂电桥准确度等级为 0.02 级，适用于在环境温度 20° ±8℃，相对湿度 ≤80% 条件下工作。作为单臂电桥使用时，依据测量范围按表 5 - 3 - 1 选择比率臂电阻值和电源电压；作双臂电桥使用时，依据测量范围按表 5 - 3 - 2 选择标准电阻、比率臂电阻和电源电压,但当被测电阻的阻值小于标准电阻值时,如表 5-3-2 中 R_X 在 $10^{-6} \sim 10^{-3}$ Ω 范围时,应将 R_X 和 R_N 调换位置测量,即 1、2 端接 R_X,3、4 端接 R_N,此时被测量值的计算公式为

$$R_X = \frac{R_1}{R_3}R_N \ 或 \ R_X = \frac{R_2}{R_4}R_N$$

表 5-3-1 单臂电桥的选择数据范围

被 测 电 阻	比 率 臂 电 阻		电 源 电 压
R_X/Ω	R_1/Ω	R_2/Ω	U/V
$10^0 \sim 10^2$	10	10^3	4
$10^2 \sim 10^3$	10^2	10^3	6
$10^3 \sim 10^4$	10^3	10^3	8
$10^4 \sim 10^5$	10^3	10^2	10
$10^5 \sim 10^6$	10^4	10^2	20

表 5-3-2 双臂电桥的选择数据范围

被 测 电 阻	标 准 电 阻	比 率 臂 电 阻	电 源 电 压
R_X/Ω	R_N/Ω	$R_1 = R_2/\Omega$	U/V
$10^1 \sim 10^2$	10^1	10^3	$2 \sim 6$
$10^0 \sim 10^1$	10^0		
$10^{-1} \sim 10^0$	10^{-1}		
$10^{-2} \sim 10^{-1}$	10^{-2}		
$10^{-3} \sim 10^{-2}$	10^{-3}		
$10^{-4} \sim 10^{-3}$	10^{-3}	10^3	$4 \sim 8$
$10^{-5} \sim 10^{-4}$	10^{-3}	10^2	
$10^{-6} \sim 10^{-5}$	10^{-3}	10	

【实验内容】

1. 用 QJ-23 型箱式惠斯登电桥(单桥)测中值电阻

(1)参考图 5-3-2、图 5-3-8,放平电桥,断开 G "内接" 连接片。按要求接好电源 B 和检流计 G 连接片。调检流计在零刻度。

(2)接入待测电阻 R_X,根据 R_X 约值选取合适的倍率 k(尽量使 R_N 的第一位值在 1~9 之间),确定 R_N 初始值(粗略值),将 R_N 取相应的粗略值。

(3)操作开关 B 和 G 调电桥平衡:按下 B(并锁住),再按 G,观察检流计指针偏转情况,

试探电桥是否平衡。对 R_N 进行细调,使电桥完全达到平衡。记下 R_N 及 k 值,则: R_X =(比较臂读数盘之和)×(比率臂读数盘示值)Ω。

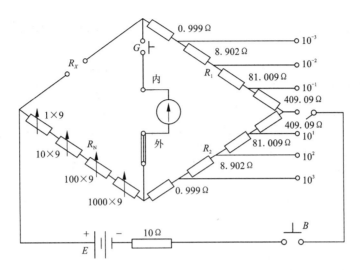

图 5 – 3 – 8　QJ – 23 型直流电桥原理线路

注意:电桥使用完毕,必须断开"B"和"G"按钮。

2. 用 QJ – 36 型电桥(双桥)测已知标称值的低值电阻

(1)按图 5 – 3 – 6 所示连接线路。标准电阻 R_N 和被测电阻 R_X 的电压端接线电阻值和跨接电阻 r 应尽可能小,故常用短粗导线或紫铜片来连接,并使各接头清洁,接触良好,把附加电阻阻值减小到 10^{-3} Ω 以内。

(2)平衡指示仪的零点调节。平衡指示仪是在电路中指示平衡的仪器,它由指示平衡的表头和电流放大器组成,放大器的工作电源由机内干电池组提供。其量程分为五挡,灵敏度依次为: 90×10^{-9} 安/分度; 22.5×10^{-9} 安/分度; 9×10^{-9} 安/分度; 2.25×10^{-9} 安/分度; 0.9×10^{-9} 安/分度。调节时,先调好指示仪的机械零点,然后接通电源(机内电源)预热 15 min,将平衡指示仪的灵敏度放在所需挡,并且使它的输入端短路,调节零点调节旋钮使指针指零。每次换挡必须调零。使用时根据需要选择量程,一般情况选用第 3 挡,灵敏度就足够了。

(3)选择恒流源的输出电流为 1 A 左右(量程为 5 A),接通换向开关 K_S 至任一侧。

(4)依 R_X 的范围,选择标准电阻 R_N 及 R_1、R_2 的阻值,并依 $R_X = \dfrac{R_3}{R_1} \times R_N$ 大致估计 R_3（或 R_4）应放置的位置。

(5)粗调双臂电桥:平衡指示仪量程置 3 挡,按下 K_1(粗),接通 K_S,调节 R_3 使电桥平衡(平衡指示仪示零)。

(6)细调双臂电桥。接着按下 K_2(细),调节 R_3 再使平衡指示仪示零。记下 R_3 的第一次读数值 R'_3。

(7)拨动换向开关 K_S,使通过 R_X 及 R_N 的电流改变方向,按照上述步骤(6)测得 R''_3,则 $R_3 = \dfrac{(R'_3 + R''_3)}{2}$,得 $R_X = \dfrac{R_3}{R_1} R_N$（通过换向测量取平均可以减小电源回路中的热电动势的影响而产生的系统误差)。

(8)本实验应注意以下几点：

①测低电阻时通过待测电阻的电流较大，在测量过程中通电时间应尽量短暂，即换向开关 K_S 只在调节电桥平衡时接通，一旦调节完毕，即刻断开，以避免待测电阻和导线发热造成测量误差。

②用双臂电桥测电阻时，应按表 5-3-2 之规定，在选择 R_N 及 R_1、R_2 时，尽可能用上第 I 读数盘读出被测电阻值 R_x 的第一位数字，从而保证测量值有较多的有效位数，并可减小电阻元件的功率消耗。

③当测量环境湿度较低(即干燥)时，如发生静电干扰，可将电桥和平衡指示仪上的接地端钮连接后接地，即可消除干扰。

3. 测量一根铜棒的电阻率

测量步骤同前，只要测出铜棒的电阻 R、截面积 S 和长度 L，便可由 $R = \rho \dfrac{L}{S}$ 得到 $\rho = \dfrac{RS}{L}$。

4. 自组惠斯登电桥

尝试利用实验室提供的电桥板、电阻箱等自组惠斯登电桥，并用其测量四个未知电阻。每测一个电阻，只选择一个倍率，使标准电阻 R_S 能读出 4 位有效数字。

5. 测电桥灵敏度

由于有时可能出现增加或减少相同的 ΔR_S，而检流计偏转格数不同，因此，要分别增加、减少 ΔR_S，检流计偏转格数分别为 Δn_1、Δn_2，则记：$\Delta n = \dfrac{\Delta n_1 + \Delta n_2}{2}$。

6. 检流计的使用

检流计(见图 5-3-9)用来检测电路中微小电流和电压，它有很高的灵敏度，在精密测量中作为指零仪表，用时要水平放置，它的分度值为 $2 \times 10^{-6} A/$格，检流计的可动部分用短路阻尼的方法制动。当小旋钮移向白点位置时，线圈即被短路，使用时，将小旋钮移向白点位置，并用零

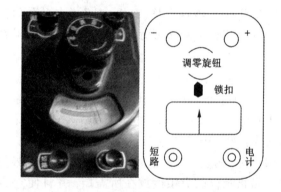

图 5-3-9　AC5 型检流计实物和面板示意图

位调节器将指针调整到零位，按下"电计"按钮，检流计便被接入电路，若指针不停地摆动，按下"短路"按钮，指针便会立刻停止转动。检流计使用完毕后，必须将小旋钮移向红点位置，"电计"和"短路"按钮应放松。

7. 简单线路故障的原因和排除

实验中出现故障是不可避免的正常情况，对于仪器故障，需由专门人员进行排除；常见简单线路故障的排除则是大学生必须掌握的基本技能。

用自组电桥测电阻，实验过程可能出现的故障有：

(1)检流计指针不偏转(排除检流计损坏的可能性)

这种情况的出现，说明桥(检流计)支路没有电流通过，其原因可能是电源回路不通，或者是桥支路不通。检查故障的方法是先用万用电表检查电源有无输出，然后接通回路，再检

查电源与桥臂的两个连接点之间有无电压，最后分别检查桥支路上的导线、开关是否完好（注意检流计不能直接用万用电表电阻挡检查）。如果仍未查出原因，则故障必定是四个桥臂中相邻的两相桥臂同时断开。查出故障后，采取相应措施排除（如更换导线、开关、电阻等）。

（2）检流计指针偏向一边

出现这种情况，原因有三种：

- 比例系数（倍率）k_r 取值不当，若改变 k_r 的取值，故障即便消失。

不论 k_r 和 R_S 取何值，检流计指针始终偏向一边，则有：

- 四个桥臂中必定有一个桥臂断开；
- 四个桥臂中某两个相对的桥臂同时断开。

对于后两种原因引起的故障，只需用一根完好的导线便可检查确定。检查时，首先将 R_N 调至最大，减小桥臂电流。然后用一根导线将四个桥臂中任一桥臂短路，若检流计指针反向偏转，则说明被短路的桥臂是断开的，可用此导线替换原导线，检查出导线是否断开及电阻是否损坏；若检流计指针偏转方向不变，则说明，被短路桥臂是完好的；若检流计指针不再偏转，则说明对面桥臂是断开的，可进一步判明是导线还是电阻故障，接通后，用同样方法再检查开始被短路的桥臂是否完好。最后，将查出的断开桥臂中坏的导线或电阻更换，故障便被排除。

【数据记录及处理】

（1）记录用 QJ–23 型单臂电桥测电阻的有关数据（R_N 及 k 值），并计算测量结果 R_X。

（2）记录用 QJ–36 型单、双臂电桥测电阻的有关数据（R_N 及 R_1、R_2 以及 R'_3、R''_3 的值）。并计算测量结果 R_X。

（3）确定电阻测量结果的不确定度：

$$\Delta R_X = 准确度等级\% \times R_{max}$$

QJ–36 型单、双臂电桥准确度等级是 0.02；QJ–23 型单臂电桥准确度等级是 0.2。R_{max} 是所选用的比率臂电阻 R_1、R_2 及 R_N 条件下最大可测电阻值。

最后把实验结果记为 $R_X \pm \Delta R_X(\Omega)$。

【注意事项】

（1）电桥通电时间不能过长，不测量时应关掉电源。

（2）各接线旋钮必须拧紧，否则接触电阻过大，影响测量的准确度，甚至无法达到平衡。

（3）每次开始重复测量时，都必须将保护开关组的开关断开，以保护检流计。

（4）在测定待测电阻前，应先粗略估计待测电阻的阻值，选择标准电阻 R_S 接近待测电阻的阻值，以保证平衡点在电阻丝的中部，有利于减小测量误差。

【思考题】

（1）在自组电桥实验中，仪器正常、连线正确，若其中连入一根断导线，问接通电源会出现什么现象？在没有其他仪器和多余导线的情况下如何迅速找出断导线？

（2）改变电源极性对结果有什么影响？为什么箱式电桥没有这样的附加装置？

（3）QJ-23 型电桥接线柱"内接"和"外接"的作用是什么？实验结束后为什么要将短路片接到"内接"接线柱上？

（4）能否用惠斯登电桥测毫安表或伏特表的内阻？如果能，则测量时要特别注意什么问题？

（5）双臂电桥比单臂电桥作了哪些改进？双臂电桥是怎样避免接线电阻和接触电阻对测量结果的影响？

（6）QJ-36 型单、双臂电桥作为单臂电桥使用时如何依被测电阻 R_X 估计值选择比率臂电阻 R_1、R_2 的阻值数大致估计 R_3 应放置的位置？

（7）双桥实验中的换向开关 K_S 的作用是什么？

（8）QJ-36 型电桥中 K_1、K_2、K_3、K_4 开关的作用是什么？如何使用？

实验四　非线性元件伏安特性的测量

【实验目的】

（1）掌握分压器的使用方法。

（2）了解晶体二极管的伏安特性。

（3）掌握电学元件伏安特性测量的基本方法。

【实验仪器】

电流表、电压表、滑动变阻器、直流电源、多用电表（最好是 MF-10 型）、待测电阻、二极管、开关和导线等。

【实验原理】

应用伏安特性法对某个待测元件进行多次测量，使待测元件两端的电压 U 逐步增加，便可得到相应的多个不同的电流 I，将各组 U 和 I 的数值记录下来，然后以 U 为横坐标，I 为纵坐标，在直角坐标系上作图，就得到所测元件的伏安特性的曲线。如果伏安特性曲线是过原点的一条直线，则这种元件谓之线性元件。如果伏安特性曲线是一条曲线，称待测元件为非线性元件。如晶体二极管就是典型的非线性元件。

晶体二极管是由 N 型和 P 型半导体材料组成，其符号如图 5-4-1 所示，如在二极管的"+"端接高电位，"-"端接低电位，称二极管的正接，反之，称为反接。当二极管接正接时，随电压的增加电流也随之增加，当所加电压小于导通电压（锗管导通电压为 0.15 V 左右，硅管导通电压为 0.6 V 左右）时，电流增加得很缓慢；当电压增加到超过导通电压时，再稍加大电压，电流就急剧增大，如图 5-4-2 第一象限曲线，称为二极管的正向特性曲线；当二极管反接时，电压即使增加，这时流过二极管的电流很微小，基本不导通，即处于反向截止状态，这就是二极管的单向导电性，利用它作为整流装置。

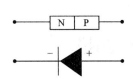

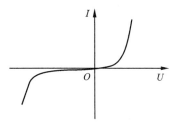

图 5 - 4 - 1　二极管的结构及符号　　　　　　图 5 - 4 - 2　二极管伏安特性曲线

当反向电压增加到二极管的击穿电压时，流过二极管的电流突然猛增，如图 4 - 5 - 2 第三象限的曲线，谓之二极管的反向特性曲线。

【实验内容】

1. 判断二极管的极性

二极管具有单向导电性，正向导通反向截止，用多用电表欧姆的"×1k"挡去测量它的内阻，交换表笔进行两次测量，一次阻值小，约几百欧至几千欧，为正向导通，一次阻值大，约几十千欧以上，为反向截止，阻值小时，黑表笔所接二极管的一端为正极，另一端为负极（为什么?），若两次测量的阻值差不多，则可判定该二极管坏了。

2. 测量二极管的正向特性

(1)按图 5 - 4 - 3 连接电路，图中二极管的"＋"端与电流表"－"端相接，处于导通状态。图中电压表换用 MF - 10 型万用电表的直流电压 1 V 挡(目的是增大电表内阻)，注意先使分压器输出电压为零。

(2)检查无误后，把 S₂ 合向 1，先用内接法测量。调节分压器输出，使电压由 0 V 开始，每隔 0.050 V 测量一次对应的 I 值，直到 $I = 6$ mA 值为止。

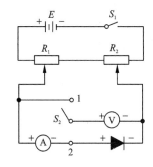

(3)然后把 S₂ 合向 2，用外接法测量。依上述方法，图 5 - 4 - 3　测量二极管伏安特性电路
直至电流 I 接近 30 mA(至少超过 20 mA)为止。注意，本实验所测的锗二极管 2AP11 的额定正向电流为 30 mA，测量时不能超过此值。

3. 测量二极管的反向特性

将二极管反接，用内接法测二极管反向特性，电流表改为微安表，电压增加到击穿电压的 1/3 为止。(二极管反向击穿电压值由实验室给出，切勿超过!)

【数据记录及处理】

(1)自拟表格记录测量数据。
(2)以 U 为横坐标、I 为纵坐标，在坐标纸上作出二极管的正、反向伏安特性曲线。

【思考题】

(1)什么叫内接法和外接法? 画图表示之。

（2）为什么测二极管的反向特性一般不能用外接法？

（3）研究一下你所测二极管的伏安特性曲线，试述其特性。

实验五　照度监测器的设计与制作

学生中视力下降的主要原因之一是阅读,书写环境光线太暗,加速眼肌疲劳,长时间在弱光下看书写字会形成近视眼。为此,国家教委和卫生部等单位颁发了《保护学生视力工作实施办法（试行）》的通知,其中规定:每个桌面的照度不低于 100 Lux。为此,我们设计制作一种照度监测器(或称测光器),把它放在要测试的桌面上,当照度低于 100 Lux 时,能给读者提出警示,如利用红色发光二极管闪光或利用扬声器发声等以示警告;当照度达到或超过 100 Lux 时,绿色发光二极管亮或者是扬声器无声。这样便可检查照度是否合乎要求。

【实验目的】

（1）学习照度监测器设计制作的基本知识和调试方法。

（2）初步掌握用电烙铁焊接的基本技能,焊接装配照度监测器。

【实验原理】

照度监测器的电路如图 5 - 5 - 1 所示。GR 是光敏电阻器,它与电位器 W 构成分压器,分压点接在 BG_1 的基极。当环境光线较强时,GR 的阻值变小,分压点即 BG_1 的基极电位上升,BG_1 因此而导通,绿色发光二极管 LED_1 通电发光,此时 BG_1 的集电极为低电位,BG_1 截止。闪光集成电路 IC 得不到电源不工作,红色发光管 LED_2 不亮。

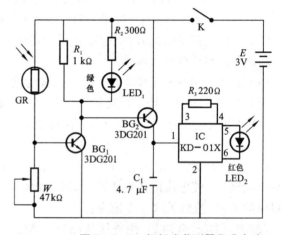

图 5 - 5 - 1　闪烁式监测器集成电路

如果环境光线较暗,GR 的阻值变大,BG_1 的基极电位下降,BG_1 由导通变为截止。LED_1 停止发光。这时 BG_1 集电极输出高电位,BG_2 由 R_1 获得正向偏流而导通,IC 即接通正电源,闪光集成块开始工作,红色发光二极管 LED_2 就会发出醒目的阵阵闪光,提醒你光线太暗已不宜继续学习。

调节电位器 W,即可改变分压比,以便将测光器的转折点调整在 100 Lux 的标准照度上。

若采用扬声器来提示弱照度环境(低于 100 Lux)中的读者,可采用如图 5 - 5 - 2 所示的电路。图中 BG_1 与 BG_2 组成差动放大电路,以提高稳定性,光敏电阻 RG 作为 BG_1 的上偏流电阻,BG_2、BG_3 复合作为开关去控制音乐集成电路 IC 工作,BG_4 作功放以推动扬声器。

我们知道光敏电阻的阻值是随着光照强度而改变的,光照越强阻值越小。R_1 与 W 的值是根据 GR 在 100 Lux 光照时的值调定的。当光照度由小增大至 100 Lux 时,GR 的阻值减小,BG_1 导通,BG_2、BG_3 截止,IC 不工作,扬声器无声。当光照度低于 100 Lux 时,RG 的阻值变大,BG_1 截止,BG_2、BG_3 导通,IC 工作,扬声器放出乐曲。

【实验内容】

1. 选择元器件

图 5-5-1 中 IC 是专用闪
光集成电路,型号为 KD-01X。
它采用黑膏软封装,硅晶片用黑
膏封装在一块直径为 φ22 mm 的
小印制线路板上(见图 5-5-
3),印板上开有 4 个小圆孔,3、4
孔用来插焊电阻 R_3,5、6 孔用来
插焊发光管 LED$_2$,1、2 点焊盘分
别为电源的正极端和负极端。
该芯片闪光频率有 1.2 Hz 和 2.4
Hz 两种,每种频率都是由芯片内

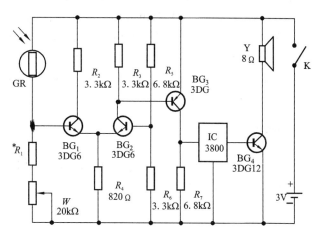

图 5-5-2 扬声式监测器集成电路

电路振荡电阻决定,外界不可调。它的工作电压范围较宽, 为 1.35 V～5 V,静态功耗很小,3
V 电源时,静态电流小于 2 μA。R_3 是发光管 LED$_2$ 的限流电阻,一般可取值 220 Ω。

BG$_1$、BG$_2$ 可用普通 3DG201 型等硅 NPN 小功率三极管,要求 $\beta \geq 100$。LED$_1$、LED$_2$ 可分别
采用圆形绿色和红色发光二极管。

GR 为 MG45 型非密封型光敏电阻器,暗阻和亮阻相差倍
数愈大愈好。W 可用卧式微调电位器,R_1～R_3 均为 1/8 W 型
碳膜电阻器。

图 5-5-2 中选用光敏电阻作光电转换元件,除了它价
格便宜外,还因为光敏电阻的光谱特性曲线与人眼对可见光
的响应曲线比较接近,所以选用光敏电阻时,应尽可能选择光
谱特性曲线的峰值在波长为 555 nm 绿色光附近的光敏电阻。
BG$_1$ 和 BG$_2$ 要求配对,β 值 50 左右即可。微调电阻 W 选用 20
kΩ 左右。R_1 数值要根据实际需要调试决定。音乐集成电路
各种型号都能用,只要按照具体接线要求连接即可。其他元
件无特殊要求。

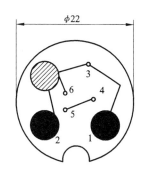

图 5-5-3 小印制线路板

2. 焊接和安装

对闪烁式监测器,图 5-5-1 中的 R_3 和 LED$_2$ 直接插到 IC 的小印制版上,将 IC 固定在自
制印板上,接好电源线 1、2。其他元器件均安装在自制印板上,最后制作一个合适的外壳,并
在对准光敏电阻器 GR 的地方开一个透光小孔。对扬声式监测器可按电路图 5-5-2 在电路
板上安装。

3. 调试

光敏电阻的变化是非线性的,并且有较大的离散性,所以必须对 R_1 和 W 加以调整。调整
时最好有一只照度计,一般用调节灯具的电源电压或移动光源的距离获得 100 Lux 的照度。
如无照度计,可用 15 W 白炽灯作光源,离灯泡 0.3 m 处的照度大约为 100 Lux(应避免周围有
其他光源),此方法只能作为估测。

　　对闪烁式监测器可将它置于 100 Lux 标准照度下，W 阻值由大逐渐调小，调试开始时 LED_1 应发光，LED_2 不发光。在 W 逐渐调小时，调到某一位置上，LED_1 恰好熄灭，LED_2 恰好闪闪发光。保持 W 不变，增大光照，LED_1 应发光，LED_2 不亮；减弱光照，LED_1 熄灭，LED_2 发醒目的闪光。此时认为 W 已调好，可用火漆封固电位器 W，使它不再变动。

　　对扬声式监测器，将它放在 100 Lux 照度处，此时扬声器应无声，如有声，把 R_1 换成 10 kΩ 电阻再调节 W，如仍有声，再增大 R_1，调整 W，直到扬声器停唱为止，反复调节直到在 100 Lux 照度下处于有声与无声的临界点。

【扩展研究】

　　在该监测器的设计和制作中，你认为是否还有改进和完善之处，请提出自己的创意和方案，并尽量在改进基础上进行实践。

附　　录

附表 1　国际单位制［SI］的基本单位和辅助单位

基本单位：

量的名称	单位名称	单位符号	量的名称	单位名称	单位符号
长度	米	m	热力学温度	开［尔文］	K
质量	千克（公斤）	kg	物质的量	摩［尔］	mol
时间	秒	s	发光强度	坎［德拉］	cd
电流	安［培］	A			

辅助单位：

量的名称	单位名称	单位符号
平面角	弧度	rad
立体角	球面度	sr

附表 2　国际单位制［SI］中具有专门名称的导出单位

量的名称	单位名称	单位符号	用 SI 基本单位的表示式	其他表示式例
（平面）角	弧度	rad		
立体角	球面度	sr		
频率	赫［兹］	Hz	s^{-1}	
力，重力	牛［顿］	N	$m \cdot kg \cdot s^{-2}$	
压力，压强，应力	帕［斯卡］	Pa	$m^{-1} \cdot kg \cdot s^{-2}$	N/m^2
能［量］，功，热量	焦［耳］	J	$m^2 \cdot kg \cdot s^{-2}$	$N \cdot m$
功率，辐［射能］通量	瓦［特］	W	$m^2 \cdot kg \cdot s^{-3}$	J/s
电荷［量］	库［仑］	C	$s \cdot A$	
电位，电压，电动势（电势）	伏［特］	V	$m^2 \cdot kg \cdot s^{-3} \cdot A^{-1}$	W/A
电容	法［拉］	F	$m^{-2} \cdot kg^{-1} \cdot s^4 \cdot A^2$	C/V
电阻	欧［姆］	Ω	$m^2 \cdot kg \cdot s^{-3} \cdot A^{-2}$	V/A
电导	西［门子］	S	$m^{-2} \cdot kg^{-1} \cdot s^3 \cdot A^2$	A/V
磁［通量］	韦［伯］	Wb	$m^2 \cdot kg \cdot s^{-2} \cdot A^{-1}$	$V \cdot s$
磁［通量］密度，磁感应强度	特［斯拉］	T	$kg \cdot s^{-2} \cdot A^{-1}$	Wb/m^2
电感	亨［利］	H	$m^2 \cdot kg \cdot s^{-2} \cdot A^{-2}$	Wb/A
摄氏温度	摄氏度	℃	K	
光通量	流［明］	lm	$cd \cdot sr$	
［光］照度	勒［克斯］	lx	$m^{-2} \cdot cd \cdot sr$	lm/m^2
［放射性］活度	贝克［勒尔］	Bq	s^{-1}	
吸收剂量	戈［瑞］	Gy	$m^2 \cdot s^{-2}$	J/kg
剂量当量	希［沃特］	Sv	$m^2 \cdot s^{-2}$	J/kg

附表3　国家选定的非国际单位制单位

量的名称	单位名称	单位符号	换算关系和说明
时间	分	min	$1\text{min}=60\text{s}$
	[小]时	h	$1\text{h}=60\text{min}=3600\text{s}$
	天(日)	d	$1\text{d}=24\text{h}=86400\text{s}$
[平面]角	[角]秒	(″)	$1''=(\pi/648000)\text{rad}$($\pi$ 为圆周率)
	[角]分	(′)	$1'=60''=(\pi/10800)\text{rad}$
	度	(°)	$1°=60'=(\pi/180)\text{rad}$
旋转速度	转每分	r/min	$1\text{r/min}=(1/60)\text{s}^{-1}$
长度	海里	n mile	$1\text{n mile}=1852\text{m}$(只用于航程)
速度	节	kn	$1\text{kn}=1\text{n mile/h}=(1852/3600)\text{m/s}$(只用于航程)
质量	吨	t	$1\text{t}=10^3\text{kg}$
	原子质量单位	u	$1\text{u}\approx1.6605655\times10^{-27}\text{kg}$
体积,容积	升	L,(l)	$1\text{L}=1\text{dm}^3=10^{-3}\text{m}^3$
能	电子伏	eV	$1\text{eV}\approx1.6021892\times10^{-19}\text{J}$
级差	分贝	dB	
线密度	特[克斯]	tex	$1\text{tex}=10^{-6}\text{kg/m}$
面积	公顷	hm^2	$1\text{ hm}^2=10000\text{ m}^2$

注:1.平面角单位度、分、秒的符号,在组合单位中应采用(°)、(′)、(″)的形式。例如:不用°/s而用(°)/s。

　　2.升的符号中,小写字母l为备用符号。

　　3.公顷的国际通用符号为ha。

附表4　用于构成十进倍数和分数单位的词头

所表示的因数	词头名称	词头符号	所表示的因数	词头名称	词头符号
10^{24}	尧[它]	Y	10^{-1}	分	d
10^{21}	泽[它]	Z	10^{-2}	厘	c
10^{18}	艾[可萨]	E	10^{-3}	毫	m
10^{15}	拍[它]	P	10^{-6}	微	μ
10^{12}	太[拉]	T	10^{-9}	纳[诺]	n
10^{9}	吉[咖]	G	10^{-12}	皮[可]	p
10^{6}	兆	M	10^{-15}	飞[母托]	f
10^{3}	千	k	10^{-18}	阿[托]	a
10^{2}	百	h	10^{-21}	仄[普托]	z
10^{1}	十	da	10^{-24}	幺[科托]	y

注:1.周、月、年(年的符号为a),为一般常用时间单位。

　　2.[　]内的字,是在不致混淆的情况下,可以省略的字。

　　3.(　)内的字为前者的同义语。

　　4.平面角单位度、分、秒的符号,在组合单位中应采用(°),(′),(″)的形式。例如,不用°/s而用(°)/s。

　　5.升的两个符号属同等地位,可任意选用。

　　6.r为"转"的符号。

　　7.人民生活和贸易中,质量习惯称为重量。

　　8.公里为千米的俗称,符号为km。

　　9.10^4称为万,10^8称为亿,10^{12}称为万亿,这类数词的使用不受词头名称的影响,但不应与词头混淆。

附表 5　基本物理常量(1998 年 CODATA 推荐值)

名　称	符号、数值和单位
真空中光速	$c = 2.99792458\,\mathrm{m/s}$
电子的电荷	$e = 1.602176462(63) \times 10^{-19}\,\mathrm{C}$
普朗克常量	$h = 6.62606876(52) \times 10^{-34}\,\mathrm{J \cdot s}$
阿伏伽德罗常量	$N_0 = 6.02214199(47) \times 10^{23}\,\mathrm{mol}^{-1}$
(统一的)原子质量单位	$u = 1.66053873(13) \times 10^{-27}\,\mathrm{kg}$
α 粒子质量	$m = 6.64465598(52) \times 10^{-27}\,\mathrm{kg}$
电子的静止质量	$m_{\mathrm{e}} = 9.10938188(72) \times 10^{-31}\,\mathrm{kg}$
电子的荷质比	$e/m_{\mathrm{e}} = 1.758820174(71) \times 10^{11}\,\mathrm{C/kg}$
法拉第常量	$F = 9.64853415(39) \times 10^{4}\,\mathrm{C/mol}$
氢原子的里德伯常量	$R_{\mathrm{H}} = 1.0973731 \times 10^{7}\,\mathrm{m}^{-1}$
摩尔气体常量	$R = 8.314472(15)\,\mathrm{J/(mol \cdot K)}$
玻尔兹曼常量	$k = 1.380622 \times 10^{-23}\,\mathrm{J/K}$
洛施密特常量	$n = 2.6867775(47) \times 10^{25}\,\mathrm{m}^{-3}$
万有引力常量	$G = 6.673(10) \times 10^{-11}\,\mathrm{N \cdot m^2/kg^2}$
标准大气压	$p_0 = 101325\,\mathrm{Pa}$
冰点的绝对温度	$T_0 = 273.15\,\mathrm{K}$
声音在空气中的速度(标准状态下)	$v = 331.46\,\mathrm{m/s}$
干燥空气的密度(标准状态下)	$\rho_{空气} = 1.293\,\mathrm{kg/m^3}$
水银的密度(标准状态下)	$\rho_{水银} = 13595.04\,\mathrm{kg/m^3}$
理想气体的摩尔体积(标准状态下)	$V_{\mathrm{m}} = 22.413996(39) \times 10^{-3}\,\mathrm{m^3/mol}$
真空中介电常量(电容率)	$\varepsilon_0 = 8.854188 \times 10^{-12}\,\mathrm{F/m}$
真空中磁导率	$\mu_0 = 12.566371 \times 10^{-7}\,\mathrm{H/m}$
康普顿波长 $\dfrac{h}{m_e c}$	$\lambda = 2.426310215(18) \times 10^{-12}\,\mathrm{m}$
钠光谱中黄线的波长	$D = 589.3 \times 10^{-9}\,\mathrm{m}$
镉光谱中红线的波长(15℃, 101325Pa)	$\lambda_{\mathrm{cd}} = 643.84696 \times 10^{-9}\,\mathrm{m}$

注：标准状态为：$T = 273.15\,\mathrm{K}$；$p = 101.325\,\mathrm{kPa}$。

附表 6　我国某些城市的重力加速度 　　　　　　(单位：米/秒^2)

地　名	纬度(北)	重力加速度	地　名	纬度(北)	重力加速度
北　京	39°56′	9.80122	宜　昌	30°42′	9.79312
张家口	40°48′	9.79985	武　汉	30°33′	9.79359
烟　台	40°04′	9.80112	安　庆	30°31′	9.79357
天　津	39°09′	9.80094	黄　山	30°18′	9.79348
太　原	37°47′	9.79684	杭　州	30°16′	9.79300
济　南	36°41′	9.79858	重　庆	29°34′	9.79152
郑　州	34°45′	9.79665	南　昌	28°40′	9.79208
徐　州	34°18′	9.79664	长　沙	28°12′	9.79163

续附表 6

地　名	纬度北）：	重力加速度	地　名	纬度（北）	重力加速度
南　京	34°04′	9.79442	福　州	26°06′	9.79144
合　肥	31°52′	9.79473	厦　门	24°27′	9.79917
上　海	31°12′	9.79436	广　州	23°06′	9.78831

附表 7　在 20℃时常见物质的密度 ρ

物质	密度 $\rho/(kg \cdot m^{-3})$	物质	密度 $\rho/(kg \cdot m^{-3})$
铝	2698.9	石英	2500~2800
铜	8960	水晶玻璃	2900~3000
铁	7874	冰（0℃）	880~920
银	10500	乙醇	789.4
金	19320	乙醚	714
钨	19300	汽车用汽油	710~720
铂	21450	弗利昂—12	1329
铅	11350	（氟氯烷—12）	
锡	7298	变压器油	840~890
水银	13546.2	甘油	1260
钢	7600~7900		

附表 8　在标准大气压下不同温度时水的密度 ρ

温度 $t/℃$	密度 $\rho/(kg \cdot m^{-3})$	温度 $t/℃$	密度 $\rho/(kg \cdot m^{-3})$	温度 $t/℃$	密度 $\rho/(kg \cdot m^{-3})$
0	999.841	16	998.943	32	995.025
1	999.900	17	998.774	33	994.702
2	999.941	18	998.595	34	994.371
3	999.965	19	998.405	35	994.031
4	999.973	20	998.203	36	998.203
5	999.965	21	997.992	37	993.33
6	999.941	22	997.770	38	992.96
7	999.902	23	997.538	39	992.59
8	999.849	24	997.296	40	992.21
9	999.781	25	997.044	50	988.04
10	999.700	26	996.783	60	983.21
11	999.605	27	996.512	70	977.78
12	999.498	28	996.232	80	971.80
13	999.377	29	995.944	90	965.31
14	999.244	30	995.646	100	958.35
15	999.099	31	995.340		

附表 9　在海平面上不同纬度处的重力加速度 g[①]

纬度 ϕ/度	$g/(m \cdot s^{-2})$	纬度 ϕ/度	$g/(m \cdot s^{-2})$
0	9.78049	50	9.81079
5	9.78088	55	9.81515
10	9.78204	60	9.81924
15	9.78394	65	9.82294
20	9.78652	70	9.82614
25	9.78969	75	9.82873
30	9.78338	80	9.83065
35	9.79746	85	9.83182
40	9.80180	90	9.83221
45	9.80629		

注：①表中所列数值是根据公式 $g = 9.78049(1 + 0.005288 \sin^2 \phi - 0.000006 \sin^2 2\phi)$ 算出的，其中 ϕ 为纬度。

附表 10　固体的线膨胀系数

物质	温度或温度范围/℃	$\alpha / \times 10^{-6}℃^{-1}$
铝	0 ~ 100	23.8
铜	0 ~ 100	17.1
铁	0 ~ 100	12.2
金	0 ~ 100	14.3
银	0 ~ 100	19.6
钢(0.05%碳)	0 ~ 100	19.6
康铜	0 ~ 100	15.2
铅	0 ~ 100	29.2
锌	0 ~ 100	32
铂	0 ~ 100	9.1
钨	0 ~ 100	4.5
石英玻璃	20 ~ 200	0.56
窗玻璃	20 ~ 200	9.5
花岗石	20	6 ~ 9
瓷器	20 ~ 700	3.4 ~ 4.1

附表 11　在 20℃时常用金属的弹性模量(杨氏模量) Y[①]

金属	杨氏模量 Y	
	/GPa	/($kgf \cdot mm^{-2}$)
铝	69 ~ 70	7000 ~ 7100
钨	407	41500
铁	186 ~ 206	19000 ~ 21000
铜	103 ~ 127	10500 ~ 13000

续附表 11

金属	杨氏模量 Y	
	/GPa	/(kgf · mm^{-2})
金	77	7900
银	69 ~ 80	7000 ~ 8200
锌	78	8000
镍	203	20500
铬	235 ~ 245	24000 ~ 25000
合金钢	206 ~ 216	21000 ~ 22000
碳钢	196 ~ 206	20000 ~ 21000
康铜	160	16300

　　①杨氏弹性模量的值与材料的结构、化学成分及其加工制造方法有关。因此，在某些情况下，Y 的值可能与表中所列的平均值不同。

附表 12　在 20℃时与空气接触的液体的表面张力系数 σ

液体	σ/(×10^{-3}N · m^{-1})	液体	σ/(×10^{-3}N · m^{-1})
石油	30	甘油	63
煤油	24	水银	513
松节油	28.8	箆麻	36.4
水	72.75	乙醇	22.0
肥皂溶液	40	乙醇(在60℃时)	18.4
弗利昂—12	9.0	乙醇(在0℃时)	24.1

附表 13　在不同温度下与空气接触的水的表面张力系数 σ

温度/℃	σ/(×10^{-3}N · m^{-1})	温度/℃	σ/(×10^{-3}N · m^{-1})	温度/℃	σ/(×10^{-3}N · m^{-1})
0	75.62	16	73.34	30	71.15
5	74.90	17	73.20	40	69.55
6	74.76	18	73.05	50	67.90
8	74.48	19	72.89	60	66.17
10	74.20	20	72.75	70	64.41
11	74.07	21	72.60	80	62.60
12	73.92	22	72.44	90	60.74
13	73.78	23	72.28	100	58.84
14	73.64	24	72.12		
15	73.48	25	71.96		

附表 14　不同温度时水的粘滞系数

温度/℃	粘滞系数 η		温度/℃	粘滞系数 η	
	/(μPa·s)	/($\times 10^{-6}$ kgf·s·mm^{-2})		/(μPa·s)	/($\times 10^{-6}$ kgf·s·mm^{-2})
0	1787.8	182.3	60	469.7	47.9
10	1305.3	133.1	70	406.0	41.4
20	1004.2	102.4	80	355.0	36.2
30	801.2	81.7	90	314.8	32.1
40	653.1	66.6	100	282.5	28.8
50	549.2	56.0			

附表 15　某些液体的粘滞系数

液体	温度/℃	η/(μPa·s)	液体	温度/℃	η/(μPa·s)
汽油	0	1788	甘油	-20	134×10^6
	18	530		0	121×10^5
甲醇	0	817		20	1499×10^3
	20	584		100	12945
乙醇	-20	2780	蜂蜜	20	650×10^4
	0	1780		80	100×10^3
	20	1190	鱼肝油	20	45600
乙醚	0	296		80	4600
	20	243	水银	-20	1855
变压器	20	19800		0	1685
篦麻油	10	242×10^4		20	1554
葵花子油	20	50000		100	1224

附表 16　不同温度时干燥空气中的声速 ν　　（单位：m/s）

温度/℃	0	1	2	3	4	5	6	7	8	9
60	366.05	366.60	367.14	367.69	368.24	368.78	369.33	369.87	370.42	370.96
50	360.51	361.07	361.62	362.18	362.74	363.29	363.84	364.39	364.95	365.50
40	354.89	355.46	356.02	356.58	357.15	357.71	358.27	358.83	359.39	359.95
30	349.18	349.75	350.33	350.90	351.47	352.04	352.62	353.19	353.75	354.32
20	343.37	343.95	344.54	345.12	345.70	346.29	346.87	347.44	348.02	348.60
10	337.46	338.06	338.65	339.25	339.84	340.43	341.02	341.61	342.20	342.58
0	331.45	332.06	332.66	333.27	333.87	334.47	335.07	335.67	336.27	336.87
-10	325.33	324.71	324.09	323.47	322.84	322.22	321.60	320.97	320.34	319.52
-20	319.09	318.45	317.82	317.19	316.55	315.92	315.28	314.64	314.00	313.36
-30	312.72	312.08	311.43	310.78	310.14	309.49	308.84	308.19	307.53	306.88
-40	306.22	305.56	304.91	304.25	303.58	302.92	302.26	301.59	300.92	300.25
-50	299.58	298.91	298.24	397.56	296.89	296.21	295.53	294.85	294.16	293.48
-60	292.79	292.11	291.42	290.73	290.03	289.34	288.64	287.95	287.25	286.55

续附表 16

温度/℃	0	1	2	3	4	5	6	7	8	9
-70	285.84	285.14	284.43	283.73	283.02	282.30	281.59	280.88	280.16	279.44
-80	278.72	278.00	277.27	276.55	275.82	275.09	274.36	273.62	272.89	272.15
-90	271.41	270.67	269.92	269.18	268.43	267.68	266.93	266.17	265.42	264.66

附表 17　固体导热系数 λ

物质	温度/K	$\lambda/(\times 10^2 \mathrm{W/m \cdot K})$	物质	温度/K	$\lambda/(\times 10^2 \mathrm{W/m \cdot K})$
银	273	4.18	康铜	273	0.22
铝	273	2.38	不锈钢	273	0.14
金	273	3.11	镍铬合金	273	0.11
铜	273	4.0	软木	273	0.3×10^{-3}
铁	273	0.82	橡胶	298	1.6×10^{-3}
黄铜	273	1.2	玻璃纤维	323	0.4×10^{-3}

附表 18　某些固体和液体的比热容

某些固体的比热容：

固体	比热容/$(\mathrm{J \cdot kg^{-1} \cdot K^{-1}})$	固体	比热容/$(\mathrm{J \cdot kg^{-1} \cdot K^{-1}})$
铝	908	铁	460
黄铜	389	钢	450
铜	385	玻璃	670
康铜	420	冰	2090

某些液体的比热容：

液体	比热容/$(\mathrm{J \cdot kg^{-1} \cdot K^{-1}})$	温度/℃	液体	比热容/$(\mathrm{J \cdot kg^{-1} \cdot K^{-1}})$	温度/℃
乙醇	2300	0	水银	146.5	0
	2470	20		139.3	20

附表 19　不同温度时水的比热容

温度/℃	0	5	10	15	20	25	30	40	50	60	70	80	90	99
比热容/$(\mathrm{J \cdot kg^{-1} \cdot K^{-1}})$	4217	4202	4192	4186	4182	4179	4178	4178	4180	4184	4189	4196	4205	4215

附表 20　某些金属和合金的电阻率及其温度系数

金属或合金	电阻率/$(\times 10^{-6}\Omega \cdot m)$	温度系数/℃$^{-1}$	金属或合金	电阻率/$(\times 10^{-6}\Omega \cdot m)$	温度系数/℃$^{-1}$
铝	0.028	42×10^{-4}	锌	0.059	42×10^{-4}
铜	0.0172	43×10^{-4}	锡	0.12	44×10^{-4}
银	0.016	40×10^{-4}	水银	0.958	10×10^{-4}

续附表 20

金属或合金	电阻率/($\times 10^{-6}\Omega\cdot m$)	温度系数/$℃^{-1}$	金属或合金	电阻率/($\times 10^{-6}\Omega\cdot m$)	温度系数/$℃^{-1}$
金	0.024	40×10^{-4}	武德合金	0.52	37×10^{-4}
铁	0.098	60×10^{-4}	钢(0.10~0.15%碳)	0.10~0.14	6×10^{-3}
铅	0.205	37×10^{-4}	康铜	0.47~0.51	$(-0.04 ~ +0.01) \times 10^{-3}$
铂	0.105	39×10^{-4}	铜锰镍合金	0.34~1.00	$(-0.03 ~ +0.02) \times 10^{-3}$
钨	0.055	48×10^{-4}	镍铬合金	0.98~1.10	$(0.03 ~ 0.4) \times 10^{-3}$

注：电阻率与金属中的杂质有关，因此表中列出的只是20℃时电阻率的平均值。

附表 21　不同金属或合金与铂(化学纯)构成温差电偶的温差电动势

(热端在 100℃，冷端在 0℃时)

金属或合金	温差电动势/mV	连续使用温度/℃	短时使用最高温度/℃
95% Ni + 5% (Al,Si,Mn)	− 1.38	1000	1250
钨	+ 0.79	2000	2500
手工制造的铁	+ 1.87	600	800
康铜(60% Cu + 40% Ni)	− 3.5	600	800
56% Cu + 44% Ni	− 4.0	600	800
制导线用铜	+ 0.75	350	500
镍	− 1.5	1000	1100
80% Ni + 20% Cr	+ 2.5	1000	1100
90% Ni + 10% Cr	+ 2.71	1000	1250
90% Pt + 10% Ir	+ 1.3	1000	1200
90% Pt + 10% Rh	+ 0.64	1300	1600
银	+ 0.72[②]	600	700

注：①表中的"+"或"−"表示该电极与铂组成温差电偶时，其温差电动势是正或负。当温差电动势为正时，在处于0℃的温差电偶一端电流由金属(或合金)流向铂。

②为了确定用表中所列任何两种材料构成的温差电偶的温差电动势，应当取这两种材料的温差电动势的差值。例如：铜—康铜温差电偶的温差电动势等于 + 0.75 − (−3.5) = 4.25(mV)

附表 22　几种标准温差电偶

名　　　称	分度号	100℃时的电动势/mV	使用温度范围/℃
铜—康铜(Cu55Ni45)	CK	4.26	− 200 ~ 300
镍铬(Cr9 ~ 10Si0.4Ni90)—康铜(Cu56 ~ 57Ni43 ~ 44)	EA—2	6.95	− 200 ~ 800
镍铬(Cr9 ~ 10Si0.4Ni90)—镍硅(Si2.5 ~ 3Co < 0.6Ni97)	EV—2	4.10	1200
铂铑(Pt90Rh10)—铂	LB—3	0.643	1600
铂铑(Pt70Rh30)—铂铑(Pt94Rh6)	LL—2	0.034	1800

附表 23　铜—康铜热电偶的温差电动势（自由端温度 0℃）　　（单位：mV）

康铜的温度	铜的温度/℃										
	0	10	20	30	40	50	60	70	80	90	100
0	0.000	0.389	0.787	1.194	1.610	2.035	2.468	2.909	3.357	3.813	4.277
100	4.227	4.749	5.227	5.712	6.204	6.702	7.207	7.719	8.236	8.759	9.288
200	9.288	9.823	10.363	10.909	11.459	12.014	12.575	13.140	13.710	14.285	14.864
300	14.864	15.448	16.035	16.627	17.222	17.821	18.424	19.031	19.642	20.256	20.873

附表 24　常温下某些物质的折射率

物质	H_α 线(656.3nm)	D 线(589.3nm)	H_β 线(486.1nm)
水(18℃)	1.3314	1.3332	1.3373
乙醇(18℃)	1.3609	1.3625	1.3665
二硫化碳(18℃)	1.6199	1.6291	1.6541
冕玻璃(轻)	1.5127	1.5153	1.5214
冕玻璃(重)	1.6126	1.6152	1.6213
燧石玻璃(轻)	1.6038	1.6085	1.6200
燧石玻璃(重)	1.7434	1.7515	1.7723
方解石(寻常光)	1.6545	1.6585	1.6679
方解石(非常光)	1.4846	1.4864	1.4908
水晶(寻常光)	1.5418	1.5442	1.5496
水晶(非常光)	1.5509	1.5533	1.5589

附表 25　常用光源的谱线波长　　（单位：nm）

一、H(氢)	447.15 蓝	589.592(D_1)黄
656.28 红	402.62 蓝紫	588.955(D_2)黄
486.13 绿蓝	388.87 蓝紫	五、Hg(汞)
434.05 蓝	三、Ne(氖)	623.44 橙
410.17 蓝紫	650.65 红	579.07 黄
397.01 蓝紫	640.23 橙	576.96 黄
二、He(氦)	638.30 橙	546.07 绿
706.52 红	626.25 橙	491.60 绿蓝
667.82 红	621.73 橙	435.83 蓝
587.56(D_3)黄	614.31 橙	407.78 蓝紫
501.57 绿	588.19 黄	404.66 蓝紫
492.19 绿蓝	585.25 黄	六、He—Ne 激光
471.31 蓝	四、Na(钠)	632.8 橙

附表 26　常用仪器量具的主要技术指标和极限误差

量具(仪器)	量程	最小分度值	最大允差
木尺	30～50 cm	1 mm	±1.0 mm
(竹尺)	60～100 cm	1 mm	±1.5 mm
钢板尺	150 mm	1 mm	±0.10 mm
	500 mm	1 mm	±0.15 mm
	1000 mm	1 mm	±0.20 mm
钢卷尺	1 m	1 mm	±0.8 mm
	2 m	1 mm	±1.2 mm
游标卡尺	125 mm	0.02 mm	±0.02 mm
	300 mm	0.05 mm	±0.05 mm
螺旋测微器(千分尺)	0～25 mm	0.01 mm	±0.04 mm
七级天平(物理天平)	500 g	0.05 g	0.08 g(接近满量程) 0.06 g(1/2 量程附近) 0.04 g(1/3 量程和以下)
三级天平(分析天平)	200 g	0.1 mg	1.3 mg(接近满量程) 1.0 mg(1/2 量程附近) 0.7 mg(1/3 量程和以下)
量具(仪器)	0～100℃	1℃	±1℃
普通温度计(水银或有机溶剂)	0～100℃	0.1℃	±0.2℃

注：一般而言，有刻度的仪器、量具的最大允差大约对应于其最小分度值所代表的物理量；对于数学式仪表，测量值的误差往往在于所显示的能稳定不变的数字中最末一位的半个单位所代表的物理量。应当说明，"最大允差"是指所制造的同型号同规格的所有仪器中有可能产生的最大误差，并不表明每一台仪器的每个测量值都有如此之大的误差，它既包括仪器在设计、加工、装配过程中乃至材料选择中的缺欠所造成的系统误差，也包括正常使用过程中测量环境和仪器性能随机涨落的影响。

附表 27　常用电气测量指示仪表和附件的符号

27—1　测量单位及功率因数的符号

名　称	符　号	名　称	符　号
千安	kA	兆欧	MΩ
安培	A	千欧	kΩ
毫安	mA	欧姆	Ω
微安	μA	毫欧	mΩ
千伏	kV	微欧	μΩ
伏特	V	相位角	φ
毫伏	mV	功率因数	cosφ
微伏	μV	无功功率因数	sinφ
兆瓦	MW	库仑	C

续附表 27

名　称	符　号	名　称	符　号
千瓦	kW	毫韦伯	mWb
瓦特	W	毫特斯拉	mT
兆乏	Mvar	微法	μF
千乏	kvar	皮法	pF
乏	var	亨利	H
兆赫	MHz	毫亨	mH
千赫	kHz	微亨	μH
赫兹	Hz	摄氏度	℃
太欧	TΩ		

27—2　仪表工作原理的图形符号

名　称	符　号	名　称	符　号
磁电系仪表		电动系比率表	
磁电系比率表		铁磁电动系仪表	
电磁系仪表	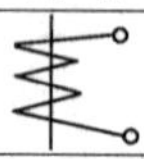	铁磁电动系比率表	
电磁系比率表	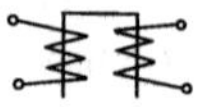	感应系仪表	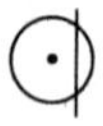
电动系仪表		静电系仪表	
整流系仪表(带半导体整流器和磁电系测量机构)	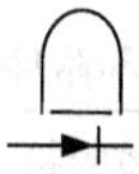	热电系仪表(带接触式热变换器和磁电系测量机构)	

27—3　电流种类的符号

名称	符号	名称	符号
直流	——	交流(单相)	∼
直流和交流	≂	具有单元件的三相平衡负载交流	≋

27—4　准确度等级的符号

名称	符号	名称	符号
以标度尺量限百分数表示的准确度等级,例如1.5级	1.5	以标度尺长度百分数表示的准确度等级,例如1.5级	 ∨1.5
以指示值的百分数表示的准确度等级,例如1.5级	 ①.5		

续附表 27

27—5　工作位置的符号

名称	符号	名称	符号
标度尺位置为垂直的	⊥	标度尺位置为水平的	⊓
标度尺位置与水平面倾斜成一角度例如 60°	$\angle 60°$		

27—6　绝缘强度的符号

名　称	符　号	名　称	符　号
不进行绝缘强度试验	☆0	绝缘强度试验电压为 2kV	☆2

27—7　端钮、调零器的符号

名　称	符　号	名　称	符　号
负端钮	—	正端钮	＋
公共端钮(多量限仪表和复用电表)	✕	接地用的端钮(螺钉或螺杆)	⏚
与外壳相连接的端钮	⟂	与屏蔽相连接的端钮	○
调零器	↤↦		

27—8　按外界条件分组的符号

名　称	符　号	名　称	符　号
Ⅰ级防外磁场(例如磁电系)	⬚	Ⅰ级防外磁场(例如静电系)	⬚
Ⅱ级防外磁场及电场	Ⅱ 〔Ⅱ〕	Ⅲ级防外磁场及电场	Ⅲ 〔Ⅲ〕
Ⅳ级防外磁场及电场	Ⅳ 〔Ⅳ〕		

参考文献

[1] 杨述武等.普通物理实验.第三版.北京：高等教育出版社，2000

[2] 林抒等.普通物理实验.北京：人民教育出版社，1981

[3] 吕斯骅、段家氏.基础物理实验.北京：北京大学出版社，2002

[4] 陈曙、韩永胜.物理学实验与指导（双语教材）.北京：中国医药科技出版社，2005

[5] 刘传安.英汉大学物理实验.天津：天津大学出版社，2005

[6] 黄志敬.普通物理实验.陕西：陕西师范大学出版社，1991

[7] 李学慧.大学物理实验.北京：高等教育出版社，2005

[8] 董传华.大学物理实验.上海：上海大学出版社，2001

[9] 吴泳华等.大学物理实验.北京：高等教育出版社，2001

[10] 李秀燕等.大学物理实验.北京：科学出版社，2001

[11]《大学物理实验》编写组.大学物理实验.福建：厦门大学出版社，1998

[12] 刘军.普通物理实验.乌鲁木齐：新疆人民出版社，1996

[13] 沈乃澂编译，聂玉昕审校.基本物理常数1998年国际推荐值.北京：中国计量出版社，2004

[14] 何圣静.物理实验手册.北京：机械工业出版社，1989

[15] 成正维.大学物理实验.北京：高等教育出版社，2002

[16] 丁慎训，张连芳.物理实验教程.第二版.北京：清华大学出版社，2002

[17] 李秀燕.大学物理实验.北京：科学出版社，2004

[18] 张进治.大学物理实验.北京：电子工业出版社，2003

[19] 赵家凤.大学物理实验.北京：科学出版社，1999

[20] 何元金，马兴坤.近代物理实验.北京：清华大学出版社，2003

[21] 刘映栋.大学物理实验教程.南京：东南大学出版社，2002

[22] 用个人计算机做物理实验（英文）.北京：世界图书出版公司，1998

[23] 王惠棣.物理实验（修订版）.天津：天津大学出版社，1997

[24] 曾金根.大学物理实验教程.上海：同济大学出版社，2004

[25] 曾贻伟等.普通物理实验.北京：北京师范大学出版社，1989

[26] 赵家凤.大学物理实验.北京：科学出版社，1999

[27] 李文斌.大学物理实验.长沙：湖南科学技术出版社，2004

[28] 李寿松.物理实验教程.北京：高等教育出版社，2003

[29] 肖苏等.实验物理教程.安徽：中国科学技术大学出版社，1998

[30] 华中工学院、天津大学、上海交通大学编.物理实验基础部分（工科使用）.北京：高等教育出版社，1981

[31] 黄贤武，郑筱霞编著.传感器原理与应用.成都：电子科技大学出版社，1999

[32] 何希才编著.传感器及其应用.北京：国防工业出版社，2001

[33] 游伯坤，阚家钜，江兆章编著.温度测量与仪表——热电偶和热电阻.北京：科学技术文献出版社，1990

[34] 贾玉润，王公治，凌佩玲.大学物理实验.上海：复旦大学出版社，1986

[35] 陆申龙，郭有思.热学实验.上海：上海科学技术出版社，1985

[36] 徐富新，刘碧兰.大学物理实验.长沙：中南大学出版社，2011

[37] 覃以威.大学物理实验.桂林：广西师范大学出版社，2010